全国普通高校电子信息与电气学科基础规划教材

电路理论与实践

（第2版）

赵远东　吴大中　编著

清华大学出版社

北　京

内 容 简 介

全书内容共三篇,第一篇为电路理论部分,分 14 章,主要介绍直流电路、交流电路、动态电路等的分析方法,以及应用电路的综合分析;第二篇为电路仿真实验和操作实验部分,分 5 章,仿真实验主要介绍仿真软件 Multisim 的应用及仿真训练,操作实验主要介绍操作平台的使用和学生的具体实验项目;第三篇为电路习题演练,提供大量习题、习题详细解答、期中模拟试题及解答、期末模拟试题及解答,有助于更好地理解和掌握相关内容。

本书适合高等学校电类(强、弱电)及相关专业师生使用,也可供有兴趣的读者自学使用。

图书在版编目(CIP)数据

电路理论与实践/赵远东,吴大中编著. —2 版. —北京:清华大学出版社,2018(2025.3 重印)
(全国普通高校电子信息与电气学科基础规划教材)
ISBN 978-7-302-47518-7

Ⅰ. ①电… Ⅱ. ①赵… ②吴… Ⅲ. ①电路-高等学校-教材 Ⅳ. ①TM13

中国版本图书馆 CIP 数据核字(2017)第 140334 号

责任编辑:梁 颖 王 芳
封面设计:傅瑞学
责任校对:李建庄
责任印制:沈 露

出版发行:清华大学出版社
   网 址:https://www.tup.com.cn,https://www.wqxuetang.com
   地 址:北京清华大学学研大厦 A 座   邮 编:100084
   社 总 机:010-83470000   邮 购:010-62786544
   投稿与读者服务:010-62776969,c-service@tup.tsinghua.edu.cn
   质量反馈:010-62772015,zhiliang@tup.tsinghua.edu.cn
   课件下载:https://www.tup.com.cn,010-83470236
印 装 者:涿州市般润文化传播有限公司
经 销:全国新华书店
开 本:185mm×260mm   印 张:23.25   字 数:561 千字
版 次:2013 年 1 月第 1 版 2018 年 1 月第 2 版   印 次:2025 年 3 月第 10 次印刷
定 价:65.00 元

产品编号:073891-02

前　言

电路分析课程是电子、电气类专业的主干技术基础课程。目前,国内工科院校的全部电类及相关专业都在不同深度和层次上开设了这门课程,且将其确定为必修平台课。该课程理论严密、逻辑综合性强,有广阔的工程背景。

为适应教学改革要求和强化工程实践训练,本教材分成三篇,将电路理论、电路实践和电路操作的内容融合在一本书里。第一篇为电路理论;第二篇为电路仿真和电路实验;第三篇为电路习题演练。电路理论部分主要讲述电路分析的基本理论、方法和定理,内容包括直流电路、交流电路、动态电路、应用电路四部分,具体内容为:直流电路有集总参数中电压和电流的约束关系、基本元件的特性、开路和短路的性质、电路等效变换及分析、电路定理;交流电路里有正弦稳态电路的相量分析、基本元件的相量特性、功率计算;动态电路有一阶电路分析、二阶电路分析、过渡过程、冲激响应、阶跃响应;应用电路有互感电路分析、三相电路分析、二端口网络分析、运放电路分析、非正弦周期电流电路分析、复频域分析。电路仿真实验主要是通过 Multisim 软件进行,通过这部分内容的学习和训练,使学生学会仿真软件的使用以及利用计算机分析电路问题的基本方法。电路实验是在电工实训平台上利用实际元器件进行的实验,使学生掌握常用的电子仪器、仪表的使用以及基本电路的连接和测量,具有一定的综合应用能力,巩固所学理论,训练实验技能,培养学生严谨的科学作风。电路习题演练要求学生通过做习题,体会电路理论,深入巩固和掌握电路的基本知识,学以致用,深深地牢记在脑海里,也可以及时地检查掌握学到的知识程度,为更好地继续深入学习带来好处,加深理解。

在教材的编写过程中,力求做到深入浅出、通俗易懂,便于学生阅读和自学,每章都有相当的选择题和专门的习题,选择题考查基础知识的掌握程度,题目不难,学生可以自查每章理解知识的程度,第3篇中的习题有一定的难度,可以起到提高的作用。

本书由赵远东、吴大中、周俊萍、夏景明、单慧琳等合作编写,吴大中编写第 1 章、第 8 章和第 15～18 章,周俊萍编写第 4 章、第 7 章和第 11 章,夏景明编写第 5 章和第 6 章,单慧琳编写第 9 章、第 10 章和第 13 章,赵远东编写第 2 章和第 3 章、第 12 章、第 14 章、第 19～21 章、第 1～14 章后单项选择题,并负责整个教材的结构和组织安排,还审阅和修订了许多章节。徐冬冬设计和制作了教学课件。

感谢南京信息工程大学对本书出版所给予的帮助,同时吴琴、李春彪、张闯对书中一些内容做了更正,在此一并表示感谢。感谢编者家人的全力支持,为完成该书的创作给予的许多帮助。

限于编者水平,书中不妥和错误之处在所难免,恳请读者批评指正。

编　者

2017 年 10 月

电路物理量

E：电动势，单位伏［特］(V)。

$u,U,U_m,\dot{U}$：瞬时电压，电压有效值，电压最大值，电压相量，单位伏［特］(V)。

$i,I,I_m,\dot{I}$：瞬时电流，电流有效值，电流最大值，电流相量，单位安［培］(A)。

p,P：瞬时电功率，有功功率，单位瓦［特］(W)。

Q：无功功率，单位乏(var)。

$S,\tilde{S}$：视在功率，复功率，单位伏·安(VA)。

W：电能量，单位焦［耳］(J)。

U_{OC},I_{SC}：开路电压，短路电流。

q：电荷，单位库仑(C)。

ϕ,ψ：磁通量，磁链，单位韦伯(Wb)。$\psi=N\phi$，其中 N 为匝数。

$\delta(t),\varepsilon(t)$：冲激电压或电流，阶跃电压或电流。

电路元件

R：电阻，单位欧［姆］(Ω)。

G：电导，单位西［门子］(S)。

C：电容，或称电容量，单位法［拉］(F)。

L：电感，或称电感系数，单位亨［利］(H)。

M：互感，或称互感系数，单位亨［利］(H)。

Z,X,X_L,X_C：阻抗，电抗，感抗，容抗，单位欧［姆］(Ω)。

Y,B,B_L,B_C：导纳，电纳，感纳，容纳，单位西［门子］(S)。

电路图

b：支路数。

n：结点数，也称节点数。

l：独立回路数。

电路时间

t：时间参数，单位秒(s)。

$0_+,0_-$：0 时刻瞬间，其中 $0_+>0,0_-<0$。

ω：角频率，单位弧度每秒(rad/s)。

T：周期，单位秒(s)。

f：频率，单位赫兹(Hz)。

其他

λ：功率因数。

φ：相位差。

j：虚数单位，表示 $\sqrt{-1}$。

课时分配和教学要点

章节及课时	教 学 要 点
第 1 章 10 学时	掌握 KCL、KVL、电压、电流的参考方向,基本元件的特性,受控电源的特性,开路电压、短路电流的特性
第 2 章 6 学时	掌握串联,并联,混联,Y-△联结及等效变换,实际电源模型及等效变换,输入电阻的计算,分压公式和分流公式
第 3 章 6 学时	掌握独立回路的寻找,支路电流法,回路(网孔)电流法(强调回路的选取),结点电压法(强调参考点的选取)
第 4 章 8 学时	掌握叠加定理(强调独立源),替代定理,戴维宁定理(特别是等效电阻为 0 或 ∞ 时),诺顿定理(特别是等效电阻为 0 或 ∞ 时),最大功率传输定理,特勒根第二定律
第 5 章 4 学时	掌握正弦量的三要素,正弦量的相量表示,相量 KCL,相量 KVL,基本元件的相量表示格式,相量的加减、乘除运算
第 6 章 6 学时	掌握阻抗、导纳的定义及性质,阻抗的串联,并联,混联,Y-△联结及等效变换,电路的物理量计算,正弦电路的分析与计算
第 7 章 6 学时	掌握互感与互感电压,去耦串联、并联、T 型等效,空心变压器及 T 型等效变换,理想变压器及变压、变流、变阻抗
第 8 章 6 学时	掌握对称三相电源及Y-△联结变换,三相负载及Y-△联结变换,线电压(电流),相电压(电流)的关系,三相电路的功率
第 9 章 6 学时	掌握动态电路的方程及其初始条件的建立,一阶电路的零输入响应、零状态响应、全响应,三要素法求解一阶电路的各种响应
第 10 章 6 学时*	理解二阶电路的零输入响应、零状态响应、全响应,一阶电路的冲激响应、阶跃响应
第 11 章 4 学时*	理解非正弦的周期信号及分解为傅里叶级数,非正弦周期量的有效值、平均值和平均功率的计算,叠加定理的应用
第 12 章 6 学时*	理解拉普拉斯变换及反变换,线性电路的复频域模型,基本元件的频域表示,应用拉普拉斯变换法分析线性电路
第 13 章 6 学时	掌握二端口网络条件,二端口的方程和参数,二端口的等效电路,二端口的串联、并联、级联连接
第 14 章 4 学时*	理解运算放大器的特性,"虚断"和"虚短"的概念,含运算放大器的时域分析、相量分析、拉普拉斯分析,了解典型应用电路

带 * 号表示可选讲,全部课时安排 84 学时,其中不带 * 号的为 64 学时,普通本科教学一般为 64 学时。

目　录

第二篇　电路分析实验

第三篇 电路分析实战

第一篇 电路分析理论

共 14 章,分成几个方面:直流电路、交流电路、动态电路及其他。

第1章　电路理论基础

内容提要

本章介绍电路模型的概念，电压、电流参考方向的概念，吸收、发出功率的表达式和计算方法，还将介绍电阻、电容、电感、独立电源和受控电源等电路元件。不同的电路元件的变量之间具有不同的约束。基尔霍夫定律是集总参数电路的基本定律，包括电流定律和电压定律，分别对相互连接的支路电流之间和相互连接的支路电压之间予以线性约束。这种约束与构成电路的元件的性质无关。

电工电子技术的应用离不开电路，而电路又由电路元件构成。本章着重介绍电路模型和电路的基本概念、常用电路元件的伏安特性、基尔霍夫定律，为学习各种类型的电工电子电路建立必要的基础。

1.1　理想元件和电路模型

1. 电路概念

电路原理的研究对象不是实际电路，而是由实际电路抽象而成的理想化的电路模型。为了便于分析、设计电路，在电路理论中，需要根据实际电路中的各个部件主要的物理性质，建立它们的物理模型，这些抽象化的基本的物理模型就称为理想电路元件，简称电路元件。实际电路器件是理想电路元件的组合。由电路元件构成的电路，是实际电路的电路模型，是在一定精确度范围内对实际电路的一种近似。

一般用导线、开关等将电源和用电设备连接起来，构成一个电流流通的闭合路径，这就组成了电路。所以，把构成电流通路的一切设备的总和，称之为电路。电路的作用，在强电方面，进行能量的转换和传输；在弱电方面，进行信号的处理、传递和存储。

电路的形式是多种多样的，但从电路的本质来说，其组成都有电源、负载、中间环节三个最基本的部分。如图 1-1 所示的手电筒电路中，电池把化学能转换成电能供给灯泡，灯泡却把电能转换成光能作照明之用。常用的电源如干电池、蓄电池和发电机等，常用的负载如电热炉、白炽灯和电动机等；连接电源和负载的部分，称为中间环节，如导线、开关等。

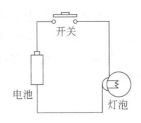

图 1-1　手电筒电路

用于构成电路的电工、电子元器件或设备统称为实际电路元件，简称实际元件。实际元件的物理性质，从能量转换角度看，有电能的产生，电能的消耗以及电场能量和磁场能量的储存。

实际电路的类型以及工作时发生的物理现象是千差万别的，在电路分析中，不可能也没有必要去探讨每一个实际电路，而只需找出它们的普遍规律。为此，把实际电路的元件理想化，忽略其次要因素，在反映主要物理性质的基础上，用理想元件来代替实际的元件，可以表征或近似地表示一个实际器件（或电路）中所有的主要物理现象。这样由理想元件组成的电路就是实际电路的电路模型，它是对实际电路物理性质的高度抽象和概括。所以，电路模型是通过理想的电路元件相互连接而成的。

2. 常用电路元件

图 1-2 是常用的理想电路元件电路模型图形符号(后面理想两字常略去),无源元件有电阻 R、电容 C 和电感 L,有源元件有电压源 U_S、电流源 I_S。它们是电路结构的基本模型,由这些基本模型可构成电路的整体模型。

例如,手电筒电路的电路模型如图 1-3 所示。灯泡看成电阻元件 R_L,干电池看成恒压源 E(或 U_S)和电阻元件(内阻)R_o 串联。可见电路模型就是实际电路的科学抽象。采用电路模型来分析电路,不仅计算过程大为简化,而且能更清晰地反映电路的物理实质。

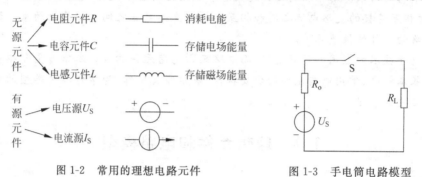

图 1-2　常用的理想电路元件　　　　图 1-3　手电筒电路模型

3. 集总参数电路

实际电路部件的运用一般都和电能的消耗现象及电、磁能的储存现象有关,它们交织在一起并发生在整个部件中。这里所谓的"理想化"指的是:假定这些现象可以分别研究,并且这些电磁过程都分别集中在各元件内部进行。这样的元件(电阻、电容、电感)称为集总参数元件,简称为集总元件。由集总元件构成的电路称为集总参数电路。

用集总参数电路模型来近似地描述实际电路是有条件的,它要求实际电路的尺寸 l(长度)要远小于电路工作时电磁波的波长 λ,即

$$l \ll \lambda \tag{1-1}$$

集总参数电路中 u、i 可以是时间的函数,但与空间坐标无关。因此,任何时刻,流入两端元件一个端子的电流等于从另一端子流出的电流,端子间的电压为单值量。

与集总参数电路相对应的是分布参数电路,本书不讨论分布参数电路,只考虑集总参数电路。

1.2　电流、电压的参考方向

电流、电压、电动势的实际方向在物理学中已作过明确的规定:电路中电流的流动方向是指正电荷流动的方向,电路中两点之间电压的方向是高电位指向低电位的方向(即电位降落的方向),电动势的方向在电源内部由低电位指向高电位的方向(即电位升高的方向)。图 1-4 所示电路中分别标出了电流、电压、电动势的方向。

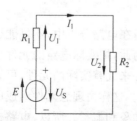

图 1-4　电流、电压的实际方向

但是在分析复杂电路时往往不能预先确定某段电路上电流、电压的实际方向。为了便于分析电路,电路中引出了

参考方向的概念。电流、电压的参考方向是人为任意设定的,图1-5电路中箭头所示方向就是电流和电压的参考方向。电路中的电流和电压的参考方向可能与实际方向一致或相反,但不论属于哪一种情况,都不会影响电路分析的正确性。

按参考方向求解得出的电流和电压值有两种可能。得正值,说明设定的参考方向与实际方向一致;若为负值,则表明参考方向与实际方向相反。必须指出,电路中的电流或电压在未标明参考方向的前提下,讨论电流或电压的正、负值是没有意义的。

参考方向也称正方向,除了用箭头标示外,还可以用双下标标示。如图1-5中电流 I_3 和电压 U_3 也可以写为 I_{ba} 和 U_{ab}。电压也可以用参考极性"+""−"标示。如图1-5中电压源 U_{S1}、U_{S2},其中"+"表示高电位,"−"表示低电位。

当一个元件或一段电路上的电流、电压参考方向一致时,则称它们为关联的参考方向,如图1-6(a)所示。在分析电路时,尤其是分析电阻、电感、电容等元件的电流、电压关系时,经常采用关联参考方向。例如在应用欧姆定律时必须注意电流、电压的方向,如图1-6(a)中电流、电压采用了关联参考方向,这时电阻 R 两端电压为

$$U = RI$$

若采用非关联参考方向,如图1-6(b)所示,则电阻 R 两端的电压为

$$U = -RI$$

当电阻的单位为欧姆(Ω)、电流的单位为安培(A)时,电压的单位为伏特(V)。

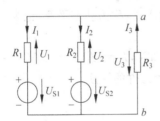
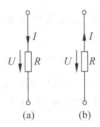

图1-5 电流、电压的参考方向　　　　图1-6 参考方向的关联性

列写公式时,根据电流和电压的参考方向得出公式中的正负号。此外电流和电压本身还有正值和负值之分。

1.3 电 功 率

从物理学中知道,一个元件上的电功率等于该元件两端的电压与通过该元件电流的乘积,即

$$P = UI \tag{1-2}$$

当电压的单位为伏特(V)、电流的单位为安培(A)时,功率的单位为瓦特(W)。

元件上的电功率有吸收(取用、消耗)和发出(产生)两种可能,用功率计算值的正负进行区别,以吸收(取用)功率为正。在分析电路时,就列写功率计算公式作如下规定。

(1)当电流、电压取关联的参考方向时

$$P = UI$$

(2)当电流、电压取非关联参考方向时

$$P = -UI$$

在此规定下,将电流 I 和电压 U 数值的正负号如实代入公式,如果计算结果为 $P > 0$ 时,表示元件吸收功率,该元件为负载;反之,$P < 0$ 时,表示元件发出功率,该元件为电源。

【例 1-1】 图 1-7 所示电路中,已知:$U_{S1} = 15V$,$U_{S2} = 5V$,$R = 5\Omega$,试求电流 I 和各元件的功率。

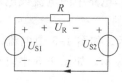

图 1-7 例 1-1 图

解 由图中电流的参考方向,可得

$$I = \frac{U_{S1} - U_{S2}}{R} = \frac{15 - 5}{5}A = 2A$$

电流为正值,说明电流参考方向与实际方向一致。

根据对功率计算的规定,可得

元件 U_{S1} 的功率

$$P_{S1} = -U_{S1}I = (-15 \times 2)W = -30W(发出功率)$$

元件 U_{S2} 的功率

$$P_{S2} = U_{S2}I = (5 \times 2)W = 10W(吸收功率)$$

元件 R 的功率

$$P_R = I^2R = (2^2 \times 5)W = 20W(吸收功率)$$

由本例可看出,电源发出的功率等于各个负载吸收的功率之和,即

$$P_{S1} + P_{S2} + P_R = 0$$

按照能量守恒定律,对所有的电路来说,上述结论均成立,称为功率平衡,记为

$$\Sigma P = 0$$

【例 1-2】 在图 1-8 所示的电路中,已知:$U_1 = 20V$,$I_1 = 2A$,$U_2 = 10V$,$I_2 = -1A$,$U_3 = -10V$,$I_3 = -3A$,试求图中各元件的功率,并说明各元件的性质。

解 由功率计算的规定,可得

元件 1 功率

$$P_1 = -U_1I_1 = (-20 \times 2)W = -40W$$

元件 2 功率

$$P_2 = U_2I_2 = [10 \times (-1)]W = -10W$$

元件 3 功率

$$P_3 = -U_3I_1 = [-(-10) \times 2]W = 20W$$

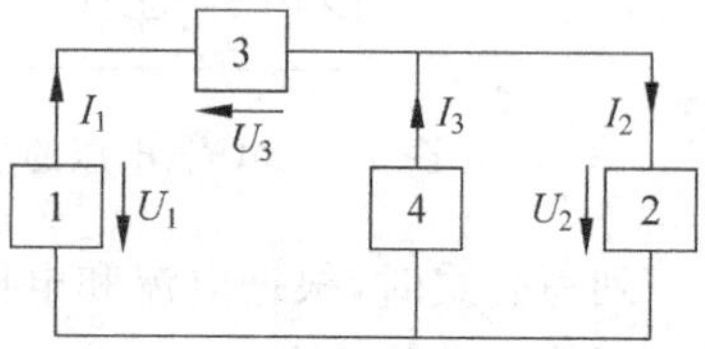

元件 4 功率

$$P_4 = -U_2I_3 = [-10 \times (-3)]W = 30W$$

图 1-8 例 1-2 图

元件 1 和元件 2 发出功率是电源,元件 3 和元件 4 吸收功率是负载。满足 $\Sigma P = 0$,说明计算结果无误。

需要注意的是,在电路分析计算中的两套正负号。列写电路方程时,根据电流和电压的参考方向得出公式中的正负号;代入数据时要如实代入电流和电压数值的正负号。

1.4 电路的状态

电路在不同的工作条件下,将分别处于通路、开路和短路状态。现以图 1-9 所示电路为例,分别讨论每一种状态的特点。

1. 通路

在图 1-9(a)中,当电源与负载接通时,电路称为通路。电路中的电流,也就是电源的输出电流

$$I = \frac{E}{R_\circ + R_L} = \frac{U_S}{R_\circ + R_L}$$

式中,R_L 为负载电阻,$R_\circ$ 为电源的内阻,通常 $R_\circ$ 很小。负载两端的电压也就是电源输出电压:

$$U = E - IR_\circ = U_S - IR_\circ$$

通路时的功率平衡关系式为

$$P_{R_L} = P_E - P_{R_\circ} = EI - I^2 R_\circ = UI$$

式中 EI 为电源产生的功率;UI 为负载消耗的功率;$I^2 R_\circ$ 为电源内部损耗的功率。

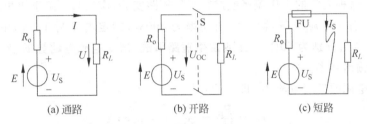

(a) 通路　　　　　　(b) 开路　　　　　　(c) 短路

图 1-9　电路的三种状态

通路状态下,电路中有了电流和功率的输送和转换。这时电源产生的电功率等于负载消耗的功率与电源内部损耗的功率之和。由此得出,电源输出的电流和功率取决于负载的大小。

电源和负载等电气设备在一定工作条件下其工作能力是一定的。为表示电气设备的正常工作条件和工作能力所规定的数据统称电气设备的额定值。它包括额定电压 U_N、额定电流 I_N 和额定功率 P_N 等。额定值一般都列入产品说明书中,或直接标明在设备的铭牌上,使用时务必遵守这些规定。如果超过或低于这些额定值,都有可能引起电气设备的损坏或降低使用寿命,或使其不能发挥正常的效能。例如一个标有 1W、400Ω 的电阻,即表示该电阻的阻值为 400Ω,额定功率为 1W,由 $P = I^2 R$ 的关系,可求得它的额定电流为 0.05A。使用时电流值超过 0.05A,就会使电阻过热,严重时甚至立即损坏。

2. 开路

在图 1-9(b)中,开关打开,电源与负载没有接通,电路称为开路。

由于电路未连成闭合电路,电路中电流为零,电源产生的功率和输出的功率都为零。处于开路状态下的电源两端的电压称为开路电压,用 $U_\circ$ 表示,其值等于电源的电动势 E(或 U_S)。即

$$U_\circ = E = U_S$$

断开处,相当于接入一个 $R = \infty$ 的电阻(或 $G = 0$ 的电导)。

3. 短路

在图 1-9(c)中,由于某种原因,电源两端被直接连在一起,造成电源短路,称电路处于短路状态。

电源短路时,外电路的电阻可视为零,因此电源与负载两端的电压为零,流过负载的电流及负载的功率也都为零。这时电源的电动势全部降在内阻上,形成短路电流 I_S,即

$$I_S = \frac{E}{R_o} = \frac{U_S}{R_o}$$

而电源产生的功率将全部消耗在内阻中,即

$$P_E = EI_S = I_S^2 R_o$$

电源短路是一种严重事故。因为短路时电流的回路中仅有很小的电源内阻,所以短路电流将大大地超过电源的额定电流,可能使电源遭受机械的与热的损伤或毁坏。为预防发生短路事故,通常在电路中接入熔断器(FU)或自动断路器,确保短路时,能迅速地把故障电路自动切除,使电源、开关等设备得到保护。

在电工、电子技术中,为了某种需要,如改变一些参数的大小,可将部分电路或某些元件两端予以短接,这种人为的工作短接或进行某种短路实验,应该与短路事故相区别。

【例 1-3】 有一电源设备,额定输出功率为 400W,额定电压为 110V,电源内阻 R_o 为 1.38Ω,当负载电阻分别为 50Ω、10Ω 或发生短路事故,试求电源电动势 E 及上述不同负载情况下电源的输出功率。

解 先求电源的额定电流 I_N,即

$$I_N = \frac{P_N}{U_N} = \frac{400}{110}A = 3.64A$$

再求电源电动势 E,即

$$E = U_N + I_N R_o = (110 + 3.64 \times 1.38)V = 115V$$

(1) 当 $R_L = 50\Omega$ 时,求电路的电流 I

$$I = \frac{E}{R_o + R_L} = \frac{115}{1.38 + 50}A = 2.24A < I_N,电源轻载$$

电源的输出功率 $P_{R_L} = UI = I^2 R_L = (2.24^2 \times 50)W = 250.88W < P_N$,轻载

(2) 当 $R_L = 10\Omega$ 时,求电路的电流 I

$$I = \frac{E}{R_o + R_L} = \frac{115}{1.38 + 10}A = 10.11A > I_N,电源过载$$

电源的输出功率 $P_{R_L} = VI = I^2 R_L = (10.11^2 \times 10)W = 1022.12W > P_N$,电源过载

(3) 电路发生短路,求电源的短路电流 I_S

$$I_S = \frac{E}{R_o} = \frac{115}{1.38}A \approx 83.33A \approx 23I_N$$

如此大的短路电流如不采取保护措施迅速切断电路,电源及导线等会被毁坏。

1.5 电阻、电容和电感元件

电阻 R、电感 L 和电容 C 是三种具有不同物理性质的电路元件,其图形符号分别如图 1-10(a)、(b)、(c)所示。由线性元件组成的电路称为线性电路。本书中除特别指明为非线性之外,讨论的均为线性电路的问题。

下面讨论这三个理想元件的基本特性,并介绍实际的电阻器、电感器和电容器的主要参数及模型。

1. 电阻元件

电阻元件简称电阻,是用来表示负载耗能的电特性的。电阻元件的符号如图 1-10(a)所示。

电阻元件上电压和电流之间的关系为伏安特性。如果电阻的伏安特性曲线是一条通过坐标原点的直线,则称为线性电阻元件,如图 1-11 中的曲线 a 所示。伏安特性曲线不是直线的称为非线性电阻元件,如图 1-11 中曲线 b 所示。

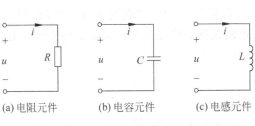

(a) 电阻元件　　(b) 电容元件　　(c) 电感元件

图 1-10　电阻、电容和电感

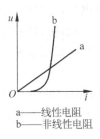

a——线性电阻
b——非线性电阻

图 1-11　电阻伏安特性

线性电阻的特点是其电阻值为一常数,与通过它的电流或作用于其两端电压的大小无关。非线性电阻的电阻值不是常数,与通过它的电流或作用其两端的电压的大小有关。

线性电阻两端的电压和流过它的电流之间的关系服从欧姆定律,当 u 与 i 的参考方向为图 1-10(a)所示的关联参考方向时,则瞬时值关系为

$$u = Ri \tag{1-3}$$

式中 u 为电压,单位为伏特(V);i 为电流,单位为安培(A);R 为电阻,单位为欧姆(Ω),大电阻用千欧(kΩ)和兆欧(MΩ),$1\text{k}\Omega = 10^3\,\Omega$,$1\text{M}\Omega = 10^6\,\Omega$。

电阻元件要消耗电能,是一个耗能元件。电阻吸收的功率为

$$p = ui = Ri^2 = \frac{u^2}{R}$$

从 t_1 到 t_2 的时间内,电阻吸收的能量为

$$W = \int_{t_1}^{t_2} Ri^2 \, \mathrm{d}t$$

单位为焦耳(J)。

2. 电容元件

电容元件是实际电容器的理想模型,是电荷 q 与电压 u_C 相约束的元件,它能够存储电场能量,是储能元件。电容元件的符号如图 1-10(b)所示。

(1) 线性电容元件的性质

线性电容元件是通过 q-u 平面坐标原点位于第 Ⅰ-Ⅲ 象限的一条直线。直线的斜率 C 是一个正值常数,称为电容。元件定义表达式为

$$C = \frac{q}{u} \tag{1-4}$$

电容的单位是法拉(F),通常用微法 μF($1\mu\text{F} = 10^{-6}\,\text{F}$)或皮法 pF($1\text{pF} = 10^{-12}\,\text{F}$)表示。

（2）电容元件的伏安关系

在关联参考方向下，电容元件伏安关系的两种形式是

$$i_C(t) = C\frac{du_C(t)}{dt} \tag{1-5}$$

$$u_C(t) = u_C(t_0) + \frac{1}{C}\int_{t_0}^{t} i_C(\xi)d\xi \tag{1-6}$$

式(1-5)表明，电容电流与电容电压的变化率有关，故称电容元件为动态元件。若电容电压是直流电压，这时电压的变化率为零，则电容电流为零，电容相当于开路，故电容有隔直作用。式(1-6)表明，任一时刻的电容电压，除与 t_0 到 t 的电流值有关外，还与 $u_C(t_0)$ 值有关，因此，电容是记忆元件。与之相比，电阻元件的电压仅与该瞬时的电流值有关，是无记忆元件。

（3）电容元件的功率与储能

在关联参考方向下，电容元件的功率为

$$p_C(t) = u(t)i(t) = Cu\frac{du}{dt}$$

电容元件瞬时功率有时为正值，有时为负值。正值表示电容从电路中吸收能量储存于电场中；负值表示电容向电路释放出电场能量，而本身不消耗功率。电容元件吸收的能量以电场能量的形式储存在元件的电场中。

电容元件储能的表达式为

$$W_C = \int_{-\infty}^{t} Cu\frac{du}{d\xi}d\xi = \frac{1}{2}Cu^2\Big|_{u(-\infty)}^{u(t)} = \frac{1}{2}Cu^2(t) \quad t \geqslant 0 \tag{1-7}$$

式(1-7)表明，电容在某一时刻的储能，只取决于该时刻的电容值，而与电容电流值无关。

小结：

- 电容电流 i 的大小与电压 u 的变化率成正比，与 u 的大小无关，电容是一种动态元件；
- 电容在直流电路中相当于开路，有隔直作用；
- 电容是一种记忆元件；
- 电容是一种储能元件，储存电场能量；
- 电容是一种无源元件，它不会释放出多于它吸收或储存的能量。

3. 电感元件

电感元件是实际电感器的理想化模型，是磁链 ψ 与电流 i_L 相约束的元件，它能够存储磁场能量，是储能元件。电感元件符号如图 1-10(c)所示。

（1）线性电感元件的性质

线性电感元件是通过 ψ-i 平面坐标原点位于第Ⅰ-Ⅲ象限的一条直线。直线的斜率 L 是一个正值常数，称为电感。元件定义表达式为

$$L = \frac{\psi}{i} \tag{1-8}$$

电感的单位是亨利(H)，通常用毫亨 mH(1mH$=10^{-3}$H)和微亨 μH(1μH$=10^{-6}$H)表示。

（2）电感元件的伏安关系

在关联的参考方向下，电感元件伏安关系的两种形式是

$$u_L(t) = L \frac{di_L(t)}{dt} \tag{1-9}$$

$$i_L(t) = i_L(t_0) + \frac{1}{L} \int_{t_0}^{t} u_L(\xi) d\xi \tag{1-10}$$

式(1-9)表明电感电压与电感电流的变化率有关,故称电感元件为动态元件。若电感电流是直流,这时电感电流的变化率为零,则电感电压为零,电感相当于短路。式(1-10)表明电感元件是记忆元件。

(3)电感元件的功率和储能

在关联参考方向下,电感元件的功率为

$$p_L(t) = u(t)i(t) = Li \frac{di}{dt}$$

电感元件瞬时功率有时为正值,有时为负值。正值表示电感从电路中吸收能量,储存在磁场中;负值表示电感向电路释放能量,而本身不消耗功率。电感元件吸收的能量以磁场能量的形式储存在元件的磁场中。

电感元件储能的表达式为

$$W_{吸} = \int_{-\infty}^{t} Li \frac{di}{d\xi} d\xi = \frac{1}{2} Li^2(t) \quad t \geqslant 0 \tag{1-11}$$

式(1-11)表明,电感在某一时刻的储能,只取决于该时刻的电感电流值,而与电感电压值无关。

4. 电容元件与电感元件的比较

由表1-1,得到电容元件与电感元件的对应关系。

(1)元件方程的形式是相似的;

(2)若把 u-i,q-ψ,C-L,i-u 互换,可由电容元件的方程得到电感元件的方程;

(3)C 和 L 称为对偶元件,Ψ,q 等称为对偶元素。

显然,R、G 也是一对对偶元素:

$$U = RI \quad \Leftrightarrow \quad I = GU \quad 和 \quad I = \frac{U}{R} \quad \Leftrightarrow \quad U = \frac{I}{G}$$

表 1-1 电容元件与电感元件的比较

	电容 C	电感 L
变量	电压 u 电荷 q	电流 i 磁链 ψ
关系式	$q = Cu$ $i = C \frac{du}{dt}$ $W_C = \frac{1}{2} Cu^2 = \frac{1}{2C} q^2$	$\psi = Li$ $u = L \frac{di}{dt}$ $W_L = \frac{1}{2} Li^2 = \frac{1}{2L} \psi^2$

5. 实际元件的主要参数及电路模型

电阻的种类很多,如实芯电阻(RS)、绕线电阻(RX)、碳膜电阻(RT)、金属膜电阻(RJ)、氧化膜电阻(RY)等。电阻器的主要参数为标称阻值、允许偏差和额定功率。例如 RJ-2 型金属膜电阻器,标称值为820Ω,允许偏差为$\pm5\%$、额定功率为2W。选用电阻器时,不仅电阻值要符合要求,而且该电阻器在使用时实际消耗的功率不允许超过额定功率。

电容通常由绝缘介质隔离开的金属极板组成。其种类繁多,如纸介电容器(CZ 或 CJ)、云母电容器(CY)、瓷介电容器(CC 或 CT)、涤纶电容器(CL)、玻璃釉电容器(CI)、电解电容器(CD)等。电容器的主要参数为电容的标称容量和额定电压。例如 CJ10 型纸介电容器,标称容量为 $0.15\mu F$、额定直流工作电压为400V。在使用时,电容器实际承受的电压不允许超出其额定电压,否则可能使电容器中的绝缘介质被击穿。电解电容在直流电路中使用时要注意其正、负极性,不能接反。

电感通常是用导线绕制而成的线圈。有的电感线圈含有铁心,称为铁心线圈。线圈中铁心可大大增加电感的数值,但却引起了非线性,并产生铁心损耗。电感的主要参数是电感值和额定电流。例如某 LG_4 型电感器,电感量标称值为 $820\mu H$,最大直流工作电流为 $150mA$。

在多数情况下,实际的电阻器、电感器和电容器可以只考虑其主要物理性质,将它们近似地看成理想元件,分别只有电阻、电感和电容。但在有些情况下,除考虑这些元件的主要物理性质外,还要考虑其次要物理性质,此时可用 R、L、C 组成的模型表示。例如,图 1-12(a)考虑电能损耗时的电容器模型,图 1-12(b)是考虑电能损耗和磁场储能时的电容器模型。电阻器和电感器的模型也可以类似地得出。

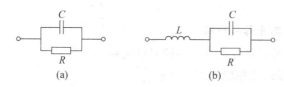

图 1-12 电容器模型

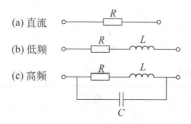

图 1-13 不同条件下的线圈模型

在不同的条件下,同一实际器件可能采用不同的模型。例如,在直流情况下,一个线圈的模型可以是一个电阻元件,如图 1-13(a)所示;在较低频率下,就要用电阻元件和电感元件的串联组合模拟,如图 1-13(b)所示;在较高频率下,还应涉及导体表面的电荷作用,即电容效应,所以其模型还需要包含电容元件,如图 1-13(c)所示。

在实际使用中,若单个电阻器、电感器和电容器不能满足要求,则可将几个元件串联或并联起来使用。表 1-2给出了两个同性质的元件串联或并联时的参数计算公式。

表 1-2 两个元件串联和并联时参数的计算公式

连接方式	等效电阻	等效电感	等效电容
串联	$R=R_1+R_2$	$L=L_1+L_2$	$C=\dfrac{C_1 C_2}{C_1+C_2}$
并联	$R=\dfrac{R_1 R_2}{R_1+R_2}$	$L=\dfrac{L_1 L_2}{L_1+L_2}$	$C=C_1+C_2$

(注:在等效电感计算式中未考虑两个线圈间的互感)

1.6　独　立　电　源

实际电路中,能向电路独立地提供电压、电流的装置称为独立电源,如电池、发电机、稳压电源、稳流电源,还有信号源等。

1. 电压源

电压源是一个理想电路元件,其两端电压总能保持定值或一定的时间函数,其值与流过它的电流 i 无关。它的特点是端电压由电源本身决定,与外电路无关;通过电压源的电流由电源及外电路共同决定。

理想电压源及其伏安特性如图 1-14 所示。在图 1-14(b)中,理想电压源外接电路,当电阻为 R 时,$I=\dfrac{U_S}{R}$;$R=\infty$ 时,$i=0$;如 $R=0$,则 $i=\infty$,但这时理想电压源两端的电压不是电压源的电压,这与理想电压源的定义不符,故理想电压源不能短路。

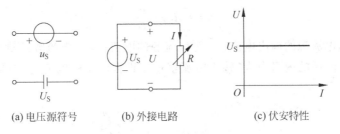

(a) 电压源符号　　　　(b) 外接电路　　　　(c) 伏安特性

图 1-14　理想电压源及其伏安特性

实际的电压源模型是理想电压源和电阻的串联组合,如图 1-15(a)所示。其伏安特性为

$$u = u_S - R_S i \tag{1-12}$$

式(1-12)中,u 为电压源的输出电压,u_S 为电压源的电压;i 为电压源的输出电流;R_S 为电压源的内阻。电压源的内阻愈小,输出电压就愈接近电压源的电压 u_S,内阻 $R_S=0$ 时的电压源就是恒压源。

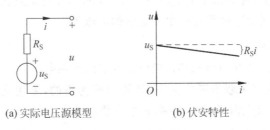

(a) 实际电压源模型　　　　　　(b) 伏安特性

图 1-15　实际电压源

实际电压源也不允许短路。因其内阻小,若短路,电流很大,可能烧毁电源。

2. 电流源

电流源也是一个理想电路元件,其输出电流总能保持定值或一定的时间函数,其值与它的两端电压 u 无关。电流源的输出电流由电源本身决定,与外电路无关;与它两端电压方向、大小无关,电流源两端的电压由电源及外电路共同决定。

理想电流源及其伏安特性如图 1-16 所示。在图 1-16(b)中,理想电流源外接电路,当电阻为 R 时,$U = RI_S$;$R = 0$ 时,$u = 0$;如 $R = \infty$,则 $u = \infty$,但这时理想电流源支路的电流不是电流源的电流,这与理想电流源的定义不符,故理想电流源不能开路。

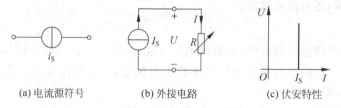

(a) 电流源符号   (b) 外接电路   (c) 伏安特性

图 1-16   理想电流源及其伏安特性

实际的电流源模型是理想电流源和电阻的并联组合,如图 1-17(a)所示。其伏安特性为

$$i = i_S - \frac{u}{R_S} \tag{1-13}$$

式(1-13)中,i 为电流源的输出电流;i_S 为恒流源的电流;u 为电流源的输出电压;R_S 为电流源的内阻。电流源的内阻愈大,输出电流就愈接近恒流源的电流 i_S,内阻 $R_S = \infty$ 时的电流源就是恒流源。

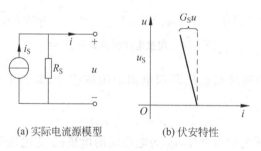

(a) 实际电流源模型   (b) 伏安特性

图 1-17   实际电流源

实际电流源的产生,可由稳流电子设备产生,如晶体管的集电极电流与负载无关,光电池在一定光线照射下光电池被激发产生一定值的电流等。

3. 电源的功率计算

计算电源上的功率(发出或吸收)时,电压源或电流源均取非关联参考方向,如图 1-18(a)和图 1-18(c)所示。在非关联参考方向下,计算功率为正的,表明该电源是发出功率,起电源作用;为负的,表明该电源是吸收功率,充当负载。

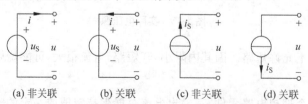

(a) 非关联   (b) 关联   (c) 非关联   (d) 关联

图 1-18   电压源及电流源的参考方向

电压源

$$P = u_\mathrm{S}i$$

电流源

$$P = ui_\mathrm{S}$$

电源在关联参考方向下的功率计算正好相反，计算功率为正的，表明该电源是吸收功率，充当负载；为负的，表明该电源是发出功率，起电源作用。

【例 1-4】 计算如图 1-19 所示电路各元件的功率。

解

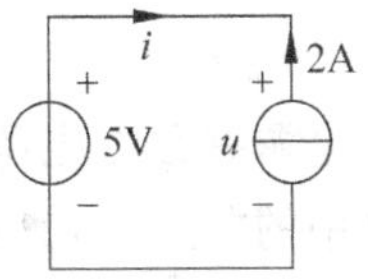

$$i = -i_\mathrm{S} = -2\mathrm{A}$$
$$u = 5\mathrm{V}$$
$$P_{2\mathrm{A}} = ui_\mathrm{S} = (5 \times 2)\mathrm{W} = 10\mathrm{W}（发出）$$
$$P_{5\mathrm{V}} = u_\mathrm{S}i = [5 \times (-2)]\mathrm{W} = -10\mathrm{W}（吸收）$$

图 1-19　例 1-4 图

1.7　受　控　电　源

受控电源又称"非独立"电源。受控电压源的激励电压或受控电流源的激励电流与独立电压源的激励电压或独立电流源的激励电流有所不同，后者是独立量，前者则受电路中某部分电压或电流控制。

电压（或电流）的大小和方向不是给定的时间函数，而是受电路中某个支路的电压（或电流）控制的电源，称受控源。

为了与独立电源相区别，用菱形符号表示其电源部分。受控源电路符号如图 1-20 所示。

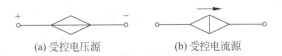

(a) 受控电压源　　　　　　　(b) 受控电流源

图 1-20　受控源符号

根据被控制量是电压 u 或电流 i，受控源可分四种类型：当被控制量是电压时，用受控电压源表示；当被控制量是电流时，用受控电流源表示。

双极晶体管的集电极电流受基极电流控制，运算放大器的输出电压受输入电压控制，所以这类器件的电路模型中要用到受控源。

受控电压源或受控电流源因控制量是电压或电流可分为电压控制电压源（VCVS）、电压控制电流源（VCCS）、电流控制电压源（CCVS）和电流控制电流源（CCCS）。这四种受控源的图形符号如图 1-21 所示。图中 u_1 和 i_1 分别表示控制电压和控制电流，μ、r、g 和 β 分别是有关的控制系数，其中 μ 和 β 是量纲一的量，r 和 g 分别是具有电阻和电导的量纲。这些系数为常数时，被控制量和控制量成正比，这种受控源称为线性受控源。本书只考虑线性受控源，故一般将"线性"二字略去。

在图 1-21 中，把受控源表示为具有 4 个端子的电路模型，其中受控电压源或受控电流源具有一对端子，另一对控制端子则或为开路（(a) 图和 (b) 图），或为短路（(c) 图和 (d) 图），分别对应于控制量是开路电压或短路电流。这样处理有时会带来方便。所以可以把受控源看作是一种四端元件,但在一般情况下,不一定要在图中专门标出控制量所在处的端子。

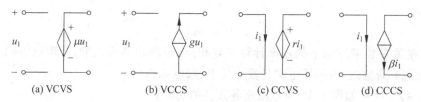

(a) VCVS (b) VCCS (c) CCVS (d) CCCS

图 1-21 四种受控源

电源有独立电源(如电池、发电机等)与非独立电源(或称为受控源)之分。独立电源是电路中的"输入",它表示外界对电路的作用,电路中电压或电流是由于独立电源起的"激励"作用产生的。受控源则不同,它是用来反映电路中某处的电压或电流能控制另一处的电压或电流的现象,或表示一处的电路变量与另一处电路变量之间的一种耦合关系。

受控源与独立电源的不同点是,独立电源的电势 E_S 或电流 I_S 是某一固定的数值或是某一时间的函数,它不随电路的其余部分的状态而变;而受控源的电势或电流则是随电路中另一支路的电压或电流而变的一种电源。

当受控源的电压(或电流)与控制支路的电压或电流成正比变化时,则该受控源是线性的。在求解具有受控源的电路时,可以把受控电压(电流)源作为电压(电流)源处理,但必须注意其激励电压(电流)是取决于控制量的。

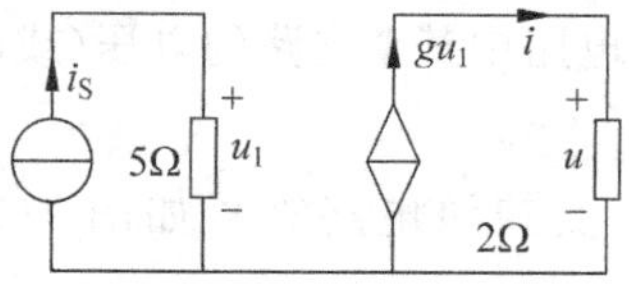

图 1-22 例 1-5 图

【例 1-5】 如图 1-22 中,$i_S = 2A$,VCCS 的控制系数 $g = 2S$,求 u。

解 由图 1-22 左部,先求控制电压 u_1
$$u_1 = 5i_S = 10(V)$$
故 $u = 2gu_1 = (2 \times 2 \times 10)V = 40V$。

1.8 基尔霍夫定律

基尔霍夫定律是电路分析普遍适用的定律,既适用于线性电路也适用于非线性电路,它仅与电路的结构有关,而与电路中的元件性质无关。它反映了电路中所有支路电压和电流所遵循的基本规律,是分析集总参数电路的基本定律。基尔霍夫定律与元件特性构成了电路分析的基础。

基尔霍夫电流定律应用于结点,确定电路中各支路电流之间的关系;基尔霍夫电压定律应用于回路,确定电路中各部分电压之间的关系。

1. 几个名词

为了更好地掌握该定律,结合图 1-23 所示电路,先解释几个有关名词术语。

结点(node):三个或三个以上电路元件的联结点。例如图 1-23 所示电路中的 a、b、c、d 点。

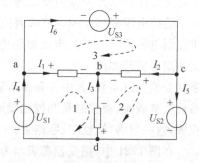

图 1-23 电路参数

支路(branch)：联结两个结点之间的电路。每一条支路有一个支路电流,例如图 1-23 中有 6 条支路,各支路电流的参考方向均用箭头标出。

路径(path)：两结点间的一条通路,由支路构成。

回路(loop)：电路中任一闭合路径。

网孔(mesh)：对平面电路,内部不含有其他支路的单孔回路。例如图 1-23 中有三个网孔回路,并标出了网孔的绕行方向。网孔是回路,但回路不一定是网孔。

2. 基尔霍夫电流定律(KCL)

(1) 定律内容

在集总参数电路中,任意时刻,对任意结点流出或流入该结点电流的代数和等于零。即

$$\sum_{k=1}^{m} i(t) = 0$$

或

$$\sum i_{入} = \sum i_{出}$$

如图 1-23 中,对结点 a 可写出

$$I_4 = I_1 + I_6$$

移项后可得

$$I_4 - I_1 - I_6 = 0$$

即

$$\sum I = 0$$

表明在任一瞬时,任一个结点上电流的代数和恒等于零。习惯上,电流流出结点取正号,流入结点取负号。

(2) 定律推广

基尔霍夫电流定律不仅适用于结点,也适用于任一闭合面。这种闭合面有时也称为广义结点。

如图 1-24(a)的广义结点用 KCL 可得

$$I_a + I_b + I_c = 0$$

再比如图 1-24(b)所示的晶体管,同样有

$$I_E = I_B + I_C$$

表明 KCL 可推广应用于电路中包围多个结点的任一闭合面。

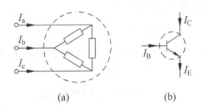

(a)　　　　　(b)

图 1-24　KCL 的推广应用

(3) 结论

- KCL 是电荷守恒和电流连续性原理在电路中任意结点处的反映;
- KCL 是对支路电流加的线性约束,与支路上接的是什么元件无关,与电路是线性还是非线性无关;
- KCL 方程是按电流参考方向列写,与电流实际方向无关。

3. 基尔霍夫电压定律(KVL)

(1) 定律内容

在集总参数电路中,任一时刻,沿任一闭合路径绕行,各支路电压的代数和等于零。即

$$\sum_{k=1}^{m} u(t) = 0$$

或

$$\sum u_降 = \sum u_升$$

如图 1-23 中，在回路 1（即回路 abda）的方向上，结合欧姆定律，可看出 a 到 b 电位降了 I_1R_1，b 到 d 电位升了 I_3R_3，d 到 a 电位升了 u_{S1}，则可写出

$$u_{S1} + I_3R_3 = I_1R_1$$

移项后可得

$$u_{S1} + I_3R_3 - I_1R_1 = 0$$

即

$$\sum u = 0$$

在任一瞬间，沿任一闭合回路的绕行方向，回路中各段电压的代数和恒等于零。习惯上电位升取正号，电位降取负号。使用 KVL 时，要标定各元件电压参考方向，还要选定回路绕行方向是顺时针还是逆时针。

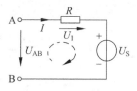

图 1-25　KVL 的推广应用

（2）定律推广

基尔霍夫电压定律不仅适用于闭合电路，也可以推广应用于开口电路。图 1-25 所示不是闭合电路，但在电路的开口端存在电压 U_{AB}，可以假想它是一个闭合电路，如按顺时针方向绕行此开口电路一周，根据 KVL 则有

$$\sum u = -U_1 - U_s + U_{AB} = 0$$

移项后

$$u_{AB} = U_1 + U_s = IR + U_s$$

说明 A、B 两端开口电路的电压等于 A、B 两端另一支路各段电压之和。它反映了电压与路径无关的性质。

（3）结论

- KVL 的实质反映了电路遵从能量守恒定律；
- KVL 是对回路电压加的线性约束，与回路各支路上接的是什么元件无关，与电路是线性还是非线性无关；
- KVL 方程是按电压参考方向列写，与电压实际方向无关。

【例 1-6】　试求图 1-26 所示的两个电路中各元件的功率。

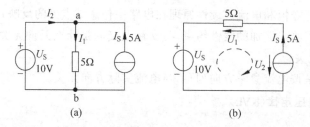

图 1-26　例 1-6 图

解 (1) 图 1-26(a)为并联电路,并联的各元件电压相同,均为 $U_\mathrm{S}=10\mathrm{V}$

由欧姆定律

$$I_1 = \frac{10}{5}\mathrm{A} = 2\mathrm{A}$$

由 KCL 对结点 a 列

$$I_2 = I_1 - I_\mathrm{S} = (2-5)\mathrm{A} = -3\mathrm{A}$$

电阻的功率

$$P_\mathrm{R} = I_1^2 R = (2^2 \times 5)\mathrm{W} = 20\mathrm{W}$$

恒压源的功率

$$P_{u_\mathrm{S}} = -U_\mathrm{S}I_2 = [-10 \times (-3)]\mathrm{W} = 30\mathrm{W} \text{ (吸收)}$$

恒流源的功率

$$P_{I_\mathrm{S}} = -U_\mathrm{S}I_\mathrm{S} = (-10 \times 5)\mathrm{W} = -50\mathrm{W} \text{ (发出)}$$

(2) 图 1-26(b)为串联电路,串联的各元件电流相同,均为 $I_\mathrm{S}=5\mathrm{A}$

由欧姆定律

$$U_1 = (5 \times 5)\mathrm{V} = 25\mathrm{V}$$

由 KVL 对回路列

$$U_2 = U_1 + U_\mathrm{S} = (25+10)\mathrm{V} = 35\mathrm{V}$$

电阻的功率

$$P_\mathrm{R} = I_\mathrm{S}^2 R = (5^2 \times 5)\mathrm{W} = 125\mathrm{W}$$

恒压源的功率

$$P_{U_\mathrm{S}} = U_\mathrm{S}I_\mathrm{S} = (10 \times 5)\mathrm{W} = 50\mathrm{W} \text{ (吸收)}$$

恒流源的功率

$$P_{I_\mathrm{S}} = -U_2 I_\mathrm{S} = (-35 \times 5)\mathrm{W} = -175\mathrm{W} \text{ (发出)}$$

以上计算满足功率平衡式。

【例 1-7】 图 1-27 是一个分压电路,已知 $R_1=3\Omega$,$R_2=7\Omega$,$U_\mathrm{S}=20\mathrm{V}$,试求恒压源的电流 I 和电压 U_1、U_2。

解 根据欧姆定律得

$$U_1 = IR_1; \quad U_2 = IR_2$$

根据 KVL 列写出回路电压方程

$$U_\mathrm{S} = IR_1 + IR_2$$

所以电流

$$I = \frac{U_\mathrm{S}}{R_1 + R_2}$$

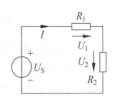

图 1-27 例 1-7 图

代入上式得出分压公式

$$\begin{cases} U_1 = \dfrac{R_1}{R_1 + R_2}U_\mathrm{S} \\ U_2 = \dfrac{R_2}{R_1 + R_2}U_\mathrm{S} \end{cases} \tag{1-14}$$

把数值代入上式可得 $I=2\mathrm{A}$,$U_1=6\mathrm{V}$,$U_2=14\mathrm{V}$。

分压公式表明分压电阻上的电压与电阻值成正比,即电阻愈大,分得的电压则愈大。

【例 1-8】 图 1-28 是一个分流电路。已知 $R_1=2\Omega,R_2=3\Omega,I_S=10A$,试求恒流源两端的电压 U 和电流 I_1、I_2。

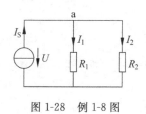

图 1-28　例 1-8 图

解　根据欧姆定律得

$$I_1 = \frac{U}{R_1}, \quad I_2 = \frac{U}{R_2}$$

根据 KCL 列写出结点 a 的电流方程

$$I_S = I_1 + I_2$$

即

$$I_S = \frac{U}{R_1} + \frac{U}{R_2} = \frac{R_1+R_2}{R_1 R_2}U$$

所以电压

$$U = \frac{R_1 R_2}{R_1+R_2}I_S = (R_1 /\!/ R_2)I_S = RI_S$$

代入上式得出分流公式

$$\begin{cases} I_1 = \dfrac{R_2}{R_1+R_2}I_S \\[3mm] I_2 = \dfrac{R_1}{R_1+R_2}I_S \end{cases} \tag{1-15}$$

把数值代入上式可得 $U=12V,I_1=6A,I_2=4A$。

分流公式表明分流电阻中的电流与电阻值成反比,即电阻愈小,分得的电流则愈大。

本 章 小 结

- 分析电路首先要做的事情,就是假定各支路电压和支路电流的参考方向,通常取关联参考方向。
- 实际电路元件是通过电路模型反映在电路中的。
- 常用的无源元件为电阻、电容和电感,其元件伏安关系为

$$电阻:U = IR, \quad 电容:i = C\frac{\mathrm{d}u}{\mathrm{d}t}, \quad 电感:u = L\frac{\mathrm{d}i}{\mathrm{d}t}$$

- 实际的电压源模型是理想电压源与电阻的串联组合;实际的电流源模型是理想电流源与电阻的并联组合。
- 受控源不能独立提供能量,它反映的是电路里某一部分的电流(或电压)受电路里另一部分电流(或电压)控制的物理现象。有四种类型,分别是:VCVS,VCCS,CCVS,CCCS。
- 基尔霍夫电流定律(KCL)表明,在任一时刻,电路里任一个结点上电流的代数和恒等于零。即,$\sum I = 0$,它是对支路电流加的线性约束,与支路上接的是什么元件无关,与电路是线性还是非线性无关。
- 基尔霍夫电压定律(KVL)表明,在任一时刻,沿电路里任一闭合路径绕行,各支路电压的代数和等于零。即 $\sum u = 0$,是对回路电压加的线性约束,与回路各支路上接的是什么元件无关,与电路是线性还是非线性无关。

课 后 习 题

1　图题 1 所示电路中,A 是内阻极低的电流表,V 是内阻极高的电压表,电源不计内阻。如果电灯泡灯丝烧断,则有(　　)。

　　A. 电流表读数不变,电压表读数为零

　　B. 电压表读数不变,电流表读数为零

　　C. 电流表和电压表读数都不变

　　D. 电流表和电压表读数都为零

2　图题 2 中所示电路的受控源吸收的功率为(　　)。

　　A. $-8W$　　　　　　B. $8W$　　　　　　C. $16W$　　　　　　D. $-16W$

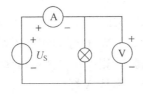

图题 1

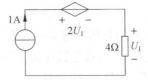

图题 2

3　基尔霍夫电流定律应用于(　　)。

　　A. 支路　　　　　　B. 结点　　　　　　C. 网孔　　　　　　D. 回路

4　四个电阻器的额定电压和额定功率分别如下,电阻器的电阻最大的是(　　)。

　　A. $220V$、$40W$　　　　　　　　　　B. $220V$、$100W$

　　C. $36V$、$100W$　　　　　　　　　　D. $110V$、$100W$

5　图题 5 所示电路中电压 U 为(　　)。

　　A. $2V$　　　　　　B. $-2V$　　　　　　C. $22V$　　　　　　D. $-22V$

6　图题 6 所示电路中,直流电压表和电流表的读数分别为 4V 及 1A,则电阻 R 为(　　)。

　　A. 1Ω　　　　　　B. 2Ω　　　　　　C. 5Ω　　　　　　D. 7Ω

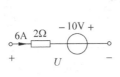

图题 5

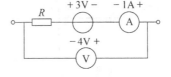

图题 6

7　当标明"$100\Omega,4W$"和"$100\Omega,25W$"的两个电阻串联时,允许所加的最大电压是(　　)。

　　A. $40V$　　　　B. $70V$　　　　C. $100V$　　　　D. $140V$

8　电流的参考方向为(　　)。

　　A. 正电荷的移动方向　　　　　　　　B. 负电荷的移动方向

　　C. 电流的实际方向　　　　　　　　　D. 沿电路任意选定的某一方向

9　若 4Ω 电阻在 10s 内消耗的能量为 160J,则该电阻的电压为(　　)。

　　A. $10V$　　　　B. $8V$　　　　C. $16V$　　　　D. $90V$

10 图题 10 所示电路中 12V 电压源和 3I 受控电压源的功率为(　　)。

　　A. 12W,3W　　　　B. 16W,4W　　　　C. 20W,5W　　　　D. 24W,6W

11 电路如图题 11 所示,求电阻 R 为(　　)。

　　A. 2Ω　　　　　　B. 4Ω　　　　　　C. 6Ω　　　　　　D. 8Ω

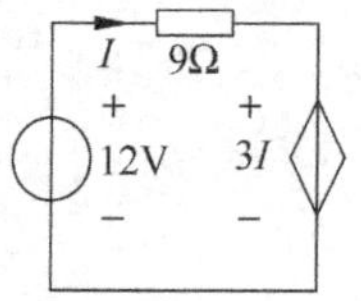

图题 10

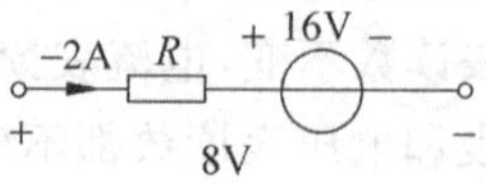

图题 11

12 某线性电阻元件的电压为 3V 时,电流为 0.5A,当电压改变为 6V 时,则其电阻为(　　)。

　　A. 2Ω　　　　　　B. 4Ω　　　　　　C. 6Ω　　　　　　D. 8Ω

13 有两只白炽灯的额定值分别为: A 灯 220V、100W,B 灯 220V、40W。将它们串联后接在 220V 电源上,与将它们并联后接在 220V 电源上,则(　　)消耗功率大。

　　A. 串联 A 灯、并联 B 灯　　　　　　B. 都是 A 灯

　　C. 都是 B 灯　　　　　　　　　　　D. 串联 B 灯、并联 A 灯

14 电压源供出功率时,在其内部,电流是(　　)。

　　A. 从负极流向正极　　　　　　　　B. 从正极流向负极

　　C. 不流动　　　　　　　　　　　　D. 双向流动

15 图题 15 所示电路中的 I 和 I₁ 分别为(　　)。

　　A. 8A,6A　　　　B. −8A,6A　　　　C. −8A,−6A　　　D. 8A,−6A

16 图题 16 所示电路中,2A 电流源吸收的功率为(　　)。

　　A. 2W　　　　　　B. 4W　　　　　　C. 8W　　　　　　D. 12W

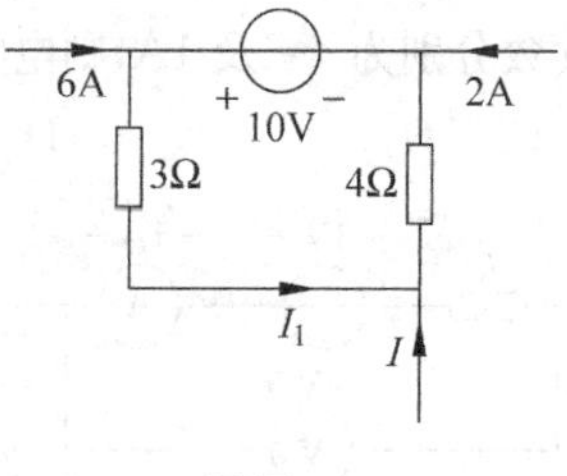

图题 15

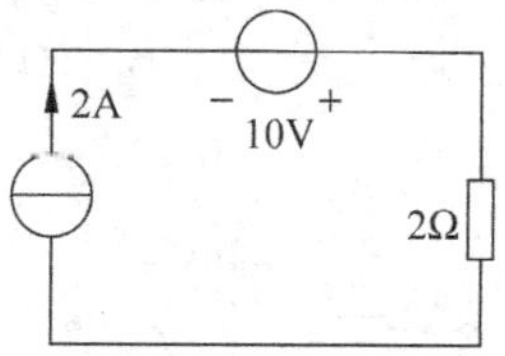

图题 16

17 图题 17 所示网络中,若受控源 $2U_{AB}$ 表示为 μU_{AC},受控源 $0.4I_1$ 表示为 βI 时,则 μ、β 为(　　)。

　　A. 0.8,2　　　　　B. 1.2,2　　　　　C. 0.8,2/7　　　　D. 1.2,2/7

18 图题 18 所示电路中,$I_1 = -0.1\text{mA}$,则 I_2,I_0 以及电压 U 为(　　)。

　　A. 0.9mA,−8.1mA,41.5mV　　　　　　B. 0.9mA,8.1mA,41.5mV

　　C. −0.9mA,8.1mA,41.5mV　　　　　　D. 0.9mA,8.1mA,−41.5mV

19 在图题 19 所示电路中,如果 $I_3 = 1\text{A}$,则 I_s 及其电压 U 为(　　)。

　　A. 3A,−16V　　　B. −3A,16V　　　　C. 3A,16V　　　　D. −3A,−16V

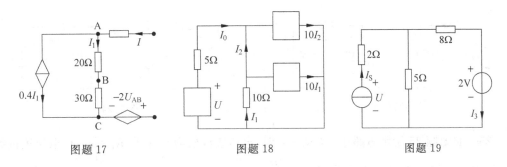

图题 17　　　　　　　　图题 18　　　　　　　　图题 19

20　电路如图题 20 所示,则电流 I_1、I_2、I_3 为(　　)。

A. 1A,1A,4A
B. −1A,1A,4A

C. 1A,1A,−4A
D. 1A,−1A,4A

21　思考题。

① 电路是由哪三个基本部分组成的?

② 电路的主要作用是哪两个方面?

③ 什么叫电路模型? 为什么要用电路模型的方法来表示电路?

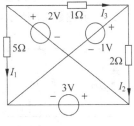

图题 20

④ 某元件的电压和电流采用的是关联参考方向,当元件的 $P>0$ 时,该元件是产生还是吸收功率? 该元件在电路中是电源还是负载?

⑤ 某一元件的电压与电流的参考方向一致时,就能说明该元件是负载。这句话对吗?

⑥ 一个 $5\text{k}\Omega$、0.5W 的电阻器,在使用时允许流过的电流和允许加的电压不得超过多少?

⑦ V_{ab} 是否表示 a 端的电位高于 b 端的电位?

⑧ 标有"1W,100Ω"的金属膜电阻,在使用时电流和电压不能超过多大数值?

⑨ 一只"100Ω,100W"的电阻与 120V 电源相连接,至少要串入多大的电阻 R 才能使该电阻正常工作? 电阻 R 上消耗的功率又为多少?

⑩ 一只"110V,8W"的指示灯,现在接在 380V 的电源上,问要串多大的电阻值的电阻? 该电阻应选用多大瓦数?

22　在图题 22 所示各图中,已知 $I=-2\text{A}$,试指出哪些元件是电源,哪些是负载?

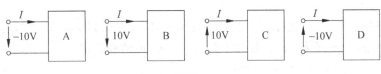

图题 22

23　试求图题 23 所示电路中 A 点和 B 点的电位。如将 A、B 两点直接连接或接一电阻,对电路工作有无影响?

24　试问图题 24 所示电路中的电流 I 及电压 V_{AB} 是多少?

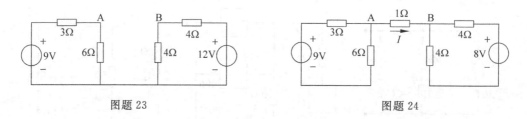

图题 23　　　　　　　　　　　　　　图题 24

25　如图题 25 所示电路中,当 $R_L = 0$ 时,电压表读数为 U_1;当 $R_L = R$ 时,电压表读数为 U_2,R 为一已知电阻。试证明：$R_x = \dfrac{R}{\dfrac{U_1}{U_2} - 1}$

26　图题 26 所示电路中当以④为参考点时,各结点电压为 $U_{n1} = 7\text{V}, U_{n2} = 5\text{V}, U_{n3} = 4\text{V}, U_{n4} = 0$。求以①为参考点时的各结点电压。

27　求图题 27 所示电路中各电源的功率,并分别说明是产生功率还是吸收功率。

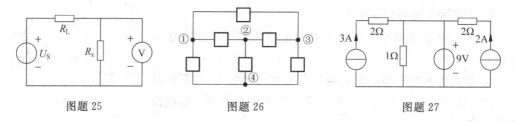

图题 25　　　　　　　　图题 26　　　　　　　　图题 27

28　图题 28 中,某直流发电机,其内阻为 0.5Ω,负载电阻为 11Ω 时,输出电流为 10A。试求：(1)发电机的电动势 E、端电压 U 和输出功率,以及内阻消耗的功率;(2)当外电路发生短路时,试求短路电流及电源内阻消耗的功率。

29　电路如图题 29 所示,试分别以 C 点和 B 点为参考点,求各点的电位及电压 U_{AB}、U_{AC}。

30　求图题 30 所示电路中两个电压源的功率,并说明是吸收功率还是放出功率。

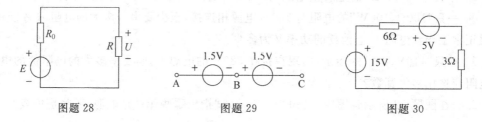

图题 28　　　　　　　　图题 29　　　　　　　　图题 30

31　电路如图题 31(a)所示,其中 $R = 2\Omega, L = 1\text{H}, C = 0.1\text{F}, u_C(0) = 0$,若电路的输入电流波形如图题 31(b)所示,试求出 $t > 0$ 以后 u_R、u_L、u_C 的表达式。

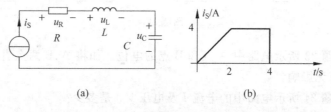

(a)　　　　　　　　　　(b)

图题 31

32 图题 32 所示电路中 $u(t) = 3t^2 + 2t$，求电流 $i(t)$。

33 电容元件 $C = 1F$，其两端所加电压 u 的波形如图题 33 所示，求 $t = 2ms$ 时电容 C 的储能。

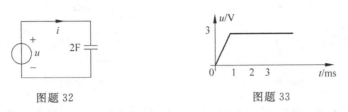

图题 32   图题 33

34 求图题 34 所示电路的开路电压 U_{OC}。

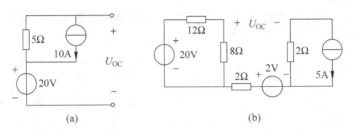

(a)   (b)

图题 34

35 电路如图题 35 所示，试求开关 S 断开与闭合两种情况下，电路中各支路的电流。

36 如图题 36 所示，电路中两只白炽灯泡的额定电压为 110V，功率分别为 40W 和 15W，问：①每只灯泡的电阻各为多大？②通过每个灯泡的电流是多少？③能否将它们串联后接到 220V 的电源上使用？为什么？④若有两只 220V 的 40W 和 15W 的灯泡，串联后接到 220V 电源上使用会发生什么现象？

37 求图题 37 所示电路中理想电流源的功率 P。

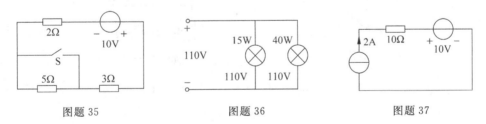

图题 35   图题 36   图题 37

38 求图题 38 所示电路中电流 I。

39 求图题 39 所示电路中电流 U。

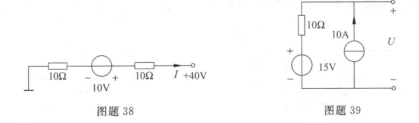

图题 38   图题 39

40　求图题 40 所示电路中电压 U 和电流 I。

41　求图题 41 所示电路中电流源及电压源提供的功率。

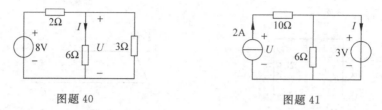

图题 40　　　　　　　　　　　图题 41

42　在图题 42 中，已知 $U_1=10\text{V}$，$U_{S1}=4\text{V}$，$U_{S2}=2\text{V}$，$R_1=4\Omega$，$R_2=2\Omega$，$R_3=5\Omega$，试问开路电压 U_2 等于多少？

43　图题 43(a)电路，若使电流 $I=2/3\text{A}$，求电阻 R；图题 43(b)电路，若使电压 $U=2/3\text{V}$，求电阻 R。

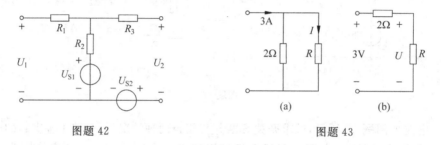

图题 42　　　　　　　　　　　图题 43

44　试问图题 44 中 A 点的电位分别等于多少？

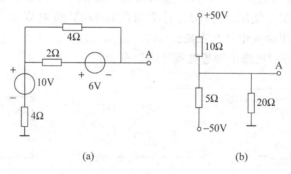

(a)　　　　　　　　　　　(b)

图题 44

45　图题 45 所示电路中，如果 15Ω 电阻上的电压降为 30V，其极性如图题 45 所示，试求电阻 R 及电位 U_a。

46　求如图题 46 所示电路中的电压 U_a。

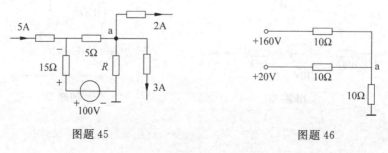

图题 45　　　　　　　　　　　图题 46

47 电路如图题 47 所示,试求:①开关打开时,A 点电位 U_A;②开关闭合时的 U_A 和电流 I。

48 计算图题 48 中的电流 I_a、I_b 和 I_c。

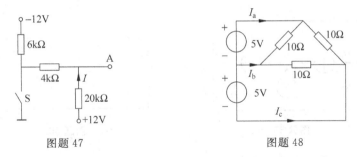

图题 47   图题 48

49 在图题 49 所示两种情况下,求 P 点的电位及电阻 R 的电流 I。

50 求图题 50 中的 P_{2A} 和 P_{4V},并标明是发出功率还是吸收功率。

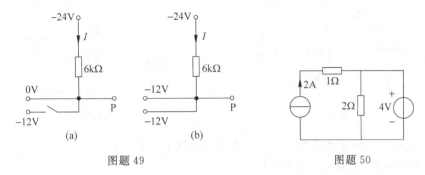

图题 49   图题 50

51 电路如图题 51 所示,试求受控电流源的吸收功率 P。

52 在图题 52 所示电路中,已知 $I_1=3\text{mA}$,$I_2=1\text{mA}$,试确定某电气元件 X 的电流 I_X 和电压 U_X,并确定它是电源还是负载?

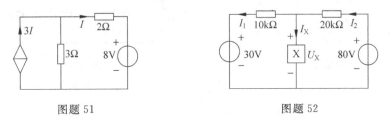

图题 51   图题 52

53 电路如图题 53 所示。当开关闭合时,安培计读数为 0.6A,伏特计读数为 6V;当开关断开时,伏特计读数为 6.4V,试问图中 U_S、R_0、R_L 是多少?

54 在图题 54 中,当 $R_L=5\Omega$ 时,$I_L=1\text{A}$,若将 R_L 增加为 15Ω 时,求 I_L。

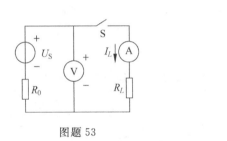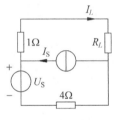

图题 53   图题 54

55　电路如图题 55 所示，求各个电源的功率（以吸收功率为正，供出功率为负）。

56　图题 56 中，3A 电流源产生 6W 功率，求 α。

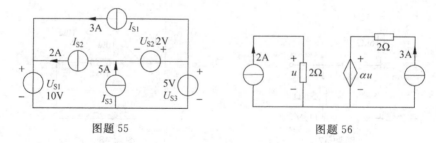

图题 55　　　　　　　　图题 56

57　求图题 57 所示电路中 u 和 i。

58　求图题 58 所示电路中 i 和受控源发出的功率。

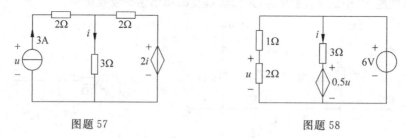

图题 57　　　　　　　　图题 58

59　求图题 59 所示电路的电路中三个电流之比 $I_1 : I_2 : I_3$。

60　求图题 60 所示电路的电压 U。

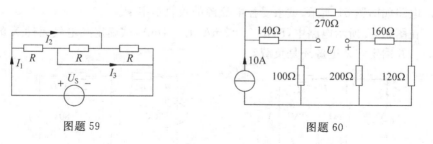

图题 59　　　　　　　　图题 60

第 2 章　电阻电路的等效变换

内容提要

本章介绍单口(或一端口)网络等效变换的概念。内容包括：电阻的串联、并联与混联的等效变换；电阻的丫形(也称星形)联结与△联结的等效变换；电源的串联与并联及等效变换；以及单口网络输入电阻的计算。

由线性时不变无源元件、线性受控源元件和独立电源元件组成的电路，称为线性时不变电路，简称线性电路。本书的主要内容是线性电路的分析。

如果构成电路的无源元件均为线性电阻，则称该电路为线性电阻性电路(或简称电阻电路)。电路中电压源的电压或电流源的电流，可以是直流电压或直流电流，也可以随时间按某种规律变化的电压或电流；当电路中的独立电源都是直流电源时，这类电路简称为直流电路。

本章针对简单电阻电路的分析与计算，着重介绍等效变换的概念。通过等效变换使分析简化，方便电路的计算。

2.1　电路的等效变换

单口网络是指只有一个端口与外部电路连接的电路，所谓端口是一对端钮，流入一个端钮的电流等于流出另一个端钮的电流。单口网络又称为一端口网络或二端网络。

单口网络在端口上的电压 u 和电流 i 的关系，称为单口网络的伏安特性，要考虑参考方向。图 2-1 所示为单口网络 N_1 和 N_2，在相同的电压 u 和电流 i 参考方向下，若 N_1 的伏安特性和 N_2 的伏安特性完全相同，或在 u-i 平面上的 VCR 特性曲线完全重叠，则称这两个单口网络是等效的，N_1 和 N_2 互为等效电路。

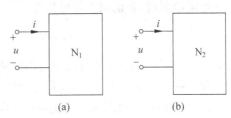

图 2-1　单口网络

注意，等效是指对外电路连接时，用 N_1 或 N_2 连接，端口上电压 u 和电流 i 对外电路的作用相同，而单口网络 N_1 和 N_2 的内部结构一般是不相同的。

如图 2-2 所示电路，图 2-2(a)中虚线框部分可以用图 2-2(b)中的一个电阻 R_{eq} 等效，这里虚线框部分或电阻 R_{eq} 就是等效变换的电路。

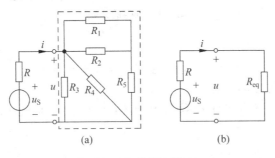

图 2-2　等效电阻

2.2 电阻的串联和并联

图 2-3(a)所示电路为 n 个电阻 $R_1, R_2, \cdots, R_k, \cdots, R_n$ 的串联组合，电阻串联时，每个电阻的电流为同一电流。图 2-3(b)所示电路中的 R_{eq} 表示电阻串联组合的等效电阻。

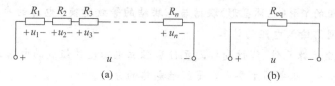

图 2-3　电阻的串联

应用 KVL，有

$$u = u_1 + u_2 + u_3 + \cdots + u_k + \cdots + u_n$$

由于每个电阻的电流均为 i，则有

$$u = (R_1 + R_2 + R_3 + \cdots + R_k + \cdots + R_n)i = R_{\mathrm{eq}}i$$

其中

$$R_{\mathrm{eq}} \stackrel{\text{def}}{=} \frac{u}{i} = R_1 + R_2 + \cdots + R_k + \cdots + R_n = \sum_{k=1}^{n} R_k$$

电阻 R_{eq} 是这些串联电阻的等效电阻。显然，等效电阻必大于任一个串联的电阻。

电阻串联时，各电阻上的电压为

$$u_k = R_k i = \frac{R_k}{R_{\mathrm{eq}}} u \quad k = 1, 2, \cdots, n$$

可见，串联的每个电阻，其电压与电阻值成正比。或者说，总电压根据各个串联电阻的值进行分配。称为电压分配公式，或称为分压公式。

图 2-4(a)所示电路为 n 个电导 $G_1, G_2, \cdots, G_k, \cdots, G_n$ 的并联组合，为了计算方便，用电导来表示，电阻并联时，每个电阻的电压为同一电压。图 2-4(b)所示电路中的 G_{eq} 表示电阻并联组合的等效电导。

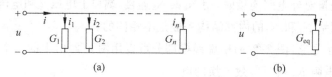

图 2-4　电阻的并联

应用 KCL，有

$$i = i_1 + i_2 + i_3 + \cdots + i_k + \cdots + i_n$$

由于每个电阻的电压均为 u，则有

$$i = (G_1 + G_2 + G_3 + \cdots + G_k + \cdots + G_n)u = G_{\mathrm{eq}}u$$

其中

$$G_{\mathrm{eq}} \stackrel{\text{def}}{=} \frac{i}{u} = G_1 + G_2 + \cdots + G_k + \cdots + G_n = \sum_{k=1}^{n} G_k$$

电导 G_{eq} 是这些并联电阻的等效电导。并联后的等效电阻 R_{eq} 为

$$R_{eq} = \frac{1}{G_{eq}} = \frac{1}{\displaystyle\sum_{k=1}^{n} G_k} = \frac{1}{\displaystyle\sum_{k=1}^{n} \frac{1}{R_k}}$$

或

$$\frac{1}{R_{eq}} = \sum_{k=1}^{n} \frac{1}{R_k}$$

不难看出，等效电阻必小于任一个并联的电阻。

电阻并联时，各电阻中的电流为

$$i_k = G_k u = \frac{G_k}{G_{eq}} i \quad k = 1,2,\cdots,n$$

可见，每个并联电阻中的电流与它们各自的电导值成正比。称为电流分配公式，或称为分流公式。

当 $n=2$ 时，即 2 个电阻并联，等效电阻为

$$R_{eq} = \frac{1}{G_1 + G_2} = \frac{R_1 R_2}{R_1 + R_2}$$

两并联电阻的电流分别为

$$i_1 = \frac{G_1}{G_{eq}} i = \frac{R_2}{R_1 + R_2} i$$

$$i_2 = \frac{G_2}{G_{eq}} i = \frac{R_1}{R_1 + R_2} i$$

当电阻的连接既有串联又有并联时，称为电阻的串、并联，或简称混联。图 2-5(a)、(b) 所示电路均为混联电路。在图 2-5(a)中，R_3 与 R_4 串联后与 R_2 并联，再与 R_1 串联，故有

$$R_{eq} = R_1 + \frac{R_2(R_3 + R_4)}{R_2 + R_3 + R_4}$$

对于图 2-5(b)中电路，混联后的等效电阻为

$$R_{eq} = ((10+6) \,/\!/\, 64 + 7.2) \,/\!/\, 30$$
$$= \left(\frac{16 \times 64}{16 + 64} + 7.2 \right) /\!/ \, 30\,\Omega$$
$$= \frac{20 \times 30}{20 + 30} \Omega = 12\,\Omega$$

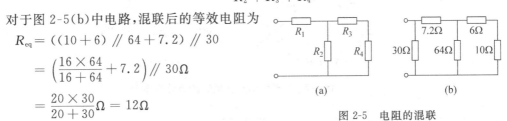

图 2-5　电阻的混联

其中，$/\!/$ 为并联运算符。

除了串联、并联以外，另一种特殊的连接形式是桥形连接。图 2-6(a)所示桥形结构电路中电阻既不是串联也不是并联，因此无法根据电阻的串联、并联变换规律将电路结构加以变动。如果在该电路的任一支路中加入一个电压源就可得到图 2-6(b)所示电路。该电路又称为惠斯通电桥。其中 R_1、R_2、R_3、R_4 所在支路称为桥臂，R_5 支路称为对角线支路。不难证明，当满足条件 $R_1 R_4 = R_2 R_3$ 时，对角线支路电流为零，电桥处于平衡状态，这一条件也称为电桥的平衡条件。电桥平衡时 R_5 可看作开路或短路，电路就可按串、并联规律计算。但当电桥不满足平衡条件时，就无法应用串、并联变换，而要应用电阻的其他变换方法。

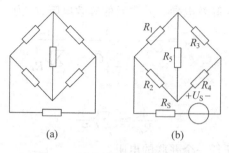

图 2-6　桥形结构与惠斯通电桥

2.3　电阻的丫形联结和△联结的等效变换

丫形联结也称为星形联结,△联结也称为三角形联结。它们都有 3 个端子与外部相连。在图 2-6(b)所示电桥电路中,R_1、R_3、R_5 构成丫形联结;R_2、R_4、R_5 也构成丫形联结;R_1、R_2、R_5 构成△联结;R_3、R_4、R_5 也构成△联结。图 2-7(a)、(b)分别表示端子 1、2、3 的丫形联结与△联结的三个电阻。端子 1、2、3 与电路的其他部分相连,图中没有画出电路的其他部分。当两种电路的电阻之间满足一定关系时,它们在端子 1、2、3 上及端子以外的特性可以相同,就是说它们可以等效变换。如果在它们的对应端子之间具有相同的电压 u_{12}、u_{23} 和 u_{31},而流入对应端子的电流分别相等,即 $i_1=i_1'$,$i_2=i_2'$,$i_3=i_3'$,在这种条件下,它们彼此等效。这就是丫-△等效变换的条件。

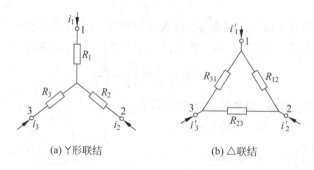

(a) 丫形联结　　　　　　　　(b) △联结

图 2-7　丫形联结与△联结的等效变换

对于△联结电路,根据 KCL,端子电流分别为

$$i_1'=\frac{u_{12}}{R_{12}}-\frac{u_{31}}{R_{31}}, \quad i_2'=\frac{u_{23}}{R_{23}}-\frac{u_{12}}{R_{12}}, \quad i_3'=\frac{u_{31}}{R_{31}}-\frac{u_{23}}{R_{23}}$$

对于丫形联结电路,应根据 KCL 和 KVL 求出端子电压与电流之间的关系,方程为

$$i_1+i_2+i_3=0$$

$$R_1 i_1-R_2 i_2=u_{12}, \quad R_2 i_2-R_3 i_3=u_{23}, \quad R_3 i_3-R_1 i_1=u_{31}$$

可以解出电流

$$i_1=\frac{R_3 u_{12}}{R_1 R_2+R_2 R_3+R_3 R_1}-\frac{R_2 u_{31}}{R_1 R_2+R_2 R_3+R_3 R_1}$$

$$i_2=\frac{R_1 u_{23}}{R_1 R_2+R_2 R_3+R_3 R_1}-\frac{R_3 u_{12}}{R_1 R_2+R_2 R_3+R_3 R_1}$$

$$i_3 = \frac{R_2 u_{31}}{R_1 R_2 + R_2 R_3 + R_3 R_1} - \frac{R_1 u_{23}}{R_1 R_2 + R_2 R_3 + R_3 R_1}$$

由于不论 u_{12}、u_{23} 和 u_{31} 为何值,两个等效电路的对应端子电流均分别相等,即 $i_1 = i_1'$,$i_2 = i_2'$,$i_3 = i_3'$,通过比较式中电压 u_{12}、u_{23} 和 u_{31} 前面的系数要求对应相等。于是得到

$$R_{12} = \frac{R_1 R_2 + R_2 R_3 + R_3 R_1}{R_3} \qquad G_{12} = \frac{G_1 G_2}{G_1 + G_2 + G_3}$$

$$R_{23} = \frac{R_1 R_2 + R_2 R_3 + R_3 R_1}{R_1} \quad 或 \quad G_{23} = \frac{G_2 G_3}{G_1 + G_2 + G_3}$$

$$R_{31} = \frac{R_1 R_2 + R_2 R_3 + R_3 R_1}{R_2} \qquad G_{31} = \frac{G_3 G_1}{G_1 + G_2 + G_3}$$

这就是根据Y形联结的电阻确定△联结的电阻公式。

将上述三式相加,并在右方通分可得

$$R_{12} + R_{23} + R_{31} = \frac{(R_1 R_2 + R_2 R_3 + R_3 R_1)^2}{R_1 R_2 R_3}$$

代入 $R_1 R_2 + R_2 R_3 + R_3 R_1 = R_{12} R_3 = R_{31} R_2$ 就可得到 R_1 的表达式。同理可得 R_2 和 R_3。公式分别为

$$R_1 = \frac{R_{12} R_{31}}{R_{12} + R_{23} + R_{31}} \qquad G_1 = \frac{G_{12} G_{23} + G_{23} G_{31} + G_{31} G_{12}}{G_{23}}$$

$$R_2 = \frac{R_{23} R_{12}}{R_{12} + R_{23} + R_{31}} \quad 或 \quad G_2 = \frac{G_{12} G_{23} + G_{23} G_{31} + G_{31} G_{12}}{G_{31}}$$

$$R_3 = \frac{R_{31} R_{23}}{R_{12} + R_{23} + R_{31}} \qquad G_3 = \frac{G_{12} G_{23} + G_{23} G_{31} + G_{31} G_{12}}{G_{12}}$$

这就是根据△联结的电阻确定Y形联结的电阻公式。

为了便于记忆,以上互换公式可归纳为

$$Y形电阻 = \frac{△相邻电阻的乘积}{△电阻之和}$$

$$△电阻 = \frac{Y形电阻两两乘积之和}{Y形不相邻电阻}$$

注意,这些公式的量纲和端子1、2、3的互换性有助于记忆。

若Y形联结中3个电阻相等,即 $R_1 = R_2 = R_3 = R_Y$,则等效△联结中3个电阻也相等,即 $R_\triangle = R_{12} = R_{23} = R_{31} = 3R_Y$。

在进行Y-△等效变换时,保持3端子不动,若Y形变换成△,则把3端子两两相连,然后在三条线的每条线上画出电阻,最后抹去原Y形的三条边和电阻,并撤销Y形的中心结点;若△变换成Y形,则在中心位置增设一个结点,然后3个端子分别与中心结点相连,再在每条线上画出电阻,最后抹去原△的三条边和电阻。通过变换以后,得到的电路图中的电阻值具有外大内小的特点,即△的各个电阻值大于Y形的各个电阻值。如图2-8所示,即 R_{12}、R_{23}、R_{31} 大于 R_1、R_2、R_3。

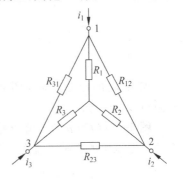

图 2-8　Y-△的外大内小

【例2-1】 求图2-9(a)所示电路的总电阻。

解 将结点①、③、④内的△电路用等效的Y形电路替

代,得到图 2-9(b)所示电路,其中

$$R_2 = \frac{14 \times 21}{14 + 14 + 21}\Omega = 6\Omega, \quad R_3 = \frac{14 \times 14}{14 + 14 + 21}\Omega = 4\Omega, \quad R_4 = \frac{14 \times 21}{14 + 14 + 21}\Omega = 6\Omega$$

然后用串、并联的方法,得到图 2-9(c)所示电路,求得总电阻为 15Ω。

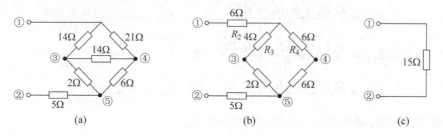

图 2-9　△联结等效变换为丫形联结

另一种方法是用△电路来替代结点①、④、⑤内的丫形电路(以结点③为丫形联结的内部公共结点),求解过程如图 2-10 所示。

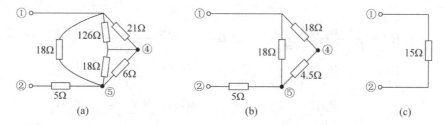

图 2-10　丫形联结等效变换为△联结

2.4　电压源、电流源的串联和并联

图 2-11(a)为 n 个电压源串联电路,可以用一个电压源等效替代,如图 2-11(b)所示,这个等效电压源的激励电压为

$$u_S = u_{S1} + u_{S2} + \cdots + u_{Sn} = \sum_{k=1}^{n} u_{Sk}$$

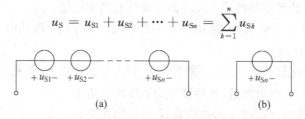

图 2-11　电压源的串联

如果 u_{Sk} 的参考方向与图 2-11(b)中 u_S 的参考方向一致,式中 u_{Sk} 的前面取"+"号,不一致时取"−"号。

图 2-12(a)为 n 个电流源并联电路,可以用一个电流源等效替代,如图 2-12(b)所示,这个等效电流源的激励电流为

$$i_S = i_{S1} + i_{S2} + \cdots + i_{Sn} = \sum_{k=1}^{n} i_{Sk}$$

如果 i_{Sk} 的参考方向与图 2-12(b) 中 i_S 的参考方向一致,式中 i_{Sk} 的前面取"十"号,不一致时取"一"号。

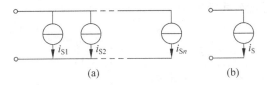

图 2-12　电流源的并联

只有激励电压相等且极性一致的电压源才允许并联,否则违背 KVL。其等效电路为其中任一电压源,但是这个并联组合向外部提供的电流在各个电压源之间如何分配则无法确定。

图 2-13(a) 所示电压源与非电压源的元件并联等效成图 2-13(b) 所示电压源本身。

只有激励电流相等且方向一致的电流源才允许串联,否则违背 KCL。其等效电路为其中任一电流源,但是这个串联组合的总电压如何在各个电流源之间分配则无法确定。

图 2-14(a) 所示电流源与非电流源的元件串联等效成图 2-14(b) 所示电流源本身。

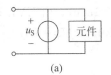　　　　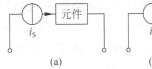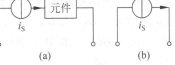

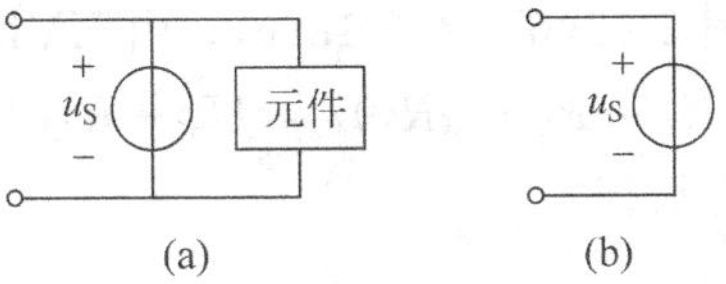

图 2-13　电压源与元件的并联　　　图 2-14　电流源与元件的串联

2.5　实际电源的两种模型及其等效变换

图 2-15(a) 是实际电压源模型,图 2-15(b) 是实际电流源模型,两图中的 u 和 i 参考方向关联。

图 2-15(a) 的 VCR 为

$$u = u_S - R_S i$$

图 2-15(b) 的 VCR 为

$$u = R_S i_S - R_S i$$

当两图中的 R_S 相同,且满足 $u_S = R_S i_S$,则两图是等效的,这就是所谓的电源间的等效变换。在等效变换时,不但要注意数值关系,还要注意电压源的极性和电流源的方向。

此外,受控电源之间也能进行等效变换,图 2-16(a) 与图 2-16(b) 所示电路是等效的。

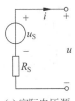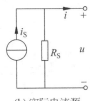　　　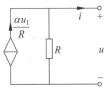

(a) 实际电压源　　　(b) 实际电流源　　　(a) 受控电压源　　　(b) 受控电流源

图 2-15　电源的等效变换　　　图 2-16　受控电源的等效变换

【例 2-2】 求图 2-17(a)所示电路的电流 I。

解 图 2-17(a)等效变换成图 2-17(b),再等效变换成图 2-17(c)。

图 2-17(c)中,由分流公式求得

$$I = \frac{\frac{3}{4}}{\frac{3}{4} + 2} \times 3\text{A} = \frac{9}{11}\text{A}$$

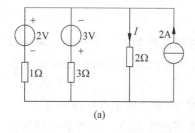 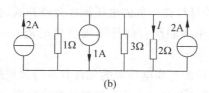 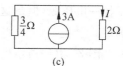

图 2-17　等效变换过程

【例 2-3】 求图 2-18(a)所示电路的等效变换过程。

解 图 2-18(a)所示电路的等效变换过程如图 2-18(b)、图 2-18(c)。由 KVL 得

$$u = R_1 i - \alpha R_1 i + U_\text{S} + R_2 i = U_\text{S} + (R_1 + R_2 - \alpha R_1)i = U_\text{S} + R_\text{S} i$$

式中,$R_\text{S} = R_1 + R_2 - \alpha R_1$,等效电路如图 2-18(c)所示。

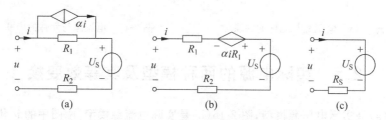

图 2-18　含受控电源的等效变换过程

2.6　输入电阻

　　电路或网络的一个端口是它向外引出的一对端子,这对端子可以与外部电源或其他电路相联结。对一个端口来说,从它的一个端子流入的电流一定等于从另一个端子流出的电流。这种具有向外引出一对端子的电路或网络称为一端口网络或二端网络。图 2-19(a)所示是一个一端口网络的图形表示。

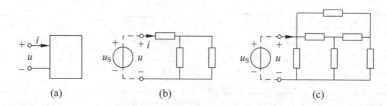

图 2-19　一端口网络输入电阻

如果一个一端口网络内部仅含电阻,则应用电阻的串联、并联和Ｙ-△变换等方法,可以求得其等效电阻。如果一端口网络内部除电阻以外还含有受控源,但不含任何独立电源,则不论内部如何复杂,端口电压与端口电流成正比,因此,定义一端口网络的输入电阻 R_i 为

$$R_i \overset{\text{def}}{=} \frac{u}{i}$$

端口的输入电阻也就是端口的等效电阻,但两者含义有区别。求端口输入电阻的一般方法称为电压、电流法,即在端口加以电压源 u_S,然后求出端口电流 i;或在端口加以电流源 i_S,然后求出端口电压 u。再利用定义公式求出输入电阻。

$$R_i = \frac{u_S}{i} = \frac{u}{i_S}$$

测量一个电阻器的电阻就可以采用这种方法。

图 2-19(b)中一端口网络的输入电阻可通过电阻串联、并联化简求得,图 2-19(c)所示电路具有桥形结构,应用Ｙ-△变换后才能简化。也可以用电压、电流法求此两图的输入电阻,如图 2-19(b)、(c)所示。

【例 2-4】 求图 2-20(a)所示电路的一端口网络的输入电阻。

解 在端口处加电压 u_S,求出 i,再利用定义的公式求输入电阻 R_i。

将 CCCS 和电阻 R_1 的并联组合等效变换为 CCVS 和电阻的串联组合,如图 2-20(b)所示。

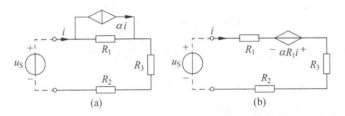

图 2-20　含受控电源的输入电阻

根据 KVL,有

$$u_S = R_1 i - \alpha R_1 i + R_3 i + R_2 i$$

$$R_i = \frac{u_S}{i} = (1-\alpha)R_1 + R_2 + R_3$$

式中有负号出现,因此,当存在受控源时,在一定的参数条件下,R_i 有可能为零,也有可能为负值。例如,当 $R_1 = R_2 = 1\Omega$,$R_3 = 2\Omega$,$\alpha = 4$ 时,$R_i = 0\Omega$;而当 $R_1 = R_2 = 1\Omega$,$R_3 = 2\Omega$,$\alpha = 5$ 时,$R_i = -1\Omega$。负电阻元件实际是发出功率的元件。表明一端口向外发出功率是由于受控源发出功率。

本 章 小 结

由时不变线性无源元件、线性受控源和独立电源组成的电路,称为时不变线性电路,简称线性电路。如果构成电路的无源元件均为线性电阻,则称该电路为线性电阻性电路,简称

电阻电路。电路中的电压源或电流源的电流,可以是直流,也可以随时间按某种规律变化;当电路中的独立电源都是直流电源时,这类电路简称为直流电路。

对电路进行分析和计算时,为了方便计算,把电路划分成两部分,其中一部分要考虑细节,另一部分不用考虑细节。我们把无须考虑细节的部分进行简化,也就是用一个电阻 R_{eq} 来代替这部分的几个电阻,使整个电路得以简化。进行代替的条件是被简化部分的两端子与替代以后的两端子具有相同的伏安特性。电阻 R_{eq} 称为等效电阻。用电阻 R_{eq} 替代后的电路的任何电压和电流都将维持与原电路相同,这就是电路的等效概念,也就是等效条件。等效电路是被代替部分的简化或结构变形,因此,内部并不等效,这就是对外等效的含义。

电阻串联的等效电阻是各串联电阻之和,等效电阻必大于任一个串联的电阻。每个串联电阻的电流都相等,串联的每个电阻,其电压与电阻值成正比。总电压根据各个串联电阻的值进行分配,称为电压分配公式,或称分压公式。

$$u_k = R_k i = \frac{R_k}{R_{eq}} u, \quad k = 1, 2, \cdots, n$$

电阻并联的等效电阻是各并联电导之和,等效电导 G_{eq} 必大于任一个并联的电导,或等效电阻必小于任一个并联的电阻。每个并联电导两端的电压都相等,并联的每个电导,其电流与电导值成正比。总电流根据各个并联电导的值进行分配,称为电流分配公式,或称分流公式。

$$i_k = G_k u = \frac{G_k}{G_{eq}} i, \quad k = 1, 2, \cdots, n$$

特别地,当两个电阻进行并联时,等效电阻公式及分流公式分别是:

$$R_{eq} = \frac{R_1 R_2}{R_1 + R_2}, \quad i_1 = \frac{R_2}{R_1 + R_2} i, \quad i_2 = \frac{R_1}{R_1 + R_2} i$$

电阻的丫形和△的等效变换公式是:

$$\text{丫形电阻} = \frac{\triangle \text{相邻电阻的乘积}}{\triangle \text{电阻之和}}$$

$$\triangle \text{电阻} = \frac{\text{丫形电阻两两乘积之和}}{\text{丫形不相邻电阻}}$$

若丫形联结中 3 个电阻相等,即 $R_1 = R_2 = R_3 = R_Y$,则等效△联结中 3 个电阻也相等,即 $R_\triangle = R_{12} = R_{23} = R_{31} = 3R_Y$。

理想电压源与电阻的串联称为实际电压源;理想电流源与电阻的并联称为实际电流源。实际电压源与实际电流源存在等效互换,互换条件是电阻 R 值不变,电压源电压 U_S 与电流源电流 I_S,满足 $U_S = I_S R$。

端口的输入电阻定义为端口电压除以端口电流,也就是端口的等效电阻。如果端口内部仅含电阻,则应用电阻的串联、并联和丫-△变换等方法,可以求得它的等效电阻。如果内部除电阻以外还含有受控源,则采用在端口加电压源或电流源的方法,求得端口电压与电流的比值,该比值就是输入电阻。

课 后 习 题

1 若图题1(a)所示二端网络 N 的伏安关系如图(b)所示,则 N 可等效为(　　)。

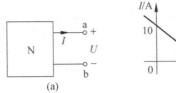

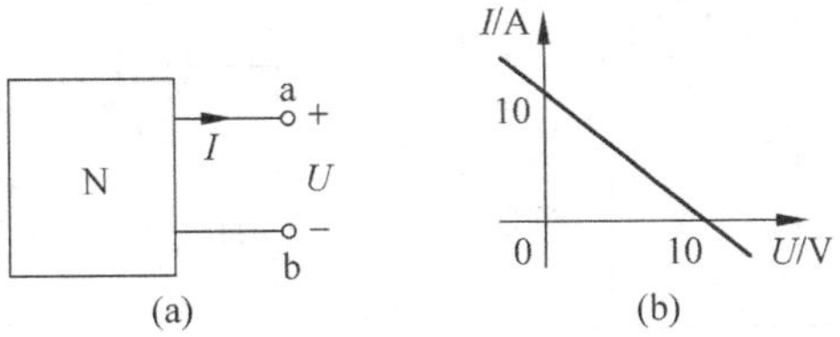

图题 1

A. 　B. 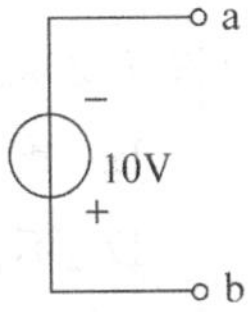 　C. 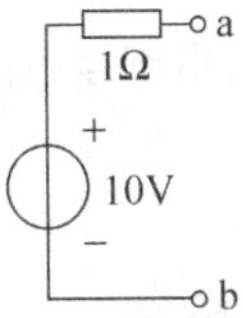 　D.

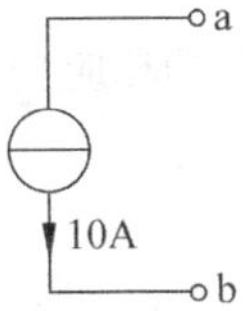

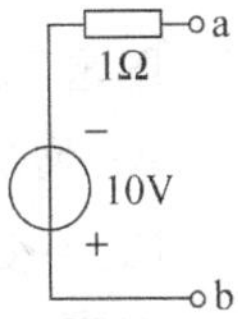

2 图题 2 所示电路中,开关 S 合上与否,电流 I 均为 15A,则 R_3、R_4 的值分别为(　　)。

A. $2\Omega,2\Omega$　　　　B. $1\Omega,2\Omega$　　　　C. $1\Omega,1\Omega$　　　　D. $2\Omega,1\Omega$

3 如图题 3 所示电路,试求开关闭合时 a、b 两点的电位分别是(　　)。

A. 10V,4V　　　　B. 4V,0V　　　　C. 10V,0V　　　　D. 4V,10V

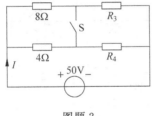

图题 2

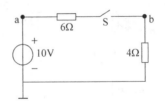

图题 3

4 图题 4 所示各电路,就其外特性而言,下列选项正确的是(　　)。

A. b、c 等效　　　　　　　　　　　　B. a、d 等效

C. a、b、c、d 均等效　　　　　　　　D. a、b 等效

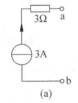　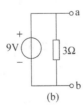　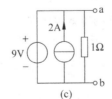　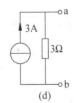

(a)　　　　　　(b)　　　　　　(c)　　　　　　(d)

图题 4

5 图题 5 所示电路中,B、C 间短路电流的方向为(　　)。

A. 短路电流为零　　　　　　　　　　B. 由 C 到 B

C. 无法确定　　　　　　　　　　　　D. 由 B 到 C

6 如图题 6 所示电路中,电流 I 为( )。

A 1A   B. 0A   C. 2A   D. −2A

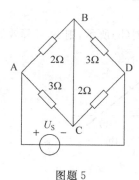

图题 5

图题 6

7 图题 7 所示电路中,当可变电阻 R 由 40kΩ 减为 20kΩ 时,电压 U_{ab} 的相应变化为( )。

A. 增加   B. 减少

C. 不变   D. 不能确定

8 图题 8 所示电路中的电压 U_{ac} 和 U_{ad}(a、d 两点开路)为( )。

A. $U_{ac}=6V,U_{ad}=8V$ B. $U_{ac}=5V,U_{ad}=7V$

C. $U_{ac}=6V,U_{ad}=7V$ D. $U_{ac}=5V,U_{ad}=9V$

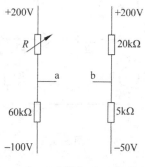

图题 7

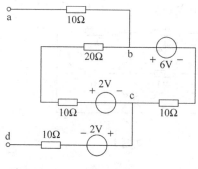

图题 8

9 如图题 9 所示电路中的电流 I 为( )。

A. −1A   B. −2A   C. −3A   D. −4A

10 如图题 10 所示电路的等效电阻是( )。

A. 0.5Ω   B. 1.5Ω   C. 2.5Ω   D. 5.5Ω

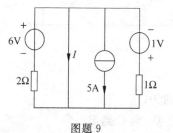

图题 9

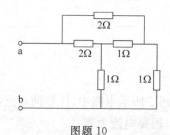

图题 10

11 图题 11 所示电路中,网络 N 的内部结构不详,则电流 I 为( )。

A. $-\dfrac{1}{3}$A
B. -3A
C. $\dfrac{1}{3}$A
D. 3A

12 图题 12 所示电路中电压 U_{AB}、电流 I_1 分别为( )。

A. 4V,5A
B. -4V,5A
C. 10V,5A
D. 4V,-5A

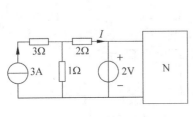

图题 11

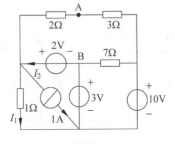

图题 12

13 图题 13 所示二端网络的等效电阻为( )。

A. 10Ω
B. 15Ω
C. 20Ω
D. 30Ω

14 电路如图题 14 所示,求受控源的功率为( )。

A. 24W
B. 48W
C. 96W
D. 192W

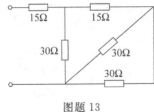

图题 13

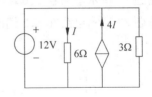

图题 14

15 对含受控源支路进行电源等效变换时,应注意不要消去( )。

A. 受控源
B. 控制量
C. 电源
D. 电阻

16 电路如图题 16 所示,试用电源模型的等效变换法求 I 为( )。

A. 0.6A
B. -0.6A
C. 1.2A
D. -1.2A

17 电路如图题 17 所示,其端口等效电阻为( )。

A. 1Ω
B. 2Ω
C. 3Ω
D. 5Ω

18 电路如图题 18 所示,开关 S 断开和闭合后的电流 I 分别为( )。

A. 4A,2A
B. -4A,2A
C. -2A,-4A
D. 2A,4A

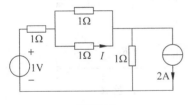

图题 16

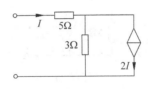

图题 17

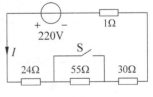

图题 18

19　用电源等效变换求图题19中的 u 为(　　)。

A. 1V　　　　　B. −1V

C. −4V　　　　D. 4V

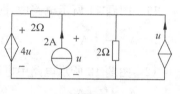

图题 19

20　图题20(a)、(b)均为电路的一部分,已知 a、b 两点等电位。试求图(a)、图(b)中 a、b 支路的电流分别为(　　)。

A. $0, -\dfrac{U_\mathrm{S}}{R}$　　B. $0, \dfrac{U_\mathrm{S}}{R}$　　C. 非 $0, -\dfrac{U_\mathrm{S}}{R}$　　D. 非 $0, \dfrac{U_\mathrm{S}}{R}$

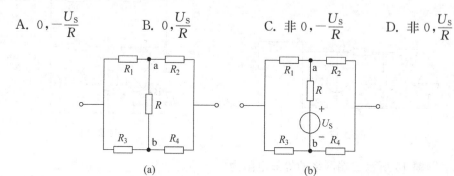

(a)　　　　　　(b)

图题 20

21　求图题21电桥电路在 a、b 端的等效电阻。

22　求图题22所示电路在 a、b 端的等效电阻。

23　求图题23所示电路在 a、b 端的等效电阻。

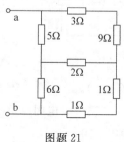

图题 21

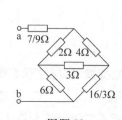

图题 22

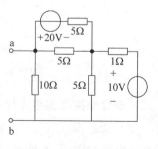

图题 23

24　求图题24所示电路在 a、b 端的等效电阻。

25　求图题25所示电路在 a、b 端的等效电阻。

26　求图题26所示电路在 a、b 端的等效电阻。

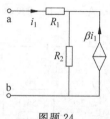

图题 24

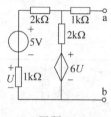

图题 25

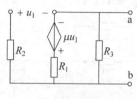

图题 26

27 求图题 27 所示电路中电压 U 及电压 U_{ab}。

28 利用电源等效变换,求图题 28 所示电路的电流 i。

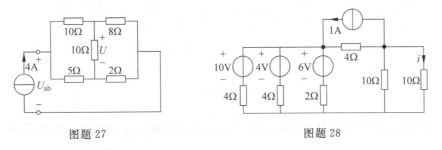

图题 27   图题 28

29 利用电源等效变换,求图题 29 所示电路中电压比 u_O/u_S。

30 利用电源等效变换,求图题 30 所示电路中电压 u_{10}。

31 求图题 31 所示电路的电流 I。

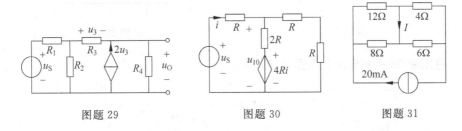

图题 29   图题 30   图题 31

32 求图题 32 所示电路的等效电阻 R_{eq}。

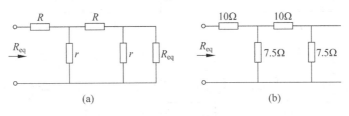

(a)   (b)

图题 32

33 求图题 33 所示电路的最简等效电源。

34 图题 34 所示电路中,求输入电阻 R_{ab}。

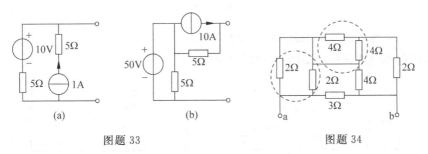

(a)   (b)

图题 33   图题 34

35 画出图题 35 所示电路的等效电路图。

36 求图题 36 所示电路的电压 U_1 及电流 I_2。

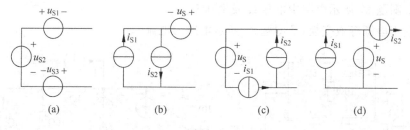

图题 35

37 图题 37 所示电路中要求 $U_2/U_1=0.05$,等效电阻 $R_{eq}=40\text{k}\Omega$。求 R_1 和 R_2 的值。

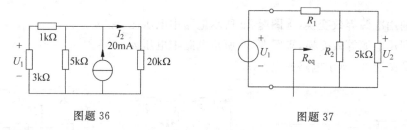

图题 36   图题 37

38 将图题 38 所示电路化为最简单的形式。

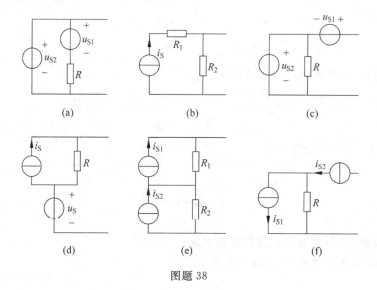

图题 38

39 用电源等效变换求图题 39 所示电路的 i。

40 用电源等效变换求图题 40 所示电路的 u。

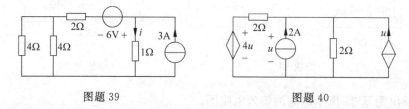

图题 39   图题 40

41 求图题 41 所示电路的 $u\text{-}i$ 关系。

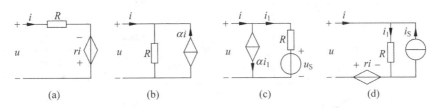

图题 41

42 求图题 42 所示电路的电流 I_1 和 I_2。

43 求图题 43 所示电路的 I。

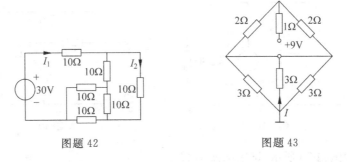

图题 42   图题 43

44 利用等效变换求图题 44 所示电路的电流 I。

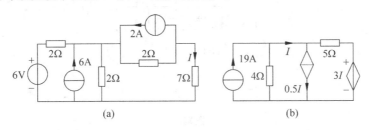

图题 44

45 求图题 45 所示电路的等效电阻 R。

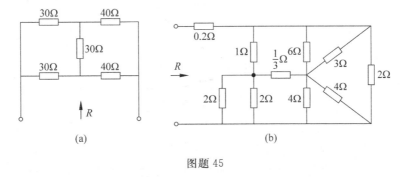

图题 45

46 设图题 46 中的各元件参数已知,试求 U_2 和 I_1。

47 利用电源的等效变换求如图题 47 所示电路中的电流 i。

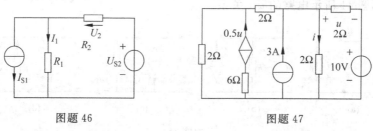

图题 46   图题 47

48　电路如图题 48 所示,试求 U_A、U_B、U_C。

49　如图题 49 所示电路中,若:①电阻 $R=1\Omega$;②电阻 $R=2\Omega$,试分别求等效电阻 R_{ab}。

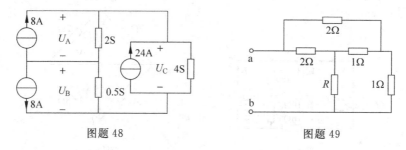

图题 48   图题 49

50　电路如图题 50 所示,试求电流 I_1、I_2。

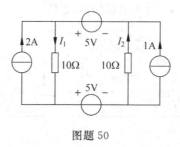

图题 50

第3章 电阻电路的一般分析

内容提要

本章介绍线性电阻电路方程的建立方法。在不改变电路模型图的基础上进行分析,内容包括:支路电流法、支路电压法、网孔电流法、回路电流法和结点电压法。学习目标是会列写电路分析方程并进行求解。

对于结构比较简单的电路,应用等效变换的方法来求解计算通常是有效的,也比较方便。但对于结构比较复杂的电路,等效变换可能变得比较困难了,甚至反而更复杂化。本章介绍电路的系统求解法,这种方法的特点是不改变电路模型的结构,而是选择一组合适的电路变量(电流变量或电压变量),根据 KCL 和 KVL 以及元件的 VCR 建立变量的独立方程组,通过求解电路方程,从而得到所需的响应。所建立的方程称为电路方程,对于线性电阻电路,它是一组线性代数方程。解题时可以利用计算机来建立、求解线性方程的解。电路方程的建立及求解可以推广应用于交流电路、非线性电路,时域、频域分析等领域之中。

3.1 电路图概念

在电路分析中,将以图论为数学工具来选择电路的独立变量,列出电路的独立方程。在本节中,介绍与电路有关的一些图的概念,利用图的理论来思考问题,对电路分析非常重要。

要分析一个电路模型图,不改变模型结构,而选择一组合适的电流变量或电压变量来建立方程,通过解方程,获得结果。这样需要设置多少个变量呢? 通过图论的概念,可以确定具体设置变量的个数。

一个电路图是由多个结点和多条支路构成的,每条支路的端点必须是结点。回路是从一个结点出发经过不同的支路和不同的结点,回到起始结点的路径。独立回路表示回路之间不存在包含关系,也不是多个回路的组合包含关系,即互相独立。独立回路数是电路图中能列写的电路回路个数,用 l 表示。满足关系式 $l=b-(n-1)$,其中 b 表示电路图中的支路数,n 表示电路图中结点数,l 表示独立回路数。图 3-1 所示是一个具有 6 条支路 4 个结点的电路图,它的独立回路数是 3。

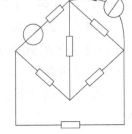

图 3-1 有 6 条支路 4 个结点的电路图

这里,重点要掌握独立回路的概念,独立回路的意思就是选定的回路具备互斥性,通过证明,对于一个具有 b 个支路,n 个结点的电路图,一定有 $l=b-(n-1)$ 个独立回路。根据 KCL,可以对结点列写电流方程,而根据 KVL,可以对回路列写电压方程。

3.2 KCL 和 KVL 的独立方程数

图 3-2 所示出一个 6 支路 4 结点的电路图,它的支路和结点都已分别编号,并给出了支路的方向,该方向就是支路电流和与之关联的支路电压的参考方向。

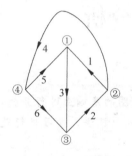

图 3-2　KCL 独立方程

对 4 个结点分别列出 KCL 方程,有

$$-i_1 + i_3 - i_5 = 0$$
$$i_1 - i_2 + i_4 = 0$$
$$i_2 - i_3 - i_6 = 0 \qquad (3\text{-}1)$$
$$-i_4 + i_5 + i_6 = 0$$

把 4 个式子相加发现①+②+③+④=0,即任何一个关系式都可以用其他三个式子组合表示。这就是说,这 4 个式子不是相互独立的,但式(3-1)的 4 个方程中的任意 3 个是独立的。

可以证明,对于具有 n 个结点的电路,在任意$(n-1)$个结点上可以得出$(n-1)$个独立的 KCL 方程。相应的$(n-1)$个结点称为独立结点。

将对应于一组线性独立的 KVL 方程的回路称为独立回路。如果一条路径的起点和终点重合,且经过的其他结点不出现重复,这条闭合路径就是一个回路。

例如图 3-3 所示电路,可以写出的不同回路有(1,5,8)、(2,5,6)、(1,2,3,4)、(1,2,6,8)、(4,7,8)、(3,6,7)、(1,5,7,4)、(3,4,8,6)、(2,3,7,5)、(1,2,6,7,4)、(1,2,3,7,8)、(2,3,4,8,5)、(1,5,6,3,4)共 13 个。但是独立回路数远少于总回路数,独立回路数表示至少需要多少个回路的支路集合包含了所有的支路。

对每个回路可以应用 KVL 列出有关支路电压的方程。例如,对图 3-3 所示电路,如果按(1,5,8)、(2,5,6)分别构成 2 个回路列出 2 个 KVL 方程,则可以消去支路 5 的电压,而得到按(1,2,6,8)构成回路的 KVL 方程。可见这 3 个回路是相互不独立的。

一个图的回路数很多,如何确定它的一组独立回路有时不太容易。一个图中可以找出多个独立回路组,任何一个独立回路组,可以列出独立的 KVL 方程。

对一个具有 b 条支路 n 个结点的电路,其独立回路数为 $l = b - n + 1$,在独立回路组中,任意一个回路不能被其他回路组合表示。

如果把一个图画在平面上,能使它的各条支路除连接的结点外不再交叉,这样的图称为平面图,否则称为非平面图。图 3-4(a)所示是一个平面图,图 3-4(b)所示是一个典型的非平面图。对于一个平面图,可以引入网孔的概念。平面图的一个网孔是它的一个自然的"孔",它限定的区域内不再有支路。对图 3-4(a)所示的平面图,(1,5,8)、(2,5,6)、(3,6,7)、(4,7,8)、(1,2,9)都构成网孔;而(1,2,3,4)、(2,5,7,3)等不是网孔。

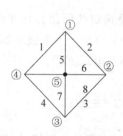

图 3-3　KVL 回路

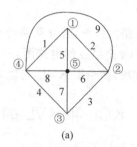

(a)　　　　　　(b)

图 3-4　平面图与非平面图

平面图的全部网孔是一组独立回路,所以平面图的网孔数也就是独立回路数。图 3-4(a)所示平面图有 9 条支路 5 个结点,独立回路数 $l = 9 - 5 + 1 = 5$,而它的网孔数正好也是 5。

一个电路的 KVL 独立方程数等于它的独立回路数。以图 3-5 所示电路为例,按电路图中的电压和电流参考方向及回路绕行方向,可以列出 KVL 方程如下

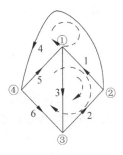

$$-u_1 - u_2 - u_3 = 0$$
$$-u_1 - u_2 - u_6 + u_5 = 0 \qquad (3\text{-}2)$$
$$u_1 - u_5 - u_4 = 0$$

图 3-5　KVL 独立方程

3.3　支路电流法

支路分析法是最基本的电路分析方法,包括支路电流法和支路电压法,分别以支路电流和支路电压为电路变量。主要依据两个基尔霍夫定律和元件的 VCR。

对于一个具有 b 条支路和 n 个结点的电路,当以支路电压和支路电流为电路变量列写方程时,总计有 $2b$ 个未知量。根据 KCL 可以列出 $(n-1)$ 个独立方程、根据 KVL 可以列出 $(b-n+1)$ 个独立方程;根据元件的 VCR 又可列出 b 个方程。总计方程数为 $2b$,与未知量数目相等。因此,可由 $2b$ 个方程解出 b 个支路电压和支路电流。这种方法称为 $2b$ 法。

为了减少求解的方程数,可以利用元件的 VCR 将各支路电压以支路电流表示,然后代入 KVL 方程,这样,就得到以 b 个支路电流为未知量的 b 个 KCL 和 KVL 方程。方程数从 $2b$ 减少至 b。这种方法称为支路电流法。

以图 3-6(a)所示电路为例说明支路电流法。把电压源 u_{S1} 和电阻 R_1 的串联组合作为一条支路;把电流源 i_{S5} 和电阻 R_5 的并联组合作为一条支路;这样电路就如图 3-6(b)所示,其结点数为 4,支路数为 6,各支路的方向和编号也示于图中。求解变量为 i_1、i_2、i_3、i_4、i_5、i_6。

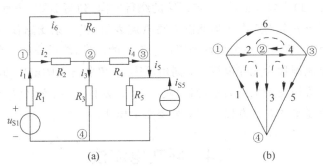

(a)　　　　　　　　　　　(b)

图 3-6　支路电流法

先利用元件的 VCR,将支路电压 u_1、u_2、u_3、u_4、u_5、u_6 以支路电流 i_1、i_2、i_3、i_4、i_5、i_6 表示。

$$
\begin{aligned}
u_1 &= -u_{S1} + R_1 i_1 & u_4 &= R_4 i_4 \\
u_2 &= R_2 i_2 & u_5 &= R_5 i_5 + R_5 i_{S5} \qquad (3\text{-}3) \\
u_3 &= R_3 i_3 & u_6 &= R_6 i_6
\end{aligned}
$$

选择网孔作为独立回路,按图 3-6(b)所示回路绕行方向列出 KVL 方程

$$u_1 + u_2 + u_3 = 0 \qquad\qquad -u_{S1} + R_1 i_1 + R_2 i_2 + R_3 i_3 = 0$$

$$-u_3 + u_4 + u_5 = 0 \quad 即 \quad -R_3 i_3 + R_4 i_4 + R_5 i_5 + R_5 i_{S5} = 0 \qquad (3\text{-}4)$$

$$-u_2 - u_4 + u_6 = 0 \qquad\qquad -R_2 i_2 - R_4 i_4 + R_6 i_6 = 0$$

将式(3-4)含电源项移到方程的右边后,与在独立结点①、②、③处列出的 KCL 方程联列,就组成了支路电流法的全部方程

$$-i_1 + i_2 + i_6 = 0$$
$$-i_2 + i_3 + i_4 = 0$$
$$-i_4 + i_5 - i_6 = 0$$
$$R_1 i_1 + R_2 i_2 + R_3 i_3 = u_{S1} \qquad\qquad (3\text{-}5)$$
$$-R_3 i_3 + R_4 i_4 + R_5 i_5 = -R_5 i_{S5}$$
$$-R_2 i_2 - R_4 i_4 + R_6 i_6 = 0$$

式中的 KVL 方程可归纳为

$$\sum R_k i_k = \sum u_{Sk} \qquad\qquad (3\text{-}6)$$

式(3-6)须对所有的独立回路写出。式中 $R_k i_k$ 是回路中第 k 个支路中电阻上的电压,当 i_k 的参考方向与回路的方向一致时,该项在和式中取"+"号;不一致时,则取"-"号;式中右方 u_{Sk} 是回路中第 k 个支路的电源电压,电源电压包括电压源的激励电压,也包括由电流源引起的电压。可以把电流源与电阻的并联等效变换为电压源与电阻的串联,例如图 3-6(b)所示电路支路 5,等效电压源为 $u_{S5} = R_5 i_{S5}$,在取代数和时,当 u_{Sk} 与回路方向一致时前面取"-"号;不一致时,则取"+"号。即任一回路中,电阻电压的代数和等于电压源电压的代数和。

列写支路电流法的电路方程的步骤如下:

① 选定各支路电流的参考方向;

② 对 $(n-1)$ 个独立结点列出 KCL 方程;

③ 选取 $(b-n+1)$ 个独立回路,指定回路的绕行方向,列写 KVL 方程。

支路电流法要求 b 个支路电压均能以支路电流表示,当一条支路仅含电流源而不存在与之并联的电阻时,就要引入一个变量来假定电流源的电压,然后增补一个方程来解决。这种无并联电阻的电流源称为无伴电流源;同理可得,无串联电阻的电压源称为无伴电压源。

如果将支路电流用支路电压表示,然后代入 KCL 方程,连同支路电压的 KVL 方程,可得到以支路电压为变量的 b 个方程。这就是支路电压法。

3.4　网孔电流法

网孔电流法是以电路且完备的网孔电流变量来建立方程,但只适用于平面电路。网孔电流法是假想有回绕网孔的电流,以此作为电流变量列写方程,然后求解出各支路电流和支路电压。

图 3-7 所示电路为平面电路,该电路共有 6 条支路 4 个结点,网孔数为 3。给定的支路电流参考方向和网孔电流的参考方向如图 3-7 所示。

图中的所有支路电流都能以电流表示

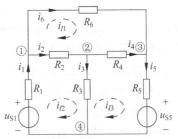

图 3-7　网孔电流法

$$i_1 = i_{l2}$$
$$i_2 = i_{l2} - i_{l1}$$
$$i_3 = i_{l2} - i_{l3}$$
$$i_4 = i_{l3} - i_{l1} \qquad (3\text{-}7)$$
$$i_5 = i_{l3}$$
$$i_6 = i_{l1}$$

由于网孔电流已经体现了电流连续即 KCL 的制约关系,所以用网孔电流作为电路变量求解时只需列出 KVL 方程。全部网孔是一组独立回路,因而对应的 KVL 方程将是独立的,且独立方程个数与电路变量数均为全部网孔数,足以解出网孔电流,这种方法称为网孔电流法。

以图 3-7 所示电路为例,对 3 个网孔列写 KVL 方程。列方程时,以各自的网孔电流方向为绕行方向,方程如下

$$R_6 i_{l1} + R_4(i_{l1} - i_{l3}) + R_2(i_{l1} - i_{l2}) = 0$$
$$R_1 i_{l2} + R_2(i_{l2} - i_{l1}) + R_3(i_{l2} - i_{l3}) - u_{S1} = 0 \qquad (3\text{-}8)$$
$$R_3(i_{l3} - i_{l2}) + R_4(i_{l3} - i_{l1}) + R_5 i_{l3} + u_{S5} = 0$$

对方程(3-8)进行整理,针对网孔电流列写在方程的左边,并对齐,电源电压列写在方程的右边,整理后方程如下

$$(R_2 + R_4 + R_6)i_{l1} - R_2 i_{l2} - R_4 i_{l3} = 0$$
$$-R_2 i_{l1} + (R_1 + R_2 + R_3)i_{l2} - R_3 i_{l3} = u_{S1} \qquad (3\text{-}9)$$
$$-R_4 i_{l1} - R_3 i_{l2} + (R_3 + R_4 + R_5)i_{l3} = -u_{S5}$$

现在用 R_{11}、R_{22} 和 R_{33} 分别表示网孔 1、网孔 2 和网孔 3 的自阻,它们分别是网孔 1、网孔 2 和网孔 3 中所有电阻之和,即

$$R_{11} = R_2 + R_4 + R_6, \quad R_{22} = R_1 + R_2 + R_3, \quad R_{33} = R_3 + R_4 + R_5 \qquad (3\text{-}10)$$

用 R_{12}、R_{21}、R_{13}、R_{31}、R_{23} 和 R_{32} 分别表示两个不同网孔之间的互阻,即两个网孔的共有电阻,本例中

$$R_{12} = R_{21} = -R_2, \quad R_{13} = R_{31} = -R_4, \quad R_2 = R_{21} = -R_2 \qquad (3\text{-}11)$$

用 u_{Sl1}、u_{Sl2} 和 u_{Sl3} 分别表示网孔 1、网孔 2 和网孔 3 电源电压之和,即网孔中沿着网孔电流绕行方向电压升的代数和,本例中

$$u_{Sl1} = 0, \quad u_{Sl2} = u_{S1}, \quad u_{Sl3} = -u_{S5} \qquad (3\text{-}12)$$

这样网孔电流法方程(3-12)可改写为一般形式

$$R_{11} i_{l1} + R_{12} i_{l2} + R_{13} i_{l3} = u_{Sl1}$$
$$R_{21} i_{l1} + R_{22} i_{l2} + R_{23} i_{l3} = u_{Sl2} \qquad (3\text{-}13)$$
$$R_{31} i_{l1} + R_{32} i_{l2} + R_{33} i_{l3} = u_{Sl3}$$

对于具有 l 个网孔的平面电路,网孔电流方程的一般形式可推广如下

$$R_{11} i_{l1} + R_{12} i_{l2} + R_{13} i_{l3} + \cdots + R_{1l} i_{ll} = u_{Sl1}$$
$$R_{21} i_{l1} + R_{22} i_{l2} + R_{23} i_{l3} + \cdots + R_{2l} i_{ll} = u_{Sl2}$$
$$\vdots \qquad (3\text{-}14)$$
$$R_{l1} i_{l1} + R_{l2} i_{l2} + R_{l3} i_{l3} + \cdots + R_{ll} i_{ll} = u_{Sll}$$

式(3-14)中具有相同双下标的电阻 R_{11}、R_{22}、$\cdots$、R_{ll} 等是各网孔的自阻；有不同下标的电阻 R_{12}、R_{21}、R_{13}、R_{31}、R_{23} 等是网孔间的互阻。自阻总是正，互阻的正、负则视两网孔电流在共有支路上参考方向是否相同而定。方向相同时为正，方向相反时为负。显然，如果两个网孔之间没有共有支路，或者有共有支路但其电阻为零，则互阻为零。如果将所有网孔电流都取为顺(或逆)时针方向，则所有互阻总是负的。在含受控源的电阻电路的情况下，把受控源看成独立电源，与独立电源一起用电压代数和列写在方程的右侧，各电源电压的方向与网孔电流方向一致时，前面取"－"号；不一致时，则取"＋"号。即任一网孔中，电阻电压的代数和等于电源(包含受控源)电压的代数和。

【例 3-1】 用网孔电流法求图 3-8 所示电路中的电流 i_x。

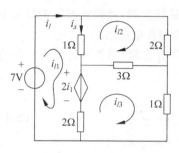

图 3-8　网孔电流法求电流

解 各网孔电流及参考方向标于图 3-8 所示电路中，网孔电流都取顺时针方向，则所有互阻都是负值。电路中含受控电压源可作独立源处理，网孔电流方程如下：

$$(1+2)i_{l1} - i_{l2} - 2i_{l3} = 7 - 2i_1$$
$$-i_{l1} + (1+2+3)i_{l2} - 3i_{l3} = 0$$
$$-2i_{l1} - 3i_{l2} + (2+3+1)i_{l3} = 2i_1$$
$$i_1 = i_{l1}$$
$$i_x = i_{l1} - i_{l2}$$

解得 $i_{l1}=3\text{A}, i_{l2}=2\text{A}, i_{l3}=3\text{A}, i_x=1\text{A}$

列写网孔电流法的电路方程的步骤如下：

(1) 选网孔为独立回路，并确定网孔电流的绕行方向；

(2) 以网孔电流为未知量，按指定网孔电流的绕行方向，列写 KVL 方程；

(3) 求解上述方程，得到 $l=b-n+1$ 个网孔电流；

(4) 求各支路电流。

当电路中存在电流源和电阻的并联组合时，可将它等效变换成电压源和电阻的串联组合，再按上述方法进行分析。对于无并联电阻的电流源或受控电流源(称为无伴电流源或受控源)的情况，请参见回路电流法。

3.5　回路电流法

网孔电流法仅适用于平面电路，回路电流法则无此限制，它适用于平面或非平面电路。回路电流法是一种适用性较强并获得广泛应用的分析方法。

网孔电流是在网孔中连续流动的假想电流，对于具有 b 个支路，n 个结点的电路，b 个支路电流受 $(n-1)$ 个 KCL 独立方程所制约，因此，独立的支路电流只有 $l=b-n+1$ 个，等于网孔电流数。回路电流也是在回路中连续流动的假想电流。但是与网孔不同，回路的取法很多，选取的回路应是一组独立回路，且回路的电流个数也应等于 $l=b-n+1$ 个。

回路电流法方程可根据网孔电流法方程来推出，对于具有 l 个独立回路电路，回路电流方程的一般形式如下

$$R_{11}i_{l1} + R_{12}i_{l2} + R_{13}i_{l3} + \cdots + R_{1l}i_{ll} = u_{Sl1}$$
$$R_{21}i_{l1} + R_{22}i_{l2} + R_{23}i_{l3} + \cdots + R_{2l}i_{ll} = u_{Sl2}$$
$$\vdots \tag{3-15}$$
$$R_{l1}i_{l1} + R_{l2}i_{l2} + R_{l3}i_{l3} + \cdots + R_{ll}i_{ll} = u_{Sll}$$

式(3-15)中具有相同双下标的电阻 R_{11}，R_{22}，$\cdots$，R_{ll} 等是各回路的自阻；有不同下标的电阻 R_{12}、R_{21}、R_{13}、R_{31}、R_{23} 等是回路间的互阻。自阻总是正,互阻的正、负则视两回路电流在共有支路上回路电流的参考方向是否相同而定。方向相同时为正,方向相反时为负。显然,如果两个回路之间没有共有支路,或者有共有支路但其电阻为零,则互阻为零。在含受控源的电阻电路的情况下,把受控源看成独立电源,与独立电源一起用电压代数和列写在方程的右侧,各电源电压的方向与回路电流方向一致时,前面取"－"号;不一致时,则取"＋"号。即任一回路中,电阻电压的代数和等于电源(包含受控源)电压的代数和。

如果电路中有电流源和电阻的并联组合,可将它等效变换成电压源和电阻的串联组合后再列回路电流方程。但当电路中存在无伴电流源时,就无法进行等效变换。此时可采用下述方法处理。除回路电流外,将无伴电流源两端的电压作为一个求解变量列入方程。这样,虽然多了一个变量,但是无伴电流源所在支路的电流为已知,故增加了一个回路电流的附加方程,这样,独立方程数与独立变量数仍然相同,可以求解。对受控源的情况当作独立源一样看待。

【例 3-2】 用回路电流法求图 3-9 所示电路。

解

$$(R_2 + R_4 + R_6)i_{l1} - R_2 i_{l2} - R_4 i_{l3} = 0$$
$$-R_2 i_{l1} + (R_1 + R_2)i_{l2} = u_{S1} - u$$
$$-R_4 i_{l1} + (R_4 + R_5)i_{l3} = u - u_{S5}$$
$$i_S = i_{l3} - i_{l2}$$

式中,引入电流源的电压变量 u,增补一个方程。

【例 3-3】 对图 3-9 所示电路,取回路时,对无伴电流源支路只有一个回路经过,其他回路都不经过的话,则列写回路电流方程时,无须引入电流源的电压变量,如图 3-10 所示电路。

$$(R_2 + R_4 + R_6)i_{l1} - R_2 i_{l2} - (R_2 + R_4)i_{l3} = 0$$
$$i_{l2} = -i_S$$
$$-(R_2 + R_4)i_{l1} + (R_1 + R_2)i_{l2} + (R_1 + R_2 + R_4 + R_5)i_{l3} = u_{S1} - u_{S5}$$

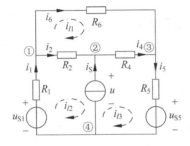 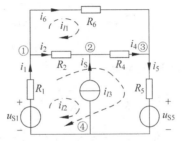

图 3-9　回路电流法(加变量)　　　图 3-10　回路电流法方程

回路电流法的步骤可归纳如下:

① 根据给定的电路,通过选择一组独立回路,并指定回路电流的参考方向;

② 按公式列出回路电流方程,注意自阻总是正的,互阻的正、负由相关的两个回路电流通过共有电阻时,两者的参考方向是否相同而定。并注意每个公式右边项取代数和时各有关电压源前面的正、负号;

③ 当电路中存在无并联电阻的电流源,即无伴电流源时,选独立回路时,其中只有一个回路经过该支路,其他回路不经过,则可以立即求出经过该支路的回路电流的绝对值,就是无伴电流源的绝对值,回路电流方向与无伴电流源的电流方向一致为正,否则为负;

④ 对于受控源按独立源的方法处理。

3.6 结点电压法

在具体电路分析时,广泛采用结点电压法和网孔电流法。结点电压法和网孔电流法必须使所取未知变量为独立变量,且这组未知变量必须满足其完备性。

在电路中任意选择某一结点为参考结点,其他结点为独立结点,这些结点与此参考结点之间的电压称为结点电压,结点电压的参考极性是以参考结点为负,其余独立结点为正。由于任一支路都连接在两个结点上,根据 KVL,不难断定支路电压就是两个结点电压之差。如果每一个支路电流都可由支路电压来表示,那么它一定也可以用结点电压来表示。在具有 n 个结点的电路中写出其中 $n-1$ 个独立结点的 KCL 方程,就得到变量为 $n-1$ 个电压的共 $n-1$ 个独立方程,称为结点电压方程,最后由这些方程解出结点电压,从而求出所需的电压、电流。这就是结点电压法。

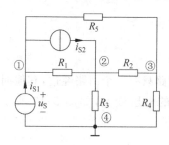

图 3-11 结点电压法

图 3-11 所示电路共有 4 个结点。以结点④为参考结点,其他为独立结点,电压分别设为 u_{n1},u_{n2},u_{n3}。电路中各支路电压可用结点电压表示,如 $u_1 = u_{n1} - u_{n2}$,$u_3 = u_{n2}$,相应的支路电流也可由结点电压来表示。

结点电压法以 KCL 和元件 VCR 为依据建立方程。各元件的下标表示各支路的编号,各结点的编号已标于图中,以结点④为参考结点。支路电压分别用 u_1、u_2、u_3、u_4、u_5、u_{S1} 表示,支路电流分别用 i_1、i_2、i_3、i_4、i_5、i_{S1}、i_{S2} 表示,并且支路电压与支路电流参考方向是关联的。则对独立结点列写 KCL 方程可得

$$i_{S1} - i_1 - i_{S2} - i_5 = 0$$
$$i_{S2} + i_1 - i_2 - i_3 = 0 \tag{3-16}$$
$$i_2 - i_4 + i_5 = 0$$

根据元件 VCR,又可得

$$i_1 = \frac{u_1}{R_1} = \frac{u_{n1} - u_{n2}}{R_1}, \quad i_2 = \frac{u_2}{R_2} = \frac{u_{n2} - u_{n3}}{R_2}, \quad i_3 = \frac{u_3}{R_3} = \frac{u_{n2}}{R_3},$$
$$i_4 = \frac{u_4}{R_4} = \frac{u_{n3}}{R_4}, \quad i_5 = \frac{u_5}{R_5} = \frac{u_{n1} - u_{n3}}{R_5} \tag{3-17}$$

将式(3-17)代入式(3-16),且电导 $G_i = 1/R_i$,整理后可得

$$(G_1 + G_5)u_{n1} - G_1 u_{n2} - G_5 u_{n3} = i_{S1} - i_{S2}$$
$$-G_1 u_{n1} + (G_1 + G_2 + G_3)u_{n2} - G_2 u_{n3} = i_{S2} \qquad (3\text{-}18)$$
$$-G_5 u_{n1} - G_2 u_{n2} + (G_2 + G_4 + G_5)u_{n3} = 0$$

将式(3-18)改写为

$$G_{11}u_{n1} + G_{12}u_{n2} + G_{13}u_{n3} = i_{Sn1}$$
$$G_{21}u_{n1} + G_{22}u_{n2} + G_{23}u_{n3} = i_{Sn2} \qquad (3\text{-}19)$$
$$G_{31}u_{n1} + G_{32}u_{n2} + G_{33}u_{n3} = i_{Sn3}$$

式(3-19)中，G_{ii} 称为结点 i 的自电导，其值是与该结点相连的所有电导的代数和，如 $G_{22} = G_1 + G_2 + G_3$；而 G_{ij} 称为结点 i 和结点 j 的互电导，它是连接结点 i 和结点 j 的电导的负值，如 $G_{23} = -G_2$。此外，可以发现 $G_{ij} = G_{ji}$，如 $G_{23} = G_{32}$。方程右边的 i_{Snk} 表示流入相应结点 k 的电源电流代数和，流入为正，流出为负。因此结点分析法的关键是正确找出各结点的自电导、互电导和电源电流。推广到 $l = n - 1$ 独立结点的结点电压法如下

$$G_{11}u_{n1} + G_{12}u_{n2} + \cdots + G_{1l}u_{nl} = i_{Sn1}$$
$$G_{21}u_{n1} + G_{22}u_{n2} + \cdots + G_{2l}u_{nl} = i_{Sn2} \qquad (3\text{-}20)$$
$$\vdots$$
$$G_{l1}u_{n1} + G_{l2}u_{n2} + \cdots + G_{ll}u_{nl} = i_{Snl}$$

求得各结点电压后，可根据 VCR 求出各支路电流。列结点电压方程时，不需要事先指定支路电流的参考方向。结点电压方程本身已包含了 KVL，而以 KCL 的形式写出，故如要检验答案，应按支路电流用 KCL 进行。

值得注意的是，电流源(或受控电流源)支路中串联的电阻，不参加列方程。电压源(或受控电压源)与电阻串联的支路，需要等效变换为电流源(或受控电流源)与电阻的并联，然后列写结点电压方程。

【例 3-4】 对图 3-12 所示电路，列写结点电压法方程。

解 独立结点和参考结点已标注在图 3-12 所示电路中，图中共有 4 个结点。以结点④为参考结点，其他为独立结点，电压分别设为 u_{n1}, u_{n2}, u_{n3}。电路中各支路电压可用结点电压表示。

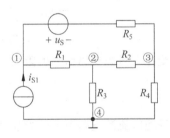

图 3-12　结点电压方程

结点①　$\left(\dfrac{1}{R_1} + \dfrac{1}{R_5} \right)u_{n1} - \dfrac{1}{R_1}u_{n2} - \dfrac{1}{R_5}u_{n3} = i_{S1} + \dfrac{u_S}{R_5}$

结点②　$-\dfrac{1}{R_1}u_{n1} + \left(\dfrac{1}{R_1} + \dfrac{1}{R_2} + \dfrac{1}{R_3} \right)u_{n2} - \dfrac{1}{R_2}u_{n3} = 0$

结点③　$-\dfrac{1}{R_5}u_{n1} - \dfrac{1}{R_2}u_{n2} + \left(\dfrac{1}{R_2} + \dfrac{1}{R_4} + \dfrac{1}{R_5} \right)u_{n3} = -\dfrac{u_S}{R_5}$

【例 3-5】 对图 3-13 所示电路，电路含无伴电压源，用结点电压法求解。

解

$$u_{n1} = 1\text{V}$$
$$\left(\dfrac{1}{4} + \dfrac{1}{3} \right)u_{n2} - \dfrac{1}{4}u_{n1} = 12$$

解得

$$u_{n2} = 21\text{V}$$

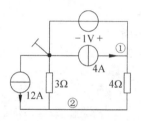

图 3-13 无伴电压源电路

无电阻与之串联的电压源称为无伴电压源。当无伴电压源作为一条支路连接于两个结点之间时,该支路的电阻为零,即电导等于无限大,支路电流不能通过支路电压表示,结点电压方程的列写就遇到困难。当电路中存在这类支路时,有两种方法可以处理。第一种方法是把无伴电压源的电流作为附加变量列入 KCL 方程,每引入这样一个变量,同时也增加了一个结点电压与无伴电压源电压之间的一个约束关系。把这些约束关系和结点电压方程合并成一组联立方程,其方程数仍将与变量数相同。另一种方法是将连接无伴电压源的两个结点的结点电压方程合为一个,即取一个包含这两结点的封闭面的 KCL,可避免附加电流变量的出现。同时还应添加结点电压与无伴电压源的约束关系。

若电路中存在受控电流源,在建立结点电压方程时,先把控制量用结点电压表示,并暂时把它当作独立电流源,按上述方法列出结点电压方程。当电路中存在有伴受控电压源时,把控制量用有关结点电压表示并变换为等效受控电流源。如果存在无伴受控电压源,可参照无伴电压源的处理方法。

特别要注意,当电路中含有电流源(包括受控电流源)与电阻串联的支路时,则该支路电阻不参与列方程,因为电流源与电阻的串联等效为电流源。

【例 3-6】 对图 3-14 所示电路,列写结点电压法方程,并求解独立结点电压。

解 此电路有两个电压源,设 10V 电源的一端(结点④)为参考结点,受控电压源支路需增设变量 i_x,如图 3-14 所示。结点方程如下

$$u_{n1} = 10\text{V}$$

$$-u_{n1} + \left(1 + \frac{1}{2}\right)u_{n2} = i_x$$

$$u_{n3} = 1.5i - i_x$$

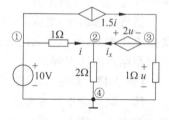

图 3-14 含受控源电路

受控电压源支路引入的附加方程

$$u_{n2} - u_{n3} = 2u$$

$$u_{n3} = u$$

受控电流源支路引入的附加方程

$$u_{n1} - u_{n2} = i$$

最后得到结点电压为

$$u_{n1} = 10\text{V}$$

$$u_{n2} = 7.5\text{V}$$

$$u_{n3} = 2.5\text{V}$$

结点电压法的步骤可以归纳如下:

① 指定参考结点,其余结点对参考结点之间的电压就是结点电压。通常以参考结点为各结点电压的负极性;

② 按结点电压法公式列出结点电压方程,注意自导总是正的,互导总是负的;电源电流流入结点取正,从结点流出取负;

③ 当电路中有受控源时,暂时当作独立电源处理;

④ 当电路中有无伴电压源时,可考虑参考点选取在无伴电压源的负极;若有多个无伴电压源时,可以引入支路电流变量参加列写方程。

本 章 小 结

本章介绍了分析线性电阻电路的支路电流法、网孔电流法、回路电流法和结点电压法。

对 b 条支路 n 个结点电路,支路电流法需要列写 b 个方程,其中根据 KCL 列写 $n-1$ 个方程,根据 KVL 列写 $b-(n-1)$ 个方程,合计列写 b 个方程。适合平面电路和非平面电路。

对 b 条支路 n 个结点电路,网孔电流法按自然网孔需要列写 $b-(n-1)$ 个方程,其中 KCL 自动满足,无须列写 KCL 方程,只要根据 KVL 列写 $b-(n-1)$ 个网孔方程。网孔电流法仅适合平面电路。

对 b 条支路 n 个结点电路,回路电流法按独立回路需要列写 $b-(n-1)$ 个方程,其中 KCL 自动满足,无须列写 KCL 方程,只要根据 KVL 列写 $b-(n-1)$ 个回路方程。适合平面电路和非平面电路。

对 b 条支路 n 个结点电路,结点电压法按独立结点需要列写 $n-1$ 个方程,其中 KVL 自动满足,无须列写 KVL 方程,只要根据 KCL 列写 $n-1$ 个结点方程。适合平面电路和非平面电路。

三种电流法中,若支路是无伴电流源,就需要引入一个变量来表示无伴电流源的电压,才能列写方程,由于增加了一个变量,因此需要增补一个方程,该支路电流就是电流源所决定的。为了减少方程数,可以在选取独立回路时,只有一个独立回路电流经过无伴电流源支路,这样的话,该独立回路电流就是无伴电流源电流,无须引入额外的变量。

结点电压法中也有类似现象,若支路是无伴电压源,就需要引入一个变量来表示无伴电压源的电流,才能列写方程,由于增加了一个变量,因此需要增补一个方程,即电压源的电压是已知的,电流是未知的,利用已知的电压增补一个方程。为了减少方程数,可以把参考结点选在无伴电压源的负极,这样的话,无伴电压源的正极的结点电压就是无伴电压源电压,无须引入额外的变量。特别地,电流源支路中串联的电阻,不参加列方程。

课 后 习 题

1 如图题 1 所示电路中,写出 c 结点电压方程为( )。

    A. $(G_4+G_5)U_C-G_4U_S=-I_S$

    B. $(G_4+G_5-G_1)U_C-G_4U_S=-I_S$

    C. $(G_4+G_5+G_1)U_C-(G_4+G_1)U_S=-I_S$

    D. $(G_4+G_5)U_C-G_4U_S=I_S$

2 对图题 2 所示电路,结点①的结点方程为( )。

    A. $6U_1-U_2=6$ B. $6U_1=6$

    C. $5U_1=6$ D. $6U_1-2U_2=2$

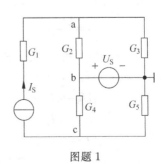

图题 1

3 电路如图题 3 所示,其网孔方程是:$\begin{cases} 300I_1 - 200I_2 = 3 \\ -100I_1 + 400I_2 = 0 \end{cases}$,则 CCVS 的控制系数 r 为( )。

    A. 100Ω B. -100Ω C. 50Ω D. -50Ω

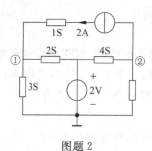
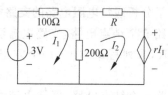

图题 2   图题 3

4 电路如图题 4 所示,已知其结点电压方程是:$\begin{cases} 5U_1 - 3U_2 = 2 \\ -U_1 + 5U_2 = 0 \end{cases}$,则 VCCS 的控制系数 g 为( )。

    A. 1S   B. -1S   C. 2S   D. -2S

5 如图题 5 所示电路中结点 a 的结点电压方程为( )。

    A. $8U_a - U_b + U_c = 2$ B. $1.7U_a - U_b - 0.5U_c = -2$

    C. $1.7U_a - U_b - 0.5U_c = 2$ D. $8U_a - U_b - 2U_c = -2$

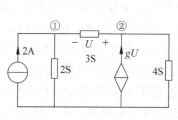
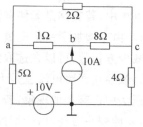

图题 4   图题 5

6 试用结点电压分析法求图题 6 所示电路的电流 I 列写的方程是( )。

    A. $\begin{cases} \left(\dfrac{1}{6} + \dfrac{1}{3} + \dfrac{1}{2}\right)U_1 = -\dfrac{3}{6} - 3 - \dfrac{2}{2} \\ I = \dfrac{U_1 - 2}{2} \end{cases}$ B. $\begin{cases} \left(\dfrac{1}{6} + \dfrac{1}{3} + \dfrac{1}{2}\right)U_1 = \dfrac{3}{6} + 3 + \dfrac{2}{2} \\ I = \dfrac{U_1 - 2}{2} \end{cases}$

    C. $\begin{cases} \left(\dfrac{1}{6} + \dfrac{1}{3} + \dfrac{1}{2}\right)U_1 = \dfrac{3}{6} + 3 + \dfrac{2}{2} - I \\ I = \dfrac{U_1 - 2}{2} \end{cases}$ D. $\begin{cases} \left(\dfrac{1}{6} + \dfrac{1}{3} + \dfrac{1}{2}\right)U_1 = \dfrac{3}{6} + 3 + \dfrac{2}{2} - I \\ I = \dfrac{U_1 + 2}{2} \end{cases}$

7 已知 U_S 和 I_S,试用支路电流法求图题 7 所示电路的各支路电流列写的方程是( )。

    A. $\begin{cases} I_1 = I_2 + I_3 \\ U_S = 4I_4 \\ U_S = 6I_1 + 3I_2 \\ I_3 = -I_S \end{cases}$ B. $\begin{cases} I_4 + I_1 = 0 \\ I_1 + I_2 + I_3 = 0 \\ U_S = 6I_1 + 3I_2 \\ I_3 = I_S \end{cases}$

C. $\begin{cases} I_1 = I_2 + I_3 \\ U_S = 4I_4 \\ U_S = 6I_1 + 3I_2 \\ I_3 = I_S \end{cases}$　　　　　D. $\begin{cases} I_1 = I_2 + I_3 \\ U_S = 4I_4 \\ U_S = 6I_1 + 2I_3 \\ I_3 = -I_S \end{cases}$

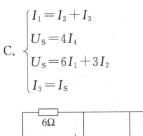
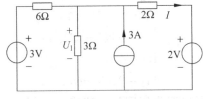

图题 6

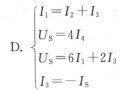
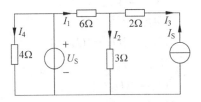

图题 7

8　电路如图题 8 所示,试用结点法求电流 I 列写的方程是(　　　)。

A. $\begin{cases} \left(\dfrac{1}{6} + \dfrac{1}{2} + 1\right)U_1 - \dfrac{1}{2}U_2 = \dfrac{10}{6} \\ \left(\dfrac{1}{2} + \dfrac{1}{3} + \dfrac{1}{10}\right)U_2 - \dfrac{1}{2}U_1 = \dfrac{20}{10} - I \\ I = \dfrac{U_2 - 20}{10} \end{cases}$　　B. $\begin{cases} \left(\dfrac{1}{6} + \dfrac{1}{2} + 1\right)U_1 - \dfrac{1}{2}U_2 = \dfrac{10}{6} \\ \left(\dfrac{1}{2} + \dfrac{1}{3} + \dfrac{1}{10}\right)U_2 - \dfrac{1}{2}U_1 = \dfrac{20}{10} + I \\ I = \dfrac{U_2 + 20}{10} \end{cases}$

C. $\begin{cases} (6 + 2 + 1)U_1 - 2U_2 = \dfrac{10}{6} \\ (2 + 3 + 10)U_2 - 2U_1 = \dfrac{20}{10} \\ I = \dfrac{U_2 - 20}{10} \end{cases}$　　D. $\begin{cases} \left(\dfrac{1}{6} + \dfrac{1}{2} + 1\right)U_1 - \dfrac{1}{2}U_2 = \dfrac{10}{6} \\ \left(\dfrac{1}{2} + \dfrac{1}{3} + \dfrac{1}{10}\right)U_2 - \dfrac{1}{2}U_1 = \dfrac{20}{10} \\ I = \dfrac{U_2 - 20}{10} \end{cases}$

9　用网孔分析法求图题 9 所示电路中的电流列写的方程是(　　　)。

A. $\begin{cases} 16I_1 - 2I_2 - I_3 = -60 \\ 13I_2 - 2I_1 - 10I_3 = -40 \\ 10I_3 - 10I_2 = 20 \end{cases}$　　B. $\begin{cases} 16I_1 - 2I_2 = 60 \\ 13I_2 - 2I_1 - 10I_3 = 40 \\ 10I_3 - 10I_2 = -20 \end{cases}$

C. $\begin{cases} 16I_1 - 2I_2 - I_3 = 60 \\ 13I_2 - 2I_1 - 10I_3 = 40 \\ 10I_3 - 10I_2 = -20 \end{cases}$　　D. $\begin{cases} 16I_1 - 2I_2 = -60 \\ 13I_2 - 2I_1 - 10I_3 = -40 \\ 10I_3 - 10I_2 = 20 \end{cases}$

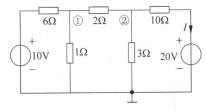
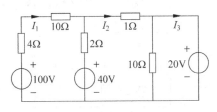

图题 8　　　　　　　　　　　　　　　图题 9

10 试用结点电压法求图题 10 所示电路中的电流 I_x 列写的方程是（　　）。

A. $\begin{cases} 10U_1-2U_2-5U_3=15 \\ 7U_2-2U_1-4U_3=0 \\ U_3=6I_x \\ I_x=2(U_1-U_2) \end{cases}$

B. $\begin{cases} 5U_1-2U_2-5U_3=15 \\ 7U_2-2U_1-4U_3=0 \\ 9U_3-4U_2-5U_1=6I_x \\ I_x=2(U_1-U_2) \end{cases}$

C. $\begin{cases} 5U_1-2U_2=15 \\ 7U_2-2U_1-4U_3=0 \\ U_3=6I_x \\ I_x=2(U_1-U_2) \end{cases}$

D. $\begin{cases} 10U_1-2U_2=15-I_x \\ 7U_2-2U_1-4U_3=0 \\ U_3=6I_x \\ I_x=2(U_1-U_2) \end{cases}$

11 用网孔法时,因为未知量是网孔电流,所以要先用网孔电流表示（　　）电流,再表示电阻电压。

A. 回路　　　　　　B. 结点　　　　　　C. 电源　　　　　　D. 支路

12 在建立电路方程时,选回路（网孔）电流或结点电压求解变量是因为回路（网孔）电流或结点电压具有（　　）。

A. 独立性和完备性　　　　　　　　B. 统一性

C. 相关性　　　　　　　　　　　　D. 网络性

13 结点电压为电路中各独立结点对参考点的电压。对具有 b 条支路 n 个结点的连通电路,可列出（　　）个独立结点电压方程。

A. $b-(n-1)$　　　B. $n-1$　　　C. $b-n$　　　D. $n+1$

14 试写出图题 14 所示电路中的结点电压方程,求电流 I、I_1 列写的方程是（　　）。

A. $\begin{cases} 1.5U_1-0.5U_3=-I \\ 3U_2-U_3=2I \\ U_3=4\mathrm{V} \\ I=U_1 \\ I_1=U_1+2U_2 \end{cases}$

B. $\begin{cases} 1.5U_1-0.5U_3=-2I \\ 3U_2-U_3=2I \\ U_3=4\mathrm{V} \\ I=U_1 \\ I_1=U_1+2U_2 \end{cases}$

C. $\begin{cases} 1.5U_1-0.5U_3=-2I \\ 3U_2-U_3=2I \\ U_3=4\mathrm{V} \\ I=-U_1 \\ I_1=U_1+2U_2 \end{cases}$

D. $\begin{cases} 1.5U_1-0.5U_3=-I \\ 3U_2-U_3=2I \\ U_3=4\mathrm{V} \\ I=-U_1 \\ I_1=U_1+2U_2 \end{cases}$

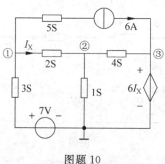

图题 10

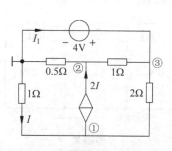

图题 14

15 图题 15 所示电路的 a、b 结点电压方程应为（　　　）。

A. $\begin{cases} \left(\dfrac{1}{R_1}+\dfrac{1}{R_2}+\dfrac{1}{R_3}+\dfrac{1}{R_4}\right)U_{\mathrm{a}}-\left(\dfrac{1}{R_3}+\dfrac{1}{R_4}\right)U_{\mathrm{b}}=I_{\mathrm{S}}-\dfrac{U_{\mathrm{S}}}{R_3} \\ -\left(\dfrac{1}{R_3}+\dfrac{1}{R_4}\right)U_{\mathrm{a}}+\left(\dfrac{1}{R_3}+\dfrac{1}{R_4}+\dfrac{1}{R_5}\right)U_{\mathrm{b}}=\dfrac{U_{\mathrm{S}}}{R_3} \end{cases}$

B. $\begin{cases} \left(\dfrac{1}{R_1}+\dfrac{1}{R_2}+\dfrac{1}{R_3}+\dfrac{1}{R_4}\right)U_{\mathrm{a}}-\left(\dfrac{1}{R_3}+\dfrac{1}{R_4}\right)U_{\mathrm{b}}=I_{\mathrm{S}}+\dfrac{U_{\mathrm{S}}}{R_3} \\ -\left(\dfrac{1}{R_3}+\dfrac{1}{R_4}\right)U_{\mathrm{a}}+\left(\dfrac{1}{R_3}+\dfrac{1}{R_4}+\dfrac{1}{R_5}\right)U_{\mathrm{b}}=-\dfrac{U_{\mathrm{S}}}{R_3} \end{cases}$

C. $\begin{cases} \left(\dfrac{1}{R_2}+\dfrac{1}{R_3}+\dfrac{1}{R_4}\right)U_{\mathrm{a}}-\left(\dfrac{1}{R_3}+\dfrac{1}{R_4}\right)U_{\mathrm{b}}=I_{\mathrm{S}}-\dfrac{U_{\mathrm{S}}}{R_3} \\ -\left(\dfrac{1}{R_3}+\dfrac{1}{R_4}\right)U_{\mathrm{a}}+\left(\dfrac{1}{R_3}+\dfrac{1}{R_4}+\dfrac{1}{R_5}\right)U_{\mathrm{b}}=\dfrac{U_{\mathrm{S}}}{R_3} \end{cases}$

D. $\begin{cases} \left(\dfrac{1}{R_2}+\dfrac{1}{R_3}+\dfrac{1}{R_4}\right)U_{\mathrm{a}}-\dfrac{1}{R_4}U_{\mathrm{b}}=I_{\mathrm{S}}-\dfrac{U_{\mathrm{S}}}{R_3} \\ -\dfrac{1}{R_4}U_{\mathrm{a}}+\left(\dfrac{1}{R_3}+\dfrac{1}{R_4}+\dfrac{1}{R_5}\right)U_{\mathrm{b}}=\dfrac{U_{\mathrm{S}}}{R_3} \end{cases}$

16 如图题 16 所示电路的网孔方程为 $\begin{cases} 4I_1-3I_2=4 \\ -3I_1+9I_2=2 \end{cases}$ 则 R 和 U_{S} 分别为（　　　）。

A. $4\Omega,2\mathrm{V}$ 　　　　 B. $4\Omega,6\mathrm{V}$ 　　　　 C. $7\Omega,-2\mathrm{V}$ 　　　　 D. $7\Omega,2\mathrm{V}$

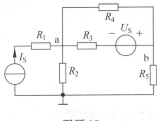

图题 15

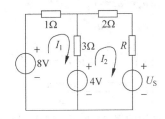

图题 16

17 用结点分析法求解如图题 17 所示电路中结点电压 U 和电流 I 的方程为（　　　）。

A. $\begin{cases} \left(\dfrac{1}{2}+\dfrac{1}{2}+\dfrac{1}{10}\right)U=\dfrac{12}{2}+\dfrac{6}{10} \\ I=\dfrac{U+6}{10} \end{cases}$ 　　　　 B. $\begin{cases} \left(\dfrac{1}{2}+\dfrac{1}{2}+\dfrac{1}{10}\right)U=-\dfrac{12}{2}-\dfrac{6}{10} \\ I=\dfrac{U+6}{10} \end{cases}$

C. $\begin{cases} \left(\dfrac{1}{2}+\dfrac{1}{2}+\dfrac{1}{10}\right)U=\dfrac{12}{2}+\dfrac{6}{10} \\ I=\dfrac{U-6}{10} \end{cases}$ 　　　　 D. $\begin{cases} \left(\dfrac{1}{2}+\dfrac{1}{2}+\dfrac{1}{10}\right)U=-\dfrac{12}{2}-\dfrac{6}{10} \\ I=\dfrac{U-6}{10} \end{cases}$

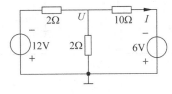

图题 17

18 如图题18所示,已知 u_1,且 a、b 等电位,如果求解电阻 R 和电流 i,则列写的结点电压方程为(   )。

A. $\begin{cases} u_a = u_b = u_1 \\ u_c = -5u_1 \\ (5+5+R)u_b - 5u_a - Ru_c = \dfrac{14}{5} \\ i = \dfrac{u_a - u_c}{4} + \dfrac{u_b - u_c}{R} \end{cases}$

B. $\begin{cases} u_a = u_b = u_1 \\ u_c = -5u_1 \\ (5+5+R)u_b - 5u_a - Ru_c = -\dfrac{14}{5} \\ i = \dfrac{u_a - u_c}{4} + \dfrac{u_b - u_c}{R} \end{cases}$

C. $\begin{cases} u_a = u_b = u_1 \\ u_c = -5u_1 \\ \left(\dfrac{1}{5} + \dfrac{1}{5} + \dfrac{1}{R}\right)u_b - \dfrac{1}{5}u_a - \dfrac{1}{R}u_c = \dfrac{14}{5} \\ i = \dfrac{u_a - u_c}{4} + \dfrac{u_b - u_c}{R} \end{cases}$

D. $\begin{cases} u_a = u_b = u_1 \\ u_c = -5u_1 \\ \left(\dfrac{1}{5} + \dfrac{1}{5} + \dfrac{1}{R}\right)u_b - \dfrac{1}{5}u_a - \dfrac{1}{R}u_c = -\dfrac{14}{5} \\ i = \dfrac{u_a - u_c}{4} + \dfrac{u_b - u_c}{R} \end{cases}$

19 电路如图题19所示,试用网孔分析法求各支路电流的方程为(   )。

A. $\begin{cases} (20+30)I_1 + 30I_3 = 40 \\ (30+50)I_3 + 30I_1 = 50 \times 2 \\ I_2 = I_1 + I_3 \end{cases}$
B. $\begin{cases} (20+30)I_1 - 30I_3 = 40 \\ I_3 = 2A \\ I_2 = I_1 + I_3 \end{cases}$

C. $\begin{cases} (20+30)I_1 + 30I_3 = -40 \\ (30+50)I_3 - 30I_1 = 50 \times 2 \\ I_2 = I_1 + I_3 \end{cases}$
D. $\begin{cases} (20+30)I_1 + 30I_3 = 40 \\ I_3 = 2A \\ I_2 = I_1 + I_3 \end{cases}$

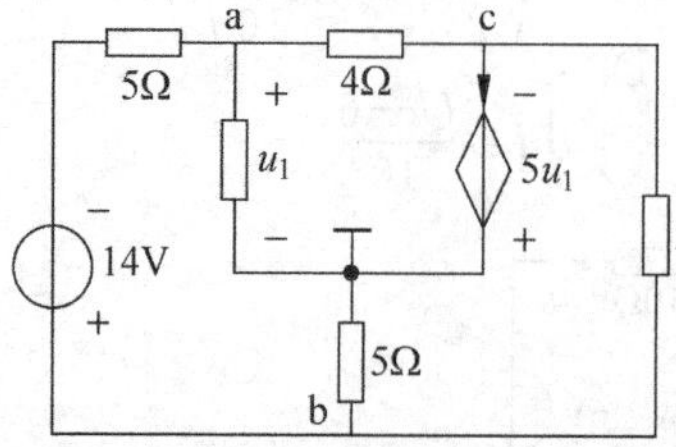

图题18

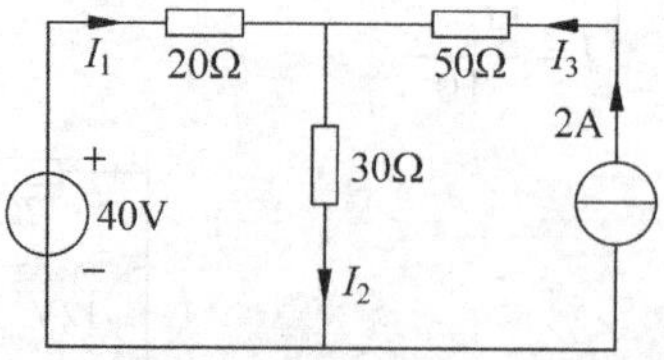

图题19

20 图题 20 所示电路的结点电压方程为( )。

A. $\begin{cases} \left(\dfrac{1}{R_1}+\dfrac{1}{R_2}+\dfrac{1}{R_4}\right)U_1-\dfrac{1}{R_2}U_2-\dfrac{1}{R_1}U_3=-I_{S4} \\ \left(\dfrac{1}{R_2}+\dfrac{1}{R_5}\right)U_2-\dfrac{1}{R_2}U_1=gU_4 \\ \left(\dfrac{1}{R_1}+\dfrac{1}{R_6}\right)U_3-\dfrac{1}{R_1}U_1=I_{S6}-gU_4 \\ U_4=U_1 \end{cases}$

B. $\begin{cases} \left(\dfrac{1}{R_1}+\dfrac{1}{R_2}+\dfrac{1}{R_4}\right)U_1-\dfrac{1}{R_2}U_2-\dfrac{1}{R_1}U_3=-I_{S4} \\ \left(\dfrac{1}{R_2}+\dfrac{1}{R_3}+\dfrac{1}{R_5}\right)U_2-\dfrac{1}{R_2}U_1=gU_4 \\ \left(\dfrac{1}{R_1}+\dfrac{1}{R_3}+\dfrac{1}{R_6}\right)U_3-\dfrac{1}{R_1}U_1=I_{S6}-gU_4 \\ U_4=U_1 \end{cases}$

C. $\begin{cases} \left(\dfrac{1}{R_1}+\dfrac{1}{R_2}+\dfrac{1}{R_4}\right)U_1-\dfrac{1}{R_2}U_2-\dfrac{1}{R_1}U_3=-I_{S4} \\ \left(\dfrac{1}{R_2}+\dfrac{1}{R_3}+\dfrac{1}{R_5}\right)U_2-\dfrac{1}{R_2}U_1-\dfrac{1}{R_3}U_3=gU_4 \\ \left(\dfrac{1}{R_1}+\dfrac{1}{R_3}+\dfrac{1}{R_6}\right)U_3-\dfrac{1}{R_1}U_1-\dfrac{1}{R_3}U_2=I_{S6}-gU_4 \\ U_4=U_1 \end{cases}$

D. $\begin{cases} \left(\dfrac{1}{R_1}+\dfrac{1}{R_2}+\dfrac{1}{R_4}\right)U_1-\dfrac{1}{R_2}U_2=-I_{S4} \\ \left(\dfrac{1}{R_2}+\dfrac{1}{R_5}\right)U_2-\dfrac{1}{R_2}U_1=gU_4 \\ \left(\dfrac{1}{R_1}+\dfrac{1}{R_6}\right)U_3-\dfrac{1}{R_1}U_1=I_{S6}-gU_4 \\ U_4=U_1 \end{cases}$

21 列出图题 21 所示电路的结点电压法方程。

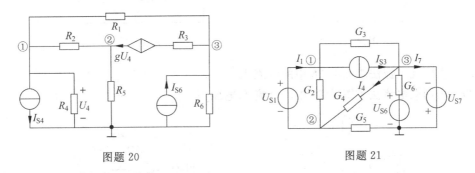

图题 20   图题 21

22 用支路电流法求图题 22 中的各支路电流。

23 用结点电压法求图题 23 中的电流 i。

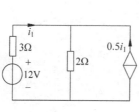

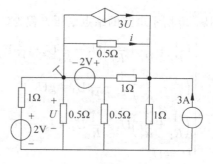

图题 22 图题 23

24 采用回路电流法求图题 24 中的电流 i。

25 用网孔电流法求图题 25 中的电流 I。

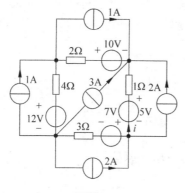

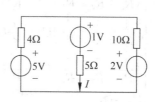

图题 24 图题 25

26 用网孔电流法求图题 26 中的电压 U。

27 用回路电流法求图题 27 中的电压 U。

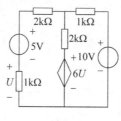

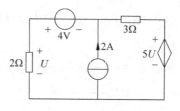

图题 26 图题 27

28 用网孔电流法求图题 28 中的电流 I。

29 用网孔电流法求图题 29 中的电流 I、电压 U。

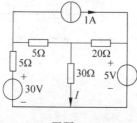

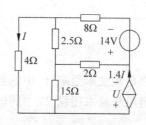

图题 28 图题 29

30　图题 30 所示为由电压源和电阻组成的一个独立结点的电路,用结点电压法证明其结点电压为如下公式,此式又称为弥尔曼定理。

$$u_{n1} = \frac{\sum G_k u_k}{\sum G_k}$$

31　分别列写图题 31 所示电路的回路电流方程和结点电压方程。

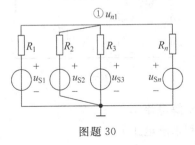
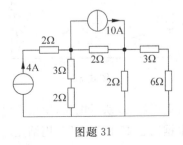

图题 30　　　　　　　　　　　图题 31

32　分别列写图题 32 所示电路的回路电流方程和结点电压方程。

33　分别列写图题 33 所示电路的回路电流方程和结点电压方程。

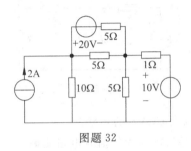
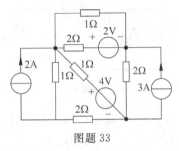

图题 32　　　　　　　　　　　图题 33

34　分别列写图题 34 所示电路的回路电流方程和结点电压方程。

35　采用回路电流法求图题 35 所示电路的电流 I_S 和 I_O。

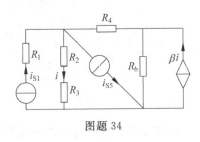
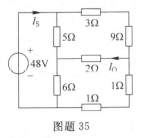

图题 34　　　　　　　　　　　图题 35

36　采用回路电流法求图题 36 所示电路的电压 U。

37　根据图题 37 所示电路,试用结点电压方程求解电压 U_{bc}。

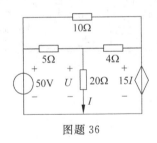
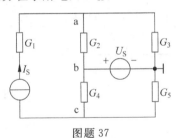

图题 36　　　　　　　　　　　图题 37

65

38 用网孔电流法求图题 38 所示电路的网孔电流 I_{L1}、I_{L2}、I_{L3}。

39 根据图题 39 所示电路,用结点电压法求解电压 u。

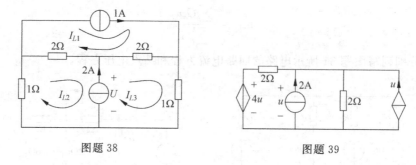

图题 38　　　　　　　　　　图题 39

40 根据图题 40 所示电路,用结点电压法求解电流 i。

41 根据图题 41 所示电路,用结点电压方程求解电压 u。

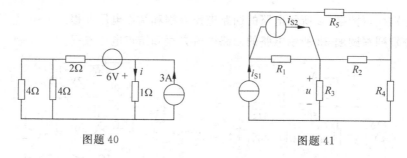

图题 40　　　　　　　　　　图题 41

42 根据图题 42 所示电路,用回路法求 I_x 以及 CCVS 的功率。

43 根据图题 43 所示电路,列出回路电流方程,求 μ 为何值时电路无解。

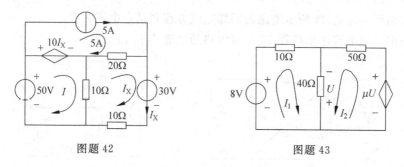

图题 42　　　　　　　　　　图题 43

44 根据图题 44 所示电路,分别按图(a)、(b)规定的回路列出支路电流方程。

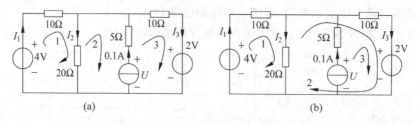

(a)　　　　　　　　　　　(b)

图题 44

45　用回路电流法求图题 45 所示电路的电流 I。

46　用回路电流法求图题 46 所示电路的电流 I。

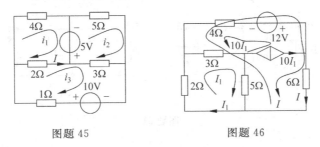

图题 45　　　　　　图题 46

47　用回路电流法求图题 47 所示电路的电流 I_X。

48　用网孔电流法求图题 48 所示电路的电流 I_1 和 I_2。

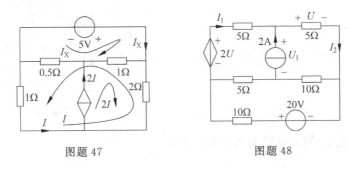

图题 47　　　　　　图题 48

49　图题 49 所示电路,分别按图题 49(a)、(b)规定的回路列出回路电流方程。

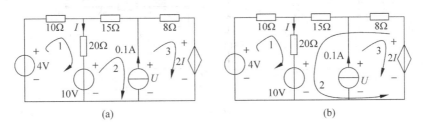

(a)　　　　　　(b)

图题 49

50　列写图题 50 所示电路的支路电流方程。

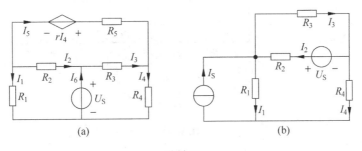

(a)　　　　　　(b)

图题 50

51 用结点电压法求图题 51 所示电路的电流 I。

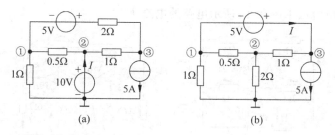

(a)   (b)

图题 51

52 用结点电压法求图题 52 所示电路中 5A 电流源发出的功率。

53 根据图题 53 所示电路,用结点电压法求 1A 电流源发出的功率。

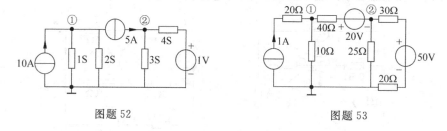

图题 52   图题 53

54 列出图题 54 所示电路的结点电压方程。

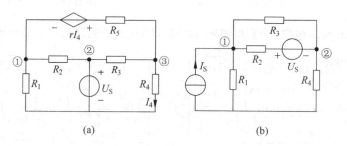

(a)   (b)

图题 54

55 分别列出图题 55 所示电路的结点电压方程和回路电流方程。

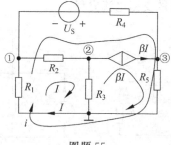

图题 55

第4章 电路定理

内容提要

本章主要介绍了几个重要的电路定理,包括叠加定理、齐性定理、戴维宁定理和诺顿定理、最大功率传输定理。第一章根据电荷守恒得到基尔霍夫电流定律 KCL 和根据能量守恒得到基尔霍夫电压定律 KVL;本章将根据功率守恒推出特勒根定律并进行推广。

戴维宁定理和诺顿定理是非常重要的概念,它把有源电阻电路简单地看成一个电源与电阻有效组合,从而使电路问题简化,变得容易分析,容易计算。特别地简化了最大功率传输问题上的计算。

4.1 叠加定理

1. 叠加定理概述

线性电路中,任意一条支路中的响应都可以看成是由电路中各个独立电源单独作用时所产生的分响应之代数和,称为叠加定理。叠加定理是线性性质中可加性的体现,因此是线性电路中的一个重要定理,是分析线性电路的基础。

图 4-1(a)中所示电路有三个独立电源作用,应用结点电压法可列出 u_1 的表达式:

$$\left(\frac{1}{R_2}+\frac{1}{R_3}\right)u_1 = i_{S1}+\frac{1}{R_2}u_{S2}+\frac{1}{R_3}u_{S3} \tag{4-1}$$

$$u_1 = \frac{R_2 R_3 i_{S1}}{R_2+R_3}+\frac{R_3 u_{S2}}{R_2+R_3}+\frac{R_2 u_{S3}}{R_2+R_3} \tag{4-2}$$

式(4-2)中为三个独立电源的一次项线性组合,可改写为

$$u_1 = u'_1+u''_1+u'''_1 \tag{4-3}$$

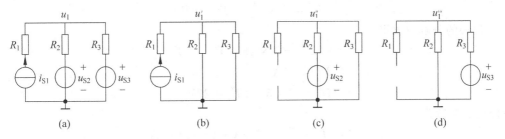

(a)　　　　　　(b)　　　　　　(c)　　　　　　(d)

图 4-1 叠加定理

在图 4-1(b)、(c)、(d)中,根据 KCL、KVL 及 VCR 可求得 u'_1、u''_1 和 u'''_1 分别为三个独立电源单独作用时的分响应

$$u'_1 = \frac{R_2 R_3 i_{S1}}{R_2+R_3}\bigg|_{u_{s2}=0,\,u_{s3}=0} \tag{4-4}$$

$$u''_1 = \frac{R_3 u_{S2}}{R_2+R_3}\bigg|_{i_{s1}=0,\,u_{s3}=0} \tag{4-5}$$

$$u'''_1 = \frac{R_2 u_{S3}}{R_2 + R_3} \Bigg|_{i_{s1}=0, u_{s2}=0} \tag{4-6}$$

三个分响应之和恰好是式(4-2)得到的结果。需要注意的是,在应用叠加定理分析电路、画分电路图时,不作用的电压源需要短路处理,不作用的电流源需要开路处理;分响应方向与原电路中总响应同向的取"+"号,反向的取"-"号。

对于一个含有 n 个独立电源的线性电路,可以将电路中第 j 条支路的响应 X(电流或电压)写为以下形式:

$$X_j = K_{j1} i_{S1} + K_{j2} i_{S2} + \cdots + K_{jm} i_{Sm} + K_{jm+1} u_{Sm+1} + \cdots + K_{jn-1} u_{Sn-1} + K_{jn} u_{Sn} \tag{4-7}$$

其中 K_{jm} 为各个独立电源单独作用时求出的分响应系数。

当电路中含有受控源时,叠加定理同样适用。由于受控源的控制量为分响应的叠加,因此受控源的作用也同样反映在每一个分响应中。因此,在分析含有受控源电路时,须将受控源保留在各分电路中进行分析。

【例 4-1】 试用叠加定理计算图 4-2(a)中的 u 和 i。

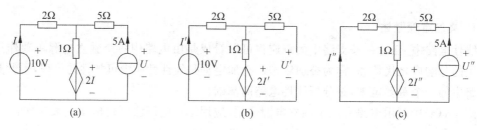

图 4-2 叠加定理计算

解 应用叠加定理,分别画出电压源和电流源单独作用时的分电路如图 4-2(b)、(c)所示,受控源均保留在各分电路中。图 4-2(b)的分响应求得为

$$I' = \frac{10}{2+1+2}\text{A} = 2\text{A}$$

$$U' = 1 \times I' + 2I' = 6\text{V}$$

图 4-2(c)的分响应求得为

$$-2I'' - 1 \times (5 + I'') + 2I''$$

$$I'' = -1\text{A}$$

$$U'' = 5 \times 5 - 2I'' = 27\text{V}$$

电路的总响应为

$$I = I' + I'' = (2 + (-1))\text{A} = 1\text{A}$$

$$U = U' + U'' = (6 + 27)\text{V} = 33\text{V}$$

2.应用叠加定理需注意的问题

(1)叠加定理只适用于线性电路。

(2)在分电路中,不作用的电压源需要短路处理,不作用的电流源需要开路处理。

(3)受控源保留在各分电路图中,电阻元件不予更动。

(4)功率不可叠加,应分别求出所需电量的总响应再求功率。

(5)分响应在叠加时需要注意参考方向,分响应与原电路中的总响应同向时取"+"号,否则取"-"号。

（6）叠加方式是任意的，可以各个独立电源单独作用，也可以一次几个电源同时作用，取决于使分析计算简便。

3．齐性定理

线性电路中，所有激励都同时增大或缩小同样的倍数，则电路中的任一响应也增大或缩小同样的倍数。这就是齐性定理，可由叠加定理推导得到。当电路中只有一个激励时，则任一响应均与激励成正比；当电路中有多个激励，其中第 k 个激励增大 A 倍，则第 k 个分响应也增大 A 倍，其他分响应不变。

【例 4-2】　试计算图 4-3(a)中当①$U_\mathrm{S}=5\mathrm{V}$；②$U_\mathrm{S}=10\mathrm{V}$ 时的电流 i。

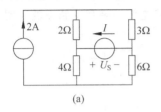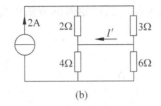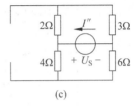

图 4-3　用齐性定理计算

解　分别画出电压源和电流源单独作用时的分电路如图 4-3(b)、(c)所示。

当 $u_\mathrm{S}=5\mathrm{V}$ 时，电流源单独作用，电桥平衡

$$I' = 0\mathrm{A}$$

电压源单独作用

$$I'' = \frac{U_\mathrm{S}}{5 \,/\!/\, 10} = 1.5\mathrm{A}$$

$$I = I' + I'' = 1.5\mathrm{A}$$

当 $u_\mathrm{S}=5\mathrm{V}$ 时

$$I' = 0\mathrm{A}$$

电压源增大了两倍，因此分响应也应增大两倍

$$I'' = 3\mathrm{A}$$

$$I = I' + I'' = 3\mathrm{A}$$

由此可见，根据齐性定理，同一个电路，不同的激励条件，可以不必重复求解未知量过程，只需将对应变化的分响应增大或减小相同的倍数，再代入总响应中即可，大大简化了计算过程。

4.2　替代定理

对于给定的任意一个电路，若某一支路电压为 u_k、电流为 i_k，那么这条支路就可以用一个电压等于 u_k 的独立电压源，或者用一个电流等于 i_k 的独立电流源，或用 $R=u_k/i_k$ 的电阻来替代，替代后电路中全部电压和电流均保持原有值（解答唯一），如图 4-4 所示。

替代定理应用范围广泛，不同于叠加定理，替代定理既适用于线性电路，也适用于非线性电路，其主要用于简化电路及用于推导其他电路定理。图 4-5 示出了替代定理的证明过程。现在网络 A 的两端子间串联两个电压大小相等、方向相反的电压源 u_k，其并不影响网

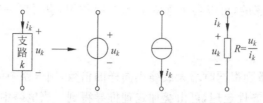

图 4-4　替代定理

络 A 及 A 内的电压、电流。由于添加电压源大小与支路 k 两端电压相等,图 4-5(b)中右侧上下两端之间电压为 0,若用导线直接将两点短路,则可得到图 4-5(c)所示的电路,即将支路 k 替代为一个大小为 u_k 的电压源。利用相似的方法可得到电流源替代支路 k 的证明。

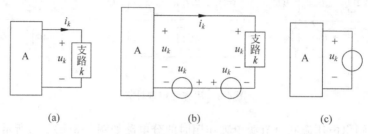

图 4-5　替代定理的证明

需要注意的是被替代的支路或二端网络可以是有源的也可以是无源的;受控源的控制支路和受控支路不能一个在被替代的二端网络中,而另一个在外电路中。换句话说,受控源的控制量不能因替代而从电路中消失。

【例 4-3】 求图 4-6(a)中电流 I_1。

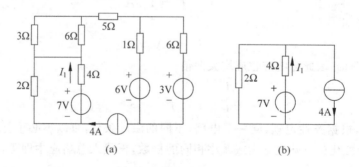

图 4-6　用替代定理计算

解　利用替代定理,电路等效为图 4-6(b)所示

$$I_1 = \left(\frac{7}{2+4} + \frac{2 \times 4}{2+4} \right) \text{A} = \frac{15}{6} \text{A} = 2.5 \text{A}$$

4.3　戴维宁定理和诺顿定理

实际工程中,常常碰到只需研究某一支路的电压、电流或功率的问题。对所研究的支路来说,电路的其余部分就成为一个有源二端网络,可等效变换为较简单的含源支路(电压源

与电阻串联或电流源与电阻并联支路),使分析和计算简化。戴维宁定理和诺顿定理正给出了等效含源支路及其计算方法。

1. 戴维宁定理

对于所研究的支路而言,不论有源二端线性网络的简繁程度如何,它对所要计算的这个支路而言,相当于一个电源。因此,任意一个有源二端线性网络 N_A 都可用一个电压为 u_{OC} 的电压源与一个电阻 R_{eq} 相串联的形式来进行等效替代。电压源的电压值即为有源二端线性网络的开路电压,而 R_{eq} 即为端口内独立电源全部置零后的输入电阻。这就是戴维宁定理,如图 4-7 所示。等效前后,端口的电压电流关系不变,端口以外的电路中的电压、电流均保持不变。

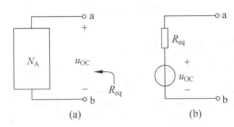

图 4-7 戴维宁定理

【例 4-4】 试应用等效变换和戴维宁定理两种方法将图 4-8(a)中电路化简为一个理想电压源与一个电阻串联的形式。

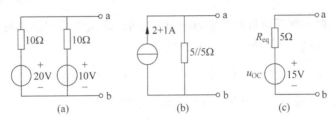

图 4-8 二端有源网络的变换

解 **方法一** 利用等效变换法,电路中两组实际电压源并联等效为两组实际电流源,其中电阻并联等效为 5Ω,电流源并联相加 3A,如图 4-8(b)所示。再将等效后的实际电流源模型变换为实际电压源,如图 4-8(c)所示,得到 15V 的电压源与 5Ω 的电阻相串联的结果。

方法二 利用戴维宁定理,首先求二端网络的开路电压:

$$I = \frac{20-10}{20}A = 0.5A, \quad U_{oc} = (0.5 \times 10 + 10)V = 15V$$

求二端网络的输入电阻

$$R_{eq} = (10 \mathbin{/\mkern-5mu/} 10)\Omega = 5\Omega$$

同样得到如图 4-8(c)中 15V 的电压源与 5Ω 的电阻相串联的结果,两种解法结果一致,其中戴维宁定理更具普遍性。

2. 诺顿定理

对于所研究支路,有源二端线性网络对所要计算的这个支路而言都可相当于一个电源。同样这个有源二端线性网络 N_A 可用一个电流为 i_{sc} 的电流源与一个电阻 R_{eq} 相并联的形式来进行等效替代。其中电流源的电流值即为有源二端线性网络的端口短路电流，而 R_{eq} 仍为端口内独立电源全部置零后的输入电阻。这就是诺顿定理，如图 4-9 所示。同样，替换前后，电路对外等效，对内不等效。

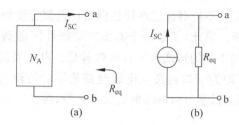

图 4-9　诺顿定理

【例 4-5】　求图 4-10(a)中的电流 I。

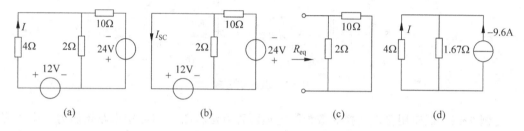

图 4-10　用诺顿定理等效变换

解　将 4Ω 电阻支路看做待求支路，以外的二端网络用诺顿定理进行等效替换。先求二端网络的端口短路电流（如图 4-10(b)中所示）

$$I_{SC} = \left(-\frac{12}{2} - \frac{12 + 24}{10} \right) A = -9.6 A$$

如图 4-10(c)所示，二端网络中独立源置零求输入电阻

$$R_{eq} = \frac{10 \times 2}{10 + 2} \Omega = \frac{5}{3} \Omega \approx 1.67 \Omega$$

得到原电路的诺顿等效电路如图 4-10(d)所示，根据分流公式可得 4Ω 电阻支路上流过电流

$$I = \left(9.6 \times \frac{5/3}{4 + 5/3} \right) A = \frac{48}{17} A \approx 2.82 A$$

应用戴维宁定理或诺顿定理等效同一个二端网络 N_A，根据图 4-7(b)及图 4-9(b)，可得两者亦等效，从而可得到开路电压 u_{OC}、短路电流 i_{SC}、等效电阻 R_{eq} 三者间的一个重要关系

$$u_{OC} = R_{eq} i_{SC} \tag{4-8}$$

3. 应用

应用戴维宁定理、诺顿定理来等效二端有源线性网络时，可根据电路具体情况及简易程度，选择开路电压、短路电流、等效电阻三者中的任两个进行求解，若需要求第三个量，可根据式(4-8)计算。

【例 4-6】　电路如图 4-11(a)，计算 R_x 分别为 1.2Ω、5.2Ω 时的电流 I。

解　断开 R_x 支路，将剩余一端口网络化为戴维宁等效电路

$$U_{OC} = \left(-10 \times \frac{4}{4 + 6} + 10 \times \frac{6}{4 + 6} \right) V = 2 V$$

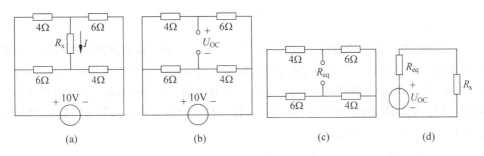

图 4-11　用戴维宁等效变换

$$R_{eq} = (4 \mathbin{/\mkern-5mu/} 6 + 6 \mathbin{/\mkern-5mu/} 4)\Omega = 4.8\Omega$$

原电路等效为图 4-11(d)形式,当 $R_x = 1.2\Omega$ 时

$$I = \frac{2}{4.8 + 1.2}\mathrm{A} = 0.333\mathrm{A}$$

当 $R_x = 5.2\Omega$ 时

$$I = \frac{2}{4.8 + 5.2}\mathrm{A} = 0.2\mathrm{A}$$

不难看出,应用戴维宁电路或诺顿电路等效二端有源线性网络时,外电路可以是任意的线性或非线性电路。外电路发生改变时,二端有源线性网络的等效电路不变(伏-安特性等效)。

【**例 4-7**】　求图 4-12(a)中的电压 U。

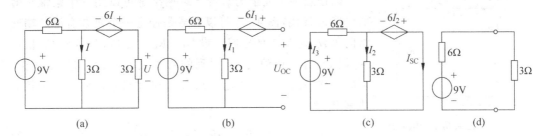

图 4-12　含受控源的戴维宁等效变换

解　① 求开路电压,电路如图 4-12(b)中所示

$$I_1 = \frac{9}{9} = 1\mathrm{A}$$

$$U_{OC} = 6I_1 + 3I_1 = 9\mathrm{V}$$

② 求短路电流,电路如图 4-12(c)中所示

$$6I_2 + 3I_2 = 0$$

$$I_2 = 0$$

$$I_{SC} = I_3 = \frac{9}{6}\mathrm{A} = 1.5\mathrm{A}$$

根据式(4-8)计算等效电阻

$$R_{eq} = 6\Omega$$

根据戴维宁定理,原电路等效为图 4-12(d)形式,求得电压 U 为

$$U = \left(\frac{9}{6+3} \times 3\right) \text{V} = 3\text{V}$$

当一端口内部含有受控源时,控制电路与受控源必须包含在被化简的同一部分电路中。此外,当含源一端口网络内部含有受控源时,输入电阻有可能为零或无限大。若一端口网络的等效电阻 $R_{eq} = 0$,该一端口网络只有戴维宁等效电路,无诺顿等效电路,如图 4-13(a)、(b)所示;若一端口网络的等效电阻 $R_{eq} = \infty$,该一端口网络只有诺顿等效电路,无戴维宁等效电路,如图 4-13(c)、(d)所示。

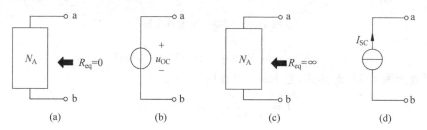

图 4-13　戴维宁、诺顿等效的特殊情况

4.4　最大功率传输定理

一个有源线性二端电路,当所接负载不同时,端口电路传输给负载的功率就不同,讨论负载为何值时能从电路获取最大功率,及最大功率的值是多少等问题具有工程意义。

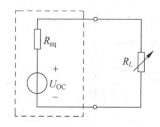

因任意一个复杂的有源二端网络都可以用一个戴维宁等效电路来替代,图 4-14 可以看成是任意一个复杂有源二端网络向负载 R_L 供电的电路。设 U_{OC}、R_{eq} 为定值,若负载 R_L 值可变,则 R_L 等于何值时,它得到的功率最大,最大功率是多少?下面就这些问题进行讨论。从图 4-14 中可知,负载 R_L 消耗的功率 P_L 为

图 4-14　最大功率传输定理

$$P_L = R_L \left(\frac{U_{OC}}{R_{eq} + R_L}\right)^2 \tag{4-9}$$

负载 R_L 可变,功率 P_L 对负载 R_L 求导为零时,可得最大功率

$$\frac{\mathrm{d}P_L}{\mathrm{d}R_L} = U_{OC}^2 \frac{(R_{eq} + R_L)^2 - 2R_L(R_{eq} + R_L)}{(R_{eq} + R_L)^4} = 0 \tag{4-10}$$

解得

$$R_L = R_{eq} \tag{4-11}$$

负载 R_L 获得的最大功率为

$$P_{L\max} = \frac{U_{OC}^2}{4R_{eq}} \tag{4-12}$$

可见,当负载 $R_L = R_{eq}$ 时,负载可以获得最大的功率,称为 R_L 与 R_{eq} 匹配。类似地,如果应用诺顿电路等效有源二端网络,其短路电流、等效电阻分别用 I_{SC} 和 R_{eq} 表示,有同样结论:当可变负载 $R_L = R_{eq}$ 时,即二者匹配时,负载可以获得最大的功率,最大功率为

$$P_{L\max} = \frac{I_{SC}^2 R_{eq}}{4} \tag{4-13}$$

【例 4-8】 求图 4-15(a)中的电压 U。

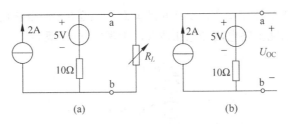

图 4-15 最大功率传输计算

解 求开路电压,电路如图 4-15(b)中所示。

断开 R_L 支路,求 a、b 两端的开路电压

$$U_{OC} = (5 + 2 \times 10)V = 25V$$

a、b 间的输入电阻

$$R_{eq} = 10\Omega$$

当 R_L 与 R_{eq} 匹配,即 $R_L = R_{eq} = 10\Omega$ 时,可获得最大传输功率

$$P_{Lmax} = \frac{U_{OC}^2}{4R_{eq}} = \frac{25^2}{40}W = 15.625W$$

值得注意的是,最大功率传输定理用于有源二端网络给定负载电阻可调的情况;有源二端网络等效电阻消耗的功率一般并不等于端口内部消耗的功率,因此当负载获取最大功率时,电路的传输效率并不一定是 50%。

4.5 特勒根定理

特勒根定理是电路理论中对于集总电路普遍使用的定理,其有两种形式。

1. 特勒根定理 1

任何时刻,一个具有 n 个结点和 b 条支路的集总电路,在支路电流和电压取关联参考方向下,满足

$$\sum_{k=1}^{b} u_k i_k = 0 \qquad (4-14)$$

该定理表明任何一个电路的全部支路吸收的功率之和恒等于零。此定理可通过图 4-16 所示电路证明。

应用 KCL

$$-i_1 + i_2 + i_4 = 0$$

$$-i_4 + i_5 + i_6 = 0$$

$$-i_2 + i_3 - i_6 = 0$$

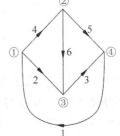

图 4-16 特勒根定理 1 的证明

结合 KVL,即有

$$\sum_{k=1}^{b} u_k i_k = u_1 i_1 + u_2 i_2 + \cdots + u_6 i_6$$

$$= u_{n1}(-i_1 + i_2 + i_4) + u_{n2}(-i_4 + i_5 + i_6) + u_{n3}(-i_2 + i_3 - i_6)$$

$$= 0$$

2. 特勒根定理 2

任何时刻，对于两个具有 n 个结点和 b 条支路的集总电路，当它们具有相同的图，但由内容不同的支路构成，在支路电流和电压取关联参考方向下，满足

$$\sum_{k=1}^{b} u_k \hat{i}_k = 0 \tag{4-15}$$

$$\sum_{k=1}^{b} \hat{u}_k i_k = 0 \tag{4-16}$$

对图 4-17(b)应用 KCL 有

$$-\hat{i}_1 + \hat{i}_2 + \hat{i}_4 = 0$$

$$-\hat{i}_4 + \hat{i}_5 + \hat{i}_6 = 0$$

$$-\hat{i}_2 + \hat{i}_3 - \hat{i}_6 = 0$$

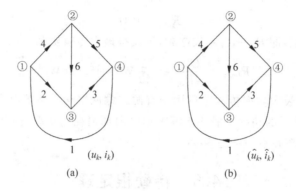

图 4-17   特勒根定理 2 的证明

不难证明

$$\sum_{k=1}^{b} u_k \hat{i}_k = u_1 \hat{i}_1 + u_2 \hat{i}_2 + \cdots + u_6 \hat{i}_6$$

$$= -u_{n1} \hat{i}_1 + (u_{n1} - u_{n3}) \hat{i}_2 + u_{n3} \hat{i}_3 + (u_{n1} - u_{n2}) \hat{i}_4 + u_{n2} \hat{i}_5 + (u_{n2} - u_{n3}) \hat{i}_6$$

$$= u_{n1}(-\hat{i}_1 + \hat{i}_2 + \hat{i}_4) + u_{n2}(-\hat{i}_4 + \hat{i}_5 + \hat{i}_6) + u_{n3}(-\hat{i}_2 + \hat{i}_3 - \hat{i}_6)$$

$$= 0$$

式(4-16)可由类似方法证明。

值得注意的是，应用特勒根定理时，电路中的支路电压必须满足 KVL；电路中的支路电流必须满足 KCL；电路中的支路电压和支路电流必须满足关联参考方向；定理的正确性与元件的特征全然无关。

4.6 互 易 定 理

互易性是一类特殊的线性网络的重要性质。一个具有互易性的网络在输入端（激励）与输出端（响应）互换位置后，同一激励所产生的响应并不改变。具有互易性的网络叫互易网络，互易定理是对电路的这种性质所进行的概括，它广泛地应用于网络的灵敏度分析和测量

技术等方面。

互易定理是指对一个仅含电阻的二端口电路 NR，其中一个端口加激励源，一个端口作响应端口，在只有一个激励源的情况下，当激励与响应互换位置时，同一激励所产生的响应相同。

根据激励和响应是电压还是电流，互易定理有三种形式。

1. 互易定理的第一种形式

图 4-18(a)所示电路 N 在方框内部仅含线性电阻，不含任何独立电源和受控源。接在端子 1-1' 的支路 1 为电压源 u_S，接在端子 2-2' 的支路 2 为短路，其中的电流为 i_2，它是电路中唯一的激励(即 u_S)产生的响应。如果把激励和响应位置互换，如图 4-18(b)中的 $\hat{N}$，此时接于 2-2' 的支路 2 为电压源 $\hat{u}_\mathrm{S}$，而响应则是接于 1-1' 支路 1 中的短路电流 $\hat{i}_1$。假设把图(a)和(b)中的电压源置零，则除 N 和 $\hat{N}$ 的内部完全相同外，接于 1-1' 和 2-2' 的两个支路均为短路；就是说，在激励和响应互换位置的前后，如果把电压源置零，则电路保持不变。

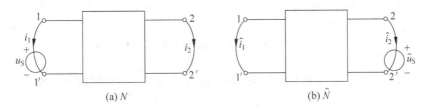

图 4-18 互易定理的第一种形式

对于图 4-18(a)和(b)应用特勒根定理，有

$$u_1\hat{i}_1 + u_2\hat{i}_2 + \sum_{k=3}^{b} u_k\hat{i}_k = 0$$

$$\hat{u}_1 i_1 + \hat{u}_2 i_2 + \sum_{k=3}^{b} \hat{u}_k i_k = 0$$

式中取和号遍及方框内所有支路，并规定所有支路中电流和电压都取关联参考方向。

由于方框内部仅为线性电阻，故 $u_k = R_k i_k$、$\hat{u}_k = R_k \hat{i}_k (k=3,4,\cdots,b)$，将它们分别代入上式后有

$$u_1\hat{i}_1 + u_2\hat{i}_2 + \sum_{k=3}^{b} R_k i_k\hat{i}_k = 0$$

$$\hat{u}_1 i_1 + \hat{u}_2 i_2 + \sum_{k=3}^{b} R_k \hat{i}_k i_k = 0$$

故有

$$u_1\hat{i}_1 + u_2\hat{i}_2 = \hat{u}_1 i_1 + \hat{u}_2 i_2 \tag{4-17}$$

对图 4-18(a)，$u_1 = u_\mathrm{S}$，$u_2 = 0$；对图(b)，$\hat{u}_1 = 0$，$\hat{u}_2 = \hat{u}_\mathrm{S}$，代入式(4-17)得

$$u_\mathrm{S}\hat{i}_1 = \hat{u}_\mathrm{S} i_2$$

即

$$\frac{i_2}{u_\mathrm{S}} = \frac{\hat{i}_1}{\hat{u}_\mathrm{S}}$$

如果 $u_s \hat{i}_1 = \hat{u}_s i_2$，则 $i_2 = \hat{i}_1$。这就是互易定理的第一种形式，即对一个仅含线性电阻的电路，在单一电压源激励而响应为电流时，当激励和响应互换位置时，将不改变同一激励产生的响应。

2．互易定理的第二种形式

在图 4-19(a) 中，接在 1-1′ 的支路 1 为电流源 i_s，接在 2-2′ 的支路 2 为开路，它的电压为 u_2。如把激励和响应互换位置，如图 4-19(b)，此时接于 2-2′ 的支路 2 为电流源 $\hat{i}_s$，接于 1-1′ 的支路 1 为开路，其电压为 $\hat{u}_1$。假设把电流源置零，则图(a)和图(b)的两个电路完全相同。

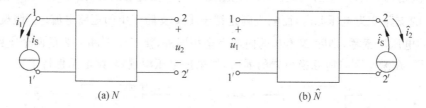

图 4-19　互易定理的第二种形式

对图 4-19(a)和(b)应用特勒根定理，不难得出与式(4-17)相同的下列关系式

$$u_1 \hat{i}_1 + u_2 \hat{i}_2 = \hat{u}_1 i_1 + \hat{u}_2 i_2$$

代入 $i_1 = -i_s, i_2 = 0, \hat{i}_1 = 0, \hat{i}_2 = -\hat{i}_s$，有

$$u_2 \hat{i}_s = \hat{u}_1 i_s$$

如果 $i_s = \hat{i}_s$，则 $u_2 = \hat{u}_1$。这就是互易定理的第二种形式。

3．互易定理的第三种形式

在图 4-20(a) 中，接在 1-1′ 的支路 1 为电流源 i_s，接在 2-2′ 的支路 2 为短路，其电流为 i_2。如果把激励改为电压源 $\hat{u}_s$，且接于 2-2′，接于 1-1′ 的为开路，其电压为 $\hat{u}_1$，见图 4-20(b)。假设把电流源和电压源置零，不难看出激励和响应互换位置后，电路保持不变。

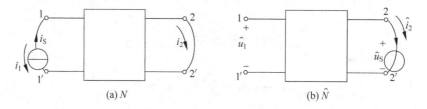

图 4-20　互易定理的第三种形式

对图 4-20(a)和(b)应用特勒根定理，有

$$u_1 \hat{i}_1 + u_2 \hat{i}_2 = \hat{u}_1 i_1 + \hat{u}_2 i_2$$

代入 $i_1 = -i_s, u_2 = 0, \hat{i}_1 = 0, \hat{u}_2 = \hat{u}_s$，得到

$$-\hat{u}_1 i_s + \hat{u}_s i_2 = 0$$

即

$$\frac{i_2}{i_{\mathrm{S}}} = \frac{\hat{u}_1}{\hat{u}_{\mathrm{S}}}$$

如果在数值上 $i_{\mathrm{S}} = \hat{u}_{\mathrm{S}}$，则有 $i_2 = \hat{u}_1$，其中 i_2 和 i_{S} 以及 $\hat{u}_1$ 和 $\hat{u}_{\mathrm{S}}$ 都分别取同样的单位。这就是互易定理的第三种形式。

4. 应用互易定理分析电路时的注意点

① 互易前后应保持网络的拓扑结构不变，仅理想电源搬移。

② 互易前后端口处的激励和响应的极性保持一致(要么都关联，要么都非关联)。

③ 互易定理只适用于线性电阻网络在单一电源激励下，端口两个支路电压电流关系。

④ 含有受控源的网络，互易定理一般不成立。

【例 4-9】　求图 4-21(a)中的电流 I。

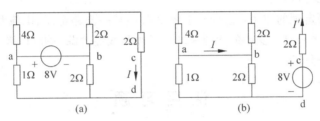

图 4-21　用互易定理计算

利用互易定理如图 4-21(b)所示，并利用分流法计算

$$I' = \frac{8}{2 + 4 \mathbin{/\mkern-5mu/} 2 + 1 \mathbin{/\mkern-5mu/} 2}\mathrm{A} = \frac{8}{4}\mathrm{A} = 2\mathrm{A}$$

$$I = \frac{2}{4+2} \times I' - \frac{2}{1+2} \times I' = -\frac{2}{3}\mathrm{A}$$

本 章 小 结

叠加定理可表述为：在线性电路中，任一支路的电流(或电压)都可以看成是电路中每一个独立电源单独作用于电路时，在该支路产生的电流(或电压)的代数和；也可表示为线性电路的任意一个解(电压或电流)都是电路中所有激励的线性组合。在各独立电源单独作用时，不作用的电压源置零，原电压源处用短路代替；不作用的电流源置零，原电流源处用开路代替。

齐性定理可表述为：在线性电路中，所有激励(独立源)都增大(或减少)同样的倍数，则电路中响应(电压或电流)也增大(或减少)同样的倍数。当激励只有一个时，则响应与激励成正比。

替代定理可表述为：对于给定的任意一个电路，若某一支路电压为 u_k、电流为 i_k、那么这条支路就可以用一个电压等于 u_k 的独立电压源，或者用一个电流等于 i_k 的独立电流源，或用 $R = u_k/i_k$ 的电阻来替代，替代后电路全部电压和电流均保持原有值。

戴维宁定理可表述为：任何一个线性含源一端口网络，对外电路来说，总可以用一个电压源和电阻的串联组合来等效替代；此电压源的电压等于该一端口的开路电压 u_{OC}，而电阻等于该一端口全部独立电源置零后的输入电阻 R_{eq}。

诺顿定理可表述为：任何一个线性含源一端口网络,对外电路来说,总可以用一个电流源和电阻的并联组合来等效替代;此电流源的电流等于该一端口的短路电流 i_{SC},而电阻等于该一端口全部独立电源置零后的输入电阻 R_{eq}。

最大功率传输定理：如果含源一端口网络外接一可调电阻 R,当 $R=R_{eq}$ 时,电阻 R 可以从一端口获得最大功率。

特勒根定理2可表述为：任何时刻,对于两个具有 n 个结点和 b 条支路的集中电路,当它们具有相同的图,但由内容不同的支路构成,在支路电流和电压取关联参考方向下,满足

$$\sum_{k=1}^{b} u_k \hat{i}_k = 0, \qquad \sum_{k=1}^{b} \hat{u}_k i_k = 0$$

互易定理可表述为：对一个含线性电阻的电路,在单一激励下产生响应,当激励与响应互换位置时,其值保持不变。

戴维宁和诺顿定理的应用：适合于求解电路中某一支路电压、电流和功率问题。求解时,进行戴维宁或诺顿等效变换的含源一端口必须是线性含源一端口,待求电路是线性或非线性、含源或无源都可。

课 后 习 题

1 图题1所示网络的开路电压 U_{OC} 为(　　　)。

　　A. 4V　　　　　　　B. 5V　　　　　　　C. 6V　　　　　　　D. 7V

2 电路如图题2所示,其 a、b 端口戴维宁等效电路参数是(　　　)。

　　A. $U_{OC}=2V, R_0=\dfrac{4}{3}\Omega$　　　　　　　　　　B. $U_{OC}=3V, R_0=\dfrac{3}{4}\Omega$

　　C. $U_{OC}=2V, R_0=\dfrac{3}{4}\Omega$　　　　　　　　　　D. $U_{OC}=1V, R_0=1\Omega$

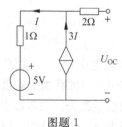

图题1　　　　　　　　　　　　　　　　　　图题2

3 如图题3所示电路的等效电源为(　　　)。

4 电路如图题4所示,求电压 U_{ab} 时,不可采用(　　　)来求解。

A. $\begin{cases} (1+3)U_a - 3U_c = 0 \\ U_b = -12V \\ (3+4+4)U_c - 3U_a - 4U_b = 0 \\ U_{ab} = U_a - U_b \end{cases}$　　　　B. $\begin{cases} (1+3+4)i_1 - 4i_2 = 0 \\ (4+4)i_2 - 4i_1 = 12 \\ U_{ab} = 3i_1 + 4i_2 \end{cases}$

$$\text{C.} \begin{cases} \left(1+\dfrac{1}{3}\right)U_a - \dfrac{1}{3}U_c = 0 \\ U_b = -12\text{V} \\ \left(\dfrac{1}{3}+\dfrac{1}{4}+\dfrac{1}{4}\right)U_c - \dfrac{1}{3}U_a - \dfrac{1}{4}U_b = 0 \\ U_{ab} = U_a - U_b \end{cases}$$

D.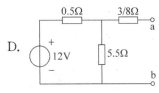

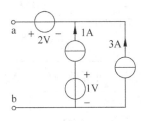

图题 3

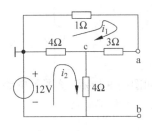

图题 4

5 如图题 5 所示电路中,当 S 断开时,$U_{ab}=12.5\text{V}$;当 S 闭合时,$I=10\text{mA}$。有源电阻电路 N 的等效参数 U_{OC} 及 R_0 分别为( )。

    A. $R_0=2.5\text{k}\Omega, U_{OC}=15\text{V}$ B. $R_0=2.5\Omega, U_{OC}=15\text{V}$

    C. $R_0=2.5\text{k}\Omega, U_{OC}=15\text{mV}$ D. $R_0=2.5\Omega, U_{OC}=15\text{mV}$

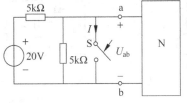

图题 5

6 如图题 6 所示电路,问 R_L 为( )时获最大功率?最大功率为( )。

    A. $R_L=0.8\Omega, P_{\max}=0.05\text{W}$ B. $R_L=0.8\Omega, P_{\max}=0.1\text{W}$

    C. $R_L=1.6\Omega, P_{\max}=0.1\text{W}$ D. $R_L=1.6\Omega, P_{\max}=0.025\text{W}$

7 如图题 7 电路中已知 N 的 VAR 为 $5u=4i+5$,电路中 u 和 i 分别为( )。

    A. $14\text{V}, 0.5\text{A}$ B. $14\text{V}, 5\text{A}$

    C. $1.4\text{V}, 0.5\text{A}$ D. $1.4\text{V}, 5\text{A}$

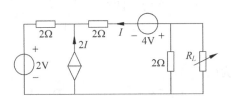

图题 6

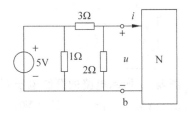

图题 7

8 图题 8 所示电路中,为使电阻 R 两端的电压 $U=2V$,求 R 值,电路可等效为( )。

A. 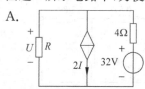   B.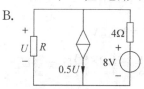

C. 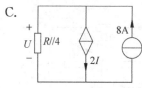   D.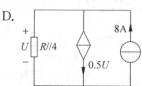

9 电路如图题 9 所示,求图示电路中的电流 I,电路不可等效为( )。

A. 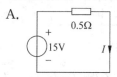   B.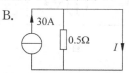

C. 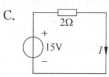   D.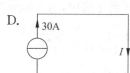

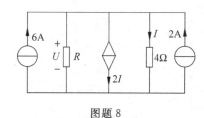

图题 8

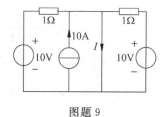

图题 9

10 图题 10 所示电路中,已知 $I=2A$,试求电压源电压 U_S,电路不可等效为( )。

A. 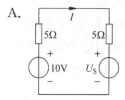   B.

C. 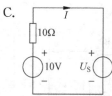   D.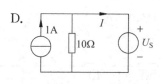

11 图题 11 所示电路的开路电压 U_{OC} 为( )。

A. $-2V$ B. 2V   C. 7V   D. 8V

12 图题 12 所示电路中支路电流 I 为( )。

A. 2A   B. 200mA   C. 4A   D. 400mA

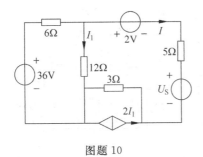

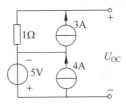

图题 10　　　　　　　　　　　　图题 11

13　如图题 13 所示电路,已知当 S 在位置 1 时,$i=40\text{mA}$;当 S 在位置 2 时,$i=-60\text{mA}$,当 S 在位置 3 时的 i 值为(　　　)。

　　A. 190A　　　　　B. 190mA　　　　　C. -190mA　　　　　D. -190A

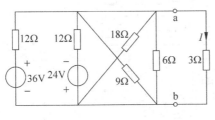

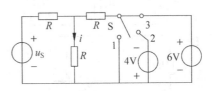

图题 12　　　　　　　　　　　　图题 13

14　如图题 14 所示电路诺顿等效电路参数 I_{SC} 和 R_0 分别为(　　　)。

　　A. $1\text{A},40\Omega$　　　　B. $1\text{A},-40\Omega$　　　　C. $-1\text{A},40\Omega$　　　　D. $-1\text{A},-40\Omega$

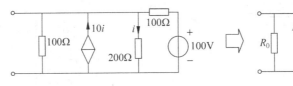

图题 14

15　电路如图题 15 所示,R_L 为(　　　)时可获得最大功率,此最大功率 $P_{\max}$ 为(　　　)。

　　A. $R_L=3\Omega,P_{\max}=12\text{W}$

　　B. $R_L=3\Omega,P_{\max}=48\text{W}$

　　C. $R_L=6\Omega,P_{\max}=6\text{W}$

　　D. $R_L=6\Omega,P_{\max}=12\text{W}$

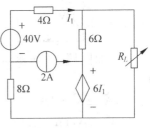

图题 15

16　用叠加定理求如图题 16 所示电路中支路电流 I,电压源单独作用时电流 I',电流源单独作用时电流 I'' 分别为(　　　)。

　　A. $2\text{A},3\text{A},-1\text{A}$　　　　　　　　　　B. $4\text{A},3\text{A},1\text{A}$

　　C. $-2\text{A},-3\text{A},1\text{A}$　　　　　　　　D. $3\text{A},2\text{A},1\text{A}$

17　用叠加定理求如图题 17 所示电路中支路电流 I,左电压源单独作用时电流 I',右电压源单独作用时电流 I'' 分别为(　　　)。

A. $-1A, 1A, -2A$ B. $1A, -1A, 2A$

C. $3A, 1A, 2A$ D. $-3A, -1A, -2A$

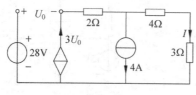

图题 16

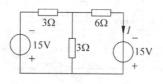

图题 17

18　如图题 18 所示电路为一直流电路,不可使用(　　)方法求出 I 值。

A.

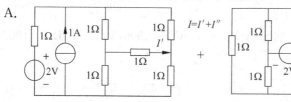

B.

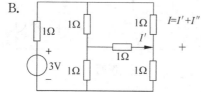　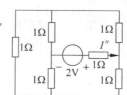

C.

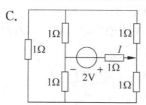

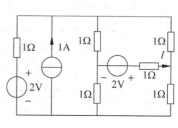

D.

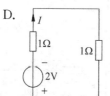

图题 18

19　如图题 19 所示电路,N 仅由电阻组成,用特勒根定律得到 I_1 和 I_2 的值分别为(　　)。

A. $2A, -1A$ B. $-2A, 1A$

C. $2A, 1A$ D. $-2A, -1A$

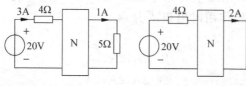　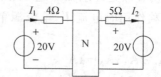

图题 19

20 如图题 20 所示电路，N 仅由电阻组成，试用特勒根定律求 $\dfrac{U_2}{U_1}$ 的值（　　）。

A. $-\dfrac{1}{2}$　　　　　　B. $\dfrac{1}{2}$　　　　　　C. 2　　　　　　D. -2

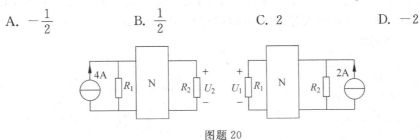

图题 20

21 图题 21 电路，改变负载 R_L 使其获得最大功率，且 $P_{\max}=0.2\text{W}$。求电流源 i_S 的值。

22 电路如图题 22 所示，当 $U_{S2}=2\text{V}$ 时，试用叠加定理计算电压 U_4 的大小。若 U_{S1} 的大小不变，要使 $U_4=0$，则 U_{S2} 应等于多少？

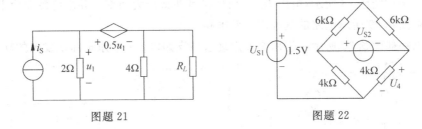

图题 21　　　　　　　　　　　　　　　图题 22

23 线性电阻电路如图题 23，aa' 处接有电压源 U_S，bb' 处接有电阻 R。已知①$U_S=8\text{V}$，$R=3\Omega$ 时，$I=0.5\text{A}$；②$U_S=18\text{V}$，$R=4\Omega$ 时，$I=1\text{A}$；求 $U_S=30\text{V}$，$R=5\Omega$ 时，电流 I 可能为多少？

24 求图题 24 中 a、b 二端等效戴维宁电路。

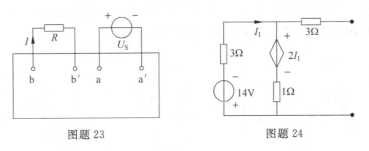

图题 23　　　　　　　　　　　　　　图题 24

25 求图题 25 中所示电路的电压 U。

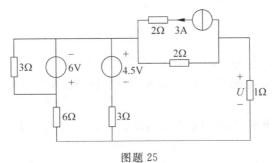

图题 25

26　电路如图题 26 所示,R_L 为何值时可获得最大功率? 并求此最大功率 P_{max}。

27　图题 27 所示电路中,$U_S = 8V$,$I_S = 1mA$,$\alpha = 0.5$,$R_1 = R_2 = 2k\Omega$,$R_3 = 1k\Omega$,$R_4 = R_5 = R_6 = 3k\Omega$。求:①电流表读数为零时的电阻 R 值;②$R = 1k\Omega$ 时电流表的读数;③$R = 1k\Omega$ 时电流源电压。

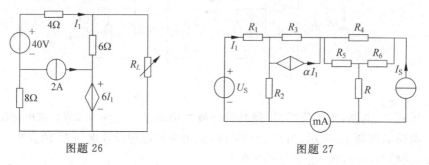

图题 26　　　　　　　　　图题 27

28　电路如图题 28 所示,电阻 R_L 为何值时可获得最大功率? 并求此最大功率 P_{max}。

29　求图题 29 所示电路的戴维宁等效电路。

30　电路如图题 30 所示。①用叠加定理求各支路电流;②求电压源发出的功率。

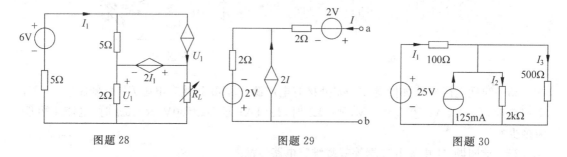

图题 28　　　　　　　　图题 29　　　　　　　　图题 30

31　图题 31 所示电路中,网络 A 含有电压源、电流源及线性电阻。(a)中测得电压 $U_{ab} = 10V$;(b)中测得电压 $U_{a'b'} = 4V$;求(c)中电压 $U_{a''b''}$。

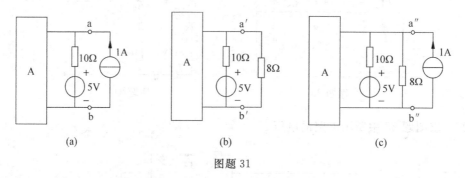

(a)　　　　　　　　　(b)　　　　　　　　　(c)

图题 31

32　求图题 32 所示电路的戴维宁和诺顿等效电路。

33　如图题 33 所示电路的负载电阻 R_L 可变,问 R_L 等于何值时可以吸收最大功率? 并求此功率。

34　图题 34 所示电路中,N 仅由电阻组成。已知(a)中电压 $U_1 = 1V$,电流 $I_2 = 0.5A$,求(b)中 $\hat{I}_1$。

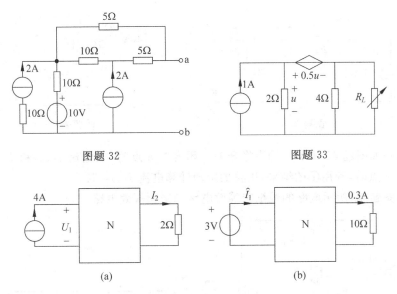

图题 32　　　　　　　　　　图题 33

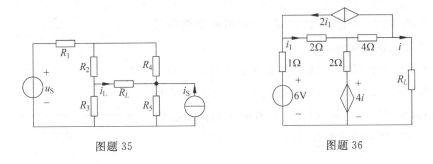

图题 34

35　图题 35 电路,已知负载 R_L 为可调电阻,当 $R_L=8\Omega$ 时,$i_L=20\mathrm{A}$;当 $R_L=2\Omega$ 时,$i_L=50\mathrm{A}$。求 R_L 为何值时它消耗的功率为最大,为多少?

36　图题 36 电路,负载 R_L 为可调电阻,求 R_L 为何值时它消耗的功率为最大,为多少?

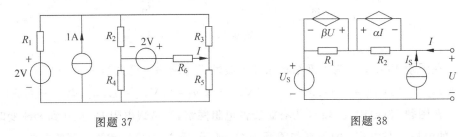

图题 35　　　　　　　　　　图题 36

37　图题 37 所示电路为一直流电路,$R_1=R_2=R_3=R_4=R_5=1\Omega$,$R_6=2\Omega$,试用最简单的方法求出 I 值。

38　求图题 38 所示二端网络的戴维宁等效电路。

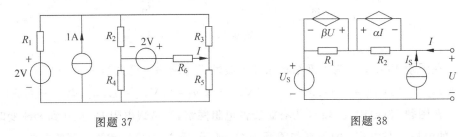

图题 37　　　　　　　　　　图题 38

39　求图题 39 所示电路的戴维宁等效电路。

40　用戴维宁定理求图题 40 中 1Ω 电阻中的电流 I。

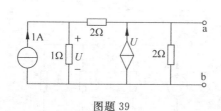

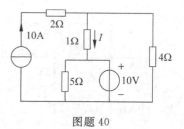

图题 39   图题 40

41 电路如图题 41 所示。①当将开关 S 闭合在 a 点时,求电流 I_1、I_2 和 I_3;②当将开关 S 闭合在 b 点时,利用①的结果,用叠加定理计算电流 I_1、I_2、I_3。

42 求图题 42 所示电路的戴维宁等效电路和诺顿等效电路。

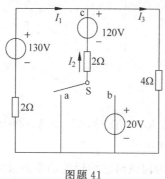

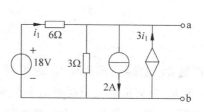

图题 41   图题 42

43 图题 43 所示电路,试求 R_L 为何值时能获得最大功率? 并求此最大功率。

44 图题 44 中 N_0 为一线性无源电阻网络,图(a)中 1-1′端加电流 $I_S=2$A,测得 $U_{11'}=8$V;$U_{22'}=6$V,如果将 $I_S=2$A 电流源接到 2-2′端,而在 1-1′两端接 2Ω 电阻(参见图(b))。求 2Ω 电阻中流过的电流。

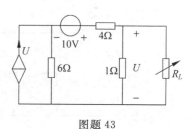

图题 43

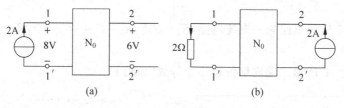

(a)   (b)

图题 44

45 在图题 45 中,N_0 为内部结构未知的线性无源网络。已知当 $u_S=18$V,$i_S=2$A 时,$u=0$;当 $u_S=-15$V,$i_S=-1$A 时,$u=-6$V。求当 $u_S=20$V,$i_S=1$A 时,电压 u 的值。

46 在图题 46(a)中,已知 N 为有源线性电阻网络,当负载电阻 R_L 从 0 到 ∞ 改变时,负载 R_L 上的电压 u 与电流 i 的关系如图题 46(b)所示,求 N 网络的戴维宁等效电路。

47 试求图题 47 所示各电路的戴维宁等效电路和诺顿等效电路。

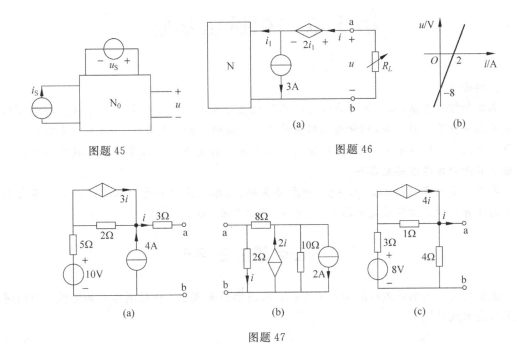

图题 45   图题 46

图题 47

48 图题 48 所示电路,当 $I_{S2}=3A$ 电源断开时,$I_{S1}=2A$ 电源输出功率为 28W,这时 $U_2=8V$。当 $I_{S1}=2A$ 电源断开时,$I_{S2}=3A$ 电源输出功率为 54W,这时 $U_1=12V$。试求两电源同时作用时,每个电源的输出功率。

49 电路如图题 49 所示,已知 $R_1=20\Omega$,$R_2=10\Omega$,当电流控制电流源的控制系数 $\beta=1$ 时,有源线性网络 N 的端口电压 $u=20V$;当 $\beta=-1$ 时,$u=12.5V$。求 β 为何值时,外部电路从 N 网络获得最大功率? 并求出此功率的值。

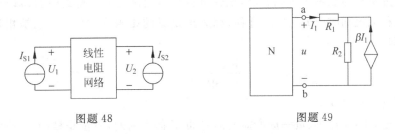

图题 48   图题 49

50 图题 50 所示电路,试求 $R_0=5\Omega$ 和 $R_0=10\Omega$ 时的电流 I_0。

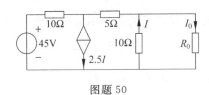

图题 50

第5章 相量法基础

内容提要

本章介绍相量法,相量法是线性电路正弦稳态分析的一种简单易行的方法。相量可认为是对正弦量的一种变换,相量与正弦量是一一对应的。相量是复数,而正弦量是实数。正弦量所满足的时域常微分方程,可转换成相量所满足的复系数代数方程。代数方程的求解显然比常微分方程求解更容易。

本章主要内容有:复数、正弦量、相量法基础、电路定律的相量形式。正弦量表示大小和方向随时间按正弦规律变化的电流、电压,简称交流(AC)。

5.1 正弦量的三要素

正弦量用三角函数表示的瞬时值表示式和波形图来描述。正弦电压 u 和电流 i 的瞬时值函数表示式分别为

$$u = U_m \sin(\omega t + \varphi_u) \tag{5-1}$$

$$i = I_m \sin(\omega t + \varphi_i) \tag{5-2}$$

一个正弦量可以用它的最大值 U_m、I_m,角频率 ω 和初相角 φ_u、φ_i 三个要素唯一地确定。

1. 最大值 U_m、I_m

这是正弦量 u 和 i 的振幅,正弦量瞬时值中的最大量值,也就是 $\sin(\omega t + \varphi_u) = 1$ 和 $\sin(\omega t + \varphi_i) = 1$ 时的正弦电压和电流值。其单位分别是伏特(V)和安培(A)。

2. 角频率 ω

从正弦量瞬时值表示式可以看出,正弦量随时间变化的部分是式中的 $(\omega t + \varphi)$,它反映了正弦电压和电流随时间 t 变化的进程,称为正弦量的相角或相位。ω 就是相角随时间变化的速度,即

$$\frac{d(\omega t + \varphi)}{dt} = \omega \tag{5-3}$$

单位是弧度/秒(rad/s)。

正弦量随时间变化正、负一周所需要的时间 T 称为周期,单位是秒(s)。单位时间内正弦量重复变化一周的次数 f 称为频率,$f = \frac{1}{T}$,单位是赫兹(Hz)。正弦量变化一周,相当于正弦函数变化 2π 弧度的电角度,正弦量的角频率 ω 就是单位时间变化的弧度数。即

$$\omega = \frac{2\pi}{T} = 2\pi f \tag{5-4}$$

式(5-4)就是角频率 ω 与周期 T 和频率 f 的关系式。

3. 初相角 φ(即 φ_u, φ_i)

它是 $t=0$ 时刻正弦电压和电流的相角。即 $(\omega t + \varphi)|_{t=0} = \varphi$ 初相角的单位可以用弧度(rad)或角度(deg)来表示,两者的对应关系为 π(rad)=180°(deg)。通常初相角应在 $|\varphi| \leqslant \pi$ 的范围内取主值,即 φ 一般限定在 $-\pi \leqslant \varphi \leqslant \pi$ 的范围。如果 $|\varphi| > \pi$ 时,则应以 $\varphi \pm 2\pi$ 进行

替换。例如 $\varphi=\dfrac{3\pi}{2}(270°)$，应替换成 $\varphi=\dfrac{3\pi}{2}-2\pi=-\dfrac{\pi}{2}(-90°)$；又如 $\varphi=-1.2\pi(-216°)$ 时，则应替换为 $\varphi=-1.2\pi+2\pi=0.8\pi(144°)$。

正弦量初相角 φ 的大小和正负，与选择正弦量的计时起点有关。在波形图上，与 $\omega t+\varphi=0$ 相应的点，即正弦量瞬时值由负变正的零值点，称为零值起点，用 s 表示，计时起点是 $\omega t=0$ 的点，即坐标原点 0。初相角 φ 就是计时起点对零值起点（即以零值起点为参考）的点角度。

顺便指出，如果正弦量是余弦函数如 $u=U_{\mathrm{m}}\cos(\omega t+\varphi)$ 时，则正弦量的起点 s 是 $\omega t+\varphi=0$，即 $u=+U_{\mathrm{m}}$ 对应的横坐标点。

一个正弦量当计时起点选定后，初相角 φ 便是已知量，则某一给定时刻，相角 $(\omega t+\varphi)$ 便决定了该时刻正弦量瞬时值的大小、方向（正值或是负值），也可以决定正弦量该时的变化趋势，即正弦量的数值是趋于增加抑或趋于减小。由此可见，正弦量的相位角也是一个重要的物理量。

5.2 相 位 差

相位角：$(\omega t+\varphi_u)$ 称为正弦量的相位角，简称相位。

初相位（初相角）：$t=0$ 时的相位角，简称初相。

同频正弦量的相位如图 5-1 所示。

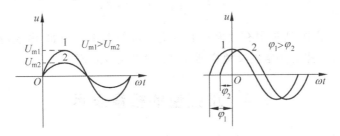

图 5-1 同频正弦量的相位

规定：相位角 $|\varphi_u|\leqslant\pi$。

相位差：两个同频率正弦量的相位之差，即为初相位之差。

例如

$$u_1=U_{\mathrm{m}1}\sin(\omega t+\varphi_1)$$
$$u_2=U_{\mathrm{m}2}\sin(\omega t+\varphi_2)$$

相位差为

$$\varphi=(\omega t+\varphi_1)-(\omega t+\varphi_2)=\varphi_1-\varphi_2$$

(1) 超前：$\varphi=\varphi_1-\varphi_2>0$，$u_1$ 超前 u_2 角 φ。

(2) 滞后：$\varphi=\varphi_1-\varphi_2<0$，$u_1$ 滞后 u_2 角 φ。

(3) 同相：$\varphi=2n\pi(n=0,1,2,\cdots)$，$u_1$ 和 u_2 同相；即 u_1 和 u_2 同时达到最大。

(4) 反相：$\varphi=n\pi(n$ 为奇数)，u_1 和 u_2 反相。

（5）正交：$\varphi = \dfrac{n}{2}\pi(n$ 为奇数$)$，u_1 和 u_2 正交。

结论：两个同频率正弦量的计时起点变化时，它们各自的初相位会跟着变化，但它们的相位差不变。

5.3 有 效 值

有效值定义：把一交变电流 i 和一直流电流 I 分别通过两个阻值相同的电阻 R，如果在一个周期内，它们产生的热量相等，便称此 I 为 i 的有效值

$$I = \sqrt{\frac{1}{T}\int_0^T i^2\,\mathrm{d}t} \tag{5-5}$$

正弦量有效值与最大值关系

$$
\begin{aligned}
I &= \sqrt{\frac{1}{T}\int_0^T i^2\,\mathrm{d}t}\\
&= \sqrt{\frac{1}{T}\int_0^T I_{\mathrm{m}}^2\sin^2\omega t\,\mathrm{d}t} = \sqrt{\frac{I_{\mathrm{m}}^2}{T}\int_0^T \frac{1-\cos 2\omega t}{2}\,\mathrm{d}t}\\
&= \sqrt{\frac{I_{\mathrm{m}}^2}{T}\cdot\frac{T}{2}} = \frac{I_{\mathrm{m}}}{\sqrt{2}}
\end{aligned}
\tag{5-6}
$$

即

$$I = \frac{I_{\mathrm{m}}}{\sqrt{2}} \quad \text{或} \quad I_{\mathrm{m}} = \sqrt{2}\,I \tag{5-7}$$

注：在实际应用中，通常用有效值来表示交流电的大小。例如，电表测出的交流电压；电气设备的额定值；家庭用电的交流电压 220V 等都是有效值。

5.4 正弦量的相量表示

复数常用的表达方式包括代数式、三角函数式、指数式、极坐标形式等。

1. 代数式

$$A = a + \mathrm{j}b \quad a\text{、}b\ \text{为实数} \quad a\ \text{实部}, a = \mathrm{Re}[A], \quad b\ \text{虚部}, b = \mathrm{Im}[A] \tag{5-8}$$

2. 三角函数式

$$A = |A|(\cos\varphi + \mathrm{j}\sin\varphi) \quad |A|\ \text{为}\ A\ \text{的模}, \varphi\ \text{为}\ A\ \text{的辐角} \tag{5-9}$$

转换关系为

$$
\begin{aligned}
|A| &= \sqrt{a^2 + b^2}\\
\varphi &= \arctan\frac{b}{a}\\
a &= |A|\cos\varphi\\
b &= |A|\sin\varphi
\end{aligned}
\tag{5-10}
$$

3. 指数形式

$$A = |A|\,\mathrm{e}^{\mathrm{j}\varphi} \tag{5-11}$$

4. 极坐标形式

$$A = |A| \angle \varphi \qquad (5\text{-}12)$$

复数 A 的极坐标如图 5-2 所示。

复数的运算符合代数运算中的交换律、结合律和分配律。

(1) 复数的加、减运算

已知：

$$A_1 = a_1 + jb_1, \quad A_2 = a_2 + jb_2$$

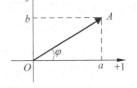

图 5-2　复数 A 的极坐标

则：

$$A = A_1 \pm A_2 = (a_1 + jb_1) \pm (a_2 + jb_2) = (a_1 \pm a_2) + j(b_1 \pm b_2) \qquad (5\text{-}13)$$

(2) 复数的乘、除运算

已知

$$A_1 = |A_1| e^{j\varphi_1} = |A_1| \angle \varphi_1, \quad A_2 = |A_2| e^{j\varphi_2} = |A_2| \angle \varphi_2$$

则

$$A_1 \cdot A_2 = |A_1| e^{j\varphi_1} \cdot |A_2| e^{j\varphi_2} = |A_1||A_2| e^{j(\varphi_1 + \varphi_2)} = |A_1||A_2| \angle \varphi_1 + \varphi_2$$

$$\frac{A_1}{A_2} = \frac{|A_1| e^{j\varphi_1}}{|A_2| e^{j\varphi_2}} = \frac{|A_1| \angle \varphi_1}{|A_2| \angle \varphi_2} = \frac{|A_1|}{|A_2|} e^{j(\varphi_1 - \varphi_2)} = \frac{|A_1|}{|A_2|} \angle \varphi_1 - \varphi_2 \qquad (5\text{-}14)$$

5.5　正弦量的相量

根据欧拉公式

$$e^{j\theta} = \cos\theta + j\sin\theta \qquad (5\text{-}15)$$

其虚部为

$$\sin\theta = \text{Im}[e^{j\theta}]$$

若正弦电压 $u(t) = \sqrt{2}U\sin(\omega t + \varphi)$，则

$$u(t) = \sqrt{2}U\sin(\omega t + \varphi) = \text{Im}[\sqrt{2}Ue^{j(\omega t + \varphi)}]$$

$$= \text{Im}[\sqrt{2}Ue^{j\varphi}e^{j\omega t}] = \text{Im}[\sqrt{2}\dot{U}e^{j\omega t}] \qquad (5\text{-}16)$$

式(5-16)中，$\dot{U} = Ue^{j\varphi} = U\angle\varphi$，称为正弦电压的相量。

同理，若正弦电流 $i(t) = \sqrt{2}I\sin(\omega t + \varphi)$，则它的相量为：$\dot{I} = Ie^{j\varphi} = I\angle\varphi$。

由此可见，一个正弦量的相量，就是在给定角频率 ω 条件下，用它的有效值(也可用最大值)和初相角两个要素的表征量。在概念上关于相量应明如下几点。

- 正弦量的相量，用有效值和初相角表示时，称为效相量；用最大值和初相角表示时，称为最大值相量或振幅相量。本课程在教学中是采用有效值相量。因此，不特别说明相量是指有效值相量。

- 正弦量的相量是用有效值的初相角表征的量，不是时间 t 的函数，而是一个复数。

- 相量是正弦量的交换量，它与时域正弦函数之间，有确定的对应变换关系，如

$$\sqrt{2}U\sin(\omega t + \varphi) \rightarrow U\angle\varphi \quad \sqrt{2}I\sin(\omega t + \varphi) \rightarrow I\angle\varphi$$

如果正弦量是余弦函数时，它对应的相量形式与正弦函数是相同的，即

$$\sqrt{2}U\cos(\omega t + \varphi) \rightarrow U\angle\varphi \quad \sqrt{2}I\cos(\omega t + \varphi) \rightarrow I\angle\varphi$$

因此,要区分正弦函数相量与余弦函数相量。在进行电路分析时,必须是相同函数的相量。如果电路中有正弦函数和余弦函数电量时,必须转化为一种函数,如余弦函数的电量,才可以进行分析计算。

- 相量是时域正弦量变换为频域的变换量,不能把相量误认为是正弦量。
- 相量只能用来进行同频率正弦电源电路的分析计算。
- 非正弦周期函数电量不能用相量来表征。
- 由于电量是复数,可以在复平面上用矢量来表示,即相量图,而且可以按平行四边形法则求相量之和或差。但是,应该明确的是,相量在复平面上是一种几何表示,与物理学中所介绍的空间矢量的物理内容不同的,应加以区别。

相量表示正弦量还有如下的几个性质。

(1) 同频率正弦量代数和的相量表示

如正弦电压 $u_1 = \sqrt{2}U_1\sin(\omega t + \varphi_1)$,$u_2 = \sqrt{2}U_2\sin(\omega t + \varphi_2)$。则它们的代数和为

$$u_1 \pm u_2 = u$$

即

$$\text{Im}[\sqrt{2}\,\dot{U}_1 e^{j\omega t}] \pm \text{Im}[\sqrt{2}\,\dot{U}_2 e^{j\omega t}] = \text{Im}[\sqrt{2}\,(\dot{U}_1 \pm \dot{U}_2) e^{j\omega t}] = \text{Im}[\sqrt{2}\,\dot{U} e^{j\omega t}]$$

式中

$$\dot{U}_1 \pm \dot{U}_2 = \dot{U}$$

由此可见,同频率正弦量的代数和仍是一个同频率的正弦量,其相量是各正弦量相量的代数和。表明:同频率正弦量的代数运算可以转变为对应相量的代数运算。

(2) 正弦量微分的相量表示

正弦量 $u = \sqrt{2}\sin(\omega t + \varphi)$,它的微分为

$$\frac{\mathrm{d}u}{\mathrm{d}t} = \frac{\mathrm{d}}{\mathrm{d}t}[\text{Im}(\sqrt{2}\,\dot{U} e^{j\omega t})] = \text{Im}\frac{\mathrm{d}}{\mathrm{d}t}[\sqrt{2}\,\dot{U} e^{j\omega t}] = \text{Im}[\sqrt{2}\,j\omega\,\dot{U} e^{j\omega t}]$$

由此可见,正弦量的一阶导数仍是一个同频率的正弦量,其相量等于正弦量的相量乘以 $j\omega$。表明:$\dfrac{\mathrm{d}u}{\mathrm{d}t}$ 的相量为 $j\omega\dot{U} = \omega U\angle(\varphi + 90°)$,它的模是正弦量相量模的 ω 倍,初相角超前于正弦量相量相位90°。

(3) 正弦量积分的相量表示

正弦量 $u = \sqrt{2}U\sin(\omega t + \varphi)$,则它的积分为

$$\int u\mathrm{d}t = \int \text{Im}[\sqrt{2}\,\dot{U} e^{j\omega t}]\mathrm{d}t = \text{Im}\int \sqrt{2}\,\dot{U} e^{j\omega t}\,\mathrm{d}t = \text{Im}[\sqrt{2}\,\frac{1}{j\omega}\dot{U} e^{j\omega t}]$$

由此可见,正弦量的积分仍是一个同频率的正弦量,其相量等于正弦量的相量除以 $j\omega$。表明:$\displaystyle\int u\mathrm{d}t$ 的相量为 $\dfrac{1}{j\omega}\dot{U} = \dfrac{U}{\omega}\angle(\varphi - 90°)$,它的模是正弦量相量模的 $\dfrac{1}{\omega}$ 倍,初相角滞后于正弦量相量相位90°。

由上述分析可以看出,利用相量法,能够将正弦交流电路分析求解微分方程特解问题,转变为求解相量代数方程问题。后者比前者要易于进行。因此,在单一频率激励正弦交流电路中相量法成为分析计算有效的工具。

5.6 正弦电流电路中的电阻

在正弦电流电路中,电路仍然适用欧姆定律和基尔霍夫定律。

1. 电压和电流关系

如图 5-3 所示关联参考方向下,设 $u=\sqrt{2}U\sin(\omega t+\varphi_u)$,则电流为

$$i = \frac{u}{R} = \frac{\sqrt{2}U\sin(\omega t+\varphi_u)}{R} = \sqrt{2}I\sin(\omega t+\varphi_i)$$

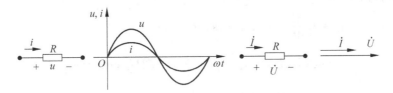

图 5-3 电阻的相量模型

结论:① 电压和电流为同频率的正弦量;

② 电阻上的电压和电流同相位;

③ 有效值关系为 $U=IR$;

④ 相量关系为 $\dot{U}=\dot{I}R$。其中,$\dot{U}=U\angle\varphi_u,\dot{I}=I\angle\varphi_i$;

⑤ 欧姆定律的相量形式为 $\dot{U}=\dot{I}R$。

2. 功率

(1) 瞬时功率

设 $i=\sqrt{2}I\sin\omega t$,则瞬时功率 p_R 为

$$p_R = u_R i = \sqrt{2}U_R\sin\omega t \cdot \sqrt{2}I\sin\omega t$$
$$= U_R I(1-\cos2\omega t) \geqslant 0$$

即电阻是一个耗能元件。电阻消耗的功率如图 5-4 所示。

(2) 平均功率

平均功率:瞬时功率在一个周期内的平均值(又称为有功功率),用 P 表示。即

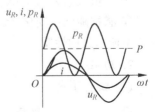

图 5-4 电阻消耗的功率

$$P = \frac{1}{T}\int_0^T p\,\mathrm{d}t = \frac{1}{T}\int_0^T ui\,\mathrm{d}t = U_R I = I^2 R = \frac{U_R^2}{R}$$

它代表了电路实际消耗的功率大小,单位是瓦特(W)。

【例 5-1】 将 220V 的交流电压加在额定值为 220V、25W 的白炽灯上,求白炽灯的电阻大小和流过白炽灯的电流。

解 白炽灯的电阻

$$R = \frac{U^2}{P} = \frac{220^2}{25}\Omega = 1936\Omega$$

流过白炽灯的电流

$$I = \frac{P}{U} = \frac{25}{220}\text{A} = 0.114\text{A}$$

5.7 正弦电流电路中的电感

1. 电压和电流关系

如图 5-5 所示关联参考方向下，设电感线圈中电流

$$i = \sqrt{2}\,I\sin(\omega t + \varphi_i)$$

则电感两端的感应电压 u_L 为

$$u_L = L\,\frac{\mathrm{d}i}{\mathrm{d}t} = \sqrt{2}\,L\omega I\cos(\omega t + \varphi_i)$$

$$= \sqrt{2}\,L\omega I\sin\left(\omega t + \varphi_i + \frac{\pi}{2}\right) = \sqrt{2}\,U_L\sin(\omega t + \varphi_u)$$

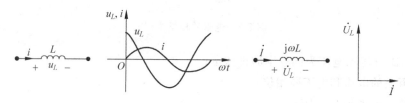

图 5-5　电感的相量模型

结论：① 电压和电流为同频率的正弦量；

② 电感上的电压超前电流 90°；

③ 有效值关系为 $U_L = \omega L I = X_L I$，$X_L = \omega L = U_L / I$ 感抗（Ω）；

④ 相量关系为 $\dot{U}_L = \mathrm{j}X_L\,\dot{I}$。其中：$\dot{U}_L = U_L\angle\varphi_u$，$\dot{I} = I\angle\varphi_i$；

⑤ 感抗随频率变化，频率越低，感抗 X_L 就越小；直流时，电感相当于短路。感抗具有阻碍电流通过的性质。

2. 功率

（1）瞬时功率

设 $i = \sqrt{2}\,I\sin\omega t$，则瞬时功率为

$$p_L = u_L i = \sqrt{2}\,U_L\sin\left(\omega t + \frac{\pi}{2}\right)\cdot\sqrt{2}\,I\sin\omega t = U_L I\sin 2\omega t$$

结论：① 在第一、三的 1/4 周期（u_L 和 i 同相），电感吸收电源的电能（$p = u_L i > 0$），并转换成磁场能量储存在电感线圈中。

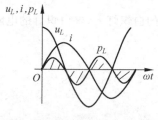

图 5-6　电感的功率

② 第二、四的 1/4 周期（u_L 和 i 反相），电感将储存在电感线圈中的磁场能量释放出来（$p = u_L i < 0$），还给电源。

③ 电感在电路中起能量交换作用。电感是一个储能元件，它不消耗能量。电感的功率如图 5-6 所示。

（2）平均功率

$$P_L = \frac{1}{T}\int_0^T p_L\,\mathrm{d}t = 0$$

（3）无功功率

反映电感在电路中与电源进行的能量交换的大小，即瞬时功率的最大值 $U_L I$。用 Q_L 代表。单位：乏（Var）或千乏（kVar）。

$$Q_L = U_L I = I^2 X_L = \frac{U_L^2}{X_L}$$

5.8　正弦电流电路中的电容

1. 电压和电流关系

如图 5-7 所示，关联参考方向下，设电容端电压为 $u_C = \sqrt{2}U_C \sin(\omega t + \varphi_u)$，则电容中的电流为

$$i = C\frac{\mathrm{d}u_C}{\mathrm{d}t} = \sqrt{2}\omega C U_C \sin\left(\omega t + \varphi_u + \frac{\pi}{2}\right) = \sqrt{2}I\sin(\omega t + \varphi_i)$$

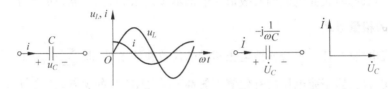

图 5-7　电容的相量模型

结论：① 在纯电容电路中，电压和电流为同频率的正弦量。

② 电容中的电流超前端电压 90°。

③ 有效值关系为 $U_C = \frac{1}{\omega C}I = X_C I$，$X_C = \frac{1}{\omega C} = \frac{U_C}{I}$，容抗（Ω）。

④ 相量关系为 $\dot{U}_C = -\mathrm{j}X_C\dot{I}$。其中，$\dot{U}_C = U_C\angle\varphi_u$，$\dot{I} = I\angle\varphi_i$。

⑤ 容抗随频率变化，频率越低，容抗 X_C 就越大；直流时，电容相当于开路。容抗具有"通交流、隔直流"的作用。

2. 功率

（1）瞬时功率

设 $u_C = \sqrt{2}U_C\sin(\omega t)$，如图 5-8 所示，则瞬时功率为

$$p_C = u_C i = \sqrt{2}U_C\sin(\omega t) \cdot \sqrt{2}I\sin\left(\omega t + \frac{\pi}{2}\right) = U_C I\sin(2\omega t)$$

结论：① 在第一、三的 $\frac{1}{4}$ 周期（u_C 和 i 同相），电容吸收电源的电能（$p = u_C i > 0$），并转换成电场能量储存在电容器中。

② 第二、四的 $\frac{1}{4}$ 周期（u_C 和 i 反相），电容将储存在电容器中的电场能量释放出来（$p = u_C i < 0$），还给电源。

③ 电容在电路中起能量交换作用，电容是一个储能元

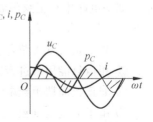

图 5-8　电容的功率

件,它不消耗能量。

（2）平均功率

$$P_C = \frac{1}{T} \int_0^T p_C \mathrm{d}t = 0$$

（3）无功功率

反映电容元件在电路中进行能量交换的大小,用瞬时功率的最大值 $U_C I$,即无功功率 Q_C 表示;其单位:乏(Var)或千乏(kVar)。

5.9　关于基尔霍夫定律的相量形式

1. KCL 的相量形式

正弦交流电路中,通过任一结点电流相量的代数和等于零,即 $\sum \dot{I} = 0$。

特别要注意的是,正弦电流的有效值一般都不满足 KVL 的关系,即 $\sum I \neq 0$。

2. KVL 的相量形式

正弦交流电路中,任一闭合回路电压相量的代数和等于零,即 $\sum \dot{U} = 0$。

特别要注意的是,正弦电压的有效值一般都不满足 KVL 的关系,即 $\sum U \neq 0$。

本 章 小 结

一个正弦量的相量,就是在给定角频率 ω 条件下,用它的有效值(也可用最大值)和初相角两个要素的表征量。在概念上关于相量应明确以下几点。

① 正弦量的相量,用有效值和初相角表示时,称为效相量;用最大值和初相角表示时,称为最大值相量或振幅相量。本课程在教学中是采用有效值相量。因此,不特别说明相量是指有效值相量。

② 正弦量的相量是用有效值的初相角表征的量,它不是时间的函数,而是一个复数。

③ 相量是正弦量的交换量,它与时域正弦函数之间,有确定的对应变换关系,如

$$\sqrt{2}U\sin(\omega t + \varphi) \rightarrow U\angle\varphi \qquad \sqrt{2}I\sin(\omega t + \varphi) \rightarrow I\angle\varphi$$

如果正弦量是余弦函数时,它对应的相量形式与正弦函数是相同的,即

$$\sqrt{2}U\cos(\omega t + \varphi) \rightarrow U\angle\varphi \qquad \sqrt{2}I\cos(\omega t + \varphi) \rightarrow I\angle\varphi$$

因此,要区分正弦函数相量与余弦函数相量。在进行电路分析时,必须是相同函数的相量。如果电路中有正弦函数和余弦函数电量时,必须转化为一种函数,如余弦函数的电量,才可以进行分析计算。

④ 相量是时域正弦量变换为频域的变换量,不能把相量误认为是正弦量。

⑤ 相量只能用来进行同频率正弦电源电路的分析计算。

⑥ 非正弦周期函数电量不能用相量来表征。

⑦ 由于电量是复数,可以在复平面上用矢量来表示,即相量图,而且可以按平行四边形法则求相量之和或差。但是,应该明确的是,相量在复平面上是一种几何表示,与物理学中

所介绍的空间矢量的物理内容不同的,应加以区别。

⑧ 进行电路分析,各个元件有相应的相量表达式,表 5-1 可以作为参考。

表 5-1　理想元件的电压与电流关系的瞬时表达式和相量表达式

元　件	瞬时表达式		相量表达式	
电阻	$u=Ri$	$i=Gu$	$\dot{U}=R\dot{I}$	$\dot{I}=G\dot{U}$
电感	$u=L\dfrac{\mathrm{d}i}{\mathrm{d}t}$	$i=\dfrac{1}{L}\int u\mathrm{d}t$	$\dot{U}=\mathrm{j}\omega L\dot{I}$	$\dot{I}=\dfrac{\dot{U}}{\mathrm{j}\omega L}$
电容	$u=\dfrac{1}{C}\int i\mathrm{d}t$	$i=C\dfrac{\mathrm{d}u}{\mathrm{d}t}$	$\dot{U}=\dfrac{\dot{I}}{\mathrm{j}\omega C}$	$\dot{I}=\mathrm{j}\omega C\dot{U}$
电压源	u_{S}		$\dot{U}_{\mathrm{S}}$	
电流源		i_{S}		$\dot{I}_{\mathrm{S}}$

课 后 习 题

1　若线圈电阻为 50Ω,外加 $200\mathrm{V}$ 正弦电压时电流为 $2\mathrm{A}$,则其感抗为(　　)。

  A. 50Ω B. 70.7Ω C. 86.6Ω D. 100Ω

2　把一个额定电压为 $220\mathrm{V}$ 的灯泡分别接到 $220\mathrm{V}$ 的交流电源和直流电源上,灯泡的亮度为(　　)。

  A. 相同亮度   B. 接到直流电源上亮

  C. 接到交流电源上亮   D. 烧毁

3　R、L 串联电路接到 $12\mathrm{V}$ 直流电压源时,电流为 $2\mathrm{A}$,接到 $12\mathrm{V}$ 正弦电压时,电流为 $1.2\mathrm{A}$,则感抗为(　　)。

  A. 4Ω B. 8Ω C. 10Ω D. ∞

4　选择 R、L 串联电路的 u 与 i 为关联参考方向,其 $u=100\sqrt{2}\sin(\omega t+30°)\mathrm{V}$,$\dot{I}=2\angle-30°\mathrm{A}$,则 R 和 X_{L} 分别为(　　)。

  A. 25Ω 和 -43.3Ω B. 25Ω 和 43.3Ω

  C. 43.3Ω 和 25Ω D. 43.3Ω 和 -25Ω

5　图题 5 所示正弦交流电路中,已知 $u_{\mathrm{S}}=U_m\sin\omega t\mathrm{V}$,欲使电流 i 为最大,则 C 应等于(　　)。

  A. $2\mathrm{F}$ B. $1\mathrm{F}$ C. ∞ D. 0

6　图题 6 所示正弦交流电路,已知 $\dot{I}=1\angle0°\mathrm{A}$,则图中 $\dot{I}_R$ 为(　　)。

  A. $0.8\angle53.1°\mathrm{A}$ B. $0.6\angle53.1°\mathrm{A}$

  C. $0.8\angle36.9°\mathrm{A}$ D. $0.6\angle36.9°\mathrm{A}$

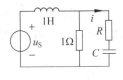

图题 5

图题 6

7 当 5Ω 电阻与 8.66Ω 感抗串联时,电感电压超前于总电压的相位差为( )。

    A. $30°$ B. $60°$ C. $-60°$ D. $-30°$

8 在频率为 f 的正弦电流电路中,一个电感的感抗等于一个电容的容抗。当频率变为 $2f$ 时,感抗为容抗的( )。

    A. $\dfrac{1}{4}$ 倍   B. $\dfrac{1}{2}$ 倍   C. 4 倍   D. 2 倍

9 若线圈与电容 C 串联,测得线圈电压 $U_L=50\mathrm{V}$,电容电压 $U_C=30\mathrm{V}$,且在关联参考方向下端电压与电流同相,则端电压为( )。

    A. 20V   B. 40V   C. 80V   D. 58.3V

10 如 $u=50\sqrt{2}\sin\omega t\,\mathrm{V}$,$i=5\sqrt{2}\cos(\omega t+30°)\mathrm{A}$,则电压与电流的相位差为( )。

    A. $-30°$ B. $-120°$ C. $30°$ D. $120°$

11 电路如图题 11 所示,若 $\dot{U}=(10+\mathrm{j}30)\mathrm{V}$,$\dot{I}=(2+\mathrm{j}2)\mathrm{A}$,则当电压为同频率的 $u=2\sqrt{10}\sin(\omega t+30°)\mathrm{V}$ 时,电流 i 的表达式为( )。

    A. $0.4\sqrt{2}\sin(\omega t+26.6°)\mathrm{A}$ B. $0.4\sqrt{2}\sin(\omega t-86.6°)\mathrm{A}$

    C. $0.4\sqrt{2}\sin(\omega t+3.4°)\mathrm{A}$ D. $0.2\sqrt{2}\cos(\omega t+3.4°)\mathrm{A}$

12 如图题 12 所示电路中若 $\dot{I}_1=3\sqrt{2}\sin\omega t\,\mathrm{A}$,$\dot{I}_2=4\sqrt{2}\sin(\omega t+90°)\mathrm{A}$,则电流表读数为( )。

    A. 7A   B. 9.9A   C. 1A   D. 5A

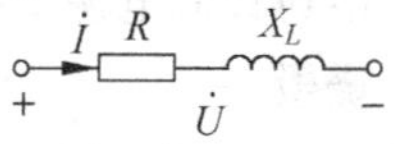

图题 11 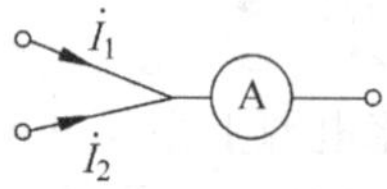   图题 12

13 如图题 13 所示正弦电流电路中,电流表 A_1、A_2 的读数各为 8A、6A,则电流表 A 的读数为( )。

    A. 14A   B. 2A   C. 10A   D. -2A

14 如图题 14 所示正弦电流电路中,电流表 A_1 的读数为 4A,A_2 的读数为 3A,则电流表 A 的读数是( )。

    A. 1A   B. 5A   C. 7A   D. 10A

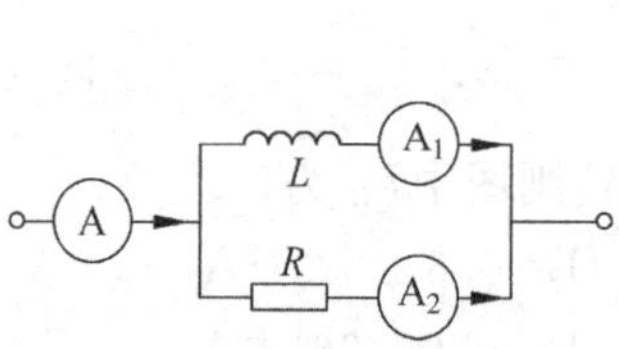

图题 13 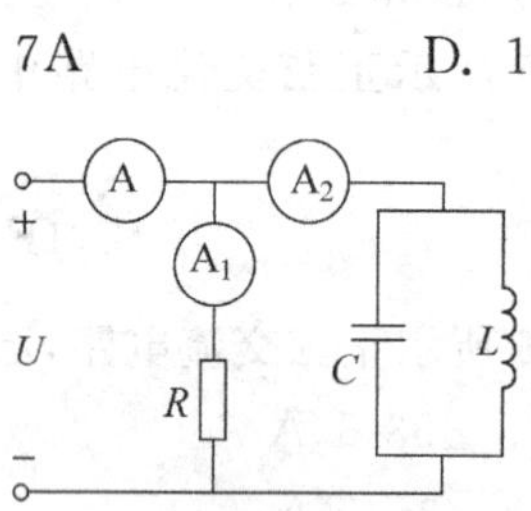   图题 14

15 R、C 并联电路接到 12V 直流电压源时,电源电流为 2.4A,接到 12V 正弦电压时,电源电流为 4A,则容抗为( )。

    A. 3Ω B. 3.75Ω C. 5Ω D. 7.5Ω

16 选择 R、C 串联电路的 u 与 i 为关联参考方向,其 $u=100\sqrt{2}\sin(\omega t+30°)V$,$\dot{I}=2\angle 60°A$,则 R 和 X_C 分别为(   )。

    A. 25Ω 和 -43.3Ω B. 25Ω 和 43.3Ω

    C. -43.3Ω 和 25Ω D. 43.3Ω 和 -25Ω

17 当 5Ω 电阻与 -8.66Ω 容抗串联时,电容电压落后于总电压的相位差为(   )。

    A. $30°$ B. $60°$ C. $-60°$ D. $-30°$

18 R、L 串联电路两端的电压 $u=50\sqrt{2}\sin 3\omega t V$,$R=8\Omega$,$\omega L=2\Omega$,该电路中电流的有效值为(   )。

    A. 3A   B. 4A   C. 5A   D. 6.06A

19 RLC 串联电路两端的电压 $u=5\sqrt{2}\sin 3\omega t V$,$R=5\Omega$,$\omega L=5\Omega$,$\dfrac{1}{\omega C}=45\Omega$,该电路中电流的有效值为(   )。

    A. 124mA   B. 1A   C. 0.707A   D. 2A

20 请计算表达式 $10\angle -20°-10\angle 40°$ 等于(   )。

    A. $10\angle -80°$ B. $10\angle 80°$ C. $-10\angle 80°$ D. $10\angle 280°$

21 某正弦电流的频率为 20Hz,有效值为 $5\sqrt{2}A$,在 $t=0$ 时,电流的瞬时值为 5A,且此时刻电流在增加,求该电流的瞬时值表达式。

22 已知复数 $A_1=6+j8\Omega$,$A_2=4+j4\Omega$,试求它们的和、差、积、商。

23 试将下列各时间函数用对应的相量来表示。

  ① $i_1=5\sin(\omega t)A$ ② $i_2=10\sin(\omega t+60°)A$ ③ $i=i_1+i_2$

24 计算下列正弦波的相位差。

  ① $u=10\sin(314t+45°)V$ 和 $i=20\sin(314t-20°)A$

  ② $u_1=5\sin(60t+10°)V$ 和 $u_2=-8\sin(60t+95°)V$

  ③ $u=5\cos(20t+5°)V$ 和 $i=7\sin(30t-20°)A$

  ④ $u=5\sin(6\pi t+10°)V$ 和 $i=4\cos(6\pi t-15°)A$

  ⑤ $i_1=-6\sin 4tA$ 和 $i_2=-9\cos(4t+30°)A$

25 设 $A=3+j4$,$B=10\angle 60°$,计算 $A+B$,$A\cdot B$,A/B。

26 在图题 26 中所示的相量图中,已知 $U=220V$,$I_1=10A$,$I_2=5\sqrt{2}A$,它们的角频率是 ω,试写出各正弦量的瞬时值表达式及其相量。

27 220V、50Hz 的电压电流分别加在电阻、电感和电容负载上,此时它们的电阻值、电感值、电容值均为 22Ω,试分别求出三个元件中的电流,写出各电流的瞬时值表达式,并以电压为参考相量画出相量图。若电压的有效值不变,频率由 50Hz 变到 500Hz,重新回答以上问题。

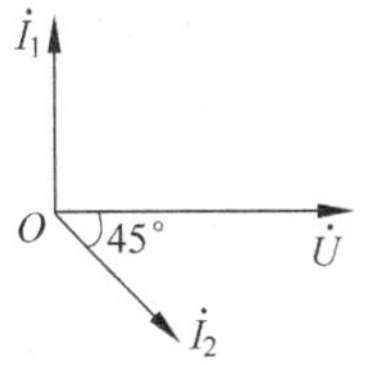

28 已知 RC 串联电路的电源频率为 $\dfrac{1}{(2\pi RC)}$,试问电阻电压相位超前电源电压多少度?

29 已知一段电路的电压 $u=10\sin(10t-20°)V$,电流 $i=5\cos(10t-50°)A$。试问该段电路可能是哪两个元件构成的? 并分别求出它们的值。

30 图题 30 所示电路,电流表 A_1:5A,A_2:20A,A_3:25A,求电流表 A 和 A_4 的读数。

图题 26

31　正弦交流电路如图题 31 所示,用交流电压表测得 $U_{AD}=5\text{V}$,$U_{AB}=3\text{V}$,$U_{CD}=6\text{V}$,试问 U_{DB} 是多少?

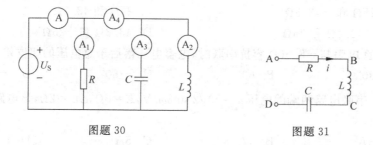

图题 30　　　　　　　　图题 31

32　某一元件的电压、电流(关联方向)分别为下述 4 种情况时,它可能是什么元件?

① $\begin{cases} u=10\cos(10t+45°)\text{V} \\ i=2\sin(10t+135°)\text{A} \end{cases}$ 　　② $\begin{cases} u=-10\cos t\,\text{V} \\ i=-\sin t\,\text{A} \end{cases}$

③ $\begin{cases} u=10\sin(100t)\text{V} \\ i=2\cos(100t)\text{A} \end{cases}$ 　　④ $\begin{cases} u=10\cos(314t+45°)\text{V} \\ i=2\cos(314t)\text{A} \end{cases}$

33　图题 33 电路,已知电压表 V_1:3V,V_2:4V,分别求电压表 V 的读数。

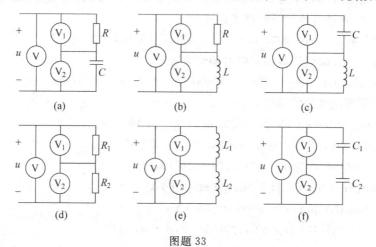

图题 33

34　图题 34 电路,已知图(a)中电压表 V_1:30V,V_2:60V;图(b)中电压表 V_1:15V,V_2:80V,V_3:100V;求电源 u_S 的有效值 U_S。

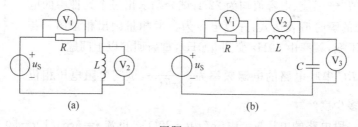

图题 34

35　已知 $i_1(t)=\sqrt{2}I\sin314t\mathrm{A}$, $i_2(t)=-\sqrt{2}I\sin(314t+120°)\mathrm{A}$, 求 $i_3(t)=i_1(t)+i_2(t)$。

36　电感电压为 $u(t)=80\sin(1000t+105°)\mathrm{V}$, 若 $L=0.02\mathrm{H}$, 求电感电流 $i(t)$。

37　已知元件 A 为电阻或电容, 若其两端电压、电流各为如下列情况所示, 试确定元件的参数 R、L、C。

　　① $u(t)=300\sin(1000t+45°)\mathrm{V}$, $i(t)=60\sin(1000t+45°)\mathrm{A}$

　　② $u(t)=250\sin(200t+50°)\mathrm{V}$, $i(t)=0.5\sin(200t+140°)\mathrm{A}$

38　电路如图题 38 所示, 试确定方框内最简单组合的元件值。

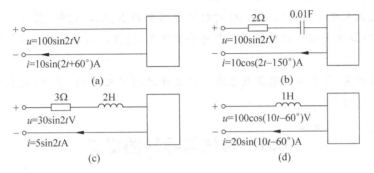

图题 38

39　RLC 串联电路中 $R=1\Omega$, $L=0.01\mathrm{H}$, $C=1\mu\mathrm{F}$。则输入阻抗与频率 ω 的关系是什么?

40　已知图题 40 中 $u_S=25\sqrt{2}\cos(10^6t-126.87°)\mathrm{V}$, $u_C=20\sqrt{2}\cos(10^6t-90°)\mathrm{V}$, $R=3\Omega$, $C=0.2\mu\mathrm{F}$。求: ①各支路电流; ②框 1 可能是什么元件?

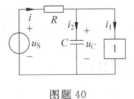

图题 40

第6章 正弦稳态电路分析

内容提要

本章介绍用相量法分析正弦稳态电路的方法,其中包括复阻抗、复导纳及其等效变换的概念和电路的相量图。介绍正弦电流电路的瞬时功率、平均功率、有功功率、无功功率、视在功率和复功率,以及最大功率的传输问题。

在正弦交流电路分析的相量法中,对时域电路中的 R、L、C 元件,引入重要的阻抗与导纳的概念,介绍如何变换成相量问题。在有些情况下,适当地利用复功率守恒定律可简化电路计算。

值得注意的是,电容和电感是包含在阻抗或导纳的定义中的,因此,电容和电感是按阻抗或导纳来处理的。

6.1 阻抗与导纳的定义

阻抗的定义:在关联参考方向下,元件或二端网络端口的电阻相量 $\dot{U}$ 与电流相量 $\dot{I}$ 之比,即

$$Z = \frac{\dot{U}}{\dot{I}} \quad 单位是欧姆(\Omega)$$

导纳的定义:是端口电流相量 $\dot{I}$ 与电压相量 $\dot{U}$ 之比,即

$$Y = \frac{\dot{I}}{\dot{U}} \quad 单位是西门子(S)$$

阻抗 Z 与导纳 Y 的关系是互为倒数,即

$$Z = \frac{1}{Y}, \quad Y = \frac{1}{Z}$$

1. R、L、C 元件的阻抗与导纳

(1) 电阻元件 R 的阻抗

R 的阻抗可表示为

$$Z_R = \frac{\dot{U}_R}{\dot{I}_R} = R$$

仍为电阻 R,其值与角频率 ω 无关。导纳为

$$Y_R = \frac{\dot{I}_R}{\dot{U}_R} = \frac{1}{R} = G$$

为电导值 G,其值与角频率 ω 无关。

(2) 电感元件 L 的阻抗

L 的阻抗可表示为

$$Z_L = \frac{\dot{U}_L}{\dot{I}_L} = j\omega L = jX_L$$

$X_L = \omega L$ 称为感抗，其值与角频率 ω 有关。导纳为

$$Y_L = \frac{\dot{I}_L}{\dot{U}_L} = -j\frac{1}{\omega L} = -jB_L$$

$B_L = \dfrac{1}{\omega L}$ 称为感纳，其值与角频率 ω 有关。

（3）电容元件 C 的阻抗

C 的阻抗可表示为

$$Z_C = \frac{\dot{U}_C}{\dot{I}_C} = -j\frac{1}{\omega C} = -jX_C$$

$X_C = \dfrac{1}{\omega C}$ 称为容抗，其值与角频率 ω 有关。导纳为

$$Y_C = \frac{\dot{I}_C}{\dot{U}_C} = j\omega C = jB_C$$

$B_C = \omega C$ 称为容纳，其值与角频率 ω 有关。

2．无源二端网络的阻抗与导纳

无源二端网络端口的输入阻抗为

$$Z = \frac{\dot{U}}{\dot{I}} = R + jX = |Z| \angle \theta_Z$$

式中：阻抗模 $|Z| = \sqrt{R^2 + X^2}$

阻抗角 $\theta_Z = \varphi_u - \varphi_i = \arctan\dfrac{X}{R}$

电抗 $X = X_L - X_C = \omega L - \dfrac{1}{\omega C}$

无源二端网络的导纳则为

$$Y = \frac{\dot{I}}{\dot{U}} = G + jB = |Y| \angle \theta_Y$$

式中：导纳模 $|Y| = \sqrt{G^2 + B^2}$

导纳角 $\theta_Y = \varphi_i - \varphi_u = \arctan\dfrac{B}{G}$

电纳 $B = B_C - B_L = \omega C - \dfrac{1}{\omega L}$

6.2　阻抗与导纳的性质

除电阻元件外，动态元件和无源二端网络的阻抗与导纳，都是角频率 ω 的函数。因此，在角频率 ω 不同时，阻抗与导纳的数值不同。

　　阻抗与导纳都是复数,它们与正弦量的向量,虽然都是复数,但是两者有本质的不同。阻抗与导纳不随时间作周期性变化正弦量的代表量,故不叫"相量"。

　　为了区别这种不同性质的复数量,在正弦电压和电流的符号上加上点号,$\dot{U}$与$\dot{I}$,而在复数阻抗与导纳符号Z,Y上不加点号。

　　阻抗与导纳反映了正弦交流电路端口电压与电流相量之间的关系。阻抗与导纳的模,反映了正弦稳态元件和无源二端网络端口电压和电流有效值及最大值之比,即

$$|Z| = \frac{U}{I} = \frac{U_m}{I_m} \quad |Y| = \frac{I}{U} = \frac{I_m}{U_m}$$

阻抗角与导纳角反映了正弦电压与电流之间的相位差,即

$$\theta_Z = \varphi_u - \varphi_i \quad \theta_Y = \varphi_i - \varphi_u$$

因此掌握了元件和无源二端网络端口正弦稳态的阻抗和导纳,就掌握正弦稳态端口电压和电流的表现。使元件和二端网络端口的 VAR 具有欧姆定律的向量形式,即$\dot{U} = Z\dot{I}$,$\dot{I} = Y\dot{U}$,这将给正弦交流电路的分析计算带来方便,更重要的意义是使正弦电流电路的分析方法统一。

　　阻抗与导纳只与单一频率正弦激励稳态电路分析联系,是正弦稳态分析电路中元件的重要参数,它们属于正弦稳态电路分析的概念。

6.3　复阻抗的串、并联

1. 复阻抗的串联

复阻抗串联电路如图 6-1 所示,等效复阻抗

$$Z = \frac{\dot{U}}{\dot{I}} = Z_1 + Z_2 + \cdots + Z_n$$

分压公式

$$\dot{U}_k = \dot{I}Z_k = \frac{Z_k}{Z}\dot{U}$$

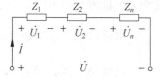

图 6-1　复阻抗的串联电路

2. 复阻抗的并联

复阻抗并联电路如图 6-2 所示,等效复导纳

$$Y = \frac{\dot{I}}{\dot{U}} = Y_1 + Y_2 + \cdots + Y_n$$

分流公式

$$\dot{I}_k = \dot{U}Y_k = \frac{Y_k}{Y}\dot{I}$$

两个阻抗并联时,如图 6-3 所示,分流公式

$$\dot{I}_1 = \frac{Z_2}{Z_1 + Z_2}\dot{I}, \quad \dot{I}_2 = \frac{Z_1}{Z_1 + Z_2}\dot{I}$$

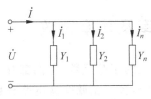
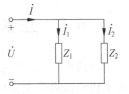

图 6-2 复阻抗的并联电路   图 6-3 两阻抗并联

6.4 复阻抗与复导纳的等效变换

对同一电路来说,复阻抗(见图 6-4)与复导纳(见图 6-5)所示互为倒数,即

$$Z = \frac{1}{Y} \quad 或 \quad Y = \frac{1}{Z}$$

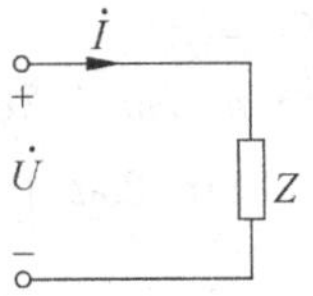

图 6-4 复阻抗 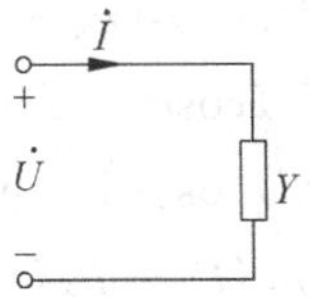   图 6-5 复导纳

1. 已知电路的复阻抗,求等效的复导纳

已知:$Z = R + jX = |Z| \angle \varphi$,则等效的复导纳为

$$Y = \frac{1}{Z} = \frac{1}{R + jX} = \frac{R}{R^2 + X^2} - j\frac{X}{R^2 + X^2} = G + jB$$

或

$$Y = \frac{1}{Z} = \frac{1}{|Z| \angle \varphi} = |Y| \angle -\varphi$$

即

$$G = \frac{R}{R^2 + X^2}, \quad B = \frac{-X}{R^2 + X^2} \quad 或 \quad |Y| = \frac{1}{|Z|}, \quad \varphi 不变$$

2. 已知电路的复导纳,求等效的复阻抗

已知:$Y = G + jB = |Y| \angle \varphi'$,则等效的复阻抗为

$$Z = \frac{1}{Y} = \frac{1}{G + jB} = \frac{G}{G^2 + B^2} - j\frac{B}{G^2 + B^2} = R + jX$$

或

$$Z = \frac{1}{Y} = \frac{1}{|Y| \angle \varphi'} = |Z| \angle -\varphi'$$

即

$$R = \frac{G}{G^2 + B^2}, \quad X = \frac{-B}{G^2 + B^2} \quad 或 \quad |Z| = \frac{1}{|Y|}, \quad \varphi' 不变$$

6.5 正弦电路的功率及功率因数

由于正弦交流电路中,电压和电流是随时间变化的正弦函数,它们都有相位角。因此,交流电路中的功率比直流电阻电路中的功率要复杂得多。正弦交流电路有瞬时功率,更有平均功率、无功功率和视在功率,以及功率因数和平均储能等概念。首先必须明确这些功率及有关的概念。

若元件或二端网络端口关联参与方向的电压和电流分别为

$$u = \sqrt{2}U\sin(\omega t + \varphi_u) \quad i = \sqrt{2}I\sin(\omega t + \varphi_i)$$

1. 瞬时功率 $p(t)$

令相位差 $\varphi = \varphi_u - \varphi_i$

$$\begin{aligned}
p(t) &= u(t)i(t) = 2UI\sin(\omega t + \varphi_u)\sin(\omega t + \varphi_i) \\
&= UI[\cos(\varphi_u - \varphi_i) - \cos(2\omega t + \varphi_u + \varphi_i)] \\
&= UI\cos\varphi + UI[\cos(2\omega t + 2\varphi_i)\cos\varphi - \sin(2\omega t + 2\varphi_i)\sin\varphi] \\
&= UI\cos\varphi[1 - \cos(2\omega t + 2\varphi_i)] + UI\sin\varphi\sin(2\omega t + 2\varphi_i) \\
&= p_R(t) + p_X(t)
\end{aligned}$$

可见瞬时功率 $p(t)$ 包括两部分。前一项 $p_R(t) = UI\cos\varphi[1 - \cos(2\omega t + 2\varphi_i)]$,即 $p_R(t) \geqslant 0$,故这一分量任何时刻都是被电路吸收,为电阻元件发热消耗,或转换为其他形式的能量(如通过电动机转换为机械能等),故称为有功分量;而后一项 $p_X(t) = UI\sin\varphi\sin(2\omega t + 2\varphi_i)$,是以振幅为 $UI\sin\varphi$,角频率为 2ω 变化的正弦函数,在一个周期内它的平均值为零,瞬时值半周期为正值,另半周期为负值。$p_X(t) > 0$ 为正值时,电路吸收电磁能量,储存在电感或电容中;$p_X(t) < 0$ 为负值时,电路向电源释放出电磁能量。如此往复循环,形成电路与电源之间的功率交换。这一分量的平均值为零,不是实际消耗的功率,故称为无功分量。

2. 平均功率(有功功率)P

平均功率定义为:一周期内瞬时功率 $p(t)$ 的平均值,即

$$P = \frac{1}{T}\int_0^T p(t)\mathrm{d}t = UI\cos(\varphi_u - \varphi_i) = UI\cos\varphi$$

表明平均功率是正弦电压和电流有效值的乘积再乘以两者相位差角的余弦。$\cos\varphi$ 称为功率因数,只有电压与电流的相位差为 90°才没有平均功率。平均功率是电路中实际消耗的功率,又称有功功率,单位是瓦特(W),可以用功率表(瓦特表)来测量。

3. 无功功率 Q

无功功率定义为:瞬时功率中无功分量 $p_X(t)$ 的最大值,用 Q 表示,即

$$Q = UI\sin(\varphi_u - \varphi_i) = UI\sin\varphi$$

表明无功功率是电压与电流有效值的乘积,再乘以两者相位差角的正弦。$\sin\varphi$ 称为无功因数。无功功率不是电路中实际消耗的功率,而是电路与电源之间交换功率的最大速率,它的量纲与平均功率相同,但为了区别两者,无功功率的单位为乏(Var)。无功功率的数值可用无功功率表进行测量。

4. 视在功率 S

视在功率定义为:电压和电流有效值的乘积,即 $S = UI$。

为了与平均功率和无功功率相区别,视在功率的单位定为伏安(VA)。在电工技术中,用视在功率定义电气设备的容量,即将额定电压 U_N 和额定电流 I_N 的乘积 $S_N=U_NI_N$ 作为设置的额定容量。

6.6　关于基本元件的功率与能量特性

在正弦交流电路中,基本元件 R、L、C 的功率与能量特性,是正弦交流电路功率分析计算的基础,从电路的理论和实际工程都具有重要意义。

1. 电阻元件 R

电阻元件两端的电压 $\dot{U}$ 与通过它的电流 $\dot{I}$ 同相,$\varphi_u=\varphi_i$,即 $\varphi=0°$。

(1) 瞬时功率

$$p(t) = UI[1-\cos(2\omega t + 2\varphi_i)] = p_R(t)$$

表明电阻元件的瞬时功率只有有功分量,而无无功分量,反映了电阻元件的耗能性质。

(2) 平均功率

由于 $\cos\varphi=1$,则

$$P = UI = RI^2 = \frac{U^2}{R}$$

表明正弦交流电路中电阻元件的功率用正弦电压或正弦电流的有效值来计算,与直流电阻电路的计算是相同的。

(3) 无功功率

因 $\sin\varphi=0$,则

$$Q = UI\sin\varphi = 0$$

电阻元件消耗的能量是有功功率 P 与时间 t 的乘积,即

$$W = Pt = RI^2t \quad [单位焦耳(J)]$$

2. 电感元件 L

电感元件两端电压 $\dot{U}_L$ 超前电流 $\dot{I}_L$ 相位 $90°$,$\varphi_u=\varphi_i+90°$,即 $\varphi=90°$。

(1) 瞬时功率

$$p_L(t) = U_LI_L\sin(2\omega t + 2\varphi_i) = p_X(t)$$

表明电感元件瞬时功率中只有无功分量 $P_X(t)$,是 2ω 的正弦函数。当 $P_L(t)>0$ 的瞬时,电感元件吸收能量,储存在磁场中;当 $P_L(t)<0$ 的瞬时,电感元件释放能量给外电路。

(2) 有功功率

由于 $\varphi=90°$,$\cos\varphi=0$,故有功功率为

$$P_L = U_LI_L\cos\varphi = 0$$

表明电感元件不消耗功率。

(3) 无功功率

由于 $\varphi=90°$,$\sin\varphi=1$,故无功功率为

$$Q_L = U_LI_L\sin\varphi = U_LI_L = X_LI_L^2$$

表明电感元件与外电路功率交换的规模是电感电压与电流有效值的乘积,也等于感抗 X_L

乘以电流有效值的平方 I_L^2。

（4）储能特性

储能的瞬时值为

$$w_L(t) = \frac{1}{2}Li_L^2(t) = \frac{1}{2}LI_L^2[1 - \cos(2\omega t + 2\varphi_i)]$$

平均储能，是瞬时储能的平均值，即储能瞬时值在一周期时间的积分，得出

$$W_L(t) = \frac{1}{2}LI_L^2$$

由于 $U_L = \omega LI_L$，则无功功率为

$$Q_L = U_LI_L = \omega LI_L^2 = 2\omega\left(\frac{1}{2}LI_L^2\right) = 2\omega W_L$$

表明电感元件的平均储能是电感量乘电流有效值平方的一半；电感元件的无功功率是平均储能的 2ω 倍。

3. 电容元件 C

电容元件两端电压 $\dot{U}_C$ 滞后电流 $\dot{I}_C$ 相位 $90°$，$\varphi_u = \varphi_i - 90°$，即 $\varphi = -90°$。

（1）瞬时功率

$$p_C(t) = -U_CI_C\sin(2\omega t + 2\varphi_i) = p_X(t)$$

表明电容元件瞬时功率只有无功分量 $p_X(t)$，是 2ω 的正弦函数。当 $p_C(t) > 0$ 的瞬时，电容元件释放能量给外电路。

（2）有功功率

由于 $\varphi = -90°$，$\cos\varphi = 0$，故有功功率为

$$P_C = U_CI_C\cos\varphi = 0$$

表明电容元件不消耗功率。

（3）无功功率

由于 $\varphi = -90°$，$\sin\varphi = -1$，故无功功率为

$$Q_C = U_CI_C\sin\varphi = -U_CI_C = -X_CI_C^2$$

表明电容元件与外电路功率交换的规模是电容电压与电流有效值的乘积，也等于容抗 X_C 乘以电流前效值的平方 I_C^2，式中并冠以"—"号，表示在电容与电感元件在两端电压和电流及两者参与方向均为相同的情况下，电容中的无功功率与电感中的无功功率方向相反。

（4）储能特性

储能的瞬时值为

$$w_C(t) = \frac{1}{2}Cu_C^2(t) = \frac{1}{2}CU_C^2[1 - \cos(2\omega t + 2\varphi_i)]$$

平均储能是瞬时储能的平均值，即储能瞬时值在一个周期时间的积分，得出

$$W_C(t) = \frac{1}{2}CU_C^2$$

由于 $I_C = \omega CU_C$，则无功功率为

$$Q_C = -U_CI_C = -\omega CU_C^2 = -2\omega\left(\frac{1}{2}CU_C^2\right) = -2\omega W_C$$

表明电容元件的平均储能是电容量乘电压有效值平方的一半，且冠以"—"号；电容元件的

无功功率是平均储能的 2ω 倍。

6.7 复 功 率

复功率 $\overline{S}$ 定义:

$$\begin{aligned}
\overline{S} &= \dot{U}\dot{I}^* = Z\dot{I}\dot{I}^* = ZI^2 = (R+jX)I^2 \\
&= P+jQ \\
&= S\angle\varphi \\
&= UI\angle(\varphi_u - \varphi_i)
\end{aligned}$$

可知: $S=\sqrt{P^2+Q^2}$, $\varphi=\arctan\dfrac{Q}{P}$

注意: ①复功率与阻抗相似,是一个复数量。并不代表正弦量,因此不能作为相量对待。② 对正弦电路,因有功功率和无功功率是守恒的,所以复功率也守恒,即在整个电路中某些支路吸收的复功率应该等于其余支路发出的复功率。

【例 6-1】 某一电路由三个复阻抗串联构成,其中 $Z_1=(30+j40)\Omega$, $Z_2=(20-j20)\Omega$, $Z_3=(80+j60)\Omega$,电源电压 $\dot{U}=100\angle0°\text{V}$,求①电路中的电流;②各阻抗上的电压;③电路的有功功率、无功功率、视在功率及电路的功率因数。

解 电路总的复阻抗为

$$\begin{aligned}
Z &= Z_1+Z_2+Z_3 = (30+j40)+(20-j20)+(80+j60) \\
&= (130+j80)\Omega \\
&= 152.6\angle31.6°\Omega
\end{aligned}$$

电路中的电流为

$$\dot{I} = \frac{\dot{U}}{Z} = \frac{100\angle0°}{152.6\angle31.6°}\text{A} = 0.66\angle-31.6°\text{A}$$

各阻抗上的电压为

$$\dot{U}_1 = Z_1\dot{I} = [(30+j40)\times0.66\angle-31.6°]\text{V} = 33\angle21.5°\text{V}$$

$$\dot{U}_2 = Z_2\dot{I} = [(20-j20)\times0.66\angle-31.6°]\text{V} = 18.7\angle-76.6°\text{V}$$

$$\dot{U}_3 = Z_3\dot{I} = [(80+j60)\times0.66\angle-31.6°]\text{V} = 66\angle5.3°\text{V}$$

功率为

$$\overline{S} = \dot{U}\dot{I} = 100\angle0°\times0.66\angle31.6° = 66\angle31.6°\text{VA} = (56.2+j34.6)\text{VA}$$

所以

$$P = 56.2\text{W}, \quad Q = 34.6\text{Var}, \quad S = 66\text{VA}$$

功率因数为

$$\cos\varphi = \frac{P}{S} = \frac{56.2}{66} = 0.85$$

6.8 最大功率传输

图 6-6(a)中含源二端网络，根据戴维宁定理等效成图 6-6(b)形式。

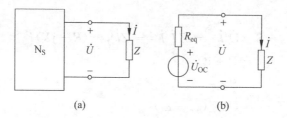

(a)   (b)

图 6-6 含源二端电路

设 $Z_{eq}=R_{eq}+jX_{eq}$，$Z=R+jX$，则负载吸收的有功功率为

$$P = RI^2 = \frac{RU_{OC}^2}{(R+R_{eq})^2+(X+X_{eq})^2}$$

获得最大功率的条件为

$$X + X_{eq} = 0$$

$$\frac{\mathrm{d}}{\mathrm{d}R}\left[\frac{(R+R_{eq})^2}{R}\right] = 0$$

解出

$$X = -X_{eq}, \quad R = R_{eq}(此条件称为最佳匹配条件)$$

即

$$Z = R_{eq} - jX_{eq} = Z_{eq}^*$$

此时获得的最大功率为

$$P_{max} = \frac{U_{OC}^2}{4R_{eq}} = \frac{U_{OC}^2}{4R_{eq}}$$

6.9 关于功率因数及负载功率因数的提高

1. 功率因数的定义

二端网络的平均功率 P 与视在功率 S 之比，定义为该网络的功率因数，用希腊字母 λ 表示，即

$$\lambda = \frac{P}{S} = \cos(\varphi_u - \varphi_i)$$

网络的阻抗角 φ 决定功率因数 λ 的数值，称为功率因数角。对于负载的功率因数，由负载的阻抗角决定；对于电源的功率因数，则由电源端口外部电路的阻抗角决定。由于 $\cos(-\varphi)=\cos(\varphi)$，故不论 φ 是正值，还是负值，功率因数恒为正值。

2. 感性和容性负载的功率因数

无论负载阻抗角是正值还是负值，总有 $\cos(\varphi)>0$。因此，从功率因数 λ 的数值上分辨不出电路是感性负载还是容性负载。所以，对于这两种不同性质负载的功率因数，就应该加以注明。对于感性负载,是电流滞后电压,故称为滞后功率因数,一般认为"$\cos(\varphi)$(超前)"。

3. 提高功率因数的意义

在电工技术中,功率因数 λ 是一个重要的导出参数。特别在电力系统中,功率因数是重要的技术指标,有重要的技术经济意义。

发电设备的利用率与供电网络的功率因数有关。提高功率因数,能提高发电设备的利用率。

例如,电力变压器的额定容量是它的额定伏安数视在功率 $S_N = U_N I_N$。如果它在功率因数 $\lambda = 0.7$ 情况下运行时,提供的负载功率为 $0.7S_N$;如果它在功率因数 $\lambda = 0.85$ 情况下运行,提供的负载功率是 $0.85S_N$。

由此可见,在高功率因数运行时,能向负载提供较多的功率,从而提高发电设备的利用率。

电力输电线路上的功率损耗与功率因数有关。提高功率因数,能减少线路的损耗,提高输电的能力。

在电力系统中,发电厂发出的正弦交流电能,通过输电线路输送到用户,线路中的电流为

$$I = \frac{P}{U\cos\varphi}$$

可见,在同一输电电压 U 以及输送相同的功率 P 的条件下,负载的功率因数越低,则输电电流 I 就越大,输电线路中的功率损耗就越大。因此,为了减少输电线路的功绩损耗,就需要提高负载的功率因数。

同时,在允许的输电线路的功率范围内,在输电电压一定的情况下,提高负载的功率因数,就可以增大输电的能力。

由此可见,为了提高发电设备的利用率,减少输电线路的功率损耗,提高输电能力,就必须提高负载的功率因数。通常一般感性负载的功率因数都在 0.6 左右,要求提高到 0.9 以上。

4. 提高功率因数的措施

在供电系统中,提高负载的功率因数,就是在感性负载的两端并联电容器。负载所需的感性无功功率,由外接的并联电容器产生的容性无功功率进行补偿,从而减少了电源通过输电线路传输的无功功率,使输电线路中的电流减少,并使感性负载电流滞后电压的相位减小,从而提高了负载的功率因数。这种提高功率因数的方法,称为无功补偿,并联的电容器则称为补偿电容。

设感性负载的平均功率 P,功率因数为 $\cos\varphi_1$,工作电压为 U,电网的角频率 $\omega = 314\text{rad/s}$。为了提高功率因数到 $\cos\varphi_2$ 值,这时所需并联的补偿电容量为 C,补偿前负载的复功率为

$$\overline{S}_1 = P + jQ_1$$

现并联电容器的复功率为

$$\overline{S}_C = -j\,|Q_C|$$

则补偿后的复功率为

$$\overline{S}_2 = \overline{S}_1 + \overline{S}_C = P + j(Q_1 - Q_C) = P + jQ_2$$

这时 $Q_1 < Q_2$,而保持负载的平均功率 P 不变。

5. 补偿电容量 C 值的计算

$$Q_1 = P\tan\varphi_1, \quad Q_2 = P\tan\varphi_2$$

则补偿无功功率为

$$|Q_C| = Q_1 - Q_2 = P(\tan\varphi_1 - \tan\varphi_2) = \omega CU^2$$

移项后得出补偿电容 C 值的计算公式为

$$C = \frac{P}{\omega U^2}(\tan\varphi_1 - \tan\varphi_2)$$

$$\dot{U}_2 = \frac{\begin{vmatrix} (2-\mathrm{j}) & 10 \\ -\mathrm{j}3 & -6 \end{vmatrix}}{17-\mathrm{j}4}\mathrm{V} = \frac{-12+\mathrm{j}36}{17-\mathrm{j}4}\mathrm{V} = \frac{37.95\angle108.43°}{17.46\angle-13.24°}\mathrm{V} = 2.17\angle121.67°\mathrm{V}$$

$$U_2 = 2.17\mathrm{V}$$

6.10 正弦电流电路的一般分析方法与计算

复杂正弦交流电路,应用相量法进行分析计算。相量法就是应用正弦量的相量表示 R、L、C 元件的阻抗与导纳形式,将时域正弦交流电路变换为相量模型。在相量模型的基础上,根据两类约束的相量形式($\dot{U}=Z\dot{I}$,$\dot{I}=Y\dot{U}$;KVL:$\sum\dot{U}=0$,KCL:$\sum\dot{I}=0$),正弦相量交流电路相量模型中的电压和电流相量就可以仿照直流电阻电路中分析方法来进行分析计算,如应用等效化简的方法、结点分析法、网孔分析法、戴维宁定理和诺顿定理的方法和叠加定理的方法等。通过分析计算,得出相量形式的待求响应量,最后反变换为以 t 为函数的正弦电压和正弦电流,从而解出正弦交流电路中的电压和电流。

【例 6-2】 用结点电压法求图 6-7 所示电路中电流 i 的瞬时值表达式。已知 $R=8\Omega$,$L=40\mathrm{mH}$,$C=20\mu\mathrm{F}$,$u_1=10\sqrt{2}\sin(1000t+60°)\mathrm{V}$,$u_2=6\sqrt{2}\sin1000t\mathrm{V}$。

解 各支路的复导纳分别为

$$Y_1 = \frac{1}{\mathrm{j}\omega L} = \frac{1}{\mathrm{j}1000\times40\times10^{-3}}\mathrm{S}$$
$$= -\mathrm{j}0.025\mathrm{S} = 0.025\angle-90°\mathrm{S}$$
$$Y_2 = \mathrm{j}\omega C = \mathrm{j}1000\times20\times10^{-6}\mathrm{S}$$
$$= \mathrm{j}0.02\mathrm{S} = 0.02\angle90°\mathrm{S}$$
$$Y_3 = \frac{1}{R} = \frac{1}{8}\mathrm{S} = 0.125\mathrm{S}$$

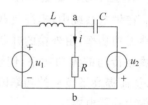

图 6-7　用结点电压法求解

电压 u_1、u_2 的相量形式为

$$\dot{U}_1 = 10\angle60°\mathrm{V}, \quad \dot{U}_2 = 6\angle0°\mathrm{V}$$

选择 b 为参考结点,则 a 点的结点电压为

$$\dot{U}_\mathrm{a} = \frac{Y_1\dot{U}_1 - Y_2\dot{U}_2}{Y_1+Y_2+Y_3} = \frac{-\mathrm{j}0.025\times10\angle60° - \mathrm{j}0.02\times6\angle0°}{-\mathrm{j}0.025+\mathrm{j}0.02+0.125}\mathrm{V} = 2.616\angle-46.2°\mathrm{V}$$

所以

$$\dot{I} = Y_3\dot{U}_a = (0.125 \times 2.616\angle{-46.2°})\text{A} = 0.327\angle{-46.2°}\text{A}$$

$$i = 0.327\sqrt{2}\sin(1000t - 46.2°)\text{A}$$

【例6-3】 在图6-8所示电路中,已知$Z_1 = (1+\text{j})\Omega$,$Z_2 = (2-\text{j}4)\Omega$,$Z_3 = \text{j}2\Omega$,$Z_4 = 2\Omega$,$\dot{U}_\text{S} = 36\angle{0°}\text{V}$,$\dot{I}_\text{S} = 2\angle{30°}\text{A}$,用网孔电流法求电流$i$的瞬时值表达式。

解 设网孔电流为$\dot{I}_1$、$\dot{I}_2$、$\dot{I}_3$,其绕行方向如图6-8所示。

网孔电压方程分别为

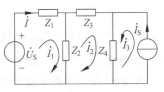

$$\begin{cases} (Z_1 + Z_2)\dot{I}_1 - Z_2\dot{I}_2 = \dot{U}_\text{S} \\ -Z_2\dot{I}_1 + (Z_2 + Z_3 + Z_4)\dot{I}_2 + Z_4\dot{I}_3 = 0 \\ \dot{I}_3 = \dot{I}_\text{S} \end{cases}$$

图6-8　用网孔电流法求解

即

$$\begin{cases} (3-\text{j}3)\dot{I}_1 - (2-\text{j}4)\dot{I}_2 = 36\angle{0°} \\ -(2-\text{j}4)\dot{I}_1 + (4-\text{j}2)\dot{I}_2 + 2\dot{I}_3 = 0 \\ \dot{I}_3 = 2\angle{30°} \end{cases}$$

联立求解方程得

$$\dot{I} = \dot{I}_1 = 7.4 - \text{j}5.8 = 9.4\angle{-38.1°}\text{A}$$

$$i = 9.4\sqrt{2}\sin(\omega t - 38.1°)\text{A}$$

【例6-4】 两台相同的交流发电机并联运行,同时为负载Z供电,如图6-9(a)所示。已知发电机的电源电压$\dot{U}_\text{S1} = \dot{U}_\text{S2} = 220\angle{0°}\text{V}$,内阻为$Z_1 = Z_2 = (1+\text{j}2)\Omega$,负载$Z = 20\Omega$,用戴维宁定理求出负载上的电压$\dot{U}_0$与电流$\dot{I}_0$,以及负载消耗的功率大小。

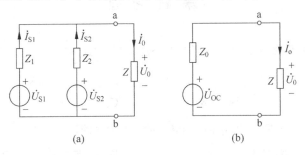

图6-9　求交流发电机消耗功率

解 根据戴维宁定理,如图6-9(b)所示,求Z支路开路电压和等效阻抗

$$\dot{U}_\text{OC} = \dot{U}_\text{S1} - \frac{\dot{U}_\text{S1} - \dot{U}_\text{S2}}{Z_1 + Z_2}Z_1 = \dot{U}_\text{S1} - 0 = 220\angle{0°}\text{V}$$

$$Z_0 = Z_1 /\!/ Z_2 = (0.5 + \text{j}1)\Omega$$

负载中电流

$$\dot{I}_0 = \frac{\dot{U}_\text{OC}}{Z_0 + Z} = \frac{220\angle{0°}}{0.5 + \text{j}1 + 20}\text{A} = 10.73\angle{-2.8°}\text{A}$$

负载端电压

$$\dot{U}_0 = Z\dot{I}_0 = (20 \times 10.73\angle{-2.8°})V = 214.6\angle{-2.8°}V$$

负载消耗的功率

$$P = U_0 I_0 = (214.6 \times 10.73)kW = 2.3kW$$

本 章 小 结

阻抗与导纳可对任一不含独立源的复合支路定义,它类似于直流电阻电路的电阻和电导。在电路计算中,阻抗的串联、并联等可用等效阻抗表示。

相量图有助于各量幅值和相位的比较,有时能起到简化电路计算的作用。绘制相量图时要注意:首先要找到参考相量,或基准相量,参考相量在相量图中画在水平位置,方向向右;对于串联电路,一般取电流为参考相量;并联电路一般取电压为参考相量。

由于用相量法分析正弦稳态电路,其 KCL、KVL 与电阻电路中的 KCL、KVL 在形式上相似,只要将直流电阻电路中的电流和电压换成相量形式即可。同时,由于阻抗和导纳类似于直流电阻电路中的电阻和电导,因此,直流电阻电路中的分析方法如支路电流法、网孔电流法、回路电流法、结点电压法、叠加定理、戴维宁定理和诺顿定理、特勒根定理等方法均可用于正弦稳态电路的相量法分析中。分析时,只需将正弦电流和电压换成相应的电流和电压相量,将电阻或电导换成相应的阻抗和导纳。值得注意的是,电容和电感是包含在阻抗或导纳的定义中的,因此,电容和电感是按阻抗或导纳来处理的。

用相量法对电路进行正弦稳态分析时,由于电路方程为复数形式,因而比较灵活。对相量或阻抗的复数表示能够与对应的正弦量或实际元件建立联系。

课 后 习 题

1　RLC 串联正弦交流电路中,已知 $R=8\Omega$, $\omega L=6\Omega$, $\frac{1}{\omega C}=12\Omega$,则该电路的功率因数等于(　　)。

　　A. 0.6　　　　　　　B. 0.8　　　　　　　C. 0.75　　　　　　　D. 0.25

2　(　　)条件下图题 2 电路中 $\dot{U}_{ab}$ 和 $\dot{U}_{cd}$ 的有效值相等。

　　A. $R_1 = X_L$　　$R_2 = X_C$　　　　　　　　　B. $R_1 = -X_C$　　$R_2 = X_L$

　　C. $R_1 = X_L$　　$R_2 = -X_C$　　　　　　　　D. $R_1 = -X_L$　　$R_2 = -X_C$

3　图题 3 所示电路中,$R = X_L = X_C$,电压表读数为(　　)。

　　A. $-2V$　　　　　　B. 1V　　　　　　　C. 2V　　　　　　　D. 4V

4　图题 4 所示正弦电流电路中,已知 $U_{CD}=28V$,则电压 U_{AB} 为(　　)。

　　A. 128V　　　　　　B. 96V　　　　　　　C. 80V　　　　　　　D. 158.3V

5　欲使图题 5 所示正弦交流电路的功率因数为 $\frac{\sqrt{2}}{2}$,则 $\frac{1}{\omega C}$ 应等于(　　)。

　　A. -10Ω　　　　　B. 5Ω　　　　　　　C. 20Ω　　　　　　D. 10Ω

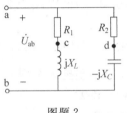
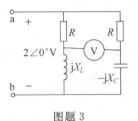
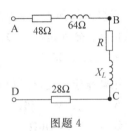

图题2 　　　　　　　图题3 　　　　　　　图题4

6 图题 6 所示电路中的 $\dot{I}$ 及电压源供出的复功率 $\widetilde{S}$ 分别为（ 　　 ）。

　A. $(0.5+j0.5)A,(5+j5)VA$ 　　　　　B. $(0.5-j0.5)A,(5-j5)VA$

　C. $(0.5+j0.5)A,(5-j5)VA$ 　　　　　D. $(0.5-j0.5)A,(5+j5)VA$

7 图题 7 所示正弦交流电路中，已知 $\dot{U}_S=10\angle0°V$，则图中电压 $\dot{U}$ 等于（ 　　 ）。

　A. $10\angle90°V$ 　　　　　　　　　B. $5\angle-90°V$

　C. $10\angle-90°V$ 　　　　　　　　D. $5\angle90°V$

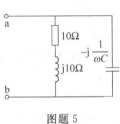
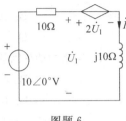
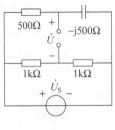

图题5 　　　　　　　图题6 　　　　　　　图题7

8 对 RLC 串联电路，U 为总电压，I 为总电流，则正确的是（ 　　 ）。

　A. $P=\dfrac{U^2}{R}$ 　　　　B. $Q=\dfrac{U^2}{X}$ 　　　　C. $S=I^2Z$ 　　　　D. $\widetilde{S}=ZI^2$

9 图题 9 所示网络的戴维宁等效电路为（ 　　 ）。

　A. 　B. 　C. 　D.

10 已知图题 10 所示电路中的电压 $\dot{U}=8\angle30°V$，电流 $\dot{I}=2\angle30°A$，则 X_C 和 R 分别是（ 　　 ）。

　　A. $0.5\Omega,4\Omega$ 　　　B. $2\Omega,4\Omega$ 　　　C. $0.5\Omega,16\Omega$ 　　　D. $2\Omega,16\Omega$

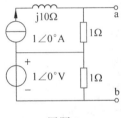
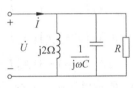

图题9 　　　　　　　　　　　图题10

11　当接入线圈的正弦电压为 100V 时,电流为 2A,有功功率为 120W,则线圈电阻 R 和线圈感抗 X_L 分别是(　　)。

　　　A. 30Ω,40Ω　　　　B. 40Ω,30Ω　　　　C. 30Ω,50Ω　　　　D. 50Ω,40Ω

12　用戴维宁定理求图题 12 所示电路的 $\dot{I}$ 时,开路电压 $\dot{U}_{OC}$ 和输入阻抗 Z_0 分别是(　　)。

　　　A. $6-j12V,-j6\Omega$　　　　　　　　　B. $6+j12V,-j6\Omega$

　　　C. $6-j12V,j6\Omega$　　　　　　　　　D. $6+j12V,j6\Omega$

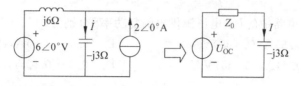

图题 12

13　图题 13 所示网络的阻抗模为 5kΩ,电源角频率为 10^3 rad/s,为使 $\dot{U}_1$ 与 $\dot{U}_2$ 间的相位差为 30°,则 R 和 C 分别是(　　)。

　　　A. 4.33kΩ,0.4μF　　　　　　　　　　B. 2.5kΩ,4.33F

　　　C. 2.5kΩ,0.231μF　　　　　　　　　　D. 5kΩ,0.12μF

14　图题 14 所示网络中,$U_1=U_2=U$,网络的功率因数 λ 和电路呈现的性质分别为(　　)。

　　　A. 0.866,容性　　　　　　　　　　　B. 0.866,感性

　　　C. 0.5,容性　　　　　　　　　　　　D. 0.5,感性

15　图题 15 所示电路中,已知:$u=10\sin 10t$V,$i=10\sin(10t+45°)$A,则(　　)。

　　　A. $R=1.41\Omega,C=0.07$F,$P=-35.4$W,$Q=-35.4$Var

　　　B. $R=1.41\Omega,C=0.07$F,$P=35.4$W,$Q=-35.4$Var

　　　C. $R=2\Omega,C=0.2$F,$P=-50$W,$Q=-50$Var

　　　D. $R=2\Omega,C=0.2$F,$P=50$W,$Q=-50$Var

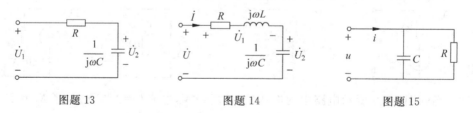

图题 13　　　　　　　图题 14　　　　　　　图题 15

16　图题 16 所示电路中,各支路电流和电压源供出的功率 P 为(　　)。

　　　A. $\dot{I}_1=j6A,\dot{I}_2=1+j1A,\dot{I}=1+j5A,P=120$W

　　　B. $\dot{I}_1=j6A,\dot{I}_2=1-j1A,\dot{I}=1-j5A,P=120$W

　　　C. $\dot{I}_1=j6A,\dot{I}_2=1+j1A,\dot{I}=1-j5A,P=120$W

　　　D. $\dot{I}_1=j6A,\dot{I}_2=1-j1A,\dot{I}=1+j5A,P=120$W

17　图题 17 所示电路中,当 Z_L 为(　　)时,Z_L 获得最大功率。

　　　A. 5Ω　　　　　B. j5Ω　　　　　C. 3-j4Ω　　　　　D. 3+j4Ω

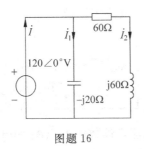

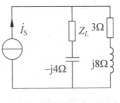

图题 16 图题 17

18 图题 18 所示正弦电流电路中,虚线框内部分电路的功率因数 $\lambda=1$。电流表 A_1 的读数为 15A,A 的读数为 12A,则 A_2 的读数为( )。

A. 9A B. 27A C. 3A D. $-3A$

19 试用结点法求图题 19 所示电路的电压 $\dot{U}_1$ 和 $\dot{U}_2$。正确的方法是( )。

A. $\begin{cases}\left(\dfrac{1}{5}+\dfrac{1}{4}+\dfrac{1}{j2}\right)\dot{U}_1-\dfrac{1}{4}\dot{U}_2=-\dfrac{50}{5}\\ -\dfrac{1}{4}\dot{U}_1+\left(\dfrac{1}{4}+\dfrac{1}{2}-\dfrac{1}{j2}\right)\dot{U}_2=-\dfrac{j50}{2}\end{cases}$ B. $\begin{cases}\left(\dfrac{1}{5}+\dfrac{1}{4}+\dfrac{1}{j2}\right)\dot{U}_1-\dfrac{1}{4}\dot{U}_2=\dfrac{50}{5}\\ -\dfrac{1}{4}\dot{U}_1+\left(\dfrac{1}{4}+\dfrac{1}{2}-\dfrac{1}{j2}\right)\dot{U}_2=\dfrac{j50}{2}\end{cases}$

C. $\begin{cases}\left(\dfrac{1}{5}+\dfrac{1}{4}-\dfrac{1}{j2}\right)\dot{U}_1-\dfrac{1}{4}\dot{U}_2=-\dfrac{50}{5}\\ -\dfrac{1}{4}\dot{U}_1+\left(\dfrac{1}{4}+\dfrac{1}{2}+\dfrac{1}{j2}\right)\dot{U}_2=-\dfrac{j50}{2}\end{cases}$ D. $\begin{cases}\left(\dfrac{1}{5}+\dfrac{1}{4}-\dfrac{1}{j2}\right)\dot{U}_1-\dfrac{1}{4}\dot{U}_2=\dfrac{50}{5}\\ -\dfrac{1}{4}\dot{U}_1+\left(\dfrac{1}{4}+\dfrac{1}{2}+\dfrac{1}{j2}\right)\dot{U}_2=\dfrac{j50}{2}\end{cases}$

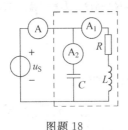

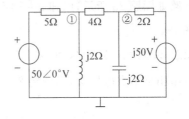

图题 18 图题 19

20 电路如图题 20 所示,已知 $u_1=120\sqrt{2}\sin1000t\,V,u_2=80V$,则两表的读数,可用叠加定理( )来求解。

A. 电压表读数 $=\sqrt{V_1^2+V_2^2}=\sqrt{120^2+80^2}=144.2V$,电流表读数 $=\sqrt{A_1^2+A_2^2}=\sqrt{3^2+4^2}=5(A)$

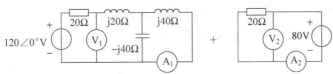

B. 电压表读数 $=V_1+V_2=120+80=200V$,电流表读数 $=A_1+A_2=3+4=7(A)$

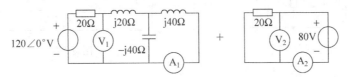

C. 电压表读数=V_1+V_2=120+40=160V,电流表读数=A_1+A_2=3+1.414=4.414(A)

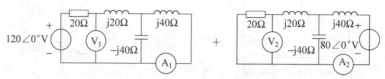

D. 电压表读数=V_1+V_2=0+80=80V,电流表读数=A_1+A_2=0+4=4(A)

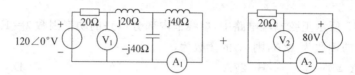

21 求图题21中所示的电流$\dot{I}$(分三种情况讨论:$\beta>1$,$\beta<1$和$\beta=1$)。

22 图题22所示电路,欲使$\dot{U}_C$滞后于$\dot{U}_S$为45°,求RC与ω之间的关系。

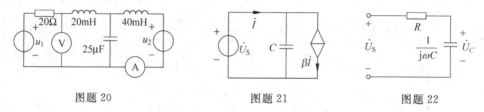

图题20   图题21   图题22

23 电路如图题23所示,已知$u=10\sin(\omega t-180°)$V,$R=4\Omega$,$\omega L=3\Omega$。试求电感元件上的电压u_L。

24 图题24所示电路中$\dot{I}_S=2\angle0°$A。求电压$\dot{U}$。

25 试用相量结点电压法,求图题25所示电路的电压$\dot{U}_1$和$\dot{U}_2$。

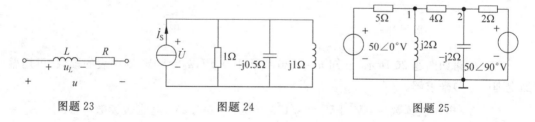

图题23   图题24   图题25

26 电路如图题26所示,已知$i(t)=5\sin10t$A,$u_{ab}(t)=\sin(10t-53.13°)$V。①求$R$和$C$;②若电流源改为$i(t)=5\sin5t$A,试求稳态电压$u_{ab}(t)$。

27 求图题27所示电路中3Ω电阻的电流。

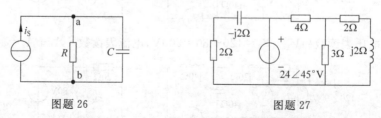

图题26   图题27

28　正弦交流电路如图题 28 所示。(1)求 u_1 和 u_2 的相位差；(2)如要求该相位差为 $90°$,应满足什么条件?

29　对 RC 并联电路作如下 2 次测量：(1)端口加 120V 直流电压时,输入电流为 4A；(2)端口加频率为 50Hz,有效值为 120V 的正弦电压时,输入电流有效值为 5A。求 R 和 C 的值。

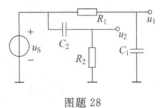

图题 28

30　求二端网络的阻抗,若该网络在电压为 230V 时吸收的复功率为 $4600\angle 30°$VA。

31　当 $R=50\Omega$、$L=200$mH、$C=10\mu$F 的串联电路接至 100Hz、210V 的正弦电压源时,电路的有功功率 P、无功功率 Q、视在功率 S 各为多少?

32　电压 $u(t)=100\cos 10t$V 施加于 10Ω 的电阻。①求电阻吸收的瞬时功率 $p(t)$；②求平均功率 P。

33　电压 $u(t)=100\cos 10t$V 施加于 10H 的电感。①求电感吸收的瞬时功率 $p_L(t)$；②求储存的瞬时能量 $w_L(t)$；③求平均储能 W_L。

34　电压 $u(t)=100\cos 10t$V 施加于 0.001F 的电容。①求电容吸收的瞬时功率 $p_C(t)$；②求储存的瞬时能量 $w_C(t)$；③求平均储能 W_C。

35　某网络的输入阻抗为 $Z=20\angle 60°\Omega$,外施加电压为 $\dot{U}=100\angle -30°$V。求网络消耗的功率及功率因数。

36　已知某二端网络端口电压 $u(t)=75\sin\omega t$V,端口电流 $i(t)=10\sin(\omega t+30°)$A,$u$ 和 i 为关联参考方向。求二端网络的 P、Q 及 λ。

37　试确定 50kW 负载的无功功率及视在功率,若功率因数为①0.80(滞后)；②0.90(超前)。

38　电路相量模型如图题 38 所示。用结点法求结点电压以及流过电容的电流。

39　图题 39 所示电路中 $i_S(t)=10\cos 10^3 t$mA,求每个电阻、电容及电源所吸收的平均功率。试用算得结果验证平均功率守恒。

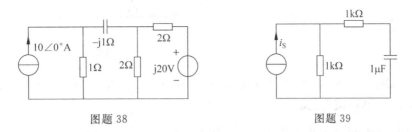

图题 38　　　　　　　　　图题 39

40　输电线的阻抗为 $0.08+$j0.25Ω,用来传送功率给负载。负载为电感性,其电压为 $220\angle 0°$V,功率为 12kW。已知,输电线的功率损失为 560W。试求负载的功率因数角。

41　求图题 41 所示电路的功率。用两种方法：①由电阻的平均功率求得；②由电源提供的平均功率求得。

42　电路如图题 42 所示：①为获得最大功率,Z_L 为何? 最大功率是多少? ②若 Z_L 只能为纯电阻,则该电阻应为多少才能获得最大功率? 此时功率为多少?

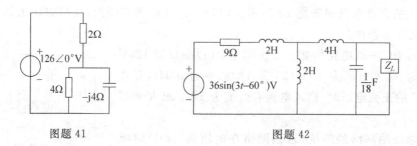

图题 41　　　　　　　　　　　　图题 42

43　图题 43 所示电路,$\dot{U}_S=2\angle0°\text{V}$,为使 Z_L 获得最大功率,Z_L 为多少? $P_{L\max}$ 为多少?

44　电路如图题 44 所示,已知 $u_s=200\sqrt{2}\cos(314t+\pi/3)\text{V}$,$I=2\text{A}$,$U_1=U_2=200\text{V}$,试求参数 R、L、C 的值。

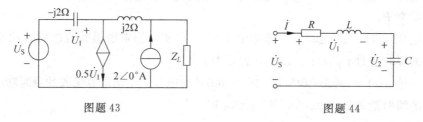

图题 43　　　　　　　　　　　　图题 44

45　图题 45 中 $Z_1=(5+j3)\Omega$,$Z_2=(4+j3)\Omega$,如果要使 $\dot{I}_2$ 和 $\dot{U}_S$ 的相位差为 90°,则 $\dfrac{1}{\omega C}$ 应等于多少。

46　如图题 46 所示电路,$R_1=3\Omega$,$\omega=4\text{rad/s}$,$C_1=C_2=1/16\text{F}$,$\dot{U}_{R_2}=0$,$u_s=5\sqrt{2}\sin\omega t\text{V}$。求 $\dot{I}$,$\dot{U}_{C_1}$,$\dot{U}_{C_2}$ 及 $\dot{U}_L$。

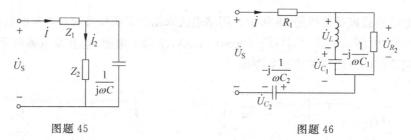

图题 45　　　　　　　　　　　　图题 46

47　已知图题 47 中 $U_S=10\text{V}$(直流),$L=1\mu\text{H}$,$R_1=1\Omega$,$i_s=2\cos(10^6t+45°)\text{A}$。用叠加定理求电压 u_C 和电流 i_L。

48　已知图题 48 所示电路中 $I_1=I_2=10\text{A}$。求 $\dot{I}$ 和 $\dot{U}_S$。

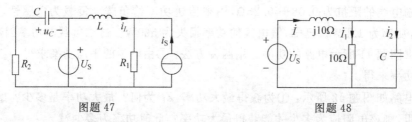

图题 47　　　　　　　　　　　　图题 48

49　如图题 49 所示，$I_1=10\text{A}$，$I_2=10\sqrt{2}\,\text{A}$，$U=200\text{V}$，$R_1=5\Omega$，$R_2=X_L$，试求 I、X_L、X_C 及 R_2。

50　图题 50 所示电路，已知 $u_\text{s}(t)=200\sqrt{2}\cos\left(100\pi t+\dfrac{\pi}{3}\right)\text{V}$，电流表读数为 2A，电压表读数均为 200V。试求：①元件参数 R、L 和 C。②电源发出的复功率。

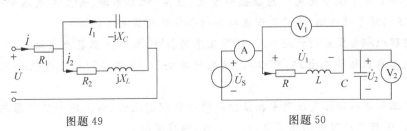

图题 49　　　　　　　　　　　　图题 50

第7章 互感与谐振

内容提要

本章主要介绍了耦合电感中的磁耦合现象、互感、耦合系数、含互感电路的计算、变压器、理想变压器的等效电路、串并联谐振电路的条件及电压电流特性。

充分理解磁耦合现象的物理概念,利用互感的性质,结合正弦稳态电路的分析方法,分析含耦合电感的正弦稳态电路,可以用"互感消去法"("去耦法")简化含耦合电感电路的计算。

理想变压器是从实际变压器中抽象出来的一种理想元件,运用理想变压器端口电压与电流的关系,进行变压器的电压变换、电流变换、阻抗变换。

谐振是正弦电路在特定条件下产生的一种特殊物理现象。谐振现象在无线电和电工技术中得到广泛应用,研究电路中的谐振现象有重要实际意义。含R、L、C的一端口电路,在特定条件下出现端口电压、电流同相位的现象时,则称电路发生了谐振。

7.1 互感与互感电压

1. 耦合电感

耦合电感元件属于多端元件,在实际电路中,如收音机、电视机中的中周线圈、振荡线圈,整流电源里使用的变压器等都是耦合电感元件,熟悉这类多端元件的特性,掌握包含这类多端元件的电路问题的分析方法是非常必要的。载流线圈间通过各自的磁场相互联系的物理现象称为磁耦合,如图 7-1 所示。设电流 i_1 在线圈 1 中产生自感磁通链 Ψ_{11},磁通 Φ_{11} 中一部分在线圈 2 中产生互感磁通链 Ψ_{21};同样,电流 i_2 在线圈 2 中产生自感磁通链 Ψ_{22},Φ_{22} 中一部分在线圈 1 中产生互感磁通链 Ψ_{12}。

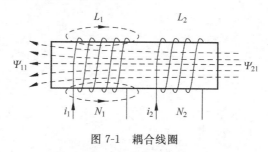

图 7-1　耦合线圈

两个线圈的磁通链为自感磁通链与互感磁通链的代数和,根据自感电流与磁通链的关系有

$$\begin{cases} \psi_1 = \psi_{11} + \psi_{12} = L_1 i_1 \pm M_{12} i_2 \\ \psi_2 = \psi_{22} + \psi_{21} = L_2 i_2 \pm M_{21} i_1 \end{cases} \tag{7-1}$$

其中 M_{12} 和 M_{21} 称为互感系数,简称互感,单位为亨,用 H 表示。当自感磁通链与互感磁通链方向一致,互感前面符号为"+",称为同向耦合;当自感磁通链与互感磁通链方向相反,

互感前面符号为"一",称为反向耦合。可证明 $M_{12}=M_{21}$,统一用 M 表示互感。工程上用耦合系数 k 表示两个线圈磁耦合的紧密程度:

$$k \stackrel{\text{def}}{=\!=} \frac{M}{\sqrt{L_1 L_2}} \leqslant 1$$

当 $k \approx 1$ 时,称为全耦合;$k \approx 0$ 时称为无耦合。

2. 同名端与互感电压

耦合电感可以看作是一个具有 4 个端子的电路元件,如图 7-2 所示。两个线圈的自磁链和互磁链间是加强还是削弱的关系,不仅与电流参考方向有关,同时也与线圈的相对位置和绕行方向有关。要确定互感的符号,就必须知道线圈的绕向,这在电路分析中显得很不方便,为解决这个问题引入了同名端的概念。当两个电流分别从两个线圈的对应端子同时流入或流出,若所产生的磁通相互加强时,则这两个对应端子称为两互感线圈的同名端。在电路中用同一对符号标记,不同对同名端用不同的符号标记。

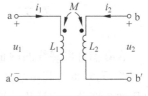

图 7-2 耦合电感元件

当线圈中电流为时变电流时,磁通也将随时间变化,从而在线圈两端产生感应电压。

$$\begin{cases} u_1 = u_{11} + u_{12} = L_1 \dfrac{\mathrm{d}i_1}{\mathrm{d}t} \pm M \dfrac{\mathrm{d}i_2}{\mathrm{d}t} \\[2mm] u_2 = u_{21} + u_{22} = M \dfrac{\mathrm{d}i_1}{\mathrm{d}t} \pm L_2 \dfrac{\mathrm{d}i_2}{\mathrm{d}t} \end{cases} \tag{7-2}$$

其中 u_{11} 和 u_{22} 称为自感电压,u_{12} 和 u_{21} 为互感电压。互感电压的符号由磁通相互作用的情况决定。当线圈的感应电压与电流取关联参考方向时,两线圈磁通若相互加强,自感与互感电压符号相同;磁通若相互削弱,自感与互感电压符号相反。例如取线圈中感应电压与电流的参考方向如图 7-2 所标示为关联参考方向,由同名端定义可知,当电流均为流入同名端时,产生的磁通相互加强,则有

$$\begin{cases} u_1 = L_1 \dfrac{\mathrm{d}i_1}{\mathrm{d}t} + M \dfrac{\mathrm{d}i_2}{\mathrm{d}t} \\[2mm] u_2 = M \dfrac{\mathrm{d}i_1}{\mathrm{d}t} + L_2 \dfrac{\mathrm{d}i_2}{\mathrm{d}t} \end{cases} \tag{7-3}$$

【例 7-1】 写出图 7-3 中电压电流关系式。

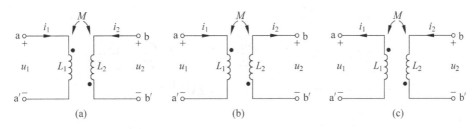

图 7-3 耦合电感计算

解 根据图 7-3 中同名端标示及两个线圈各自的电压电流参考方向有

(a) $u_1 = L_1 \dfrac{\mathrm{d}i_1}{\mathrm{d}t} - M \dfrac{\mathrm{d}i_2}{\mathrm{d}t}$, $u_2 = L_2 \dfrac{\mathrm{d}i_2}{\mathrm{d}t} - M \dfrac{\mathrm{d}i_1}{\mathrm{d}t}$

(b) $u_1 = L_1 \dfrac{di_1}{dt} + M \dfrac{di_2}{dt}, u_2 = -\left(L_2 \dfrac{di_2}{dt} + M \dfrac{di_1}{dt} \right)$

(c) $u_1 = -\left(L_1 \dfrac{di_1}{dt} + M \dfrac{di_2}{dt} \right), u_2 = L_2 \dfrac{di_2}{dt} + M \dfrac{di_1}{dt}$

在正弦稳态电路中,将 ωM 称为互感抗,电压电流的方程可用相量形式表示

$$\begin{cases} \dot{U}_1 = j\omega L_1 \dot{I}_1 \pm j\omega M \dot{I}_2 \\ \dot{U}_2 = \pm j\omega M \dot{I}_1 + j\omega L_2 \dot{I}_2 \end{cases} \tag{7-4}$$

7.2 具有互感的正弦电流电路的计算

含有耦合电感线圈的正弦稳态分析可采用相量法。需要注意电感电压不仅与本电路电流有关,同时也与其相耦合的其他支路的支路电流有关,即需考虑电感上的自感电压和互感电压两个部分。为简化计算,可通过等效变换将含有耦合电感的电路经过去耦等效为只包含自感的电路结构。

1. 互感线圈的串联

两耦合电感串联在电路中,如图 7-4 所示,其中图 7-4(a)为同向耦合,称为顺接串联;图 7-4(b)为反向耦合,称为反接串联。

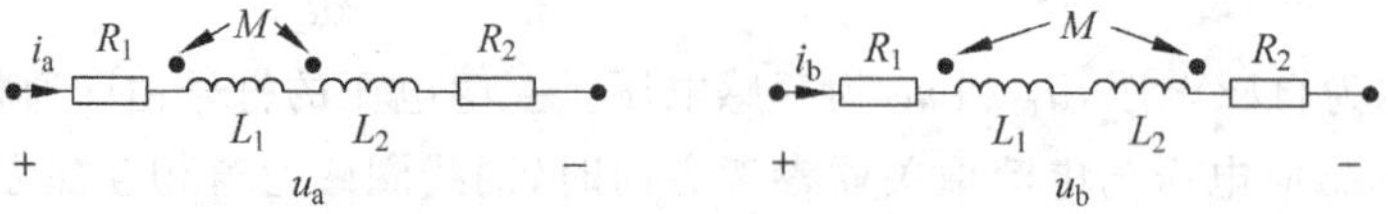

(a) 顺接串联   (b) 反接串联

图 7-4 耦合电感串联电路

其电路端口的电压电流关系可分别表示为

$$u_a = R_1 i_a + L_1 \frac{di_a}{dt} + M \frac{di_a}{dt} + R_2 i_a + M \frac{di_a}{dt} + L_2 \frac{di_a}{dt}$$

$$= (R_1 + R_2) i_a + (L_1 + L_2 + 2M) \frac{di_a}{dt}$$

$$= R i_a + L \frac{di_a}{dt}$$

$$u_b = R_1 i_b + L_1 \frac{di_b}{dt} - M \frac{di_b}{dt} + R_2 i_b + L_2 \frac{di_b}{dt} - M \frac{di_b}{dt}$$

$$= (R_1 + R_2) i_b + (L_1 + L_2 - 2M) \frac{di_b}{dt}$$

$$= R i_b + L \frac{di_b}{dt}$$

即有顺接串联等效电感为

$$L = L_1 + L_2 + 2M \tag{7-5}$$

反接串联等效电感为

$$L = L_1 + L_2 - 2M \tag{7-6}$$

电路可等效为如图 7-5 所示。

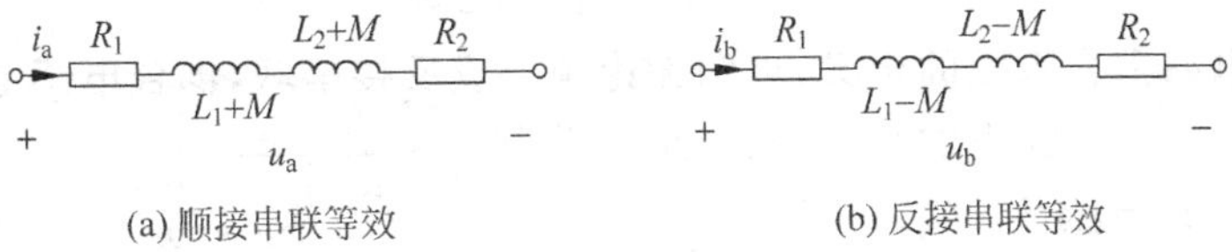

(a) 顺接串联等效　　　　　　　　(b) 反接串联等效

图 7-5 耦合电感串联去耦等效

采用相量法形式可表示为

$$\dot{U}_a = [R_1 + R_2 + j\omega(L_1 + L_2 + 2M)]\dot{I}_a$$

$$\dot{U}_b = [R_1 + R_2 + j\omega(L_1 + L_2 - 2M)]\dot{I}_b$$

根据耦合电感耦合系数的定义,可知无论顺接或反接串联,耦合电感电路的等效阻抗 $Z_a = R_1 + R_2 + j\omega(L_1 + L_2 + 2M)$ 或 $Z_b = R_1 + R_2 + j\omega(L_1 + L_2 - 2M)$ 均呈感性。

2. 互感线圈的并联

两耦合电感并联在电路中,如图 7-6 所示,其中图 7-6(a)中同名端连接在同一个结点上,称为同侧并联电路;图 7-6(b)中异名端连接在同一个结点上,称为异侧并联电路。

同侧并联有

$$u_a = L_1 \frac{di_{a1}}{dt} + M \frac{di_{a2}}{dt}$$

$$u_a = L_2 \frac{di_{a2}}{dt} + M \frac{di_{a1}}{dt}$$

$$i_a = i_{a1} + i_{a2}$$

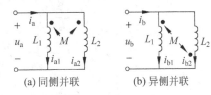

(a) 同侧并联　　　　(b) 异侧并联

图 7-6 耦合电感并联电路

异侧并联有

$$u_b = L_1 \frac{di_{b1}}{dt} - M \frac{di_{b2}}{dt}$$

$$u_b = L_2 \frac{di_{b2}}{dt} - M \frac{di_{b1}}{dt}$$

$$i_b = i_{b1} + i_{b2}$$

分别解得

$$u_a = \frac{(L_1 L_2 - M^2)}{L_1 + L_2 - 2M} \frac{di_a}{dt}$$

$$u_b = \frac{(L_1 L_2 - M^2)}{L_1 + L_2 + 2M} \frac{di_b}{dt}$$

同侧并联等效电感为

$$L_{eq} = \frac{(L_1 L_2 - M^2)}{L_1 + L_2 - 2M} \tag{7-7}$$

异侧并联等效电感为

$$L = \frac{(L_1 L_2 - M^2)}{L_1 + L_2 + 2M} \tag{7-8}$$

采用相量法形式可表示为

$$\dot{U}_a = j\omega \frac{(L_1 L_2 - M^2)}{L_1 + L_2 - 2M} \dot{I}_a$$

$$\dot{U}_b = j\omega \frac{(L_1 L_2 - M^2)}{L_1 + L_2 + 2M} \dot{I}_b$$

根据耦合电感耦合系数的定义,可知无论顺接或反接串联,耦合电感电路的等效阻抗 $Z_a = R_1 + R_2 + j\omega(L_1 + L_2 + 2M)$ 或 $Z_b = R_1 + R_2 + j\omega(L_1 + L_2 - 2M)$ 均呈感性。

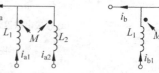

(a)同名端共端　　(b)异名端共端

图 7-7　耦合电感 T 型连接

3. 互感线圈的 T 型等效

图 7-7 为互感线圈 T 型网络,其中图 7-7(a)同名端连接在同一个结点;图 7-7(b)中异名端连接在同一个结点。

对图 7-7(a)用相量形式表示有

$$\begin{cases} \dot{U}_{a13} = j\omega L_1 \dot{I}_{a1} + j\omega M \dot{I}_{a2} = j\omega(L_1 - M)\dot{I}_{a1} + j\omega M \dot{I}_a \\ \dot{U}_{a23} = j\omega L_2 \dot{I}_{a2} + j\omega M \dot{I}_{a1} = j\omega(L_2 - M)\dot{I}_{a2} + j\omega M \dot{I}_a \\ \dot{I}_a = \dot{I}_{a1} + \dot{I}_{a2} \end{cases} \tag{7-9}$$

根据式(7-9),可将原含互感线圈的电路进行去耦等效,如图 7-8(a)所示。

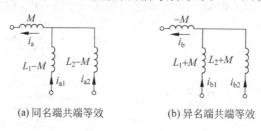

(a)同名端共端等效　　　　(b)异名端共端等效

图 7-8　耦合电感 T 型连接去耦等效

对图 7-7(b)用相量形式表示有

$$\begin{cases} \dot{U}_{b13} = j\omega L_1 \dot{I}_{b1} - j\omega M \dot{I}_{b2} = j\omega(L_1 + M)\dot{I}_{b1} + j\omega M \dot{I}_b \\ \dot{U}_{b23} = j\omega L_2 \dot{I}_{b2} - j\omega M \dot{I}_{b1} = j\omega(L_2 + M)\dot{I}_{b2} + j\omega M \dot{I}_b \\ \dot{I}_b = \dot{I}_{b1} + \dot{I}_{b2} \end{cases} \tag{7-10}$$

根据式(7-10),可将原含互感线圈的电路进行去耦等效,如图 7-8(b)所示。

【例 7-2】　如图 7-9(a)电路所示,$u = 5000\sqrt{2}\cos 10^4 t\,\mathrm{V}$,$L_1 = 20\mathrm{mH}$,$L_2 = 25\mathrm{mH}$,$R = 50\Omega$,$C = 1\mu\mathrm{F}$,$M = 25\mathrm{mH}$,求电流 i_1。

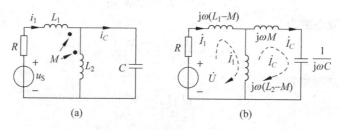

图 7-9　去耦等效求电流

解 去耦等效电路如图 7-9(b)所示。

$$[R + j\omega(L_1 - M) + j\omega(L_2 - M)] \dot{I}_1 - j\omega(L_2 - M) \dot{I}_C = \dot{U}$$

$$- j\omega(L_2 - M)] \dot{I}_1 + \left[j\omega(L_2 - M) + j\left(\omega M - \frac{1}{\omega C}\right) \right] \dot{I}_C = 0$$

解得

$$\dot{I}_C = 0, \quad \dot{I}_1 = 11.04\angle - 83.6°\mathrm{A}$$

所以

$$i_1(t) = 11.04\sqrt{2}\cos(10^4 t - 83.6°)\mathrm{A}$$

7.3 空心变压器

空心变压器是由两个绕在非铁磁材料制成的芯子上并具有互感的线圈组成。它没有铁心变压器产生的各种损耗,常用于高频电路。空心变压器电路如图 7-10 所示。

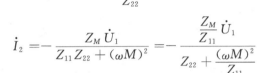

图 7-10 中 $Z_L = R_L + jX_L$ 为负载阻抗。初级接电源,称为原级线圈;次级接负载。

工作原理:经原、次级线圈间的耦合,能量由电源传递给负载,负载不直接与电源相连。

图 7-10 空心变压器电路

原级回路阻抗

$$Z_{11} = R_1 + j\omega L_1$$

次级回路阻抗

$$Z_{22} = R_{22} + jX_{22} = R_2 + j\omega L_2 + Z_L = (R_2 + R_L) + j(\omega L_2 + X_L)$$

互感阻抗

$$Z_M = j\omega M = jX_M$$

列回路方程

$$\begin{cases} Z_{11}\dot{I}_1 + Z_M\dot{I}_2 = \dot{U}_1 \\ Z_M\dot{I}_1 + Z_{22}\dot{I}_2 = 0 \end{cases}$$

联立求解得

$$\dot{I}_1 = \frac{Z_{22}\dot{U}_1}{Z_{11}Z_{22} + (\omega M)^2} = \frac{\dot{U}_1}{Z_{11} + \dfrac{(\omega M)^2}{Z_{22}}}$$

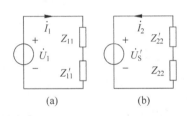

$$\dot{I}_2 = -\frac{Z_M\dot{U}_1}{Z_{11}Z_{22} + (\omega M)^2} = -\frac{\dfrac{Z_M}{Z_{11}}\dot{U}_1}{Z_{22} + \dfrac{(\omega M)^2}{Z_{11}}}$$

于是有等效电路如图 7-11 所示,其中

图 7-11 空心变压器等效电路

$$Z'_{11} = \frac{(\omega M)^2}{Z_{22}}, \quad Z'_{22} = \frac{(\omega M)^2}{Z_{11}}, \quad \dot{U}'_S = \frac{Z_M}{Z_{11}}\dot{U}_1$$

7.4 理想变压器

1. 理想变压器

理想变压器是从设计良好且具有高磁导率的实际铁芯变压器抽象出来的一种理想电路元件,如图 7-12 所示。如果一个空心变压器的 L_1、L_2 和 M 都可视为无穷大,符合全耦合条件,并且不存在任何损耗,就是一个理想变压器。因此,理想变压器在电路中仅仅起着传递能量的作用。表征理想变压器的电路参数只有其原、次级线圈之间的匝数比 n。

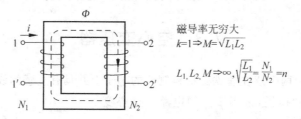

图 7-12 理想变压器

2. 理想变压器模型及其参数

电压电流参考方向及同名端如图 7-13 中所示,满足如下约束关系

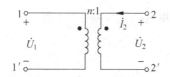

图 7-13 理想变压器电路

$$u_1 = n u_2 \quad 或 \quad \dot{U}_1 = n \dot{U}_2$$

$$i_1 = -\frac{1}{n} i_2 \quad 或 \quad \dot{I}_1 = -\frac{1}{n} \dot{I}_2$$

由理想化条件可知,原、次级均无电阻;$\varphi_{12} = \varphi_{22}$,$\varphi_{21} = \varphi_{11}$,原级线圈、次级线圈中的磁通链分别为

$$\psi_1 = \psi_{11} + \psi_{12} = N_1(\varphi_{11} + \varphi_{12}) = N_1(\varphi_{11} + \varphi_{22}) = N_1 \varphi$$

$$\psi_2 = \psi_{22} + \psi_{21} = N_2(\varphi_{22} + \varphi_{21}) = N_2(\varphi_{22} + \varphi_{11}) = N_2 \varphi$$

式中,$\varphi = \varphi_{11} + \varphi_{22}$ 是线圈的总磁通,也称为主磁通。

因为

$$u_1 = \frac{\mathrm{d}\psi_1}{\mathrm{d}t} = N_1 \frac{\mathrm{d}\varphi}{\mathrm{d}t}, \quad u_2 = \frac{\mathrm{d}\psi_2}{\mathrm{d}t} = N_2 \frac{\mathrm{d}\varphi}{\mathrm{d}t}$$

所以

$$\frac{u_1}{u_2} = \frac{N_1}{N_2} = n$$

即

$$u_1 = n u_2 \quad 或 \quad \dot{U}_1 = n \dot{U}_2 \tag{7-11}$$

由

$$u_1 = L_1 \frac{\mathrm{d}i_1}{\mathrm{d}t} + M \frac{\mathrm{d}i_2}{\mathrm{d}t}$$

得

$$\frac{u_1}{L_1} = \frac{\mathrm{d}i_1}{\mathrm{d}t} + \frac{M}{L_1} \frac{\mathrm{d}i_2}{\mathrm{d}t} \tag{7-12}$$

在全耦合时,有

$$\frac{L_1}{L_2} = \frac{\dfrac{N_1 \varphi_{11}}{i_1}}{\dfrac{N_2 \varphi_{22}}{i_2}} = \frac{\dfrac{N_1^2 \times N_2 \times \varphi_{21}}{i_1}}{\dfrac{N_2^2 \times N_1 \times \varphi_{12}}{i_2}} = \frac{N_1^2 M_{21}}{N_2^2 M_{12}}$$

因为

$$M_{21} = M_{12}$$

所以

$$\frac{L_1}{L_2} = \frac{N_1^2}{N_2^2} = n^2 \quad 或 \quad \sqrt{\frac{L_1}{L_2}} = n$$

因为全耦合时

$$k = \frac{M}{\sqrt{L_1 L_2}} = 1$$

所以

$$M = \sqrt{L_1 L_2} = \frac{1}{n} L_1$$

即

$$\frac{M}{L_1} = \frac{1}{n}$$

代入式(7-9),得

$$\frac{u_1}{L_1} = \frac{\mathrm{d}i_1}{\mathrm{d}t} + \frac{1}{n}\frac{\mathrm{d}i_2}{\mathrm{d}t}$$

两边积分

$$\frac{1}{L_1} \int_{-\infty}^{t} u_1(\xi)\,\mathrm{d}\xi = \int_{-\infty}^{i_1} \mathrm{d}i_1 + \frac{1}{n}\int_{-\infty}^{i_2} \mathrm{d}i_2 = i_1 + \frac{1}{n}i_2$$

当 $L_1 \to \infty$ 时,有

$$i_1 + \frac{1}{n}i_2 = 0$$

所以

$$i_1 = -\frac{1}{n}i_2 \quad 或 \quad \dot{I}_1 = -\frac{1}{n}\dot{I}_2 \tag{7-13}$$

理想变压器除了可以用来变换电压和电流,还可以用来
变换阻抗。如图 7-14 所示,当次级接负载 Z_L 时,从原级看进
去的输入阻抗将是

$$Z_1 = \frac{\dot{U}_1}{\dot{I}_1} = \frac{n\dot{U}_2}{-\dfrac{1}{n}\dot{I}_2} = n^2\left(\frac{\dot{U}_2}{-\dot{I}_2}\right) = n^2 Z_L$$

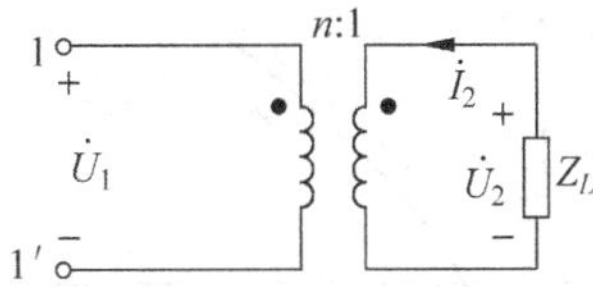

图 7-14 理想变压器阻抗变换

$$\tag{7-14}$$

即副边负载经过理想变压器,折合到原边的负载变为 $n^2 Z_L$。可见,改变 n,可在原边得到不
同的入端阻抗。在工程中,常用理想变压器变换阻抗的性质来实现匹配,使负载获得最大功
率。当 $n>1$,阻抗变换后增大;当 $n<1$,阻抗变换后减小。

7.5　串联电路的谐振

谐振是正弦电路在特定条件下产生的一种特殊物理现象。谐振现象在无线电和电工技术中得到广泛应用，研究电路中的谐振现象有重要实际意义。含 R、L、C 的一端口电路，在特定条件下出现端口电压、电流同相位的现象时，则称电路发生了谐振。谐振电路如图 7-15 所示。

$$\frac{\dot{U}}{\dot{I}} = Z = R$$

1. 串联谐振的条件及电流、电压特性

RLC 串联电路如图 7-16 所示。在正弦电压源激励下，电路中的电压、电流响应随电源的频率变化。

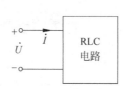

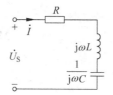

图 7-15　谐振电路　　　　图 7-16　RLC 串联电路

电路中输入阻抗可表示为

$$Z(\mathrm{j}\omega) = R + \mathrm{j}\left(\omega L - \frac{1}{\omega C}\right) = R + \mathrm{j}(X_L + X_C) = R + \mathrm{j}X \tag{7-15}$$

等效阻抗的实部为一常数，其值等于电阻 R，即

$$\mathrm{Re}[Z(\mathrm{j}\omega)] = R$$

等效阻抗的虚部，即电路的等效电抗

$$\mathrm{Im}[Z(\mathrm{j}\omega)] = X(\omega) = \omega L - \frac{1}{\omega C}$$

等效电抗为角频率 ω 的函数，它随 ω 变化的规律，即电抗的频率特性如图 7-17 所示。

当 $\omega < \omega_0$ 时，$X(\omega) < 0$，电路呈电容性；当 $\omega > \omega_0$ 时，$X(\omega) > 0$，电路呈电感性；当 $\omega = \omega_0$ 时

即

$$\omega_0 = \frac{1}{\sqrt{LC}} \tag{7-16}$$

$$X(\omega_0) = \omega_0 L - \frac{1}{\omega_0 C} = 0$$

$$Z(\mathrm{j}\omega_0) = |Z(\mathrm{j}\omega_0)| = R$$

等效阻抗的虚部为零，电路呈电阻性。电路发生谐振，这种状态称为串联谐振，ω_0 称为谐振角频率。

L、C 上的电压大小相等，相位相反

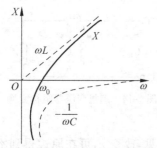

图 7-17　RLC 串联电路的电抗
　　　　频率特性

$$\dot{U}_C = -\mathrm{j}\,\frac{\dot{I}}{\omega_0 C} = -\mathrm{j}\omega_0 L\,\frac{\dot{U}}{R} = -\mathrm{j}Q\dot{U}$$

$$\dot{U}_L = -\mathrm{j}\omega_0 L\dot{I} = \mathrm{j}\omega_0 L\,\frac{\dot{U}}{R} = \mathrm{j}Q\dot{U}$$

$$|\dot{U}_L| = |\dot{U}_C| = QU$$

其中 Q 为谐振电路的品质因数

$$Q = \frac{\omega_0 L}{R} = \frac{1}{R\omega_0 C} = \frac{1}{R}\sqrt{\frac{L}{C}} \tag{7-17}$$

串联总电压为零,也称电压谐振,即

$$\dot{U}_L + \dot{U}_C = 0$$

L、C 相当于短路,电源电压全部加在电阻上,$\dot{U}_R = \dot{U}_S$,电阻电压、电流均达到最大值。当 $\omega_0 L = 1/(\omega_0 C) \gg R$ 时,$Q \gg 1$,谐振时出现过电压,即 $U_L = U_C = QU \gg U$。

2. 串联谐振的能量特性

电路中通过电感和电容的电流相同,并且在串联谐振时电感电压与电容电压大小相等,方向相反,故电感和电容吸收等值异号的无功功率

$$Q_L = \omega_0 L I_0^2, \quad Q_C = -\frac{1}{\omega_0 C}I_0^2 = -\omega_0 L I_0^2$$

电路吸收的总无功功率为零。这就表明,虽然电场能量和磁场能量都在不断变化,但此增彼减,互相彻底补偿。

$$w_C = \frac{1}{2}Cu_C^2 = \frac{1}{2}LI_m^2 \cos^2\omega_0 t, \quad w_L = \frac{1}{2}Li^2 = \frac{1}{2}LI_m^2 \sin^2\omega_0 t$$

也就是说,有一部分能量在电场与磁场之间振荡,而全电路电磁场能量的总和 w_x 保持不变:

$$w_x = w_L + w_C = \frac{1}{2}LI_m^2 = \frac{1}{2}CU_{Cm}^2 = CQ^2 U^2$$

激励源供给电路的能量全部转化为电阻发热损耗的能量。

为了维持谐振电路中的电磁振荡。激励源必须不断供给能量以补偿电路中电阻损耗的能量,和谐振电路所储存的电磁场总能量相比,每振荡一次电路消耗的能量愈少,即维持一定能量的振荡所需功率愈小,则谐振电路的"品质"愈好。为了定量地描述谐振电路的品质,定义谐振电路的品质因数为

$$Q = \frac{\omega_0 L}{R} = \omega_0\,\frac{L}{R}\,\frac{I_0^2}{I_0^2} = 2\pi\,\frac{LI_0^2}{RI_0^2 T_0} = 2\pi\,\frac{\text{谐振时电路中的电磁场总能量}}{\text{谐振一周期内电路中损耗的能量}}$$

7.6 并联电路的谐振

1. 并联谐振的条件及电流、电压特性

RLC 并串联电路如图 7-18 所示。在正弦电流源激励下,电路中的电压、电流响应随电源的频率变化。

电路中输入导纳可表示为

$$Y(\mathrm{j}\omega) = G + \mathrm{j}\left(\omega C - \frac{1}{\omega L}\right) \tag{7-18}$$

等效导纳的实部为一常数,其值等于电导 G,即

$$\mathrm{Re}[Y(\mathrm{j}\omega)] = G$$

等效导纳的虚部,即电路的等效电纳

$$\mathrm{Im}[Y(\mathrm{j}\omega)] = B(\omega) = \omega C - \frac{1}{\omega L}$$

等效电纳为角频率 ω 的函数,随 ω 变化的规律,即电纳的频率特性如图 7-19 所示。

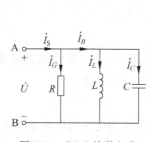

图 7-18 RLC 并联电路

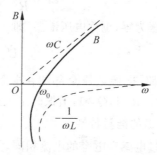

图 7-19 RLC 并联电路的电纳频率特性

当 $\omega < \omega_0$ 时,$B(\omega) < 0$,电路呈电感性;当 $\omega > \omega_0$ 时,$B(\omega) > 0$,电路呈电容性。也就是说,并联谐振电路在谐振频率上、下表现出来的性质,和串联谐振电路恰好相反。当 $\omega = \omega_0$ 时

$$B(\omega_0) = \omega_0 C - \frac{1}{\omega_0 L} = 0$$

$$Y(\mathrm{j}\omega_0) = |Y(\mathrm{j}\omega_0)| = G$$

等效导纳的虚部为零,电路呈电阻性。这种状态称为并联谐振。显然,并联谐振角频率仍为

$$\omega_0 = \frac{1}{\sqrt{LC}} \tag{7-19}$$

2. 并联谐振的品质因数

RLC 并联谐振时,L、C 上的电流大小相等,相位相反

$$\dot{I}_C = \mathrm{j}\omega_0 C \dot{U} = \mathrm{j}\omega_0 C \frac{\dot{I}_\mathrm{S}}{G} = \mathrm{j}Q \dot{I}_\mathrm{S}$$

$$\dot{I}_L = -\mathrm{j}\frac{\dot{U}}{\omega_0 L} = -\mathrm{j}\omega_0 C \frac{\dot{I}_\mathrm{S}}{G} = -\mathrm{j}Q \dot{I}_\mathrm{S}$$

$$|\dot{I}_L| = |\dot{I}_C| = Q \dot{I}_\mathrm{S}$$

其中品质因数为

$$Q = \frac{\omega_0 C}{G} = \frac{1}{G\omega_0 L} = \frac{1}{G}\sqrt{\frac{C}{L}} \tag{7-20}$$

电纳并联电流为零,也称电流谐振,即

$$\dot{I}_L + \dot{I}_C = 0$$

L、C 相当于开路,电源电流全部加在电阻上,$\dot{I}_R = \dot{I}_S$,电阻电压、电流均达到最大值。当 $Q \gg 1$ 时,谐振时出现过电流,即阻抗无限大,相当于开路。

本 章 小 结

如果有两只线圈互相靠近,其中第一只线圈中电流所产生的磁通有一部分与第二只线圈相耦合。当第一线圈中电流发生变化时,则其与第二只线圈环链的磁通也发生变化,在第二只线圈中产生感应电动势。这种现象叫做互感现象。

工程上将起互感"增助"作用的一对施感电流流进(或流出)线圈的端子命名为同名端,并用符号标记,如用圆点、星号等工程上将起"增助"作用的一对施感电流流进(或流出)线圈的端子命名为同名端,并用符号标记,如用圆点、星号等。

变压器由两个具有互感的线圈构成,一个线圈接向电源,另一线圈接向负载。变压器通过互感实现从一个电路向另一个电路传输能量或信号的器件。当变压器线圈的芯子为非铁磁材料时,称空心变压器。

理想变压器是一个端口的电压与另一个端口的电压成正比,且没有功率损耗的一种互易无源二端口网络。它是根据铁芯变压器的电气特性抽象出来的一种理想电路元件。

谐振是正弦电路在特定条件下产生的一种特殊物理现象。谐振现象在无线电和电工技术中得到广泛应用,研究电路中的谐振现象有重要实际意义。含 R、L、C 的一端口电路,在特定条件下出现端口电压、电流同相位的现象时,则称电路发生了谐振。

含耦合电感的电路的分析方法:分析含有耦合电感电路的关键是,要在电感的电压中计入互感电压,并注意其极性。列写网孔电流方程的方法是,根据耦合电感的伏安关系,把各电感的电压用回路电流表示,然后对个网孔应用 KVL。列写结点电压法不是很方便,一般不采用。

课 后 习 题

1　耦合线圈的自感 L_1 和 L_2 分别为 2H 和 8H,则互感 M 至多只能为(　　)。

A. 8H　　　　　　　　　　B. 10H

C. 4H　　　　　　　　　　D. 6H

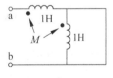

图题 2

2　图题 2 所示电路中,互感 $M = 1H$,电源频率 $\omega = 1\text{rad/s}$,a、b 两端的等效阻抗 Z,错误的是(　　)。

A.
$$\begin{cases} \dot{U}_{ab} = j\omega L_1 \dot{I}_1 + j\omega M \dot{I}_2 \\ j\omega L_2 \dot{I}_2 + j\omega M \dot{I}_1 = 0 \\ Z = \dot{U}_{ab} / \dot{I}_1 = 0 \end{cases}$$

B. $Z = j2 + j2 // (-j) = 0$

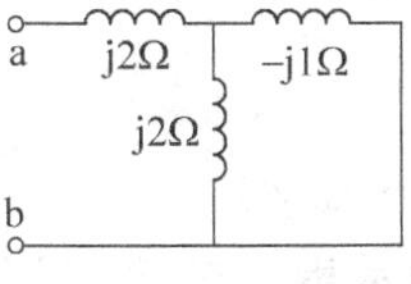

C. $Z=0+\text{j}1//0=0$ D. $Z=0$

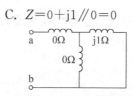

3 图题3所示二端网络的等效阻抗 Z_{ab},错误的是(   )。

A. 利用同侧并联公式

$$Z_{ab}=\text{j}\frac{4\times4-2^2}{4+4-2\times2}=\text{j}3\Omega$$

B. $Z_{ab}=\text{j}6+\text{j}6//(-\text{j}2)=\text{j}3\Omega$

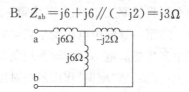

C. $Z_{ab}=\text{j}2+\text{j}2//\text{j}2=\text{j}3\Omega$

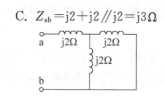

D. $Z_{ab}=\text{j}3\Omega$

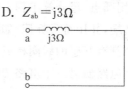

4 设电压、电流为正弦量,在变比为 $n:1$ 的理想变压器输出端口接有阻抗 Z,输入端口的输入阻抗为(   )。

A. $-n^2Z$ B. nZ

C. nZ^2 D. n^2Z

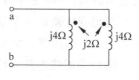

图题3

5 电路如图题5所示,耦合因数 $K=1$,$\dot{I}_S=1\angle0°\text{A}$,则 $\dot{U}_1$ 与 $\dot{U}_2$ 分别为(   )。

A. j10V 与 j20V   B. j10V 与 0V

C. −j10V 与 j20V   D. −j10V 与 −j20V

6 为使图题6所示电路中 10Ω 电阻获得最大功率,理想变压器的变比 n 应为(   )。

A. 10   B. 40   C. 100   D. 0.1

7 图题7所示理想变压器变比为 $1:2$,则 R_i 应为(   )。

A. 8Ω B. 4Ω C. 0.5Ω D. 1Ω

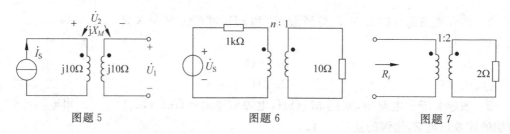

图题5   图题6   图题7

8 图题8所示电路中,开路电压 $\dot{U}_{OC}$ 为(   )。

A. $\dot{I}_S R_2$ B. $\dot{I}_S(R_2-\text{j}\omega M)$

C. $\dot{I}_S(R_2+\text{j}\omega M)$ D. $\dot{I}_S(\text{j}\omega L_2-\text{j}\omega M)$

9 图题9所示耦合电感,当 b 和 c 连接时,其 $L_{ad}=0.2\text{H}$,当 b 和 d 连接时,$L_{ac}=0.6\text{H}$,则互感 M 为(   )。

A. 0.8H　　　　　B. 0.4H　　　　　C. 0.2H　　　　　D. 0.1H

10　理想变压器端口上电压、电流参考方向如图题10所示,则其伏安关系为(　　)。

A. $\begin{cases} \dfrac{u_1}{u_2}=-\dfrac{1}{n} \\[2mm] \dfrac{i_1}{i_2}=-n \end{cases}$　　　　　　　　　B. $\begin{cases} \dfrac{u_1}{u_2}=\dfrac{1}{n} \\[2mm] \dfrac{i_1}{i_2}=-n \end{cases}$

C. $\begin{cases} \dfrac{u_1}{u_2}=\dfrac{1}{n} \\[2mm] \dfrac{i_1}{i_2}=n \end{cases}$　　　　　　　　　D. $\begin{cases} \dfrac{u_1}{u_2}=-\dfrac{1}{n} \\[2mm] \dfrac{i_1}{i_2}=n \end{cases}$

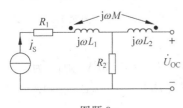
图题8

图题9

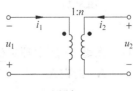
图题10

11　图题11所示理想变压器电路中,若$\dot{U}_1=50\text{V}$,$\dot{I}_2=2\text{A}$,则变比n和ab端的等效电阻分别为(　　)。

A. $2.5,62.5\Omega$　　　B. $-2.5,62.5\Omega$　　　C. $0.4,1.6\Omega$　　　D. $-0.4,1.6\Omega$

12　含理想变压器的电路如图题12所示,ab端口的输入电阻R_i为(　　)。

A. 25Ω　　　　　B. 100Ω　　　　　C. 820Ω　　　　　D. 45Ω

13　图题13所示电路中,理想变压器次级开路,若$\dot{U}_2=5\angle30°\text{V}$,则$\dot{U}_\text{S}$和$\dot{I}_1$为(　　)。

A. $25\angle0°\text{V},5\angle30°\text{A}$　　　　　　　　B. $5\angle30°\text{V},5\angle0°\text{A}$

C. $5\angle30°\text{V},0\text{A}$　　　　　　　　　　D. $25\angle30°\text{V},0\text{A}$

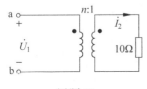
图题11

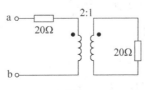
图题12

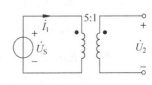
图题13

14　图题14所示耦合电感,其端钮3、4两端的互感电压u_{34}表达式为(　　)。

A. $M\dfrac{\mathrm{d}i_2}{\mathrm{d}t}$　　　　　B. $-M\dfrac{\mathrm{d}i_2}{\mathrm{d}t}$　　　　　C. $M\dfrac{\mathrm{d}i_1}{\mathrm{d}t}$　　　　　D. $-M\dfrac{\mathrm{d}i_1}{\mathrm{d}t}$

15　图题15所示电路,u_1和u_2的正确表达式为(　　)。

A. $\begin{cases} u_1=-L_1\dfrac{\mathrm{d}i_1}{\mathrm{d}t}-M\dfrac{\mathrm{d}i_2}{\mathrm{d}t} \\[2mm] u_2=R_2i_2+L_2\dfrac{\mathrm{d}i_2}{\mathrm{d}t}+M\dfrac{\mathrm{d}i_1}{\mathrm{d}t} \end{cases}$　　　　B. $\begin{cases} u_1=L_1\dfrac{\mathrm{d}i_1}{\mathrm{d}t}+M\dfrac{\mathrm{d}i_2}{\mathrm{d}t} \\[2mm] u_2=R_2i_2+L_2\dfrac{\mathrm{d}i_2}{\mathrm{d}t}+M\dfrac{\mathrm{d}i_1}{\mathrm{d}t} \end{cases}$

C. $\begin{cases} u_1=-L_1\dfrac{\mathrm{d}i_1}{\mathrm{d}t}+M\dfrac{\mathrm{d}i_2}{\mathrm{d}t} \\[2mm] u_2=R_2i_2+L_2\dfrac{\mathrm{d}i_2}{\mathrm{d}t}-M\dfrac{\mathrm{d}i_1}{\mathrm{d}t} \end{cases}$　　　　D. $\begin{cases} u_1=L_1\dfrac{\mathrm{d}i_1}{\mathrm{d}t}-M\dfrac{\mathrm{d}i_2}{\mathrm{d}t} \\[2mm] u_2=R_2i_2+L_2\dfrac{\mathrm{d}i_2}{\mathrm{d}t}-M\dfrac{\mathrm{d}i_1}{\mathrm{d}t} \end{cases}$

16 图题16所示正弦稳态电路中,$\dot{I}_1$ 和 $\dot{I}_2$ 为(   )。

A. $-2\angle0°A,4\angle0°A$

                                   B. $4\angle0°A,-2\angle0°A$

C. $2\angle0°A,0A$ D. $0A,2\angle0°A$

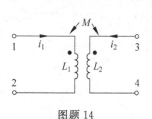

图题14

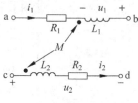

图题15

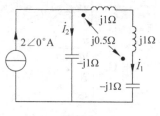

图题16

17 图题17所示理想变压器电路中,若 $\dot{U}_1=220\angle0°V,\dot{U}_2=55\angle0°V$,则 $\dot{I}_1$ 为(   )。

A. 2.75A   B. 44A   C. $-2.75A$ D. $-44A$

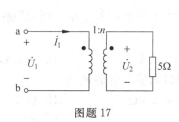

图题17

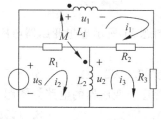

图题18

18 试列写如图题18所示电路的网孔电流方程,写法错误的是(   )。

A. $\begin{cases} (R_1+R_2)\dot{I}_1-R_1\dot{I}_2-R_2\dot{I}_3=-\dot{U}_1 \\ R_1\dot{I}_2-R_1\dot{I}_1=\dot{U}_S-\dot{U}_2 \\ (R_2+R_3)\dot{I}_3-R_2\dot{I}_1=\dot{U}_2 \\ \dot{U}_1=j\omega L_1\dot{I}_1+j\omega M(\dot{I}_2-\dot{I}_3) \\ \dot{U}_2=j\omega L_2(\dot{I}_2-\dot{I}_3)+j\omega M\dot{I}_1 \end{cases}$

B. $\begin{cases} (R_1+R_2+j\omega L_1)\dot{I}_1-R_1\dot{I}_2-R_2\dot{I}_3+j\omega M(\dot{I}_2-\dot{I}_3)=0 \\ (R_1+j\omega L_2)\dot{I}_2-R_1\dot{I}_1-j\omega L_2\dot{I}_3+j\omega M\dot{I}_1=\dot{U}_S \\ (R_2+R_3+j\omega L_2)\dot{I}_3-R_2\dot{I}_1-j\omega L_2\dot{I}_2+j\omega M\dot{I}_1=0 \end{cases}$

C. $\begin{cases} (R_1+R_2)i_1+L_1\dfrac{\mathrm{d}i_1}{\mathrm{d}t}-R_1i_2-R_2i_3+M\left(\dfrac{\mathrm{d}i_2}{\mathrm{d}t}-\dfrac{\mathrm{d}i_3}{\mathrm{d}t}\right)=0 \\[2mm] R_1i_2+L_2\dfrac{\mathrm{d}i_2}{\mathrm{d}t}-R_1i_1-L_2\dfrac{\mathrm{d}i_3}{\mathrm{d}t}+M\dfrac{\mathrm{d}i_1}{\mathrm{d}t}=u_S \\[2mm] (R_2+R_3)i_3+L_2\dfrac{\mathrm{d}i_3}{\mathrm{d}t}-R_2i_1-L_2\dfrac{\mathrm{d}i_2}{\mathrm{d}t}-M\dfrac{\mathrm{d}i_1}{\mathrm{d}t}=0 \end{cases}$

$$D.\begin{cases}(R_1+R_2)i_1-R_1i_2-R_2i_3=-u_1\\R_1i_2-R_1i_1=u_S-u_2\\(R_2+R_3)i_3-R_2i_1=u_2\\u_1=L_1\dfrac{\mathrm{d}i_1}{\mathrm{d}t}+M\left(\dfrac{\mathrm{d}i_2}{\mathrm{d}t}-\dfrac{\mathrm{d}i_3}{\mathrm{d}t}\right),u_2=L_2\left(\dfrac{\mathrm{d}i_2}{\mathrm{d}t}-\dfrac{\mathrm{d}i_3}{\mathrm{d}t}\right)+M\dfrac{\mathrm{d}i_1}{\mathrm{d}t}\end{cases}$$

19 如图题 19 电路中,问 n 为( )时可使 R_L 获最大功率 $P_{\max}$。

A. $n=5$ B. $n=125$

C. $n=75$ D. $n=\sqrt{15}$

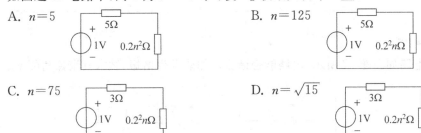

20 如图题 20 所示电路中,当并联的 LC 发生谐振时,串联的 LC 同时也发生谐振,L_1 为( )。

A. 250H   B. 250mH   C. 4H   D. 4mH

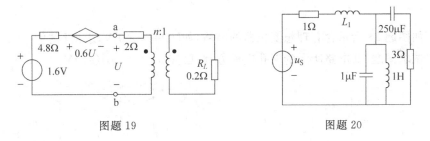

图题 19   图题 20

21 如图题 21 中,当 $i_S=\sqrt{2}\cos(50t)$ A,$u_2=\cos(50t+90°)$ V,求互感 M。

22 试求图题 22 中电流 i_1、电压 u_{ab} 与 u_S 的关系式。

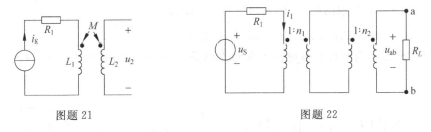

图题 21   图题 22

23 如果使用 10Ω 电阻能获得最大功率,试确定图题 23 所示电路中理想变压器的变比。

24 求图题 24 所示电路中 ab 端等效阻抗 Z_{ab}。

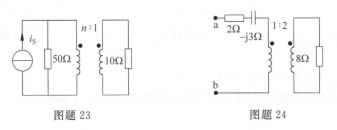

图题 23   图题 24

25 如图题 25 所示电路,证明两个耦合电感反接串联时有 $L_1+L_2-2M\geqslant0$。

26 图题 26 电路输出端口开路,已知电压源的角频率为 ω,求端口开路电压 $\dot{U}_{OC}$。

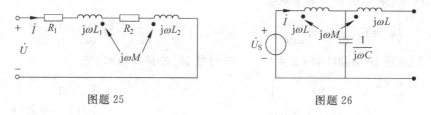

图题 25   图题 26

27 电路如图题 27 所示,电路能否谐振。如能发生谐振,试求其谐振角频率。

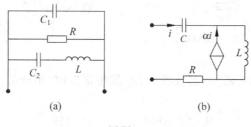

(a)   (b)

图题 27

28 如图题 28 所示含有理想变压器的电路,如 $\dot{U}_S=20\angle0°\text{V}$,求出 $\dot{I}$ 的值。

29 试求图题 29 电路所示的网孔电流方程,已知 $u_S=U_M\cos(\omega t)\text{V}$。

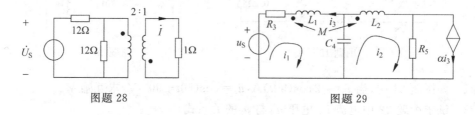

图题 28   图题 29

30 已知 $k=0.5$,求图题 30 输入端口的等效阻抗。

31 如图题 31 电路,已知 $i_S=\sqrt{2}\cos t\text{A}$,试求 $u_2(t)$。

32 图题 32 为含有耦合电感的正弦稳态电路,已知电源角频率为 ω,试写出网孔电流方程。

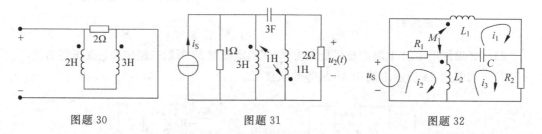

图题 30   图题 31   图题 32

33 求图题 33 中理想变压器的 $\dot{U}_1$、$\dot{U}_2$ 和 $\dot{I}_1$、$\dot{I}_2$。

34 图题 34 所示为理想变压器的正弦交流电路,求 ab 端等效阻抗。

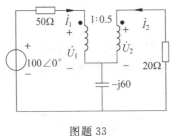

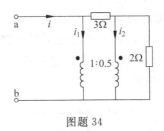

图题 33   图题 34

35 图题 35 所示电路中,当 R 的值增大时,ω_0(变大/不变/变小),Q 值(变大/不变/变小)?

36 图题 36 所示电路中,$\dot{U}=85\angle 0°\text{V}$,求开关 S 打开和闭合时的电流 $\dot{I}$ 和 $\dot{I_1}$。

37 如图题 37,已知负载 Z_L 可变,求负载 Z_L 为何值时获得最大功率?为多少?

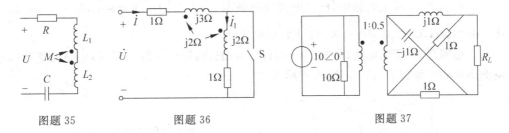

图题 35   图题 36   图题 37

38 已知图题 38 所示电路输入电阻 $R_{ab}=0.25\Omega$,求理想变压器的变比。

39 如图题 39 所示电路中,$u_S=10\sqrt{2}\cos t\text{V}$,求电流 i_1 和 i_2。

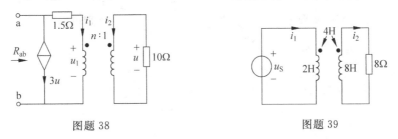

图题 38   图题 39

40 图题 40 所示电路中,$u_S(t)=10\cos t\text{V}$,若 $R_1=2\Omega$,试求 $\dot{I_1}$ 及次级负载获得的功率 P_L;若要使 $R_2=1\Omega$ 电阻上获得最大功率,试求 R_1 应取何值。

41 图题 41 所示电路中变压器为全耦合变压器,Z_L 为何值时获最大功率?最大功率为多少?

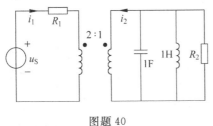

图题 40   图题 41

42 试求图题 42 所示网络的输入阻抗,已知 $L_1=2\mathrm{H},L_2=1\mathrm{H},M=1\mathrm{H},R=100\Omega,C=100\mu\mathrm{F}$,电源角频率为 $100\mathrm{rad/s}$。

43 图题 43 所示空心变压器电路中,$R_1=10\Omega,R_2=5\Omega,\omega L_1=10\Omega,\omega L_2=5\Omega,\omega M=5\Omega,U_1=100\mathrm{V}$。试求:①副边开路时,原边线圈的电流,副边线圈的电压;②副边短路时,副边线圈的电流。

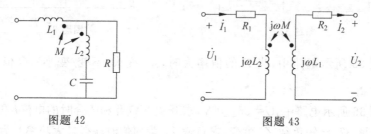

图题 42   图题 43

44 在图题 44 所示电路中,已知电源的角频率 $\omega=10^4\mathrm{rad/s},R=80\Omega,L_1=9\mathrm{mH},L_2=6\mathrm{mH},M=4\mathrm{mH},C=5\mu\mathrm{F},\dot U=100\angle0°\mathrm{V}$。求电压 $\dot U_{ab}$。

45 如图题 45 所示电路,已知 $L_1=6\mathrm{H},L_2=4\mathrm{H}$,两耦合线圈串联时,电路的谐振频率是反向串联时谐振频率的 0.5 倍,求互感 M。

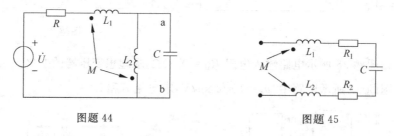

图题 44   图题 45

第8章 三相电路

内容提要

本章主要内容有：三相电路的组成和三相电路的基本概念，对称三相电路的分析，对称三相电路及归结为一相的计算方法，电压和电流的相值和线值之间的关系，三相电路的功率和测量。简要介绍了不对称三相电路的计算。重点在对称三相电路的分析和三相电路的功率计算。

要求：了解三相制供电的基本概念，三相电路的连接方式，对称三相电路的特点，不对称三相电路的情况；熟悉相序、相电压、相电流、线电压、线电流的概念；

掌握对称三相电路的分析与计算，掌握三相电路功率的计算与测量。

目前，世界各国的电力系统中电能的生产、传输和供电方式绝大多数都采用三相制。由三个幅值相等、频率相同、彼此之间相位互差 120° 的正弦电压所组成的供电和用电系统。

三相制供电比单相制供电优越。在发电方面，三相交流发电机比相同尺寸的单相交流发电机容量大；在输电方面，如果以同样电压将同样大小的功率输送到同样距离，三相输电线比单相输电线节省材料；在用电设备方面，三相交流电动机比单相电动机结构简单、体积小、运行特性好等。因而三相制是目前世界各国的主要供电方式。

8.1 三相电源与三相负载

1. 三相电源

三相电路通常由三相电源、三相线路和三相负载构成。三相电源通常由三相同步发电机产生。三相绕组在空间互差 120°，当转子以均匀角速度 ω 转动时，在三相绕组中产生感应电压，从而形成对称三相电源。

三相电路有星形和三角形两种连接方式，可分为三相三线制和三相四线制。在低压系统，三相三线制提供三相 380V 动力用电；三相四线制在提供三相 380V 电源同时，也提供单相 220V 电源。

对称三相电源是由三个等幅值、同频率、初相依次相差 120° 的正弦电压源连接成星形（Ｙ）或三角形（△）组成的电源，如图 8-1(a)、(b)所示。这 3 个电源依次称为 A 相、B 相和 C 相，它们的电压为

$$\begin{cases} u_A = \sqrt{2}U\cos(\omega t) \\ u_B = \sqrt{2}U\cos(\omega t - 120°) \\ u_C = \sqrt{2}U\cos(\omega t + 120°) \end{cases} \tag{8-1}$$

式(8-1)中，以 A 相电压 u_A 作为参考正弦量。它们对应相量形式为

$$\dot{U}_A = U\angle 0°$$

$$\dot{U}_B = U\angle -120° = \dot{U}_A\angle -120°$$

$$\dot{U}_C = U\angle 120° = \dot{U}_A\angle 120°$$

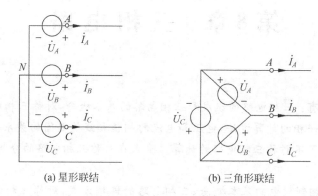

(a) 星形联结　　　　　　　(b) 三角形联结

图 8-1　对称三相电源

上述三相电压的相序(次序)A、B、C 称为正序或顺序。与此相反,如 B 相超前 A 相 $120°$,C 相超前 B 相 $120°$,这种相序称为反序或逆序。以后如果不加说明,一般都认为是正相序。对称三相电压到达正(负)最大值的先后次序为

$A→B→C→A$　顺序；$A→C→B→A$　逆序

相序的实际意义:对三相电动机,如果任意两相换接,相序会变反,结果电动机就会反转。

对称三相电压各相的波形和相量图参见图 8-2(a)、(b)。对称三相电压满足

$$u_A + u_B + u_C = 0 \tag{8-2}$$

或

$$\dot{U}_A + \dot{U}_B + \dot{U}_C = 0$$

对称三相电压是由三相电源提供的。

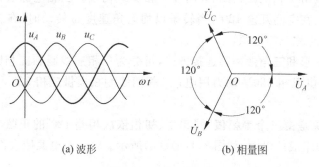

(a) 波形　　　　　　　　　(b) 相量图

图 8-2　对称三相电压波形及相量图

图 8-1(a)所示为三相电压源的星形联结方式,简称星形或丫形电源。三个电源绕组是末端接在一起,首端引出端线的形式。图 8-1(b)所示为三相电压源的三角形联结方式,简称三角形或△电源。电源绕组始末端依次相接,连接成封闭的三角形的联结方式。把三相电压源依次连接成一个回路,再从端子 A、B、C 引出端线。

三角形联结电源必须绕组始端末端依次相连,由于 $\dot{U}_A + \dot{U}_B + \dot{U}_C = 0$,电源中不会产生环流。任意一相接反,都会造成电源中大的环流而损坏电源。因此,当将一组三相电源连成三角形时,应先不完全闭合,留下一个开口,在开口处接上一个交流电压表,测量回路中总的

电压是否为零。如果电压为零,说明连接正确,然后再把开口处接在一起。

2. 三相负载

三相电路的负载也有星形联结和三角形联结两种方式,三个阻抗连接成星形就构成星形负载,如图 8-3 所示;连接成三角形就构成△负载,如图 8-4 所示。至于采用哪种方法,要根据负载的额定电压和电源电压确定。

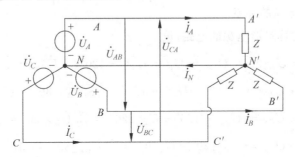

图 8-3　星形联结负载

当三个阻抗相等时,就称为对称三相负载。这时

$$Z_A = Z_B = Z_C$$

三相电路就是由对称三相电源和三相负载联结起来所组成的系统。根据实际需要可以组成图 8-3 所示的丫-丫联结,或图 8-4 所示的丫-△联结,还有△-丫和△-△联结等方式。

当组成三相电路的电源和负载都对称时,称为对称三相电路。

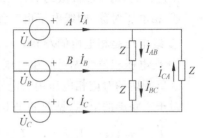

图 8-4　△联结负载

3. 三相电路中的术语

- 端线(火线):始端 A,B,C 三端引出线。
- 中性点:X,Y,Z 接在一起的点称为三相电源的中性点,用 N 表示,星形负载接在一起的点称为负载的中性点,用 N' 表示。三角形连接的电源和负载没有中性点。
- 中线:中性点 N 和 N' 的连接线。
- 三相三线制与三相四线制:具有中性线的三相电路如图 8-3 所示的丫-丫联结为三相四线制,其余联结方式为三相三线制。
- 线电压:端线与端线之间的电压,如 $\dot{U}_{AB},\dot{U}_{BC},\dot{U}_{CA}$。
- 相电压:每相电源或每相负载的电压,如 $\dot{U}_{AN}、\dot{U}_{BN}、\dot{U}_{CN}$。
- 线电流:流过端线的电流,如 $\dot{I}_A、\dot{I}_B、\dot{I}_C$。
- 相电流:流过每相负载的电流,如 $\dot{I}_{AB}、\dot{I}_{BC}、\dot{I}_{CA}$。

星形电源从 3 个电压源正极性端子 A、B、C 向外引出的导线称为端线(或火线),从中(性)点 N 引出的导线称为中线。端线 A、B、C 之间(即端线之间)的电压称为线电压。电源每一相的电压称为相电压。端线中的电流称为线电流,各相电压源中的电流称为相电流。

三角形电源的线电压、相电压、线电流和相电流的概念与星形电源相同。三角形的电源不能引出中线。

8.2 对称三相电路线电压(电流)与相电压(电流)的关系

三相电源和三相负载的线电压和相电压、线电流和相电流之间的关系与联结方式有关。下面分别加以讨论。

1. 线电压与相电压的关系

参见图 8-1 的对称星形电源的电路,设

$$\dot{U}_{AN} = \dot{U}_A = U\angle 0°, \quad \dot{U}_{BN} = \dot{U}_B = U\angle -120°, \quad \dot{U}_{CN} = \dot{U}_C = U\angle 120°$$

$$\dot{U}_{AB} = \dot{U}_{AN} - \dot{U}_{BN} = U\angle 0° - U\angle -120° = \sqrt{3}\,\dot{U}_A\angle 30° = \sqrt{3}U\angle 30°$$

$$\dot{U}_{BC} = \dot{U}_{BN} - \dot{U}_{CN} = U\angle -120° - U\angle 120° = \sqrt{3}\,\dot{U}_B\angle 30° = \sqrt{3}U\angle -90°$$

$$\dot{U}_{CA} = \dot{U}_{CN} - \dot{U}_{AN} = U\angle 120° - U\angle 0° = \sqrt{3}\,\dot{U}_C\angle 30° = \sqrt{3}U\angle 150°$$

利用图 8-5 所示的相量图也可以得到以上相电压和线电压之间的关系。

由此得到,对丫形接法的对称三相电源,相电压和线电压之间的关系为

① 相电压对称,则线电压也对称;

② 线电压是相电压的 $\sqrt{3}$ 倍;

③ 线电压相位领先对应相电压 30°。

这里所谓的对应相电压用线电压的第一个下标字母标出。

对于△联结的电源,见图 8-1(b),显然有

$$\dot{U}_{AB} = \dot{U}_A = U\angle 0°, \quad \dot{U}_{BC} = \dot{U}_B = U\angle -120°, \quad \dot{U}_{CA} = \dot{U}_C = U\angle 120°$$

即:△联结时线电压等于对应的相电压,如图 8-6 所示。

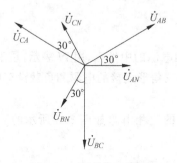

图 8-5 丫形联结相量图

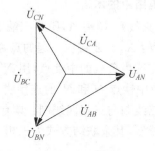

图 8-6 △联结相量图

注意:以上关于线电压和相电压的关系也适用于对称星形负载和三角形负载。

2. 相电流和线电流的关系

星形接法有两种电流:

相电流 I_p(负载上的电流):$\dot{I}_{AN}$、$\dot{I}_{BN}$、$\dot{I}_{CN}$;

线电流 I_l(火线上的电流):$\dot{I}_A$、$\dot{I}_B$、$\dot{I}_C$。

由图 8-3 可知,丫形联结时,线电流等于相电流。

而△联结时,见图 8-4,有

$$\dot{I}_A = \dot{I}_{AB} - \dot{I}_{CA} = I\angle 0° - I\angle 120° = \sqrt{3}\,\dot{I}_{AB}\angle -30° = \sqrt{3}\,I\angle -30°$$

$$\dot{I}_B = \dot{I}_{BC} - \dot{I}_{AB} = I\angle -120° - I\angle 0° = \sqrt{3}\,\dot{I}_{BC}\angle -30° = \sqrt{3}\,I\angle -150°$$

$$\dot{I}_C = \dot{I}_{CA} - \dot{I}_{BC} = I\angle 120° - I\angle -120° = \sqrt{3}\,\dot{I}_{CA}\angle -30° = \sqrt{3}\,I\angle 90°$$

由此得到,对△接法的对称三相电路,相电流和线电流之间的关系为:

① 相电流对称,则线电流也对称;

② 线电流是相电流的$\sqrt{3}$倍;

③ 线电流相位滞后对应相电流$30°$。

小结:

当三相对称负载作星形联结时,线电流I_l等于相电流I_p,线电压U_l是相电压U_p的$\sqrt{3}$倍,线电压U_l领先对应相电压U_p为$30°$。

当对称三相负载作三角形联结时,线电压U_l等于相电压$U_p(U_l = U_p)$,线电流是相电流的$\sqrt{3}$倍$(I_l = \sqrt{3}\,I_p)$,线电流I_l滞后于对应相电流I_p为$30°$。

8.3 对称三相电路分析

三相电路实际上是正弦电流电路的一种特殊类型。因此,对正弦电流电路的分析方法对三相电路完全适合。对称三相电路由于电源对称、负载对称、线路对称,利用对称三相电路的这些特点,可以简化三相电路的分析计算。

现在,先分析对称三相四线制电路,如图 8-7 所示,其中 Z_1 为端线阻抗,Z_N 为中线阻抗。N 和 N' 为中点。对于这种电路,一般可用结点法先求出中点 N 和 N' 之间的电压。以 N 为参考结点,可得

$$\left(\frac{1}{Z_N} + \frac{3}{Z + Z_1}\right)\dot{U}_{N'N} = \frac{1}{Z + Z_1}(\dot{U}_A + \dot{U}_B + \dot{U}_C)$$

由于$\dot{U}_A + \dot{U}_B + \dot{U}_C = 0$,所以$\dot{U}_{N'N} = 0$。即,电源中性点和负载中性点等电位。

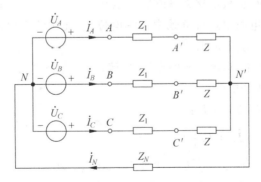

图 8-7 对称三相四线制Y-Y电路

各相电源和负载中的电流,分别是

$$\dot{I}_A = \frac{\dot{U}_A}{Z + Z_1}, \quad \dot{I}_B = \frac{\dot{U}_B}{Z + Z_1}, \quad \dot{I}_C = \frac{\dot{U}_C}{Z + Z_1}$$

中线的电流为

$$\dot{I}_N = \dot{I}_A + \dot{I}_B + \dot{I}_C = 0$$

所以,在对称丫-丫三相电路中,中线如同开路,所以可以省去中线。

可以看出,由于$\dot{U}_{N'N}=0$,即N,N'两点等电位,中线中电流为零,因此可将中点短路,这样各相电流独立,彼此无关;又由于三相电源、三相负载对称,所以相电流构成对称组,便可将三相电路的计算简化为单相电路的计算。因此,只要分析计算三相中的任一相(通常为A相),而其他两相的电压、电流就能按对称顺序写出,这就是对称三相电路归结为一相的计算方法。图8-8为一相计算电路(A相)。

注意,在一相计算电路中,连接N、N'的是短路线,与中线阻抗Z_N无关。

对于其他联结方式的对称三相电路,可以根据星形和三角形的等效互换,化成对称的丫-丫三相电路,然后用归结为一相的计算方法。如图8-9所示,负载为三角形联结的对称三相电路,可以根据星形和三角形的等效互换,化为丫-丫三相电路,然后归结为一相的计算方法。

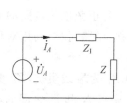

图 8-8 一相计算电路

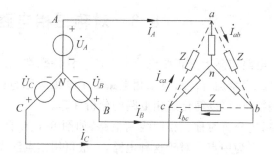

图 8-9 △联结负载转换为丫形负载

对称三相电路分析小结:

① 对称情况下,各相电压、电流都是对称的,可归结为一相(如A相)计算;

② 将所有三相电源、负载都化为等值丫-丫电路;

③ 对称三相电路,电源中点与负载中点等电位,有无中线对电路没有影响;连接各负载和电源中点,中线上若有阻抗可不计;

④ 画出单相计算电路,求出一相的电压、电流,一相电路中的电压为丫形联结时的相电压,一相电路中的电流为线电流;

⑤ 相电流=线电流,即$I_l=I_p$;

⑥ 中线电流$\dot{I}_N=\dot{I}_A+\dot{I}_B+\dot{I}_C=0$;

⑦ 相电压与线电压,即$U_l=\sqrt{3}U_P$,或者$\dot{U}_l=\sqrt{3}\dot{U}_p\angle30°$;

⑧ 根据△形联结、丫形联结时,线量、相量之间的关系,求出原电路的电流和电压;

⑨ 由对称性,得出其他两相的电压、电流。

【例 8-1】 对称三相电路见图8-7,已知:$u_{AB}=380\sqrt{2}\cos(\omega t+30°)\text{V}$,$Z_1=(1+j2)\Omega$,$Z=(5+j6)\Omega$。试求负载中各电流相量。

解 设有一组对称三相电压源与该组对称线电压对应。则有

$$\dot{U}_A = \frac{\dot{U}_{AB}}{\sqrt{3}} \angle -30° = 220 \angle 0° \text{V}$$

据此可画出一相（A 相）计算电路，如图 8-3 所示。可以求得

$$\dot{I}_A = \frac{\dot{U}_A}{Z + Z_1} = \left(\frac{220\angle 0°}{6 + \text{j}8}\right) \text{A} = 22 \angle -53.1° \text{A}$$

根据对称性可以写出

$$\dot{I}_B = \dot{I}_A \angle -120° = 22 \angle -173.1° \text{A}$$

$$\dot{I}_C = \dot{I}_A \angle 120° = 22 \angle 66.9° \text{A}$$

【例 8-2】　一星形联结的三相对称负载电路，每相的电阻 $R = 6\Omega$，感抗 $X_L = 8\Omega$。电源电压对称，设 $u_{AB} = 380\sqrt{2}\sin(\omega t + 30°)\text{V}$。试求电流。

解　因负载对称，故只计算一相电路。

由题意，相电压有效值 $U_A = 220\text{V}$，其相位比线电压滞后 $30°$，即

$$u_A = 220\sqrt{2}\sin\omega t \text{ V}$$

A 相电流

$$I_A = \frac{U_A}{|Z_A|} = \frac{220}{\sqrt{6^2 + 8^2}} \text{A} = 22\text{A}$$

电流 I_A 比电压 U_A 滞后 φ 角，即

$$\varphi = \arctan\frac{X_L}{R} = \arctan\frac{8}{6} = 53°$$

所以，得

$$i_A = 22\sqrt{2}\sin(\omega t - 53°)\text{A}$$

因为电流对称，其他两相电流为

$$i_B = 22\sqrt{2}\sin(\omega t - 173°)\text{A}, \quad i_C = 22\sqrt{2}\sin(\omega t + 67°)\text{A}$$

【例 8-3】　一对称三相负载分别接成星形和三角形如图 8-10 所示。分别求线电流。

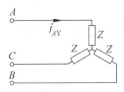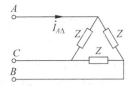

图 8-10　例 8-3 图

解　设负载相电压为 $\dot{U}_{AN}$，则负载为星形联结时，线电流为：$\dot{I}_{AY} = \dfrac{\dot{U}_{AN}}{Z}$

负载为三角形联结时，线电流为 $\dot{I}_{AY} = \dfrac{\dot{U}_{AN}}{\dfrac{Z}{3}} = 3\dfrac{\dot{U}_{AN}}{Z}$

即

$$I_\Delta = 3I_Y$$

注意：上述结果在工程实际中用于电动机的降压启动,其原理是电动机启动时将其定子绕组连成星形,等到转速接近额定值时再换接成三角形,这样,启动时定子每相绕组上的电压为正常工作电压的$\frac{1}{\sqrt{3}}$,降压启动时的电流为直接启动时的$\frac{1}{3}$,所以启动转矩也减小到直接启动时的$\frac{1}{3}$。

【**例 8-4**】 图 8-11(a)为对称三相电路,电源线电压为 380V,负载阻抗$|Z_1|=10\Omega$,$\cos\varphi_1=0.6$(感性),$Z_2=-\mathrm{j}50\Omega$,中线阻抗$Z_N=1+\mathrm{j}2\Omega$。求:线电流、相电流,并定性画出相量图(以 A 相为例)。

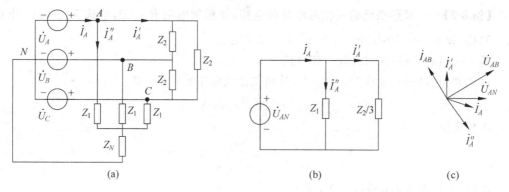

图 8-11 例 8-4 图

解 画出一相计算图如图 8-11(b)所示。设

$$\dot{U}_{AN}=220\angle0°\mathrm{V} \qquad \dot{U}_{AB}=380\angle30°\mathrm{V}$$

因为$\cos\varphi_1=0.6$(感性),则$\sin\varphi_1=0.8$,$\varphi_1=53.13°$,所以$Z_1=|Z_1|(\cos\varphi_1+\mathrm{j}\sin\varphi_1)=(6+\mathrm{j}8)\Omega=10\angle53.13°\Omega$

$$\dot{I}'_A=\frac{\dot{U}_{AN}}{Z_2/3}=\frac{220\angle0°}{-\mathrm{j}50/3}\mathrm{A}=\mathrm{j}13.2\mathrm{A}$$

$$\dot{I}''_A=\frac{\dot{U}_{AN}}{Z_1}=\frac{220\angle0°}{10\angle53.13°}\mathrm{A}=22\angle-53.13°\mathrm{A}=13.2-\mathrm{j}17.6\mathrm{A}$$

$$\dot{I}_A=\dot{I}'_A+\dot{I}''_A=13.9\angle-18.4°\mathrm{A}$$

根据对称性,得 B、C 相的线电流、相电流为

$$\dot{I}_B=13.9\angle-138.4°\mathrm{A}, \qquad \dot{I}_C=13.9\angle101.6°\mathrm{A}$$

第一组负载的相电流为

$$\dot{I}''_A=22\angle-53.13°\mathrm{A}, \qquad \dot{I}''_B=22\angle-173.13°\mathrm{A}, \qquad \dot{I}''_C=22\angle66.87°\mathrm{A}$$

由此可以画出相量图如图 8-11(c)所示。

第二组负载的相电流为

$$\dot{I}_{AB2}=\frac{1}{\sqrt{3}}\dot{I}'_A\angle30°=7.62\angle120°\mathrm{A}$$

$$\dot{I}_{BC2}=7.62\angle0°\mathrm{A}$$

$$\dot{I}_{CA2} = 7.62\angle -120°A$$

8.4 不对称三相电路的概念

在三相电路中,只要有一部分不对称就称为不对称三相电路,如出现电源不对称,或电路参数(负载)不对称就称为不对称三相电路。不对称三相电路的分析不能引用上一节中对称三相电路的分析方法,只能用正弦稳态电路的分析方法。通常不对称三相电路主要是由负载不平衡而引起的,本节主要讨论由于负载不对称而引起的一些特点。

如图 8-12 所示,Y-Y联结的电路中三相电源是对称的,三相负载 Z_a、Z_b、Z_c 不相同。应用结点法求得中点 N 和 N' 之间的电压为:

$$\dot{U}_{N'N} = \frac{\dot{U}_{AN}/Z_a + \dot{U}_{BN}/Z_b + \dot{U}_{CN}/Z_c}{1/Z_a + 1/Z_b + 1/Z_c} \neq 0$$

负载各相电压为

$$\dot{U}_{AN'} = \dot{U}_{AN} - \dot{U}_{N'N}, \quad \dot{U}_{BN'} = \dot{U}_{BN} - \dot{U}_{N'N}, \quad \dot{U}_{CN'} = \dot{U}_{CN} - \dot{U}_{N'N}$$

相量图如图 8-13 所示。从图中可以看出,负载不对称造成负载中点与电源中点不重合的现象,这一现象称为中性点位移。在电源对称情况下,可以根据中点位移的情况来判断负载端不对称的程度。当中点位移较大时,会造成负载相电压严重不对称,使负载的工作状态不正常。

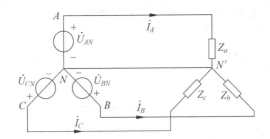

图 8-12 Y-Y联结的不对称三相电路

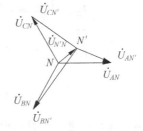

图 8-13 三相不对称相量图

由此得到

① 负载不对称,电源中性点和负载中性点不等电位,中线中有电流,各相电压、电流不再存在对称关系。

② 负载不对称情况下中线的存在是非常重要的,中线的作用可强迫中点间的电压为零(如果 $Z_N=0$),使不对称的星形联结负载得到对称的相电压。因此要消除或减少中点的位移,保证这种对称性,应尽量减小中线阻抗,更不能让中线断开。所以不允许在中线上接入熔断器或闸刀开关。

③ 若负载不对称而又没有中线时,负载的相电压就不对称。当负载的相电压不对称时,会使有的相电压高于负载额定电压,有的相电压低于负载额定电压,这是不允许的。正常运行时,三相负载的相电压必须对称。

不对称三相负载作Y联结时,必须采用三相四线制接法。而且中线必须牢固连接,以保证三相不对称负载的每相电压维持对称不变。倘若中线断开,会导致三相负载电压的不对称,致使负载轻的那一相的相电压过高,负载遭受损坏;负载重的那一相的相电压又过低,负载不能正常工作。尤其是对于三相照明负载,无条件地一律采用三相四线制接法。

【例 8-5】 图 8-14 所示为照明电路,电源电压和负载均对称,试分析在三相四线制和三相三线制下的工作情况。

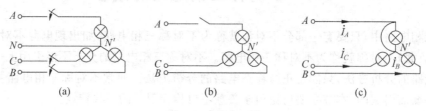

图 8-14 例 8-5 图

解 ① 三相四线制时如图(a)所示,设中线阻抗约为零。则每相负载的工作彼此独立。

② 若三相三线制如图(b)所示。则每相负载的工作彼此相关,设 A 相断路出现三相不对称。此时有 $U_{CN} = U_{BN} = \dfrac{U_{BC}}{2}$,若线电压为 380V,则 B、C 相灯泡电压为 190V,未达额定工作电压,灯光昏暗。

③ 若 A 相短路如图(c)所示。则 $U_{CN} = U_{BN} = U_{AB} = U_{AC}$。

即负载上的电压为线电压超过灯泡的额定电压,灯泡将烧坏。

此时 A 相的短路电流计算如下(设灯泡电阻为 R)

$$\dot{I}_B = \frac{\dot{U}_{BA}}{R} = -\frac{\sqrt{3}\,\dot{U}_A \angle 30°}{R}$$

$$\dot{I}_C = \frac{\dot{U}_{CA}}{R} = \frac{\sqrt{3}\,\dot{U}_A \angle 150°}{R}$$

$$\dot{I}_A = -(\dot{I}_B + \dot{I}_C) = \frac{\sqrt{3}\,\dot{U}_A}{R}(\angle 30° - \angle 150°) = \frac{3\dot{U}_A}{R}$$

即短路电流是正常工作时电流的 3 倍。

【例 8-6】 图 8-15(a)所示为相序仪电路,说明测相序的方法。

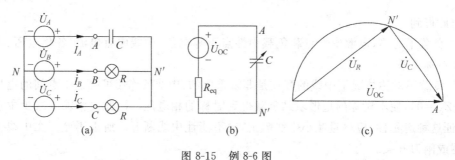

图 8-15 例 8-6 图

解 首先求电容以外电路的戴维宁等效电路

$$R_{eq} = \frac{R}{2}$$

$$\dot{U}_{OC} = \dot{U}_A - \dot{U}_B + \frac{\dot{U}_B - \dot{U}_C}{2} = \dot{U}_A - \frac{\dot{U}_B + \dot{U}_C}{2} = \frac{3}{2}\dot{U}_A$$

等效电路如图 8-15(b)所示,相量图如图 8-15(c)所示。显然当电容 C 变化时,负载中点 N' 在一个半圆上移动。由相量图 8-15(c)可以看出当电容变化,N' 在半圆上运动,因此总满足:

$$\dot{U}_{BN'} \geqslant \dot{U}_{CN'}$$

若接电容一相为 A 相,则 B 相电压比 C 相电压高。B 相灯较亮,C 相较暗(正序)。据此可测定三相电源的相序。

【例 8-7】 图 8-16 所示电路中,电源三相对称。当开关 S 闭合时,电流表的读数均为 5A。求:开关 S 打开后各电流表的读数。

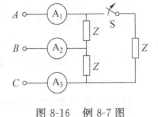

解 开关 S 打开后,电流表 A_2 中的电流与负载对称时的电流相同。而 A_1、A_3 中的电流等于负载对称时的相电流。因此电流表 A_2 的读数=5A,电流表 A_1、A_3 的读数为

图 8-16 例 8-7 图

$$I_1 = I_3 = 5/\sqrt{3} = 2.89\text{A}$$

8.5 三相电路的功率

1. 对称三相电路功率的计算

在三相电路中,三相负载吸收的复功率等于各相复功率之和,即

$$\overline{S} = \overline{S}_A + \overline{S}_B + \overline{S}_C$$

在对称的三相电路中,显然有 $\overline{S}_A = \overline{S}_B = \overline{S}_C$,因而

$$\overline{S} = 3\overline{S}_A$$

三相电路的瞬时功率为各相负载瞬时功率之和。以图 8-7 对称三相电路为例,有

$$P_A = u_{AN}i_A = \sqrt{2}U_{AN}\cos(\omega t) \cdot \sqrt{2}I_A\cos(\omega t - \varphi)$$
$$= U_{AN}I_A[\cos\varphi + \cos(2\omega t - \varphi)]$$

$$P_B = u_{BN}i_B = \sqrt{2}U_{AN}\cos(\omega t - 120°) \cdot \sqrt{2}I_A\cos(\omega t - \varphi - 120°)$$
$$= U_{AN}I_A[\cos\varphi + \cos(2\omega t - \varphi - 240°)]$$

$$P_C = u_{CN}i_C = \sqrt{2}U_{AN}\cos(\omega t + 120°) \cdot \sqrt{2}I_A\cos(\omega t - \varphi + 120°)$$
$$= U_{AN}I_A[\cos\varphi + \cos(2\omega t - \varphi + 240°)]$$

它们的和为

$$P = P_A + P_B + P_C = 3U_{AN}I_A\cos\varphi$$

表明,对称三相电路的瞬时功率是一个常量,其值等于平均功率。这是对称三相电路的优点之一,习惯上把这一性能称为瞬时功率平衡。反映在三相电动机上,就得到均衡的电磁力矩,避免了机械振动,这是单相电动机所不具有的。

(1)平均功率

设对称三相电路中一相负载吸收的功率等于 $P_p = U_p I_p\cos\varphi$,其中 U_p、I_p 为负载上的相电压和相电流。则三相总功率为

$$P = 3P_p = 3U_p I_p\cos\varphi \tag{8-3}$$

当负载为星形连接时,负载端的线电压 $U_l = \sqrt{3}U_p$,线电流 $I_l = I_p$,代入式(8-3)中,有

$$P = 3 \cdot \frac{1}{\sqrt{3}} U_l I_l \cos\varphi = \sqrt{3} U_l I_l \cos\varphi$$

当负载为三角形连接时,负载端的线电压 $U_l = U_p$,线电流 $I_l = \sqrt{3} I_p$,代入式(8-3)中,有

$$P = 3U_l \cdot \frac{1}{\sqrt{3}} I_l \cos\varphi = \sqrt{3} U_l I_l \cos\varphi$$

注意:

① 上式中的 φ 为相电压与相电流的相位差角(阻抗角);

② $\cos\varphi$ 为每相的功率因数,在对称三相制中三相功率因数

$$\cos\varphi_A = \cos\varphi_B = \cos\varphi_C = \cos\varphi$$

③ 公式计算的是电源发出的功率(或负载吸收的功率)。

(2) 无功功率

对称三相电路中负载吸收的无功功率等于各相无功功率之和

$$Q = 3U_p I_p \sin\varphi = \sqrt{3} U_l I_l \sin\varphi$$

(3) 视在功率

$$S = \sqrt{P^2 + Q^2} = 3U_p I_p = \sqrt{3} U_l I_l$$

2. 三相功率的测量

(1) 三表法

对三相四线制电路,可以用图 8-17 所示的三个功率表测量平均功率。若负载对称,则只需一个表,读数乘以 3 即可。

(2) 二表法

在三相三线制电路中,不论对称与否,可以使用两个功率表的方法测量三相功率,如图 8-18 所示。测量线路的接法是将两个功率表的电流线圈串到任意两相中(图示为 A、B 两端线),电压线圈的同名端接到其电流线圈所串的线上,电压线圈的非同名端接到另一相没有串功率表的线上(图示为 C 端线)。可以看出,这种测量方法中功率表的接线只触及端线,而与负载和电源的连接方式无关。这种方法习惯上称为二瓦计法。

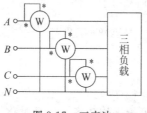

图 8-17 三表法

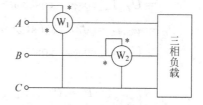

图 8-18 二表法

显然,除了图 8-18 的接线方式外,还可采用图 8-19 的两种接线方式。

设两个功率表的读数分别用 P_1 和 P_2 表示,可以证明三相总功率为

$$P = P_1 + P_2$$

证明 根据功率表的工作原理,有

$$P_1 = \mathrm{Re}[\dot{U}_{AC} \dot{I}_A^*], \quad P_2 = \mathrm{Re}[\dot{U}_{BC} \dot{I}_B^*]$$

所以

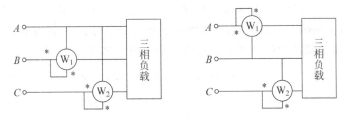

图 8-19 二表法的另外两种接线方式

$$P_1 + P_2 = \mathrm{Re}[\dot{U}_{AC}\,\dot{I}_A^* + \dot{U}_{BC}\,\dot{I}_B^*]$$

因为

$$\dot{U}_{AC} = \dot{U}_A - \dot{U}_C, \quad \dot{U}_{BC} = \dot{U}_B - \dot{U}_C, \quad \dot{I}_A^* + \dot{I}_B^* = -\dot{I}_C^*$$

代入上式有

$$P_1 + P_2 = \mathrm{Re}[\dot{U}_A\,\dot{I}_A^* + \dot{U}_B\,\dot{I}_B^* + \dot{U}_C\,\dot{I}_C^*] = \mathrm{Re}[\overline{S}_A + \overline{S}_B + \overline{S}_C] = \mathrm{Re}[\overline{S}]$$

而 $\mathrm{Re}[\overline{S}]$ 则表示右侧三相负载的总的有功功率。还可以证明,在对称三相制中有

$$P_1 = \mathrm{Re}[\dot{U}_{AC}\,\dot{I}_A^*] = U_{AC}I_A\cos(\varphi - 30°)$$

$$P_2 = \mathrm{Re}[\dot{U}_{BC}\,\dot{I}_B^*] = U_{BC}I_B\cos(\varphi + 30°)$$

式中 φ 为负载阻抗角。应当注意,在一定的条件下,(例如 $\varphi > 60°$)两个功率表之一的读数可能为负,求代数和时该读数应取负值。一般来讲,单独一个功率表的读数是没有意义的。

三相四线制不用二瓦计法测量三相功率,这是因为在一般情况下,$\dot{I}_A + \dot{I}_B + \dot{I}_C \neq 0$。
由于△联结负载可以变为丫联结,故结论仍成立。

注意:
① 只有在三相三线制条件下,才能用二瓦计法,且不论负载对称与否;
② 两块表读数的代数和为三相总功率,每块表单独的读数无意义;
③ 按正确极性接线时,二表中可能有一个表的读数为负,此时功率表指针反转,将其电流线圈极性反接后,指针指向正数,但此时读数应记为负值;
④ 负载对称情况下,有

$$P_1 = U_l I_l \cos(\varphi - 30°), \quad P_2 = U_l I_l \cos(\varphi + 30°)$$

$$P = U_l I_l[\cos(\varphi - 30°) + \cos(\varphi + 30°)] = \sqrt{3}\,U_l I_l \cos\varphi$$

表 8-1 给出了不同 φ 值时两个功率表的取值。

表 8-1 φ 值不同时两个功率表的取值

	P_1	P_2	$P = P_1 + P_2$
$\varphi = 0$	$\dfrac{\sqrt{3}}{2}U_l I_l$	$\dfrac{\sqrt{3}}{2}U_l I_l$	$\sqrt{3}\,U_l I_l$
$\varphi \geqslant 60°$	正数	负数(零)	(感性负载)
$\varphi \leqslant -60°$	负数(零)	正数	(容性负载)
$\varphi = 90°$	$\dfrac{1}{2}U_l I_l$	$-\dfrac{1}{2}U_l I_l$	0

【例 8-8】 若图 8-18 所示电路为对称三相电路，已知对称三相负载吸收的功率为 2.5kW，功率因数 $\lambda = \cos\varphi = 0.866$（感性），线电压为 380V。求图 8-18 中两个功率表的读数。

解 对称三相负载吸收的功率是一相负载所吸收功率的 3 倍，即

$$P = 3U_A I_A \cos\varphi = \sqrt{3}U_{AB}I_A\cos\varphi$$

求得电流 I_A 为

$$I_A = \frac{P}{\sqrt{3}U_{AB}\cos\varphi} = 4.386\text{A}$$

又

$$\varphi = \arccos\lambda = 30°$$

令 $\dot{U}_A = 220\angle 0°\text{V}$，则图 8-18 中功率表相关的电压、电流相量为

$$\dot{I}_A = 4.386\angle -30°\text{A}, \quad \dot{U}_{AC} = 380\angle -30°\text{V}$$

$$\dot{I}_B = 4.386\angle -150°\text{A}, \quad \dot{U}_{BC} = 380\angle -90°\text{V}$$

则功率表的读数如下

$$P_1 = \text{Re}[\dot{U}_{AC}\dot{I}_A^*] = \text{Re}[380 \times 4.386\angle 0°] = 1666.68\text{W}$$

$$P_2 = \text{Re}[\dot{U}_{BC}\dot{I}_B^*] = \text{Re}[380 \times 4.386\angle 60°] = 8333.34\text{W}$$

其实，只要求得两个功率表之一的读数，另一个功率表的读数等于负载的功率减去该表的读数，例如，求得 P_1 后，$P_2 = P - P_1$。

【例 8-9】 图 8-20(a)所示三相电路，已知线电压 $U_l = 380\text{V}$，$Z_1 = 30 + \text{j}40\Omega$，电动机的功率 $P = 1700\text{W}$，$\cos\varphi = 0.8$（感性）。

求：① 线电流和电源发出的总功率；

② 用两表法测电动机负载的功率，画接线图，并求两表读数。

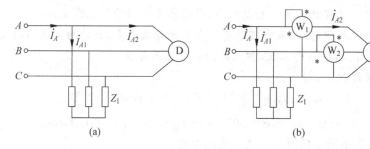

图 8-20 例 8-9 图

解 ① 设电源电压 $\dot{U}_{AN} = 220\angle 0°\text{V}$，则

$$\dot{I}_{A1} = \frac{\dot{U}_{AN}}{Z_1} = \frac{220\angle 0°}{30 + \text{j}40}\text{A} = 4.41\angle 53.13°\text{A}$$

电动机负载

$$P = \sqrt{3}U_l I_{A2}\cos\varphi = 1700\text{W}$$

$$I_{A2} = \frac{P}{\sqrt{3}U_l\cos\varphi} = \frac{1700}{\sqrt{3} \times 380 \times 0.8}\text{A} = 3.23\text{A}$$

根据

$$\cos\varphi = 0.8, \quad \varphi = 36.87°$$

得到

$$\dot{I}_{A2} = 3.23\angle -36.87°\text{A}$$

因此总电流

$$\dot{I}_A = \dot{I}_{A1} + \dot{I}_{A2} = 7.56\angle -46.2°\text{A}$$

电源发出的功率

$$P = \sqrt{3}U_l I_A\cos\varphi_A = (\sqrt{3}\times 380\times 7.56\cos46.2°)\text{kW} = 3.44\text{kW}$$

$$P_{Z_1} = 3I_{A1}^2 R_1 = (3\times 4.41^2\times 30)\text{kW} = 1.74\text{kW}$$

② 两瓦计法测量功率的测量图如图 8-20(b)所示。

表 W1 的读数

$$P_1 = U_{AC}I_{A2}\cos\varphi_1 = [380\times 3.23\cos(-30°+36.9°)]\text{W} = 1218.5\text{W}$$

表 W2 的读数

$$P_2 = U_{BC}I_{B2}\cos\varphi_2 = [380\times 3.23\cos(-90°+156.9°)]\text{W} = 481.6\text{W}$$

显然

$$P_2 = P - P_1$$

本 章 小 结

- 三相电路通常由三相电源、三相线路和三相负载构成,有星形和三角形两种连接方式。
- 对称三相电路的电源中性点和负载中性点等电位,可简化成单相电路进行分析。

  星形接法:线电流等于相电流,线电压是相电压的$\sqrt{3}$倍,线电压超前于对应相电压 30°。

  三角形接法:线电压等于相电压,线电流是相电流的$\sqrt{3}$倍,线电流滞后于对应相电流 30°。

- 不对称三相电路造成电源中性点和负载中性点不等位,中线中有电流。不对称三相负载作丫联结时,必须采用三相四线制接法。
- 对称三相电路的功率 $P = \sqrt{3}U_l I_l\cos\varphi$,$U_l$ 是线电压,I_l 是线电流,$\cos\varphi$ 是一相的功率因素。
- 测量三相功率有三表法和两表法。

课 后 习 题

1 在△-丫联结对称三相电路中,一相等效计算电路中的电压源电压$\dot{U}_A$ 等于( )。

A. $\dot{U}_{AB}$ 　　　　　　　　　　　　B. $\dfrac{1}{\sqrt{3}}\dot{U}_{AB}\angle -30°$

C. $\frac{1}{\sqrt{3}}\dot{U}_{AB}\angle30°$
   D. $\sqrt{3}\dot{U}_{AB}\angle-30°$

2 图题 2 所示对称三相电路的中线电流 $\dot{I}_N$ 为（　　）。

A. $\frac{\dot{U}_A}{Z+Z_N}$
   B. $\frac{\dot{U}_A}{Z}$
   C. $\frac{\dot{U}_A}{Z_N}$
   D. 0

3 图题 3 所示对称三相电路中,线电压为 380V,电压表 V_1 和 V_2 的读数分别为（　　）。

A. 110V　0
   B. 220V　0

C. 220V　220V
   D. 110V　110V

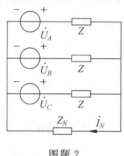
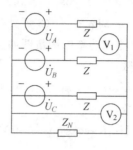

图题 2　　　　　　　　　图题 3

4 电源和负载均为星形联结的对称三相电路中,电源连接不变,负载改为三角形联结,负载电流有效值（　　）。

A. 增大
   B. 减小
   C. 不变
   D. 时大时小

5 将星形联结对称负载改成三角形联结,接至相同的对称三相电压源上,则负载相电流为星形联结相电流的（　　）倍；线电流为星形联结线电流的（　　）倍。

A. $\sqrt{3}$,3
   B. 3,3
   C. $\sqrt{3}$,$\sqrt{2}$
   D. $\sqrt{2}$,$\sqrt{3}$

6 三相对称电路中,星形联结法的线电压和相电压的相位关系是（　　）。

A. 线电压超前相电压 30°
   B. 线电压滞后相电压 30°

C. 线电压超前相电压 45°
   D. 线电压滞后相电压 45°

7 对称三相电路,如果 A 相功率为 P_A,B 相功率为 P_B,C 相功率为 P_C,则（　　）。

A. $P_A>P_B>P_C$
   B. $P_A<P_B<P_C$

C. $P_A\neq P_B\neq P_C$
   D. $P_A=P_B=P_C$

8 一台三相电动机作三角形联结,每相阻抗 $Z=(30+j40)\Omega$,接到线电压为 380V 的三相电源,电动机线电流有效值、三相功率分别为（　　）。

A. 7.6A,5198W
   B. 13.2A,5198W

C. 7.6A,1733W
   D. 13.2A,1733W

9 星形联结的负载每相阻抗 $Z=(16+j12)\Omega$,接至线电压为 380V 的对称三相电压源。线电流有效值、有功功率分别为（　　）。

A. 11A,1936W
   B. 2.2A,232W
   C. 11A,5808W
   D. 2.2A,97W

10 三相负载作星形联结,接入对称三相电源,负载线电压与相电压有效值关系 $U_l=\sqrt{3}U_p$ 成立的条件是三相负载（　　）。

A. 对称
   B. 都是电阻
   C. 都是电感
   D. 都是电容

11　在三相电路中,当三个相的负载都具有(　　　)时,三相负载叫做对称三相负载。

A．相同的功率　　　　　　　　　　B．相同的能量

C．相同的电压　　　　　　　　　　D．相同的参数

12　星形联结的对称三相电压源中,$\dot{U}_B$(相电压)=(　　　)$\dot{U}_{AB}$(线电压)。

A．$\dfrac{1}{\sqrt{3}}\angle-150°$　　　　　　　　　B．$\sqrt{3}\angle-150°$

C．$\dfrac{1}{\sqrt{3}}\angle-30°$　　　　　　　　　D．$\sqrt{3}\angle-30°$

13　星形联结的对称三相电压源中,$\dot{U}_{AC}$(线电压)=(　　　)$\dot{U}_B$(相电压)。

A．$\sqrt{3}\angle30°$　　　B．$\sqrt{3}\angle90°$　　　C．$\sqrt{3}\angle120°$　　　D．$\sqrt{3}\angle-90°$

14　如图题14所示电路,电源对称线电压为380V,负载阻抗 $Z=(50+j50)\Omega$,端线阻抗 $Z_1=(1+j1)\Omega$,中线阻抗 $Z_N=(2+j1)\Omega$。则电压表的读数为(　　　)。

A．0V　　　　　　B．150V　　　　　　C．215V　　　　　　D．372V

15　在图题15所示Y-Y联结对称三相电路中,一相等效计算电路图为(　　　)。

A. 　　　　B.

C. 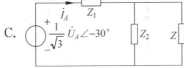　　　　D.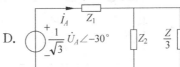

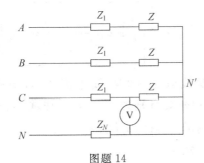

图题14

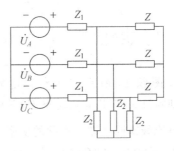

图题15

16　在图题16所示△-Y联结对称三相电路中,一相等效计算电路图为(　　　)。

A. 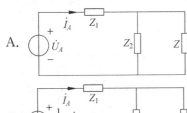　　　　B.

C. 　　　　D.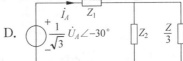

17　在图题17所示Ｙ-△联结对称三相电路中，一相等效计算电路图为（　　）。

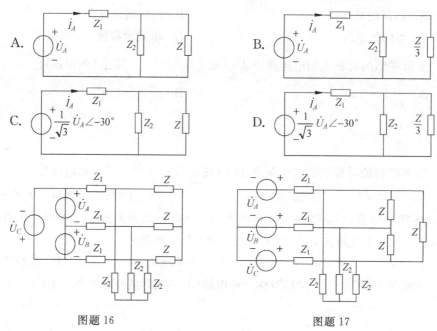

图题16　　　　　　　　　　　图题17

18　在图题18所示△-△联结对称三相电路中，一相等效计算电路图为（　　）。

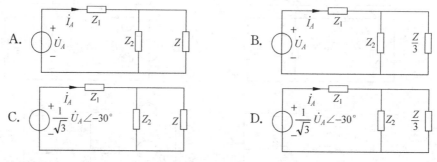

19　如图题19所示三相对称电路，电源线电压380V，线电流10A，功率表读数1900W。则阻抗Z，三相有功功率P，三相无功功率Q分别为（　　）。（注意：功率表的电压线圈与电流线圈同名端。本题的功率表电压为$\dot{U}_{CA}$，电流为$\dot{I}_B$）

A. $Z=66\angle30°\Omega$，$P=5700\text{W}$，$Q=3291\text{Var}$

B. $Z=66\angle150°\Omega$，$P=3291\text{W}$，$Q=5700\text{Var}$

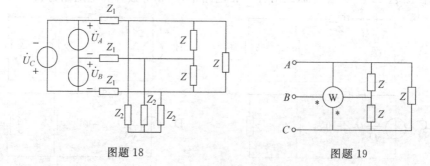

图题18　　　　　　　　　　图题19

C. $Z=66\angle30°\Omega,P=5700W,Q=-3291Var$

D. $Z=66\angle150°\Omega,P=3291W,Q=-5700Var$

20 对称三相电路三相总功率为 $P=\sqrt{3}U_lI_l\cos\varphi$,其中 φ 是( )。

    A. 线电压与线电流的相位差　　　　B. 相电压与相电流的相位差

    C. 线电压与相电流的相位差　　　　D. 相电压与线电流的相位差

21 已知对称三相电路的星形负载阻抗 $Z=165+j84\Omega$,端线阻抗 $Z_1=2+j1\Omega$,中线阻抗 $Z_N=1+j1\Omega$,线电压 $U_l=380V$。求负载端的电流和线电压,并作电路的相量图。

22 已知对称三相电路线电压 $U_l=380V$(电源端),三角形负载阻抗 $Z=4.5+j14\Omega$,端线阻抗 $Z_1=1.5+j2\Omega$。求线电流和负载的相电流,并作相量图。

23 试求图题23所示电路中的电流 I。

24 如图题24所示为对称的Y-Y三相电路,电压表的读数为 $380V$, $Z=15+j15\sqrt{3}\,\Omega$, $Z_1=1+j2\Omega$,求图示电路电流表的读数和线电压 U_{AB}。

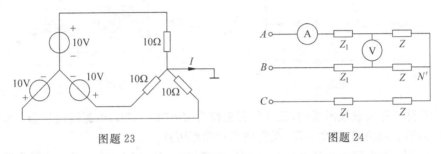

图题23　　　　　　　　　　　　　　图题24

25 一台星形联结的三相交流电动机,其功率因数为 0.8,每相绕组的阻抗为 30Ω,电源线电压为 $380V$,求相电压、相电流、线电流及三相总功率。

26 对称三相电路的线电压 $U_l=230V$,负载阻抗 $Z=12+j16\Omega$。试求:

① 星形联结负载时的线电流及吸收的总功率;

② 三角形联结负载的线电流、相电流和吸收的总功率;

③ 比较①和②的结果能得到什么结论?

27 对称三相电路中,每相端线阻抗为 $j1\Omega$;星形联结负载每相阻抗为 $(10+j10)\Omega$,负载线电压为 $380V$。求电源线电压。

28 图题28所示对称三相Y-△形电路中,已知负载电阻 $R=38\Omega$,相电压 $\dot{U}_A=220\angle0°V$。求各线电流 $\dot{I}_A$、$\dot{I}_B$、$\dot{I}_C$。

29 三相电路如图题29所示,已知顺序对称电源线电压 $\dot{U}_{AB}=380\angle60°V$,试求中线电流 $\dot{I}_N$。

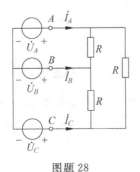

图题28

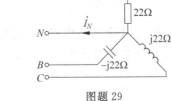

图题29

30 有一三相对称负载作星形联结，每相负载阻抗为 $Z=15+j20\Omega$，接至三相对称电源上，已知 $\dot{U}_{AB}=380\angle60°$V，试求各相负载中的电流 $\dot{I}_A$、$\dot{I}_B$、$\dot{I}_C$ 及功率因数，并绘出相量图。

31 三角形负载的每相阻抗 $Z=(16+j24)\Omega$，接到线电压为 380V 的三相对称电源。①求负载的相电流和线电流；②作负载相电压、相电流和线电流相量图。

32 图题 32 所示对称三相电路中，电源线电压为 380V，端线阻抗 $Z_l=(2+j1)\Omega$，中线阻抗 $Z_N=(1+j1)\Omega$，负载阻抗 $Z=(165+j84)$。①求各负载电流；②求负载端线电压 $\dot{U}_{B'C'}$。

33 三相电路如图题 33 所示，第一个功率表 W_1 的读数为 1666.67W，第二个功率表 W_2 的读数为 833.33W，试求对称三相感性负载的有功功率、无功功率及功率因数。

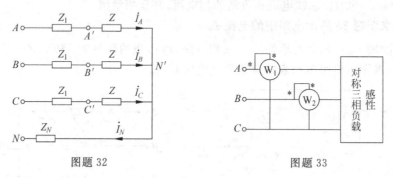

图题 32　　　　　　　　　　　图题 33

34 对称三相负载星形联结，已知每相阻抗为 $Z=31+j22\Omega$，电源线电压为 380V，求三相交流电路的有功功率、无功功率、视在功率和功率因数。

35 对称三相电路每相的电压为 230V，负载每相 $Z=12+j16\Omega$，求：①星形联结时线电流及吸收的总功率。②三角形联结时的线电流及吸收的总功率。

36 星形联结的对称三相负载，每相阻抗为 $Z=16+j12\Omega$，接于线电压 $U_l=380$V 的三相对称电源，试求线电流 I_l，有功功率 P，无功功率 Q，视在功率 S。

37 图题 37 所示对称三相电路，已知线电压为 380V，$Z_1=-j120\Omega$，$R=40\Omega$，$Z_N=j2\Omega$。①求电流表 A_1、A_2 的读数。②求三相负载吸收的总功率 P。

38 如图题 38 所示对称三相电路，两功率表采用如图接法。已知 $\dot{U}_{AB}=380\angle30°$V，$\dot{I}_A=2\angle60°$A。求两个功率表读数各为多少？

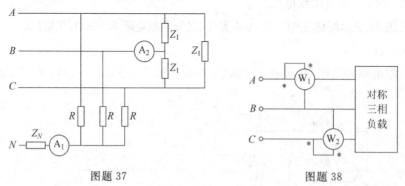

图题 37　　　　　　　　　　　图题 38

39 图题 39 所示对称三相电路中，已知三角形联结负载复阻抗 Z 端线电压 $U'_l=300$V，负载复阻抗 Z 的功率因数为 0.8，负载消耗功率 $P_Z=1440$W。求负载复阻抗 Z 和电源端线电压 U_l。

40 图题 40 所示对称三相电路中，$R=3\Omega$，$Z=2+j4\Omega$，电源线电压有效值为 380V。求三相电源供给的总有功功率 P 及总无功功率 Q 的值。

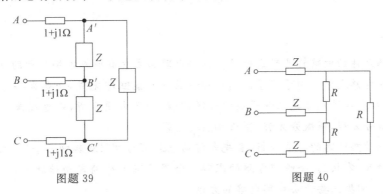

图题 39　　　　　　　　图题 40

41 图题 41 所示电路阻抗 Z 为 $(8+j6)\Omega$，接至对称三相电源，设电压 $\dot{U}_{AB}=380\angle 0°\text{V}$。①求线电流 $\dot{I}_A$；②求三相负载总的有功功率。

42 图题 42 所示对称三相电路中，线电压 $U_l=380\text{V}$，负载阻抗 $Z=60+j80\Omega$，中线阻抗 $Z_N=1\angle 45°\Omega$。①求各线电流相量和中线电流；②求电路的总功率。

43 图题 43 所示三相电路接至相电压为 220V 的对称三相电压源，负载阻抗 $Z_A=6+j8\Omega$，$Z_B=20\angle 90°\Omega$，$Z_C=10\Omega$。①求各相电流，并作相电压、相电流相量图；②求三相负载的有功功率、无功功率。

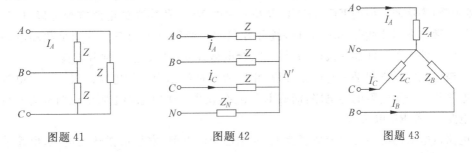

图题 41　　　　　　图题 42　　　　　　图题 43

44 电路如图题 44 所示的三相四线制电路，三相负载连接成星形，已知电源线电压 380V，负载电阻 $R_a=11\Omega$，$R_b=R_c=22\Omega$，试求：①负载的各相电压、相电流、线电流和三相总功率；②中线断开，A 相又短路时的各相电流和线电流。

45 图题 45 所示对称三相电路中，已知 $\dot{U}_{A'N'}=220\angle 0°\text{V}$，端线阻抗 $Z_l=1+j1\Omega$，负载阻抗 $Z=3+j4\Omega$。①求线电压 $\dot{U}_{BC}$ 和 $\dot{U}_{B'C'}$。②求三相电压源供出的功率。

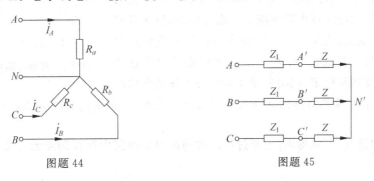

图题 44　　　　　　　　图题 45

第9章　一阶动态电路的时域分析

内容提要

含有动态元件的电路称为动态电路。动态电路通常含有储存电场能量的电容元件或储存磁场能量的电感元件。由于能量的储存和释放不可能立即完成，而是需要一定的时间才能完成，这样就引入了能量建立和释放的过渡过程，为了方便分析，以电压或电流为变量建立动态电路微分方程，解微分方程，得出相应的结果。

本章讨论动态电路的时域分析，首先介绍动态电路的方程及其初始条件，然后讨论了一阶电路的零输入、零状态、全响应电路的求解。会用换路定律确定初始状态，熟悉时间常数的概念及计算，掌握三要素法求解电路的方法。

9.1　动态电路的方程及其初始条件

1. 动态电路的方程

元件的电压电流约束关系是通过导数（或积分）表达的称为动态元件，又称为储能元件，例如：电容或电感。

含有动态元件（电容或电感）的电路称为动态电路。

当电路中有储能元件（电容或电感）时，因这些元件的电压和电流的约束关系是通过导数（或积分）表达的。根据 KCL、KVL 以及元件的 VCR 所建立的电路方程是以电流、电压为变量的微分方程或微分-积分方程，微分方程的阶数取决于动态元件的个数和电路的结构。当电路的无源元件都是线性和时不变的，电路方程将是线性常微分方程。

若描述电路的方程是一阶微分方程，相应的电路就称为一阶电路。仅含一个电容和电阻的电路称为一阶电阻电容电路，简称 RC 电路，仅含一个电感和电阻的电路称为一阶电阻电感电路，简称 RL 电路。

电路按电流的类型可以分成直流电、周期性交流电路，它们所描述的电压、电流情况或是恒定不变，或是按周期性规律变动。电路的这种工作状态，称为稳态。

但是，像自然界中许多情况，例如火车从起动到稳速运行过程中速度的变化，电饭煲从加热到保温时温度的变化等，稳定状态并不是一下子达到的，都经历了一个逐渐变化的过渡过程。电路也存在着过渡过程。

先来观察一个实验，电路如图 9-1 所示，三个并联支路分别为电阻 R、电感 L、电容 C 与灯泡串联组成。当开关 K 接通的瞬间时，就会发现电阻支路中灯泡立即发亮，而且其发亮程度不再变化，说明这一支路没有经历逐渐变化的过渡过程，立刻进入新的稳态；电感支路的灯泡是由暗逐渐变亮，最后亮度达到稳定，说明电感支路经历了逐渐变化的

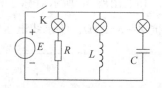

图 9-1　观察电路中过渡过程

过渡过程；电容支路的灯泡由立即发亮但很快变为不亮，说明电容支路也经历了逐渐变化过渡过程。

比较三种情况，不难得出，引起过渡过程的内因是电路中存在储能元件 L 或 C，外因是

电路中开关 K 闭合,使电路的结构发生变化。

在含有储能元件电容或电感的电路中,当电路的结构或元件的参数发生改变时,即换路(开关的断开或闭合,电路中电源或无源元件的断开或接入,信号的突然注入等,统称为"换路")时,电路从一种稳定状态变化到另一种稳定状态,需要有一个动态变化的中间过程,称为过渡过程。

$$\text{稳定状态 I} \xrightarrow[\text{必要条件:有储能元件并发生换路}]{\text{过渡过程}} \text{稳定状态 II}$$

电路结构或参数发生变化引起的电路变化称为"换路",一般认为换路是在 $t=0$ 时刻进行的。

- $t=0$:换路时刻,换路经历的时间为 0_- 到 0_+;
- $t=0_-$:换路前的最终时刻;
- $t=0_+$:换路后的最初时刻。

分析动态电路的过渡过程的方法之一是:根据 KCL,KVL 和 VCR 建立描述电路的以时间为自变量的线性常微分方程,然后求解常微分方程,从而得到所求变量(电流或电压)的方法。该方法称为经典法,是在时域中进行分析的方法。

用经典法求解常微分方程时,必须根据电路的初始条件确定解答中的积分常数。若描述电路动态过程的微分方程为 n 阶,所谓初始条件就是指电路中所求变量(电压或电流)及其 1 阶至 $(n-1)$ 阶导数在 $t=0_+$ 时的值,也称初始值。电容电压 $u_C(0_+)$ 和电感电流 $i_L(0_+)$ 称为独立的初始条件,其余的称为非独立的初始条件。

2. 电路的初始条件

电容的电荷和电压分别为

$$\begin{cases} q_C(t) = q_C(t_0) + \displaystyle\int_{t_0}^{t} i_C(\xi)\mathrm{d}\xi \\ u_C(t) = u_C(t_0) + \dfrac{1}{C}\displaystyle\int_{t_0}^{t} i_C(\xi)\mathrm{d}\xi \end{cases}$$

取 $t_0=0_-$,$t=0_+$,则

$$\begin{cases} q_C(0_+) = q_C(0_-) + \displaystyle\int_{0_-}^{0_+} i_C(\xi)\mathrm{d}\xi \\ u_C(0_+) = u_C(0_-) + \dfrac{1}{c}\displaystyle\int_{0_-}^{0_+} i_C(\xi)\mathrm{d}\xi \end{cases}$$

若 $i_C \leqslant M$(有限值),则 $\displaystyle\int_{0_-}^{0_+} i_C(\xi)\mathrm{d}\xi = 0$,且

$$\begin{cases} q_C(0_+) = q_C(0_-) \\ u_C(0_+) = u_C(0_-) \end{cases} \quad \text{电容上电荷和电压不发生跃变!}$$

① 若 $t=0_-$ 时,$q_C(0_-)=q_0$,$u_C(0_-)=U_0$,则有 $q_C(0_+)=q_0$,$u_C(0_+)=U_0$,故换路瞬间,电容相当于电压值为 U_0 的电压源;

② 若 $t=0_-$ 时,$q_C(0_-)=0$,$u_C(0_-)=0$,则应有 $q_C(0_+)=0$,$u_C(0_+)=0$,则换路瞬间,电容相当于短路。

电感的磁链和电流分别为

$$\begin{cases} \psi_L(t) = \psi_L(t_0) + \int_{t_0}^{t} u_L(\xi)\mathrm{d}\xi \\ i_L(t) = i_L(t_0) + \dfrac{1}{L}\int_{t_0}^{t} u_L(\xi)\mathrm{d}\xi \end{cases}$$

取 $t_0 = 0_-$, $t = 0_+$, 则

$$\begin{cases} \psi_L(0_+) = \psi_L(0_-) + \int_{0_-}^{0_+} u_L(\xi)\mathrm{d}\xi \\ i_L(0_+) = i_L(0_-) + \dfrac{1}{L}\int_{0_-}^{0_+} u_L(\xi)\mathrm{d}\xi \end{cases}$$

若 $u_L \leqslant M$(有限值), 则 $\int_{0_-}^{0_+} u_L(\xi)\mathrm{d}\xi = 0$, 且

$$\begin{cases} \psi_L(0_+) = \psi_L(0_-) \\ i_L(0_+) = i_L(0_-) \end{cases}$$ 电感的磁链和电流不发生跃变!

① 若 $t=0_-$ 时, $\psi_L(0_-) = \psi_0$, $i_L(0_-) = I_0$, 则有 $\psi_L(0_+) = \psi_0$, $i_L(0_+) = I_0$, 故换路瞬间, 电感相当于电流值为 I_0 的电流源;

② 若 $t=0_-$ 时, $\psi_L(0_-) = 0$, $i_L(0_-) = 0$, 则应有 $\psi_L(0_+) = 0$, $i_L(0_+) = 0$, 则换路瞬间, 电感相当于开路。

换路定律: 在换路瞬间(0_- 到 0_+), 电容的电流 i_C 为有限值时, 其端电压 u_C 不能跃变, 即 $u_C(0_+) = u_C(0_-)$; 电感上电压 u_L 为有限时, 其电流 i_L 不能跃变, 即 $i_L(0_+) = i_L(0_-)$。0_- 到 0_+ 的瞬间, i_C 和 u_L 为有限值就是指它们不趋于 ∞, 即不包含冲激函数 $\delta(t)$。

独立初始条件 $u_C(0_+)$ 和 $i_L(0_+)$ 由 $t=0_-$ 时的 $u_C(0_-)$ 和 $i_L(0_-)$ 确定。非独立初始条件如 i_R、u_R、u_L、i_C 的初始值不遵循换路定律的规律, 它们的初始值需由 $t=0_+$ 电路来求得。具体方法如下:

① 换路前, 电容开路、电感短路, 求出 $u_C(0_-)$ 和 $i_L(0_-)$;

② 利用换路定律求出 $u_C(0_+)$ 和 $i_L(0_+)$;

③ 若 $u_C(0_+) = u_C(0_-) = U_0$, 电容用一个电压源 U_0 代替, 若 $u_C(0_+) = u_C(0_-) = 0$ 则电容用短路线代替; 若 $i_L(0_+) = i_L(0_-) = I_0$, 电感一个电流源 I_0 代替, 若 $i_L(0_+) = i_L(0_-) = 0$, 则电感作开路处理;

④ 画出 $t=0_+$ 时的等效电路, 在该电路中求解非独立初始条件。

$t=0_-$ 的电路中, 只需求 $u_C(0_-)$ 或 $i_L(0_-)$, 其他各电压电流都没有必要去求, 因为换路后, 这些量可能要变, 只能在 $t=0_+$ 的电路中再确定。

【例 9-1】 电路如图 9-2(a)所示, 开关闭合时电路已达稳态。$t=0$ 时打开开关, 求 $i_C(0_+)$。

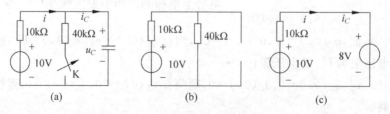

图 9-2 电容元件的过渡过程

解 ① 由 0_- 电路求 $u_C(0_-)$

如图 9-2(b)所示,求得

$$u_C(0_-) = 8\text{V}$$

② 由换路定律:

$$u_C(0_+) = u_C(0_-) = 8\text{V}$$

③ 由 $t=0_+$ 时等效电路,如图 9-2(c)所示,求得

$$i_C(0_+) = \frac{10\text{V} - 8\text{V}}{10\text{k}\Omega} = 0.2\text{mA}$$

【例 9-2】 电路如图 9-3(a)所示,$t=0_-$ 时电路已处于稳态,$t=0$ 时闭合开关 K,求 $u_L(0_+)$。

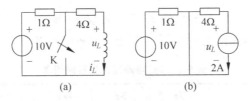

图 9-3 电感元件的过渡过程

解 ① 由 0_- 电路求 $i_L(0_-)$,求得

$$i_L(0_-) = \frac{10}{1+4}\text{A} = 2\text{A}$$

② 由换路定律

$$i_L(0_+) = i_L(0_-) = 2\text{A}$$

③ 0_+ 电路,如图 9-3(b)所示,求得

$$u_L(0_+) = (-2 \times 4)\text{V} = -8\text{V}$$

9.2 一阶电路的零输入响应

零输入响应:无外施激励,由动态元件的初始值引起的响应。

1. RC 电路的零输入响应

电路如图 9-4 所示,为 RC 电路的零输入响应,分析过程如下。

$t<0$ 时,S_1 闭合,S_2 断开,C 被放电

$t=0$ 时,换路(开关瞬时动作)

$t \geq 0$ 时,S_1 断开,S_2 闭合,C 放电

电路的微分方程为

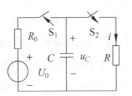

$$\begin{cases} RC\dfrac{\text{d}u_C}{\text{d}t} + u_C = 0 & t \geq 0 \\ u_C(0) = U_0 \end{cases}$$

图 9-4 RC 电路的零输入响应

所以

$$u_C(t) = u_C(0_+)\text{e}^{-\frac{t}{RC}} = U_0\text{e}^{-\frac{t}{RC}} \quad t \geq 0$$

$$i(t) = -C\frac{\mathrm{d}u_C}{\mathrm{d}t} = \frac{U_0}{R}\mathrm{e}^{-\frac{t}{RC}} \quad t \geqslant 0$$

这里,特征方程 $RCs+1=0$,特征根 $s=-\dfrac{1}{RC}$,时间常数 $\tau=RC$。RC 电路中 u_C、i_C 与 t 的关系曲线如图 9-5 所示。

① $t=0$,换路时,$i(0_-)=0$,但 $i(0_+)=\dfrac{U_0}{R}$,电流发生跃变。

② 时间常数 τ 越小,电压、电流衰减越快;反之,则越慢。RC 过渡过程如表 9-1 所示。

$$t=0 \text{ 时}, \quad u_C(0)=U_0\mathrm{e}^0=U_0$$

$$t=\tau \text{ 时}, \quad u_C(\tau)=U_0\mathrm{e}^{-1}=0.368U_0$$

• 经过常数 τ,总有 $u_C(t_0+\tau)=U_0\mathrm{e}^{-\frac{t_0+\tau}{\tau}}=u_C(t_0)\cdot\mathrm{e}^{-1}=0.368u_C(t_0)$。

• 过渡过程的结束,理论上 $t=\infty$;工程上 $t=3\tau\sim5\tau$。

表 9-1　RC 电路过渡过程时间表

t	0	τ	2τ	3τ	4τ	5τ		∞
u_C	U_0	$0.368U_0$	$0.135U_0$	$0.05U_0$	$0.018U_0$	$0.007U_0$	...	0

③ 指数曲线上任意点的次切距长度 $\overline{ab}$ 都等于 τ。

$$\overline{ab} = \left|\frac{u_C(t_0)}{u_C'(t_0)}\right| = \left|\frac{U_0\mathrm{e}^{-\frac{t_0}{\tau}}}{\left(U_0\mathrm{e}^{-\frac{t_0}{\tau}}\cdot\left(-\frac{1}{\tau}\right)\right)}\right| = \tau$$

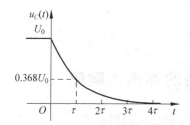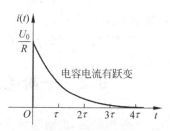

图 9-5　RC 电路中 u_C、i_C 与 t 的关系曲线

④ $\tau=RC$,可用改变电路的参数的办法加以调节或控制。

⑤ 能量转换关系:电容不断放出能量,电阻不断消耗能量,最后,原来储存在电容的电场能量全部为电阻吸收并转换为热能。

2. RL 电路的零输入响应

电路如图 9-6 所示,为 RL 电路的零输入响应,分析过程如下。

$t<0$ 时,S_1 与 b 端相接,S_2 断开,L 通电

$t=0$ 时,换路(开关瞬时动作)

$t\geqslant0$ 时,S_1 投向 c 端,S_2 闭合,L 放电

电路的微分方程及其解为

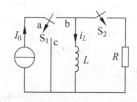

图 9-6　RL 电路的零输入响应

$$\begin{cases} L\dfrac{\mathrm{d}i_L}{\mathrm{d}t}+Ri_L=0 & t\geqslant 0 \\[2mm] i_L(0)=I_0 & （因电感电流不能跃变） \end{cases}$$

所以

$$i_L(t)=i_L(0_+)\mathrm{e}^{-\frac{t}{\tau}}=I_0\mathrm{e}^{-\frac{t}{\tau}}\quad t\geqslant 0\quad 时间常数\ \tau=\frac{L}{R}$$

$$u_L(t)=L\frac{\mathrm{d}i_L}{\mathrm{d}t}=-RI_0\mathrm{e}^{-\frac{t}{\tau}}$$

由于 $\tau=\dfrac{L}{R}$，L 越小，或 R 越大，则电流、电压衰减越快。RL 电路中 u_L、i_L 与 t 的关系曲线如图 9-7 所示。

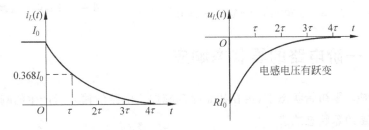

图 9-7　RL 电路中 u_L、i_L 与 t 的关系曲线

① 零输入响应是在输入为零时，由非零初始状态产生的，它取决于电路的初始状态和电路的特性。

② 零输入响应都是随时间按指数规律衰减的，因为没有外施电源，原有的储能总是要逐渐衰减到零的。

③ 零输入比例性，若初始状态增大 α 倍，则零输入响应也相应地增大 α 倍。

④ 特征根具有时间倒数或频率的量纲，故称为固有频率。

如何求解电路中的时间常数：换路后，把电容 C（电感 L）断开，求出二端子间的戴维宁等效电阻 R'，$\tau=R'C$，$\tau=\dfrac{L}{R'}$

如何求解电路中的零输入响应？

① $u_C(t)=u_C(0_+)\mathrm{e}^{-\frac{t}{\tau}}$ ；$i_L(t)=i_L(0_+)\mathrm{e}^{-\frac{t}{\tau}}$

② 求解其他量（利用 KCL、KVL、元件 VCR）

【例 9-3】　图 9-8 所示电路中，$t=0$ 时，开关 S 由 a 投向 b，在此以前电容电压为 U_0，试求 $t\geqslant 0$ 时，电容电压及电流。

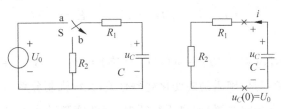

图 9-8　RC 电路过渡过程分析

解 时间常数 $\tau = R_{eq}C, R_{eq} = R_1 + R_2$,从 C 左端看进去的等效电阻

$$u_C(t) = u_C(0_+) e^{-\frac{t}{\tau}} = U_0 e^{-\frac{t}{(R_1+R_2)C}} \quad t \geqslant 0$$

$$i(t) = -C \frac{du_C}{dt} = \frac{U_0}{R_1 + R_2} e^{-\frac{t}{(R_1+R_2)C}} \quad t \geqslant 0$$

【例 9-4】 图 9-9 所示电路中,开关闭合时电路已达稳态。$t=0$ 时,打开开关 K,求 u_v。

解

$$i_L(0_+) = i_L(0_-) = 1A$$

$$\tau = \frac{L}{R + R_V} = \frac{4}{10000 + 10} \text{ms} \approx 0.4\text{ms}$$

$$i_L = i_L(0_+) e^{-\frac{t}{\tau}} = e^{-2500t} A$$

$$u_V = -R_V i_L = -10000 e^{-2500t} V, \quad t \geqslant 0$$

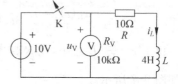

图 9-9 RL 电路过渡过程分析

9.3 一阶电路的零状态响应

零状态响应:零初始状态下,由在初始时刻施加于电路的输入所产生的响应。

1. RC 电路的零状态响应

电路如图 9-10 所示,为 RC 电路的零状态响应,分析过程如下:

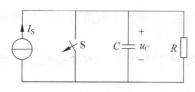

图 9-10 RC 电路的零状态响应

$t<0$ 时,开关闭合,电容通过 R 放电完毕

$t=0$ 时,打开开关

$t \geqslant 0$ 时,电流源与 RC 电路接通

电路的微分方程为

$$\begin{cases} C \dfrac{du_C}{dt} + \dfrac{1}{R} u_C = I_s & t \geqslant 0 \\ u_C(0) = 0 \end{cases}$$

通解为

$$\begin{cases} u_C = u_{Ch}(t) + u_{Cp}(t) \\ u_{Ch}(t) = K e^{-\frac{t}{RC}} & t \geqslant 0 \\ u_{Cp}(t) = Q = RI_s & t \geqslant 0 \end{cases}$$

所以

$$u_C(t) = u_{Ch}(t) + u_{Cp}(t) = K e^{-\frac{t}{RC}} + RI_s \quad t \geqslant 0$$

其中

$$u_C(0) = K + RI_s = 0 \quad \Rightarrow \quad K = -RI_s$$

即

$$u_C(t) = -RI_s e^{-\frac{t}{RC}} + RI_s = RI_s(1 - e^{-\frac{t}{RC}}) = u_C(\infty)(1 - e^{-\frac{t}{\tau}}) \quad t \geqslant 0$$

$u_{Cp}(t)$ 为稳定分量,与外施激励的变化规律有关,又称强制分量。

$u_{Ch}(t)$(对应齐次方程的通解)取决于特征根,与外施激励无关,也称为自由分量,自由分量按指数规律衰减,最终趋于零,又称为瞬态分量。

RC 电路中 u_C 与 t 的关系曲线如图 9-11 所示。

- τ 越小，u_C 达稳态越快；
- $t=4\tau$，充电达到稳态值的 98%，可以认为已充电完毕；
- u_C 从零值按指数规律上升。

2. RL 电路的零状态响应

电路如图 9-12 所示，为 RL 电路的零状态响应，分析过程如下。

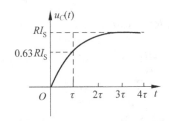

图 9-11 RC 电路中 u_C 与 t 的关系曲线

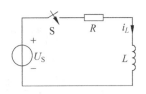

图 9-12 RL 电路的零状态响应

类似于 RC 电路，可求出零状态响应为

$$i_L(t) = \frac{U_S}{R}(1 - e^{-\frac{R}{L}t}) = i_L(\infty)(1 - e^{-\frac{t}{\tau}}) \quad t \geqslant 0$$

① 当电路达到稳态时，电容相当于开路，而电感相当于短路，由此可确定电容电压或电感电流稳态值

$$稳态值 \begin{cases} i_L(\infty) \text{ 相当于 } L \text{ 支路的短路电流} \\ u_C(\infty) \text{ 相当于 } C \text{ 支路的开路电压} \end{cases}$$

② 固有响应，微分方程通解中的对应齐次方程的解，因其随时间的增长而衰减到零，又称为暂态响应分量；

③ 强制响应，微分方程通解中的特解，其形式一般与输入形式相同，如强制响应为常量或周期函数，又可称为稳态响应；

④ RC、RL 电路，输入 DC，储能从无到有，逐步增长，所以，u_C、i_L 从零向某一稳态值增长，且为指数规律增长；

⑤ 零状态比例性，若外施激励增大 α 倍，则零状态响应也增大 α 倍，如果有多个独立电源作用于电路，可以运用叠加定理求出零状态响应。

3. RL 电路在正弦电压激励下的零状态响应

电路如图 9-13 所示，为 RL 电路在正弦电压激励下的零状态响应，分析过程如下。

外加激励 $u_S = U_m\cos(\omega t + \varphi_u)$，初始条件 $i_L(0_+) = i_L(0_-) = 0$

电路方程

$$Ri + L\frac{di}{dt} = U_m\cos(\omega t + \varphi_u)$$

通解为

$$i = i' + i''$$

自由分量

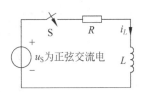

图 9-13 RL 交流电路的零状态响应

$$i'' = A\mathrm{e}^{-\frac{t}{\tau}}, \quad \tau = \frac{L}{R} \quad (\text{特征方程 } Lp + R = 0)$$

强制分量

$$i' = I_{\mathrm{m}}\cos(\omega t + \theta)$$

为方程 $Ri' + L\dfrac{\mathrm{d}i'}{\mathrm{d}t} = U_{\mathrm{m}}\cos(\omega t + \varphi_u)$ 的特解。

这里

$$\begin{cases} I_{\mathrm{m}} = \dfrac{U_{\mathrm{m}}}{\mid Z \mid}, \quad \mid Z \mid = \sqrt{R^2 + (\omega L)^2} \\[3mm] \theta = \varphi_u - \varphi, \quad \varphi = \arctan\dfrac{\omega L}{R} \end{cases}$$

所以

$$i = \frac{U_{\mathrm{m}}}{\mid Z \mid}\cos(\omega t + \varphi_u - \varphi) + A\mathrm{e}^{-\frac{t}{\tau}}$$

由

$$i_L(0_+) = i_L(0_-) = 0 \quad \Rightarrow \quad A = -\frac{U_{\mathrm{m}}}{\mid Z \mid}\cos(\varphi_u - \varphi)$$

所以

$$i = \frac{U_{\mathrm{m}}}{\mid Z \mid}\cos(\omega t + \varphi_u - \varphi) - \frac{U_{\mathrm{m}}}{\mid Z \mid}\cos(\varphi_u - \varphi)\mathrm{e}^{-\frac{t}{\tau}}$$

$$u_R = Ri = \frac{R}{\mid Z \mid}U_{\mathrm{m}}\cos(\omega t + \varphi_u - \varphi) - \frac{R}{\mid Z \mid}U_{\mathrm{m}}\cos(\varphi_u - \varphi)\mathrm{e}^{-\frac{t}{\tau}}$$

$$u_L = L\frac{\mathrm{d}i}{\mathrm{d}t} = \frac{\omega L}{\mid Z \mid}U_{\mathrm{m}}\cos(\omega t + \varphi_u - \varphi + 90°) - \frac{R}{\mid Z \mid}U_{\mathrm{m}}\cos(\varphi_u - \varphi)\mathrm{e}^{-\frac{t}{\tau}}$$

① 强制分量 i' 与外施激励按相同的正弦规律变化。

② 自由分量 i'' 随时间增长而趋于零，自由分量指数函数 $\mathrm{e}^{-\frac{t}{\tau}}$ 前的系数 $\dfrac{U_{\mathrm{m}}}{\mid Z \mid}\cos(\varphi_u - \varphi)$ 与 φ 有关，即与开关闭合的时刻有关。

• 若开关闭合时，$\varphi_u = \varphi - \dfrac{\pi}{2}$，如图 9-14(a) 所示，则

$$A = -\frac{U_{\mathrm{m}}}{\mid Z \mid}\cos(\varphi_u - \varphi) = 0, \quad i'' = 0$$

$$i = i' = \frac{U_{\mathrm{m}}}{\mid Z \mid}\cos(\omega t - 90°)$$

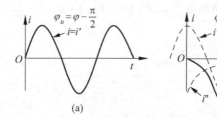

图 9-14 i 与 t 的关系曲线

故开关闭合后,无自由分量,仅有强制分量,电路中不发生过渡过程而立即进入稳定状态。

• 若开关闭合时,$\varphi_u = \varphi$,图 9-14(b)所示,则

$$A = -\frac{U_m}{|Z|}\cos(\varphi_u - \varphi) = -\frac{U_m}{|Z|}, \quad i'' = -\frac{U_m}{|Z|}e^{-\frac{t}{\tau}}, \quad i = \frac{U_m}{|Z|}\cos\omega t - \frac{U_m}{|Z|}e^{-\frac{t}{\tau}}$$

③ τ 很大($R \to 0, \tau \to \infty, \varphi = \frac{\pi}{2}$),$i''$ 衰减极其缓慢,$t \approx \frac{T}{2}, i = 2I_m = 2\frac{U_m}{|Z|}$。

④ RL 电路与正弦电流接通后,在初始值一定条件下,电路过渡过程与开关动作的时间有关。

如何求解电路中的零输入响应?

① $u_C(t) = u_C(\infty)(1 - e^{-\frac{t}{\tau}})$; $i_L(t) = i_L(\infty)(1 - e^{-\frac{t}{\tau}})$。

② 求解其他量(利用 KCL、KVL、元件 VCR)。

【例 9-5】 在图 9-15 所示电路中,$t = 0$ 时,开关 S 由 a 投向 b,并设在 $t = 0$ 时,开关与 a 端相接为时已久,试求 $t \geqslant 0$ 时,电容电压及电流,并计算在整个充电过程中电阻消耗的能量。

解

$$u_C(0_+) = u_C(0_-) = 0; \quad u_C(t) = \frac{U_S}{R} \times R(1 - e^{-\frac{t}{RC}}) = U_S(1 - e^{-\frac{t}{RC}}) \quad t \geqslant 0$$

$$i(t) = C\frac{du_c}{dt} = \frac{U_S}{R}e^{-\frac{t}{RC}} \quad t \geqslant 0$$

$$W_R = \int_0^\infty i^2(t)R\mathrm{d}t = \int_0^\infty \frac{U_S^2}{R}e^{-\frac{2t}{RC}}\mathrm{d}t = \frac{U_S^2}{R}\left(-\frac{RC}{2}\right)e^{-\frac{2t}{RC}}\Big|_0^\infty = \frac{1}{2}CU_S^2 \text{ 能量与 } R \text{ 的大小无关。}$$

又因 $W_C = \frac{1}{2}CU_S^2$,可见 $W_C = W_R$。

【例 9-6】 在图 9-16(a)所示电路中,$t = 0$ 时,开关 S 闭合,求 $i_L(t)$。

解 可用戴维宁定理将原电路图(a)化简成图(b)。

$$U_{oc} = \left(\frac{6}{6 + 1.2} \times 18\right)\mathrm{V} = 15\mathrm{V}, \quad R_{eq} = [(1.2 /\!/ 6) + 4]\Omega = 5\Omega$$

$$i_L(\infty) = \frac{U_{oc}}{R_{eq}} = 3\mathrm{A}, \quad \tau = \frac{L}{R_{eq}} = \frac{10}{5}\mathrm{s} = 2\mathrm{s}$$

所以

$$i_L(t) = 3(1 - e^{-\frac{t}{2}})\mathrm{A} \quad t \geqslant 0$$

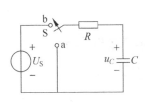

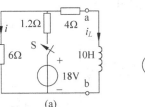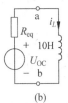

(a)　　　　　　(b)

图 9-15　整个充电过程中电阻消耗的能量　　　图 9-16　用戴维宁定理简化电路图

【例 9-7】 电路如图 9-17(a)所示,开关闭合前电路已得到稳态,求换路后的电流 $i_L(t)$ 及电压源发出的功率。

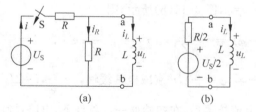

图 9-17 计算电路的功率

解 图 9-17(a)中,$i_L(0_-)=0$ 利用戴维宁定理等效为电路(b)。

$$i_L(\infty)=\frac{U_S}{R} \quad \tau=\frac{L}{R_{eq}}=\frac{2L}{R}$$

$$i_L(t)=i_L(\infty)(1-e^{-\frac{t}{\tau}})=\frac{U_S}{R}(1-e^{-\frac{R}{2L}t})$$

$$u_L=L\frac{di_L}{dt}=\frac{U_S}{2}e^{-\frac{R}{2L}t}$$

在图 9-17(a)中:

$$i_R=\frac{u_L}{R}=\frac{U_S}{2R}e^{-\frac{R}{2L}t}$$

总电流:

$$i=i_L+i_R=\frac{U_S}{R}\left(1-\frac{1}{2}e^{-\frac{R}{2L}t}\right)$$

功率:

$$p=U_S*i=\frac{U_S^2}{R}\left(1-\frac{1}{2}e^{-\frac{R}{2L}t}\right)$$

9.4 一阶电路的全响应

当一个非零初始状态的一阶电路受到激励时,电路的响应称为全响应。零输入响应的特点是外加激励为零,零状态响应的特点是储能为零,全响应的特点是储能和激励都不为零。初始状态和输入共同作用下的响应称为完全响应。完全响应为零输入响应和零状态响应之和。全响应是零输入响应和零状态响应的叠加。

电路如图 9-18 所示,为一阶电路的全响应,分析如下。

$t=0$ 时,开关由 a→b

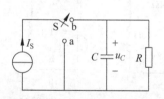

图 9-18 一阶电路的全响应

$t \geqslant 0$ 时,

$$\begin{cases} C\dfrac{du_C}{dt}+\dfrac{1}{R}u_C=I_S \\ u_C(0)=U_0 \end{cases}$$

通解

$$u_C(t)=Ke^{-\frac{t}{RC}}+RI_S \quad t\geqslant0$$

又因为

$$u_C(0) = K + RI_S = U_0 \Rightarrow K = U_0 - RI_S$$

所以

$$u_C(t) = RI_S + (U_0 - RI_S)\mathrm{e}^{-\frac{t}{RC}} \quad t \geqslant 0 \quad \left(\tau = \frac{1}{RC}\right)$$

在图 9-18 中

$$\begin{cases} \text{令 } I_S = 0\text{,可得零输入响应 } u_{C1}(t) = U_0\mathrm{e}^{-\frac{t}{\tau}} \\ \text{令 } U_0 = 0\text{,可得零状态响应 } u_{C2}(t) = RI_S(1 - \mathrm{e}^{-\frac{t}{\tau}}) \end{cases}$$

显然

$$u_{C1}(t) + u_{C2}(t) = U_0\mathrm{e}^{-\frac{t}{\tau}} + RI_S(1 - \mathrm{e}^{-\frac{t}{\tau}}) = RI_S + (U_0 - RI_S)\mathrm{e}^{-\frac{t}{\tau}} = u_C(t)$$

所以

$$u_C(t) = u_{C1}(t) + u_{C2}(t) = U_0\mathrm{e}^{-\frac{t}{\tau}} + RI_S(1 - \mathrm{e}^{-\frac{t}{\tau}})$$

即

$$全响应 = （零输入响应）+（零状态响应）$$

零输入响应是初始状态的线性函数。零状态响应是输入的线性函数。

线性动态电路的全响应由来自电源的输入和初始状态分别作用时所产生的响应的代数和,也即,全响应是零输入响应和零状态响应之和。

全响应也可以分解为暂态响应和稳态响应。

$$u_C(t) = (U_0 - RI_S)\mathrm{e}^{-\frac{t}{\tau}} + RI_S$$

$$全响应 = 暂态响应（固有响应）+ 稳态响应（强制响应）$$

① 暂态响应:随时间按指数规律衰减,衰减快慢取决于固有频率。

② 稳态响应:常量(不随时间变化),取决于外加输入。

在有损耗的动态电路中,在恒定输入作用下,一般可分两种工作状态:过渡状态和直流状态,暂态响应未消失期间属于过渡期。全响应的分解如图 9-19 所示。

【例 9-8】 图 9-20 所示电路中,$t = 0$ 时,恒定电压 $U_S = 12\mathrm{V}$ 加于 RC 电路,已知 $u_C(0) = 4\mathrm{V}$,$R = 1\Omega$,$C = 5\mathrm{F}$,求 $t \geqslant 0$ 时的 $u_C(t)$ 及 $i_C(t)$。

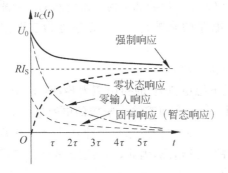

图 9-19 全响应的分解

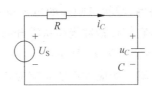

图 9-20 RC 电路的电压与电流

零输入响应:

$$u_{C1}(t) = 4\mathrm{e}^{-\frac{t}{\tau}}$$

零状态响应：

$$u_{C2}(t) = 12(1 - e^{-\frac{t}{\tau}})$$

暂态响应：

$$u_{C3}(t) = -8e^{-\frac{t}{\tau}}$$

稳态响应：

$$u_{C4}(t) = u_C(\infty) = 12\mathrm{V}$$

解　$u_C(t) = u_{C1}(t) + u_{C2}(t) = [4e^{-\frac{t}{\tau}} + 12(1 - e^{-\frac{t}{\tau}})]\mathrm{V} = 12 - 8e^{-\frac{t}{\tau}}\mathrm{V}$

或

$$u_C(t) = u_{C3}(t) + u_{C4}(t) = [12 + (-8e^{-0.2t})]\mathrm{V} = 12 - 8e^{-0.2t}\mathrm{V}$$

$$i_C(t) = C\frac{\mathrm{d}u_C}{\mathrm{d}t} = 5 \times 1.6e^{-0.2t}\mathrm{A} \quad t \geqslant 0$$

零输入响应与暂态响应变化模式是相同的,都是按同一指数规律衰减的,但具有不同的常数；

暂态响应是齐次方程的解,其常数 K 是在得出完全响应后,再行确定的,因而它必然与稳态响应有关,也就是与输入有关。

零输入响应与输入无关,它的常数只与初始条件有关。

无论是把全响应分解为零输入响应和零状态响应,还是分解为暂态响应和稳态响应,都只是从不同角度去分析全响应的。而全响应总是由初始值、特解和时间常数三个要素所决定的。

当输入为直流时,在例 9-8 中,有 $u_C(t) = u_C(\infty) + [u_C(0) - u_C(\infty)]e^{-\frac{t}{\tau}}$

$u_C(t)$ 是 $u_C(0)$, $u_C(\infty)$ 和 τ 三个参量所确定的,只要求出这三个参量,就可根据上式直接写出解答,不必求解微分方程。

在直流电源激励下,如用 $f(t)$ 表示电路的响应, $f(0_+)$ 表示该电压或电流的初始值, $f(\infty)$ 表示响应的稳定值, τ 表示电路的时间常数,则 $f(t)$ 可表示为

$$f(t) = f(\infty) + [f(0_+) - f(\infty)]e^{-\frac{t}{\tau}} \quad t \geqslant 0 \tag{9-1}$$

这是一个很重要的公式,它包含了一阶电路响应的各种可能。该表达式中响应 $f(t)$ 主要由 $f(0_+)$、$f(\infty)$ 和 τ 三要素决定,因此称 $f(0_+)$、$f(\infty)$ 和 τ 为一阶电路的三要素。只要求出这三个要素,可由公式(9-1)直接写出电路的全响应,这种方法称为三要素法。公式(9-1)被称为一阶电路的三要素公式。

一阶电路中,任一电压或电流可按上述方法求解。

作为特例,零状态响应的电容电压 u_C 或电感电流 i_L 的初始值为零,即 $u_C(0_+) = 0$ 或 $i_L(0_+) = 0$,它们按指数规律从零开始增加到 $f(\infty)$。而零输入响应的电容电压 u_C 或电感电流 i_L 的稳态值为零,即 $u_C(\infty) = 0$ 或 $i_L(\infty) = 0$,它们按指数规律从 $f(0_+)$ 开始衰减为零。由于零输入响应和零状态响应是全响应的特殊情况,因此,三要素公式适用于求一阶电路的任一种响应,具有普遍适用性。

如果电路仅含一个储能元件(L 或 C),电路其他部分由电阻和独立源或受控源连接而成,这种电路仍是一阶电路。在求解这类电路时,可以把储能元件以外的部分,应用戴维宁定理或诺顿定理进行等效变换,然后求得储能元件上的电压和电流。如果还要求其他支路

的电压和电流,则可以按照变换前的原电路进行。

利用三要素法求解电路的步骤如下。

(1) 确定初始值 $f(0_+)$

在换路前电路中求出 $u_C(0_-)$ 或 $i_L(0_-)$,如果 $t=0_-$ 时电路稳定,则电容 C 视为开路,电感 L 用短路线代替。根据换路定律得 $u_C(0_+)=u_C(0_-)$,$i_L(0_+)=i_L(0_-)$。

(2) 确定新稳态值 $f(\infty)$

由换路后 $t=\infty$ 的等效电路求出。

作 $t=\infty$ 的电路,换路后暂态过程结束,电路进入新的稳态,在此电路中,电容 C 视为开路,电感 L 视为短路,即可按一般电阻性电路来求各变量的稳态值 $u(\infty)$、$i(\infty)$。

(3) 求时间常数 τ

求出戴维宁等效电阻 R_{eq},则 $\tau = R_{eq}C$ 或 $\tau = \dfrac{L}{R_{eq}}$

【例 9-9】 已知:$t<0$ 时电路处于稳态,$t=0$ 时闭合开关,求换路后的 $u_C(t)$,如图 9-21 所示。

解

$$u_C(0) = (2 \times 1)V = 2V$$

$$\tau = R_{eq}C = [(2 /\!/ 1) \times 3]s = 2s$$

$$u_C(\infty) = \left(\frac{2}{2+1} \times 1\right)V = \frac{2}{3}V$$

$$u_C(t) = \frac{2}{3} + \left(2 - \frac{2}{3}\right)e^{-0.5t}V, \quad t \geqslant 0$$

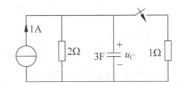

图 9-21 计算 RC 电路电容电压

【例 9-10】 电路如图 9-22(a)所示,换路前,电路已达稳态。已知 $u_C(0_-)=0$,求换路后 u_C 的变化规律。

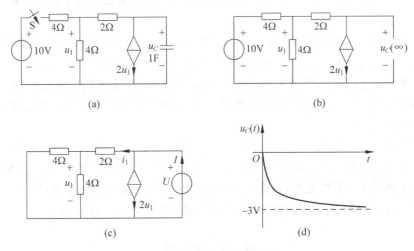

(a)

(b)

(c)

(d)

图 9-22 带受控源换路分析

解 按照三要素法,求稳态值、时间常数的电路分别见图 9-22(b)、(c)。

先求稳态值,如图 9-22(b)所示,即求开路电压 $u_C(\infty)$

$$\begin{cases} u_C(\infty) = u_1 - 2 \times 2u_1 = -3u_1 \\ 10 = 4 \times \left[\dfrac{u_1}{4} + 2u_1 \right] + u_1 = 10u_1 \end{cases}$$

即

$$\begin{cases} u_1 = 1\text{V} \\ u_C(\infty) = -3\text{V} \end{cases}$$

再求时间常数 τ,如图 9-22(c)所示,由于需要求等效电阻 R_{eq},采用加压法

$$\begin{cases} I = i_1 + 2u_1 \\ U = 2 \times i_1 + u_1 \\ i_1 = 2 \times u_1/4 \end{cases}$$

解得

$$R_{\text{eq}} = \frac{U}{I} = \frac{2u_1}{2.5u_1} = 0.8\Omega$$

时间常数:

$$\tau = R_{\text{eq}}C = 0.8 \times 1 = 0.8\text{s}$$

电容电压:

$$u_C(t) = -3 + [0 - (-3)]e^{-1.25t} = -3(1 - e^{-1.25t})\text{V}$$

变化曲线如图 9-22(d)所示。

本 章 小 结

一阶电路由一阶微分方程来描述,主要有 RC 和 RL 电路。以电容电压 $u_C(t)$ 或电感电流 $i_L(t)$ 为变量,应用 KCL、KVL、支路电流法和回路电流法对电路编写微分方程,然后进行求解。

对于一阶电路,如果要求解动态元件中的电流和电压,可把电路简化为戴维宁(或诺顿)等效电路求解。具体做法为:电路换路后,去掉动态元件,从端口看进去,求其戴维宁等效电路(求出其开路电压 u_{OC},等效电阻 R_{eq})或诺顿等效电路(求出其短路电流 i_{SC},等效电阻 R_{eq})。这样就可得到一个简化的电路而容易求解,如果要求解原电路中的其他电压和电流,要回到原电路中去。

确定初始值也非常重要,可以利用换路定律求解电路的初始值。初始条件由储能元件的初始值来确定,电路变量的初始值是指电路变量在 $t = 0_+$ 时刻的值。要熟练地应用电路基本定律、定理和基本计算方法,根据 0_+ 等效电路图求解电路变量的初始值。

可由三要素法来求一阶电路的零输入响应、零状态响应、全响应的解。

课 后 习 题

1 如图题 1 所示电路,已知电源电压 $u_S = 30\text{V}$,$R_1 = 10\Omega$,$R_2 = 20\Omega$。开关 S 闭合之前电路稳定,$t = 0$ 时开关接通,则 $i_C(0_+) = ($ $)$。

A. 0   B. 1A   C. 2A   D. 3A

2 图题2所示电路中,$t=0$ 时开关断开,则 $t \geqslant 0$ 时 8Ω 电阻的电流 i 为( )。

A. $2e^{-9t}A$　　　　B. $-2e^{-9t}A$　　　　C. $-4e^{-9t}A$　　　　D. $4e^{-9t}A$

3 如图题3所示电路,已知电源电压 $u_S = 20V$,$C = 100mF$,$R_1 = R_2 = 10\Omega$。开关 S 打开之前电路稳定,$t=0$ 时打开,则 $t \geqslant 0$ 的电容电压 $u(t)$ 为( )。

A. $10e^{-t}V$　　　　B. $10e^{-2t}V$　　　　C. $20e^{-t}V$　　　　D. $20e^{-2t}V$

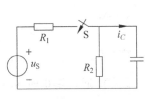

图题1

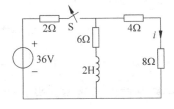

图题2

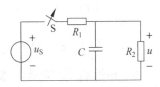

图题3

4 图题4所示电路中,已知电容初始电压为 $u_C(0) = 10V$,电感初始电流 $i_L(0) = 0$,$C = 0.2F$,$L = 0.5H$,$R_1 = 30\Omega$,$R_2 = 20\Omega$,$t=0$ 时开关接通,则 $i_R(0_+) = ($)。

A. 0　　　　B. 0.1A　　　　C. 0.2A　　　　D. 0.3A

5 如图题5所示电路在 $t=0$ 时开关接通,则换路后的时间常数等于( )。

A. $\dfrac{L}{R_1+R_2}$

B. $\dfrac{L}{R_1+R_2+R_3}$

C. $\dfrac{L(R_1+R_2)}{R_1R_2+R_2R_3+R_3R_1}$

D. $\dfrac{L(R_2+R_3)}{R_1R_2+R_2R_3+R_3R_1}$

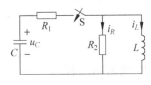

图题4

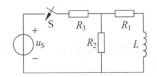

图题5

6 如图题6所示电路中,$u_S = 40V$,$L = 1H$,$R_1 = R_2 = 20\Omega$。换路前电路已处稳态,开关 S 在 $t=0$ 时刻接通,则 $t \geqslant 0$ 的电感电流 $i(t) = ($)。

A. 2A

B. $2e^{-0.1t}A$

C. $2(1-e^{-0.1t})A$

D. $2e^{-10t}A$

7 如图7所示电路中,$u_S = 3V$,$C = \dfrac{1}{4}F$,$R_1 = 2\Omega$,$R_2 = 4\Omega$。换路前电路已处于稳态,开关 S 在 $t=0$ 时刻接通,则 $t \geqslant 0$ 的电容电压 $u_C(t) = ($)。

A. $3(1-e^{-2t})V$　　　　B. $3V$　　　　C. $3(1-e^{-0.5t})V$　　　　D. $3e^{-2t}V$

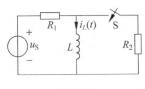

图题6

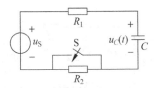

图题7

8 如图题 8 所示电路中,$R_1=R_4=20\Omega$,$R_2=R_3=10\Omega$,$L=2H$,$i_S=1A$,电路的时间常数是(   )。

  A. $\dfrac{15}{2}$s   B. $\dfrac{20}{3}$s   C. $\dfrac{3}{20}$s   D. $\dfrac{2}{15}$s

9 电路如图题 9 所示,开关在 $t=0$ 时闭合,已知 $u_C(0)=1V$,$t\geqslant 0$ 时 $u_S(t)=1V$,则该电路的电容电压 u_C 在 $t\geqslant 0$ 时的全响应为(   )。

  A. $\dfrac{1}{3}(1+e^{-0.75t})V$ B. $\dfrac{1}{3}(1+2e^{-0.75t})V$

  C. $\dfrac{1}{3}(1+e^{-0.5t})V$ D. $\dfrac{1}{3}(1+2e^{-0.5t})V$

10 如图题 10 所示电路在换路前已达稳态。当 $t=0$ 时开关接通,$t\geqslant 0$ 时 $u_C(t)$ 为(   )。

  A. $\left(\dfrac{2}{3}+\dfrac{4}{3}e^{-0.5t}\right)V$ B. $\left(\dfrac{2}{3}-\dfrac{4}{3}e^{-0.5t}\right)V$

  C. $\left(\dfrac{4}{3}+\dfrac{2}{3}e^{-0.5t}\right)V$ D. $\left(\dfrac{4}{3}-\dfrac{2}{3}e^{-0.5t}\right)V$

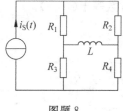 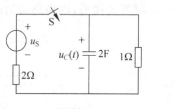 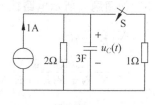

图题 8   图题 9   图题 10

11 一阶电路的时间常数只与电路的(   )有关。

  A. 电阻和动态元件   B. 电阻和电容

  C. 电阻和电感   D. 电感和电容

12 零输入响应是指在换路后电路中(   ),电路中的响应是由储能元件放电产生的。

  A. 有电压源激励   B. 有电流源激励   C. 有电源激励   D. 无电源激励

13 如图题 13 所示电路在 $t<0$ 时已处于稳态。$t=0$ 时开关闭合,则 $t\geqslant 0$ 时的 $u_C(t)$ (   )。

  A. $10(1-e^{-t})V$ B. $5(1-e^{-t})V$

  C. $10(1-e^{-2t})V$ D. $5(1-e^{-2t})V$

14 电路如图题 14 所示,当 $t=0$ 时开关打开,则 $t\geqslant 0$ 时 $u(t)$ 为(   )。

  A. $-\dfrac{8}{3}e^{-0.25t}V$ B. $\dfrac{8}{3}e^{-0.25t}V$ C. $-\dfrac{8}{3}e^{-0.5t}V$ D. $\dfrac{8}{3}e^{-0.5t}V$

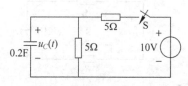   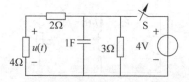

图题 13   图题 14

15 RL 电路的时间常数（　　）。

　　A. $\tau = R^2 L$ 　　　　B. $\tau = R/L$ 　　　　C. $\tau = L/R$ 　　　　D. $\tau = RL$

16 一阶动态电路三要素法中的 3 个要素分别是指（　　）。

　　A. $f(-\infty), f(\infty), \tau$ 　　　　　　　　B. $f(0_+), f(\infty), \tau$

　　C. $f(0_-), f(\infty), \tau$ 　　　　　　　　D. $f(0_+), f(0_-), \tau$

17 电路如图题 17 所示，S 在 $t=0$ 时断开，时间常数 τ 应为（　　）。

　　A. 0.25s 　　　　B. 2.5s 　　　　C. 4s 　　　　D. 0.4s

18 RC 电路的时间常数（　　）。

　　A. $\tau = R^2 C$ 　　　　B. $\tau = R/C$ 　　　　C. $\tau = C/R$ 　　　　D. $\tau = RC$

19 一个电路发生突变，如开关的突然通断、参数的突然变化及其他意外事故或干扰，统称为（　　）。

　　A. 换路 　　　　B. 断路 　　　　C. 短路 　　　　D. 通路

20 一阶电路全响应可分解为稳态分量和（　　）。

　　A. 固态分量 　　　　B. 暂态分量 　　　　C. 静态分量 　　　　D. 状态分量

21 电路如图题 21 所示，开关闭合前电路已得到稳态，求换路后的瞬间，电容的电压和各支路的电流。

22 电路如图题 22 所示，开关闭合前电路已得到稳态，求换路后的瞬间电感的电压和各支路的电流。

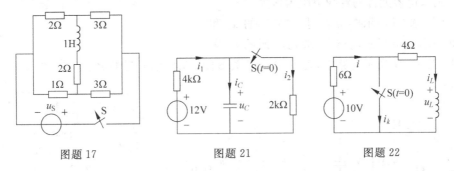

图题 17　　　　　　　　图题 21　　　　　　　　图题 22

23 求图题 23 所示电路中开关打开后各电压、电流的初始值（换路前电路已处于稳态）。

24 求图题 24 所示电路在开关闭合后，各电压、电流的初始值，已知开关闭合前，电路已处于稳态。

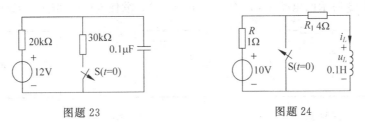

图题 23　　　　　　　　　　　图题 24

25 在图题 25(a)、(b)所示电路中，开关 S 在 $t=0$ 时动作，试求电路在 $t=0_+$ 时刻电压、电流的初始值。

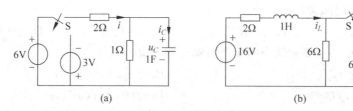

图题 25

26　在图题 26(a)、(b)所示电路中,开关 S 在 $t=0$ 时动作,试求图中所标电压、电流在 $t=0_+$ 时刻的值。已知(b)图中的 $e(t)=20\cos(\omega t+30°)\mathrm{V}$。

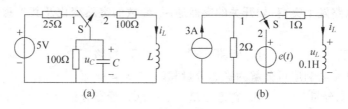

图题 26

27　一个 RC 放电电路,经 0.1s 电容电压变为原来值的 20%,求时间常数。

28　今有 $100\mu\mathrm{F}$ 的电容元件,充电到 100V 后从电路中断开,经 10s 后电压下降到 36.8V,则该电容元件的绝缘电阻为多少?

29　图题 29 所示电路中,求 $t\geqslant0$ 时的 u_C 和 i。

30　图题 30 所示电路中,求 $t\geqslant0$ 时的 i_L 及 u_L。

31　图题 31 所示电路中,若 $t=0$ 时开关 S 闭合,求 $t\geqslant0$ 时的 i_L、u_C、i_C 和 i。

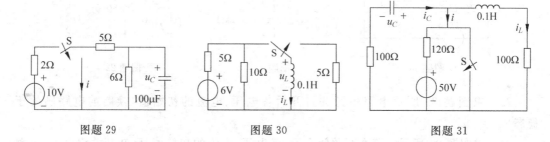

图题 29　　　　　　　图题 30　　　　　　　图题 31

32　图题 32 所示含受控源电路中,转移电导 $g=0.5\mathrm{S}$,$i_L(0_-)=2\mathrm{A}$,求 $t\geqslant0$ 时的 i_L。

33　图题 33 所示两电路中,$u_{C_1}(0_-)=u_{C_2}(0_-)$。欲使 $i_2(t)=6i_1(t)$,$t>0$,求 R_2 和 C_2。

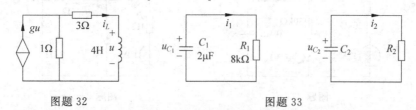

图题 32　　　　　　　图题 33

34　电路如图题 34 所示,$t=0$ 时打开开关 S,求 $t>0$ 时的 $u_{ab}(t)$。

35　如图题 35 所示电路,开关闭合前电路已得到稳态,求换路后的电流 $i(t)$。

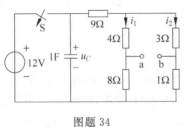
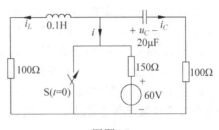

图题 34　　　　　　　　　　　　　　图题 35

36　图题 36 所示电路中，开关 S 在 $t=0$ 时打开。①列出以 u_C 为变量的微分方程；②求 u_C 和电流源发出的功率。

37　图题 37 所示电路中，开关 S 在 $t=0$ 时闭合。①列出以 i_L 为变量的微分方程；②求 i_L 及电压源发出的功率。

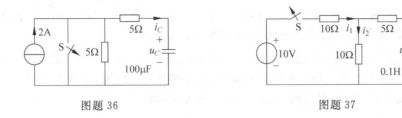

图题 36　　　　　　　　　　　　　　图题 37

38　图题 38 所示电路中，开关 S 在 $t=0$ 时闭合，求 $t \geqslant 0$ 时的 u_C 及 i_1。

39　图题 39 所示电路中，$t=0$ 时开关 S 打开，求 $t \geqslant 0$ 时的 i_L 及 u。

40　图题 40 所示电路中，$e(t)=110\sqrt{2}\cos(314t+30°)\mathrm{V}$，$t=0$ 时开关 S 闭合，$u_C(0_-)=0\mathrm{V}$，求 u_C。

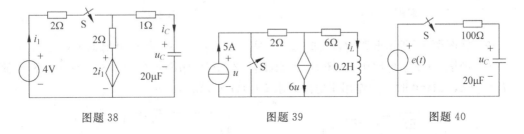

图题 38　　　　　　　　图题 39　　　　　　　　图题 40

41　图题 41 所示电路中，$i(t)=10\sqrt{2}\cos(314t+60°)\mathrm{A}$，$t=0$ 时开关 S 打开，求 i_L。

42　图题 42 所示电路中，$U_S=5\mathrm{V}$，在 $t=0$ 时开始作用于电路，求 $t \geqslant 0$ 时 i_L 及 u_L。

43　图题 43 所示电路中，已知 $I_S=5\mathrm{A}$，$R=4\Omega$，$C=1\mathrm{F}$，$t=0$ 时闭合开关 S，在下列两种情况下求 $u_C(t)$、$i_C(t)$ 以及电流源发出的功率：①$u_C(0_-)=15\mathrm{V}$；②$u_C(0_-)=25\mathrm{V}$。

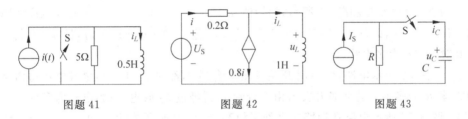

图题 41　　　　　　　　图题 42　　　　　　　　图题 43

44 图题 44 所示电路中,开关 S 在 $t=0$ 时闭合,在 $i_L(0_-)$ 分别为 2A 和 5A 两种情况下求 $i_L(t)$。已知 $U_S=8V,R_1=1\Omega,R_2=R_3=3\Omega,L=150mH$。

45 图题 45 所示电路中,已知 $U_S=12V,R_1=100\Omega,C=0.1\mu F,R_2=10\Omega,I_S=2A$,开关 S 在 $t=0$ 时由 1 合到 2,设开关动作前电路已处于稳态。求 $u_C(t)$ 和电流源发出的功率。

46 图题 46 所示电路中,已知 $U_S=12V,R_1=100\Omega,C=0.1\mu F,R_2=10\Omega,I_S=2A$,若开关 S 原合在 2 位置已处于稳态,$t=0$ 时由 2 合到 1,求 $u_C(t)$ 及电压源 U_S 发出的功率。

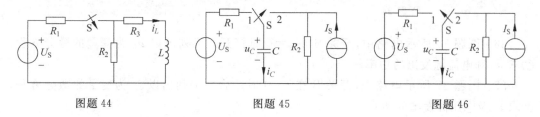

图题 44   图题 45   图题 46

47 图题 47 所示电路中,$U_S=16V,R_1=6\Omega,R_2=10\Omega,R_3=5\Omega,L=1H$,开关 S 在 $t=0$ 时闭合,求 $i_L(t)$ 及 $i_3(t)$。设开关 S 闭合前电路已处于稳态。

48 图题 48 所示电路中,已知 $e(t)=220\sqrt{2}\cos(314t+50°)V,R_1=6\Omega,R_2=10\Omega,R_3=20\Omega,C=0.1\mu F,I_S=10A$。开关 S 在 $t=0$ 时由 1 位置合到 2 位置,设开关 S 动作前电路已处于稳态,求 $u_C(t)$。当 I_S 取何值时,$u_C(t)$ 的瞬态分量为零。

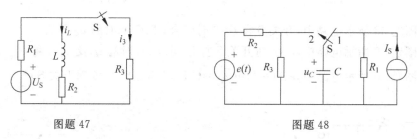

图题 47   图题 48

49 在图题 49 所示电路中,已知 $U_S=20V,i_L(0_-)=-1A$,求 $t\geqslant 0$ 时的 $i_L(t)$。

50 图题 50 所示电路中,已知 $R_1=1\Omega,R_2=2\Omega,C=1\mu F,u_C(0_-)=3V,g=0.2S$,电流源 $I_S=12A$,从 $t=0$ 时开始作用于电路。求 $i_1(t)$、$i_C(t)$ 和 $u_C(t)$。

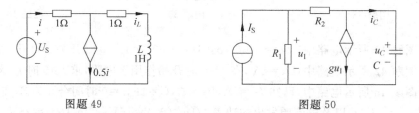

图题 49   图题 50

51 $t\geqslant 0$ 时电路如图题 51 所示,初始值 $u_C(0)=1V$。当 $i_S(t)=1A$ 时,$u_C(t)=1V,t\geqslant 0$;当 $i_S(t)=tA$ 时,$u_C(t)=(2e^{-t}+t-1)V,t\geqslant 0$。当 $i_S(t)=(t+1)A$ 时,且 $u_C(0)$ 仍为 1V,在 $t\geqslant 0$ 时,$u_C(t)$ 为多少?

52 图题 52 所示电路,$t=0$ 时开关 S 由 1 合到 2,经过 $t=1s$ 时,电容电压可由零充电至 60V,求 R 为多少? 若此时开关再由 2 合到 1,再经过 1s 放电,电容电压为多少?

53 图题 53 所示电路在换路前处于稳态,当 $t=0$ 时开关断开,求 $t\geqslant 0$ 时 $u_C(t)$。

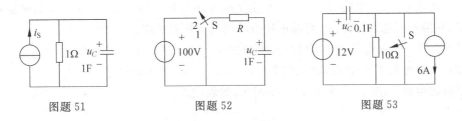

图题 51　　　　　　　　图题 52　　　　　　　　图题 53

54　图题 54 所示电路在换路前已达稳态,求 $t \geqslant 0$ 时全响应 $u_C(t)$,并把 $u_C(t)$ 的稳态分量、暂态分量、零输入响应和零状态响应分量分别写出来。

55　图题 55 所示电路中,$i_L(0)=1A$,求 $t \geqslant 0$ 时的 $i_L(t)$。

56　电路如图题 56 所示,开关合在 1 时已达到稳定状态。$t=0$ 时,开关由 1 合向 2,求 $t \geqslant 0$ 时的电压 $u_L(t)$。

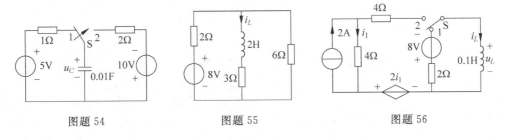

图题 54　　　　　　　　图题 55　　　　　　　　图题 56

57　在图题 57 中,已知 $u_C(0_-)=0$,$t=0$ 时开关 S 闭合,求 $t \geqslant 0$ 时的电容电压 u_C。

58　图题 58 所示电路中,$u_C(0)=1V$,开关 S 在 $t=0$ 时闭合,求得 $u_C(t)=\left(6-5e^{-\frac{1}{2}t}\right)V$。若将电容换成 1H 的电感,且知 $i_L(0)=1A$,求 $i_L(t)$。

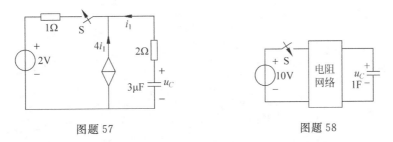

图题 57　　　　　　　　　　　　图题 58

59　已知图题 59(a)所示电路中,N 为线性电阻网络,$u_S(t)=1V$,$C=2F$,其零状态响应为

$$u_2(t)=\left(\frac{1}{2}+\frac{1}{8}e^{-0.25t}\right)V \quad (t \geqslant 0)$$

如果用 $L=2H$ 的电感代替电容 C[见图题 59(b)],试求 $t \geqslant 0$ 时零状态响应 $u_2(t)$。

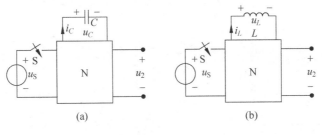

(a)　　　　　　　　　　　　(b)

图题 59

60 图题 60 所示电路，P 为一不含独立电源的线性电路。在 $t=0$ 时接通电源（K 闭合），在 ab 接不同电路元件，ab 两端电压有不同的零状态响应。

已知：(1) ab 接电阻 $R=2\Omega$ 时，此响应为 $u_{ab}=0.25(1-e^{-t})\varepsilon(t)\text{V}$；

(2) ab 接电容 $C=1\text{F}$ 时，此响应为 $u_{ab}=0.5(1-e^{-0.25t})\varepsilon(t)\text{V}$。

求将此电阻 R，电容 C 并连接至 ab 时 u_{ab} 的表达式。

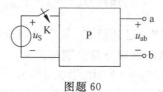

图题 60

第10章 二阶动态电路的时域分析

内容提要

含有动态元件的电路称为动态电路。动态电路通常含有储存电场能量的电容元件或储存磁场能量的电感元件。由于能量的储存和释放不可能立即完成,而是需要一定的时间才能完成,这样就引入了能量建立和释放的过渡过程,为了方便分析,以电压或电流为变量建立动态电路微分方程,解微分方程,得出相应的结果。

本章讨论二阶动态电路的时域分析,二阶电路的零输入、零状态、全响应以及一阶、二阶动态电路的阶跃响应,冲激响应。了解过阻尼、欠阻尼、临界阻尼等概念。

10.1 二阶电路的零输入响应

二阶电路:用二阶微分方程描述的动态电路。在二阶电路中,给定的初始条件应有两个,它们由储能元件的初始值决定。RLC 串联电路和 GLC 并联电路为最简单的二阶电路。

如图 10-1 所示,假设电容原已充电,其电压为 U_0,电感中的初始电流为 I_0。$t=0$,开关 S 闭合,此电路的放电过程即是二阶电路的零输入响应,分析如下。

$$-u_C + u_R + u_L = 0$$

$$i = -C\frac{\mathrm{d}u_C}{\mathrm{d}t}$$

$$u_R = Ri = -RC\frac{\mathrm{d}u_C}{\mathrm{d}t}$$

$$u_L = L\frac{\mathrm{d}i}{\mathrm{d}t} = -LC\frac{\mathrm{d}^2 u_C}{\mathrm{d}t^2}$$

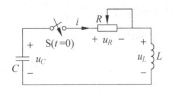

图 10-1　二阶电路的零输入响应

(1) 电路方程

$$LC\frac{\mathrm{d}^2 u_C}{\mathrm{d}t^2} + RC\frac{\mathrm{d}u_C}{\mathrm{d}t} + u_C = 0$$

(2) 方程的解

设 $u_C = A\mathrm{e}^{pt}$ 代入上式,得到特征方程 $LCp^2 + RCp + 1 = 0$

解出特征根 $p = -\dfrac{R}{2L} \pm \sqrt{\left(\dfrac{R}{2L}\right)^2 - \dfrac{1}{LC}}$

所以

$$u_C = A_1\mathrm{e}^{p_1 t} + A_2\mathrm{e}^{p_2 t}$$

其中

$$\begin{cases} p_1 = -\dfrac{R}{2L} + \sqrt{\left(\dfrac{R}{2L}\right)^2 - \dfrac{1}{LC}} \\[4mm] p_2 = -\dfrac{R}{2L} - \sqrt{\left(\dfrac{R}{2L}\right)^2 - \dfrac{1}{LC}} \end{cases}$$

给定的初始条件为

$$u_C(0_+) = u_C(0_-) = U_0 \quad i(0_+) = i(0_-) = I_0$$

又因为 $i = -C\dfrac{\mathrm{d}u_C}{\mathrm{d}t}$，因此有 $\dfrac{\mathrm{d}u_C}{\mathrm{d}t} = -\dfrac{I_0}{C}$

$$\begin{cases} A_1 + A_2 = U_0 \\ p_1 A_1 + p_2 A_2 = -\dfrac{I_0}{C} \end{cases}$$

下面讨论 $U_0 \neq 0, I_0 = 0$ 的情况，可解得

$$A_1 = \frac{p_2 U_0}{p_2 - p_1} \quad A_2 = \frac{-p_1 U_0}{p_2 - p_1}$$

1. 过阻尼

$R > 2\sqrt{\dfrac{L}{C}}$，非振荡放电过程，称为过阻尼。特征根是两个不等的负实数,电容上的电压为

$$u_C = \frac{U_0}{p_2 - p_1}(p_2 \mathrm{e}^{p_1 t} - p_1 \mathrm{e}^{p_2 t})$$

电流为

$$i = -C\frac{\mathrm{d}u_C}{\mathrm{d}t} = \frac{CU_0 p_1 p_2}{p_2 - p_1}(\mathrm{e}^{p_1 t} - \mathrm{e}^{p_2 t}) = -\frac{U_0}{L(p_2 - p_1)}(\mathrm{e}^{p_1 t} - \mathrm{e}^{p_2 t})$$

式中利用了 $p_1 p_2 = \dfrac{1}{LC}$

电感电压

$$u_L = L\frac{\mathrm{d}i}{\mathrm{d}t} = -\frac{U_0}{p_2 - p_1}(p_1 \mathrm{e}^{p_1 t} - p_2 \mathrm{e}^{p_2 t})$$

电流达最大值得时刻可由 $\dfrac{\mathrm{d}i}{\mathrm{d}t} = 0$ 决定, $t_m = \dfrac{\ln(p_2/p_1)}{p_2 - p_1}$

二阶电路的非振荡放电过程如图 10-2 所示。

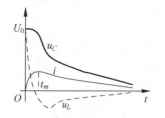

图 10-2 二阶电路的非振荡放电过程

2. 欠阻尼

$R < 2\sqrt{\dfrac{L}{C}}$，振荡放电过程,称为欠阻尼。特征根是一对共轭复数,若令

$$\delta = \frac{R}{2L}, \quad \omega^2 = \frac{1}{LC} - \left(\frac{R}{2L}\right)^2$$

则

$$\sqrt{\left(\frac{R}{2L}\right)^2 - \frac{1}{LC}} = \sqrt{-\omega^2} = \mathrm{j}\omega$$

于是有

$$p_1 = -\delta + \mathrm{j}\omega, \quad p_2 = -\delta - \mathrm{j}\omega$$

令

$$\omega_0 = \sqrt{\delta^2 + \omega^2}, \quad \beta = \arctan\frac{\omega}{\delta}$$

则有

$$\delta = \omega_0 \cos\beta, \quad \omega = \omega_0 \sin\beta$$

根据欧拉公式

$$e^{j\beta} = \cos\beta + j\sin\beta, \quad e^{-j\beta} = \cos\beta - j\sin\beta$$

可求得

$$p_1 = -\omega_0 e^{-j\beta}, \quad p_2 = -\omega_0 e^{j\beta}$$

$$u_C = \frac{U_0}{p_2 - p_1}(p_2 e^{p_1 t} - p_1 e^{p_2 t})$$

$$= \frac{U_0}{-j2\omega}[-\omega_0 e^{j\beta} e^{(-\delta+j\omega)t} + \omega_0 e^{-j\beta} e^{(-\delta-j\omega)t}]$$

$$= \frac{U_0 \omega_0}{\omega} e^{-\delta t}\left[\frac{e^{j(\omega t + \beta)} - e^{-j(\omega t + \beta)}}{j2}\right]$$

$$= \frac{U_0 \omega_0}{\omega} e^{-\delta t} \sin(\omega t + \beta)$$

电流为

$$i = -C\frac{du_C}{dt} = \frac{U_0}{\omega L} e^{-\delta t} \sin(\omega t)$$

电感电压

$$u_L = L\frac{di}{dt} = -\frac{U_0 \omega_0}{\omega} e^{-\delta t} \sin(\omega t - \beta)$$

二阶电路的振荡放电过程如图 10-3 所示,功率变化如表 10-1 所示。

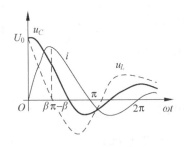

图 10-3 二阶电路的振荡放电过程

表 10-1 二阶电路的振荡放电过程

ωt 范围	电感	电容	电阻
$0 < \omega t < \beta$	吸收	释放	消耗
$\beta < \omega t < \pi - \beta$	释放	释放	消耗
$\pi - \beta < \omega t < \pi$	释放	吸收	消耗

3. 临界阻尼

$R = 2\sqrt{\dfrac{L}{C}}$,临界情况,称为临界阻尼。

特征方程具有重根

$$p_1 = p_2 = -\frac{R}{2L} = -\delta$$

$$u_C = (A_1 + A_2 t) e^{-\delta t}$$

根据初始值,可确定

$$A_1 = U_0, \quad A_2 = \delta U_0$$

电容电压为

$$u_C = U_0(1 + \delta t) e^{-\delta t}$$

电流为

$$i = -C\frac{\mathrm{d}u_C}{\mathrm{d}t} = \frac{U_0}{L}t\mathrm{e}^{-\delta t}$$

电感电压

$$u_L = L\frac{\mathrm{d}i}{\mathrm{d}t} = U_0(1-\delta t)\mathrm{e}^{-\delta t}$$

4. 无阻尼

$R=0$,称为无阻尼

【例 10-1】 电路如图 10-4 所示,$u_S=10\mathrm{V}$,$R=4\mathrm{k}\Omega$,$L=1\mathrm{H}$,$C=1\mu\mathrm{F}$,开关 S 原来闭合在触点 1 处,$t=0$ 时,开关 S 由触点 1 接至触点 2 处,求:(1)u_C,u_R,i 和 u_L;(2)$i_{\max}$。

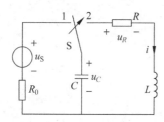

图 10-4 二阶电路分析

解 ① 求 u_C,u_R,i 和 u_L。

特征根

$$p_1 = -\frac{R}{2L} + \sqrt{\left(\frac{R}{2L}\right)^2 - \frac{1}{LC}} = -268$$

$$p_2 = -\frac{R}{2L} - \sqrt{\left(\frac{R}{2L}\right)^2 - \frac{1}{LC}} = -3732$$

又

$$u_C(0_+) = U_0 = U_S = 10\mathrm{V}$$

所以

$$u_C = (10.77\mathrm{e}^{-268t} - 0.773\mathrm{e}^{-3732t})\mathrm{V}$$
$$i = 2.89(\mathrm{e}^{-268t} - \mathrm{e}^{-3732t})\mathrm{mA}$$
$$u_R = Ri = 11.56(\mathrm{e}^{-268t} - \mathrm{e}^{-3732t})\mathrm{V}$$
$$u_L = L\frac{\mathrm{d}i}{\mathrm{d}t} = (10.77\mathrm{e}^{-3732t} - 0.773\mathrm{e}^{-268t})\mathrm{V}$$

② 求 $i_{\max}$。

$$t_m = \frac{1}{p_1 - p_2}\ln\frac{p_2}{p_1} = 7.6\times10^{-4}\mathrm{S} = 760\mu\mathrm{S}$$

$$i_{\max} = i\,|_{t=t_m} = 2.89(\mathrm{e}^{-268t} - \mathrm{e}^{-3732t})\,|_{t=t_m} = 2.19\mathrm{mA}$$

设

$$u_C(0) = 0, i(0) = I_0$$

$$u_C(t) = \frac{I_0}{(p_1 - p_2)C}(\mathrm{e}^{p_1 t} - \mathrm{e}^{p_2 t})$$

$$i_L(t) = \frac{I_0}{p_1 - p_2}(p_1\mathrm{e}^{p_1 t} - p_2\mathrm{e}^{p_2 t})$$

$$u_L(t) = L\frac{\mathrm{d}i_L}{\mathrm{d}t} = \frac{LI_0}{p_1 - p_2}(p_1^2\mathrm{e}^{p_1 t} - p_2^2\mathrm{e}^{p_2 t})$$

【例 10-2】 如图 10-5 的 RLC 串联电路中,$R=1\Omega$,$L=1\mathrm{H}$,$C=1\mathrm{F}$,$u_C(0)=1\mathrm{V}$,$i_L(0)=1\mathrm{A}$,求零输入响应 $u_C(t)$ 和 $i_L(t)$。

解

$$p_{1,2} = -\frac{R}{2L} \pm \sqrt{\left(\frac{R}{2L}\right)^2 - \frac{1}{LC}} = -\frac{1}{2} \pm \mathrm{j}\frac{\sqrt{3}}{2} = -\delta \pm \mathrm{j}\omega$$

$$u_C(t) = \mathrm{e}^{-\delta t}(A_1 \cos\omega t + A_2 \sin\omega t)$$

$$\begin{cases} u_C(0) = A_1 = 1 \\ u'_C(0) = -\delta A_1 + \omega A_2 = \dfrac{1}{C} i_L(0) = 1 \end{cases}$$

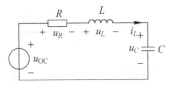

图 10-5 RLC 串联电路振荡分析

得

$$\begin{cases} A_1 = 1 \\ A_2 = \sqrt{3} \end{cases}$$

$$u_C(t) = \mathrm{e}^{-\frac{1}{2}t}\left(\cos\frac{\sqrt{3}}{2}t + \sqrt{3}\sin\frac{\sqrt{3}}{2}t\right)\mathrm{V} \quad t \geqslant 0$$

或

$$u_C(t) = 2\mathrm{e}^{-\frac{1}{2}t}\cos\left(\frac{\sqrt{3}}{2}t - \frac{\pi}{3}\right)\mathrm{V} \quad t \geqslant 0$$

$$i_L(t) = 2\mathrm{e}^{-\frac{1}{2}t}\cos\left(\frac{\sqrt{3}}{2}t + \frac{\pi}{3}\right)\mathrm{A} \quad t \geqslant 0$$

RLC 串联电路电压、电流变化波形如图 10-6 所示。

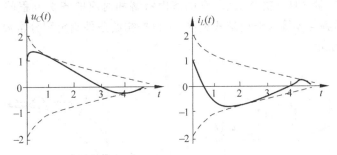

图 10-6 RLC 串联电路电压、电流变化波形

【例 10-3】 电路如图 10-7 所示 $R=1\,\Omega$，$L=0.25\,\mathrm{H}$，$C=1\,\mathrm{F}$，$u_C(0)=-1\,\mathrm{V}$，$i_L(0)=0$，当 $t \geqslant 0$ 时，$u_{\mathrm{OC}}(t)=0$，求 $t \geqslant 0$ 时的 $i_L(t)$。

解 $p_{1,2} = -\dfrac{R}{2L} \pm \sqrt{\left(\dfrac{R}{2L}\right)^2 - \dfrac{1}{LC}} = -2$ 临界阻尼状态

$$i_L(t) = A_1 \mathrm{e}^{p_1 t} + A_2 t \mathrm{e}^{p_2 t} = (A_1 + A_2 t)\mathrm{e}^{-2t}$$

因为

$$i_L(0) = A_1 = 0, \quad i'_L(0) = A_1 p_1 + A_2 = -\frac{u_C(0)}{L} = 4 \quad \Rightarrow \quad A_2 = 4$$

所以

$$i_L(t) = 4t\mathrm{e}^{-2t}\mathrm{A}, \quad t \geqslant 0$$

$$\frac{\mathrm{d}i_L}{\mathrm{d}t} = 4t\mathrm{e}^{-2t} - 8t\mathrm{e}^{-2t} = 0, \quad \Rightarrow \quad t_m = 0.5\,\mathrm{s}$$

$$i_{L\max} = 2\mathrm{e}^{-1} = 0.74\,\mathrm{A}$$

RLC 串联电路临界阻尼电流变化波形如图 10-8 所示。

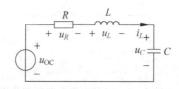

图 10-7　RLC 串联电路临界阻尼分析

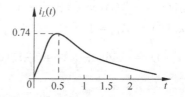

图 10-8　RLC 串联电路临界阻尼电流变化波形

10.2　二阶电路的零状态响应和全响应

二阶电路的初始储能为零(即电容两端的电压和电感中的电流都为零),仅由外施激励引起的响应称为二阶电路的零状态响应,如图 10-9 所示,其中 $u_C(0_-)=0$,$i_L(0_-)=0$。

根据 KCL 有 $i_C+i_G+i_L=i_S$

以 i_L 为待求变量,可得

$$LC\frac{\mathrm{d}^2 i_L}{\mathrm{d}t^2}+GL\frac{\mathrm{d}i_L}{\mathrm{d}t}+i_L=i_S \tag{10-1}$$

式(10-1)为二阶线性非齐次方程,它的解由特解和对应的齐次方程的通解组成。取稳态解为特解,而通解与零输入响应形式相同,再根据初始条件确定积分常数,从而得到全解,波形如图 10-10 所示。

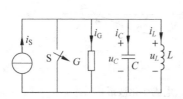

图 10-9　二阶电路的零状态响应

图 10-10　在三种情况下的波形

如果二阶电路具有初始储能,又接入外施激励,则电路的响应称为二阶电路的全响应。全响应是零输入响应和零状态响应的叠加,可以通过求解二阶非齐次方程的方法求得全响应。

10.3　一阶电路的阶跃响应

1. 阶跃函数

电路对单位阶跃函数的零状态响应称为单位阶跃响应。

单位阶跃函数是一种奇异函数。定义为

$$\varepsilon(t)=\begin{cases}0 & (t<0)\\ 1 & (t>0)\end{cases}$$

$t=0$ 时无定义,函数在 $t=0$ 这一点是不连续的。该函数在 $(0_-,0_+)$ 时域内发生跃变,因其阶跃的幅度为1,故称为单位阶跃函数。它表示在 $t=0$ 时把电路接到单位直流电压。$\varepsilon(t)$ 可以作为开关的数学模型,也称开关函数。单位阶跃函数的波形如图 10-11(a)所示。

定义任一时刻 t_0 起始的阶跃函数为

$$\varepsilon(t-t_0) = \begin{cases} 0 & (t < t_0) \\ 1 & (t > t_0) \end{cases} \qquad \varepsilon(t) \xrightarrow{\text{向右平移}\ t_0} \varepsilon(t-t_0)$$

$\varepsilon(t-t_0)$ 可看作是 $\varepsilon(t)$ 在时间轴上向右平移 t_0 后的结果(一般认为 $t_0 > 0$),所以把它称作延迟的单位阶跃函数。其波形如图 10-11(b)所示。

2．阶跃函数的作用

① 阶跃函数表示电源作用,如图 10-12 所示,开关相当于 $\varepsilon(t)$。

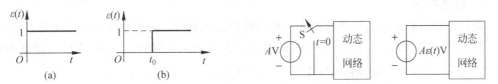

图 10-11　单位阶跃函数　　　　　图 10-12　阶跃函数表示电源作用

② 阶跃函数可用来"起始"任意一个 $f(t)$,$f(t)\varepsilon(t)$ 表示 $f(t)$ 在 $t \geqslant 0_+$ 开始作用。如图 10-13 所示,$\varepsilon(t)$ 是时间描述开关。

$$f(t)\varepsilon(t-t_0) = \begin{cases} f(t) & t > t_0 \\ 0 & t < t_0 \end{cases}$$

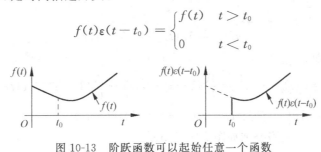

图 10-13　阶跃函数可以起始任意一个函数

③ 阶跃函数和延时阶跃函数可表示分段直流信号,矩形脉冲等,如图 10-14 所示。

$$f(t) = \varepsilon(t) - \varepsilon(t-t_0)$$

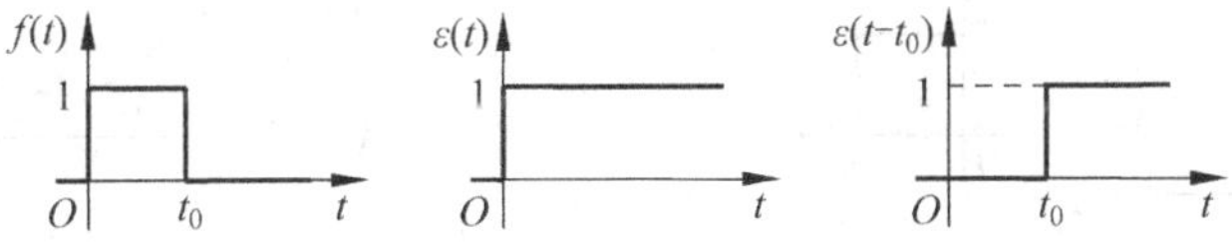

图 10-14　阶跃函数可以表示分段直流信号、矩形脉冲

④ 积分式中对 $\varepsilon(t)$ 的处理

$$\int_0^\infty f(t)\varepsilon(t)\mathrm{d}t = \int_0^\infty f(t)\mathrm{d}t \qquad \int_{-\infty}^\infty f(t)\varepsilon(t)\mathrm{d}t = \int_0^\infty f(t)\mathrm{d}t$$

【例 10-4】 试用阶跃函数分别表示图 10-15 中的脉冲串、正负脉冲和梯形信号。

解

$$f_1(t) = \varepsilon(t) - \varepsilon(t-t_0) + \varepsilon(t-2t_0) - \varepsilon(t-3t_0)\cdots$$

$$= \sum_{k=0}^\infty (-1)^k \varepsilon(t-kt_0)$$

$$f_2(t) = \varepsilon(t) - 2\varepsilon(t-t_0) + \varepsilon(t-2t_0)$$

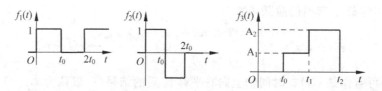

图 10-15　冲和梯形信号

$$f_3(t) = A_1\varepsilon(t-t_0) + (A_2 - A_1)\varepsilon(t-t_1) - A_2\varepsilon(t-t_2)$$

3. 阶跃响应

电路对单位阶跃函数的零状态响应称为单位阶跃响应。求单位阶跃响应就是零状态响应。其求法与零状态响应的方法相同,只要把输入改为 $\varepsilon(t)$ 即可。例如:RC 一阶电路中,令 $U_S = \varepsilon(t)$,则单位阶跃响应 $u_C(t) = (1 - e^{-\frac{t}{\tau}})\varepsilon(t)$。

【例 10-5】　求图 10-16 零状态 RL 电路在图中所示脉冲电压作用下的电流 $i(t)$,其中 $L = 1\text{H}, R = 1\Omega$。

解　该电路的零状态响应为　$i(t) = \dfrac{u(t)}{R}(1 - e^{-\frac{t}{\tau}})$

因为

$$u(t) = A\varepsilon(t) - A\varepsilon(t-t_0)$$

所以,根据叠加定理

$$i(t) = i'(t) + i''(t) = \frac{A}{R}(1 - e^{-\frac{t}{\tau}})\varepsilon(t) - \frac{A}{R}(1 - e^{-\frac{t-t_0}{\tau}})\varepsilon(t-t_0)$$

$$= A(1 - e^{-t})\varepsilon(t) - A(1 - e^{-(t-t_0)})\varepsilon(t-t_0)$$

门信号作用于 RL 电路叠加如图 10-17 所示。

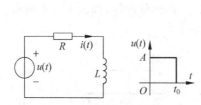

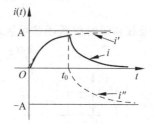

图 10-16　门信号作用于 RL 电路　　　图 10-17　门信号作用于 RL 电路叠加图

【例 10-6】　RC 电路如图 10-18(a)所示,已知 $u(t) = 5\varepsilon(t-2)\text{V}, u_C(0) = 10\text{V}$,求电流 $i(t)$。

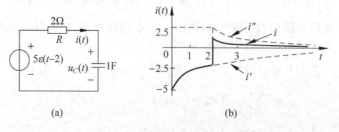

(a)　　　　　　　　　　　　　(b)

图 10-18　门信号作用于 RC 电路

解 零输入响应

$$i'(t) = -\frac{u_C(0)}{R}e^{-\frac{t}{\tau}}\varepsilon(t) = -5e^{-0.5t}\varepsilon(t)$$

零状态响应

$$i''(t) = \frac{5}{R}e^{-\frac{t-2}{\tau}}\varepsilon(t-2) = 2.5e^{-0.5(t-2)}\varepsilon(t-2)$$

所以

$$i(t) = i'(t) + i''(t) = -5e^{-0.5t}\varepsilon(t) + 2.5e^{-0.5(t-2)}\varepsilon(t-2)$$

10.4 一阶电路的冲激响应

电路对单位冲激函数的零状态响应称为单位冲激响应。

1. 冲激函数

单位冲激函数 $\delta(t)$ 是一种奇异函数，又称为狄拉克(Dirac)函数，可定义为

$$\begin{cases} \delta(t) = 0 & t \neq 0 \\ \int_{-\infty}^{\infty}\delta(t)\mathrm{d}t & t = 1 \end{cases}$$

其定义可通过图 10-19(a) 来描述。该函数波形与横轴包围的面积等于 1。图 10-19(b) 为单位冲激函数，图 10-19(c) 为延时的冲激函数。

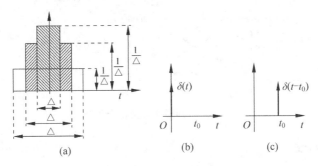

图 10-19　冲激函数

单位脉冲函数 $p_\Delta(t)$，如图 10-20 所示

$$p_\Delta(t) = \begin{cases} 0 & t < -\frac{\Delta}{2} \text{ 或 } t > \frac{\Delta}{2} \\ \frac{1}{\Delta} & -\frac{\Delta}{2} < t < \frac{\Delta}{2} \end{cases}$$

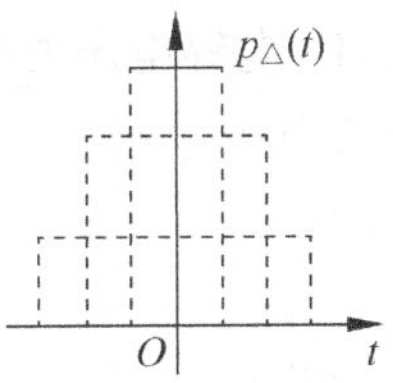

图 10-20　单位矩形脉冲

脉冲函数 $Kp_\Delta(t)$ 所围的面积为 K，其高度为 $\frac{K}{\Delta}$。$\delta(t)$ 函数可看成单位脉冲函数 $p_\Delta(t)$ 的一种极限，当一个单位脉冲函数的宽度变得越来越窄时，它的幅度越来越大，当 $\Delta \to 0$ 时，幅度就变为无限大，但其面积仍为 1。

单位延时冲激函数

$$\begin{cases} \delta(t - t_0) = 0 & \forall t \neq t_0 \\ \int_{-\infty}^{\infty}\delta(t - t_0)\mathrm{d}t & t = 1 \end{cases}$$

2．冲激函数的性质

（1）冲激函数是阶跃函数的导数

因为

$$\int_{-\infty}^{t} \delta(\xi)\,\mathrm{d}\xi = \begin{cases} 1 & t > 0 \\ 0 & t < 0 \end{cases}$$

所以

$$\int_{-\infty}^{t} \delta(\xi)\,\mathrm{d}\xi = \varepsilon(t) \qquad \frac{\mathrm{d}\varepsilon(t)}{\mathrm{d}t} = \delta(t)$$

（2）单位冲激函数的"筛分性质"

由于 $t \neq 0$ 时，$\delta(t)=0$，所以对任意在 $t=0$ 时连续的函数 $f(t)$，有

$$f(t)\delta(t) = f(0)\delta(t)$$

$$\int_{-\infty}^{\infty} f(t)\delta(t)\,\mathrm{d}t = \int_{-\infty}^{\infty} f(0)\delta(t)\,\mathrm{d}t = f(0)\int_{-\infty}^{\infty} \delta(t)\,\mathrm{d}t = f(0)$$

对于在 $t=t_0$ 时连续的函数 $f(t)$，如图 10-21 所示，有

$$f(t)\delta(t-t_0) = f(t_0)\delta(t-t_0)$$

$$\int_{-\infty}^{\infty} f(t)\delta(t-t_0)\,\mathrm{d}t = f(t_0)$$

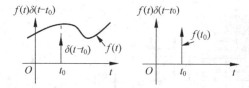

图 10-21 冲激函数的筛分性质

（3）$\delta(t)$ 为偶函数

$$\delta(-t) = \delta(t)$$

3．电容电压和电感电流的跃变

（1）电容电压的跃变

因为

$$u_C(t) = u_C(t_0) + \frac{1}{C}\int_{t_0}^{t} i\,\mathrm{d}\xi$$

所以

$$u_C(0_+) = u_C(0_-) + \frac{1}{C}\int_{0_-}^{0_+} i\,\mathrm{d}t$$

① 若在 $t=0$ 时，有冲激电流 $Q\delta_i(t)$ 流经电容，则

$$u_C(0_+) = u_C(0_-) + \frac{1}{C}\times Q$$

否则

$$u_C(0_+) = u_C(0_-) \qquad \text{若无冲激电流，电容电压不能突变}$$

② 若在 $t=0$ 时,流过电容的电流为单位冲激电流 $\delta_i(t)$,则

$$u_C(0_+) = u_C(0_-) + \frac{1}{C}$$

(2) 电感电流的突变

因为

$$i_L(t) = i_L(t_0) + \frac{1}{L}\int_{t_0}^{t} u \, d\xi$$

所以

$$i_L(0_+) = i_L(0_-) + \frac{1}{L}\int_{0_-}^{0_+} u \, dt$$

① 若在 $t=0$ 时,施加于电感的冲激电压为 $\psi\delta_u(t)$,则

$$i_L(0_+) = i_L(0_-) + \frac{1}{L} \times \Psi$$

否则

$$i_L(0_+) = i_L(0_-) \quad 若无冲激电压,电感电流不能突变$$

② 若在 $t=0$ 时,施加于电感的端电压为单位冲激电压 $\delta_u(t)$,则

$$i_L(0_+) = i_L(0_-) + \frac{1}{L}$$

换路后,纯电容或仅由电容及电压源构成的回路中,电容电压可能突变;如电容电压发生突变,则有冲激电流流过电容;

换路后,纯电感或由电感及电流源构成的割集中,电感电流可能跃变;如电感电流发生突变,电感两端出现冲激电压。

4. 冲激响应

(1) 冲激响应 $h(t)$

零状态电路对单位冲激信号的响应。

(2) 计算冲激响应的一种方法

先计算由 $\delta(t)$ 产生的在 $t=0_+$ 时的初始状态,然后求解由这一初始状态产生的零输入响应(前述方法),即为 $t>0$ 时冲激响应 $h(t)$。

(3) $t=0_+$ 时电容电压及电感电流初始值的确定

① 冲激电源作用于电路的瞬间,电感应看成开路,不论电感原来是否有电流(因电感储能 $W_L = \frac{1}{2}Li_L^2$ 为有限值,电感电流应为有限值,故电感之中不应出现冲激电流);

② 冲激电源作用于电路的瞬间,电容应看成短路,不论电容原来是否有电压(因电容储能 $W_C = \frac{1}{2}Cu_C^2$ 为有限值,电容电压应为有限值,故电容两端不应出现冲激电压)。

(4) RC 电路中电容电压的冲激响应

如图 10-22 所示,利用叠加定理对电路进行分析。

解 将电容看作短路($t=0$)时,冲激电流全部流过电容。

因为

$$u_C(0_+) = u_C(0) + \frac{1}{C}$$

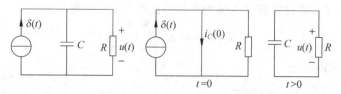

图 10-22　RC 电路中电容电压的冲激响应

所以

$$u(0_+) = \frac{1}{C}$$

$$h(t) = u(0_+)\mathrm{e}^{-\frac{t}{\tau}} = \frac{1}{C}\mathrm{e}^{-\frac{t}{\tau}}　t > 0$$

或

$$h(t) = \frac{1}{C}\mathrm{e}^{-\frac{t}{\tau}} \cdot \varepsilon(t)$$

（5）RL 电路中电感电流及电压的冲激响应

如图 10-23 所示，利用叠加定理分析。

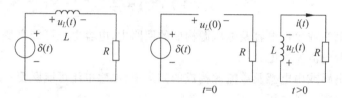

图 10-23　RL 电路中电感电流的冲激响应

解　把电感开路($t=0$)，冲激电压全部出现于电感两端。

因为

$$i_L(0_+) = i_L(0_-) + \frac{1}{L}$$

所以

$$i(0_+) = \frac{1}{L}$$

$$h_i(t) = \frac{1}{L}\mathrm{e}^{-\frac{t}{\tau}}\varepsilon(t)$$

$$h_u(t) = L\frac{\mathrm{d}h_i(t)}{\mathrm{d}t} = \delta(t) - \frac{R}{L}\mathrm{e}^{-\frac{t}{\tau}}\varepsilon(t)$$

【例 10-7】　试确定图 10-24 所示电路的电感电流及电压的冲激响应。

解　① $t=0$ 时，电感看作开路

$$u_1(0) = k_1\delta(t) = 0.6\delta(t)$$

$$u_2(0) = k_2\delta(t) = 0.4\delta(t)$$

② 冲激电压 $u_2(0)$ 出现在电感两端，使电感电压发生跃变

$$i_L(0_+) = \frac{k_2}{L} = 4\mathrm{A}$$

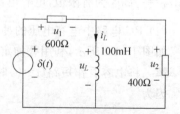

图 10-24　电感的冲激响应

③ $t>0$ 时,400Ω 与 600Ω 并联

$$R_{eq} = (600 /\!/ 400)\Omega = 240\Omega$$

由 $t=0_+$ 等效电路可知

$$u_L(0_+) = -R_{eq}i_L(0_+) = (-240 \times 4)V = -960V$$

所以

$$h_i(t) = i_L(0_+)e^{-\frac{t}{\tau}} = 4e^{-2400t}A$$

$$h_u(t) = 0.4\delta(t) - 960e^{-2400t}\varepsilon(t)V$$

5. 由阶跃响应求冲激响应

冲激响应 $h(t)$ 与阶跃响应 $s(t)$ 的关系如下,因为

$$\delta(t) = \frac{d\varepsilon(t)}{dt}$$

所以

$$h(t) = \frac{ds(t)}{dt}$$

求冲激响应的另一种方法,先求阶跃响应 $s(t)$,再求阶跃响应的导数,便可得到冲激响应 $h(t)$。

【例 10-8】 利用冲激响应是阶跃响应的导数性质,求解图 10-22 中电容电压的冲激响应。

解 该电路电容电压 $u(t)$ 的阶跃响应为

$$s(t) = R(1 - e^{-\frac{t}{RC}})\varepsilon(t)$$

所以

$$h(t) = \frac{d}{dt}s(t) = R\frac{d}{dt}\left[\varepsilon(t) - e^{-\frac{t}{RC}} \cdot \varepsilon(t)\right]$$

$$= R\left[\delta(t) - \delta(t)e^{-\frac{t}{RC}} + \frac{1}{RC}e^{-\frac{t}{RC}}\varepsilon(t)\right] = \frac{1}{C}e^{-\frac{t}{RC}} \cdot \varepsilon(t)$$

本 章 小 结

对于二阶电路,通常以电容电压 $u_C(t)$ 或电感电流 $i_L(t)$ 为电路变量,应用 KCL、KVL、支路电流法,回路电流法对电路编写二阶微分方程,然后进行求解,先求出电路的通解,再求出电路的特解,全解＝通解＋特解,然后根据电路初始值确定全解中的积分常数。

RLC 串联电路的特点:

① $R>2\sqrt{\dfrac{L}{C}}$,非振荡放电过程,称为过阻尼;

② $R<2\sqrt{\dfrac{L}{C}}$,振荡放电过程,称为欠阻尼;

③ $R=2\sqrt{\dfrac{L}{C}}$,临界情况,称为临界阻尼;

④ $R=0$,称为无阻尼。

阶跃响应可通过零状态响应来求解。对于任一线性电路来说,描述电路性状的方程是线性、常系数常微分方程。若激励为 $e(t)$ 时其响应为 $r(t)$,则激励为 $e(t)$ 的导数或积分时,

其响应也必然为 $r(t)$ 的导数或积分。冲激激励是阶跃激励的一阶导数,因此,冲激响应是阶跃响应的一阶导数。

课 后 习 题

1 已知某个二阶电路的响应为振荡放电,则这个二阶电路具有( )的性质。

A. 特征根为 2 个不相等的负实根,初始值小于稳态值

B. 特征根为一对共轭复根,初始值小于稳态值

C. 特征根为 2 个不相等的负实根,初始值大于稳态值

D. 特征根为一对共轭复根,初始值大于稳态值

2 某个二阶电路的特征根为 2 个共轭复根,则这个二阶电路的零状态响应属于( )。

A. 非振荡放电过程　　　　　　　　B. 振荡放电过程

C. 非振荡充电过程　　　　　　　　D. 振荡充电过程

3 如图题 3 所示电路,原处于稳态,$t=0$ 时开关 K 闭合,$t>0$ 时的 $i(t)$ 为( )。

A. $(e^{-2t}-e^{-t}-1)\varepsilon(t)$ A　　　　　　B. $(e^{-2t}+e^{-t}-1)\varepsilon(t)$ A

C. $(e^{-2t}+e^{-t}+1)\varepsilon(t)$ A　　　　　　D. $(-e^{-2t}+e^{-t}-1)\varepsilon(t)$ A

4 如图题 4 所示电路原已稳定,$t=0$ 时开关 S 由位置 a 打向位置 b,$t>0$ 时的 $i(t)$ 为( )。

A. $1.25e^{-12.5t}$ A　　B. $1.25e^{-7.5t}$ A　　C. $1.25e^{-5t}$ A　　D. $1.25e^{-6.25t}$ A

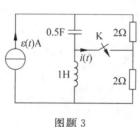
图题 3

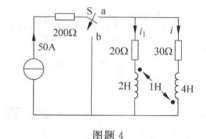
图题 4

5 如图题 5 所示电路,$t<0$ 时处于稳态,且 $u_C(0_-)=0$ V,$t=0$ 时开关 S 闭合。$t>0$ 时的 $u_2(t)$ 为( )。

A. $4e^{-t}\varepsilon(t)$ V　　　B. $2e^{-0.5t}\varepsilon(t)$ V　　　C. $4e^{-0.5t}\varepsilon(t)$ V　　　D. $8e^{-t}\varepsilon(t)$ V

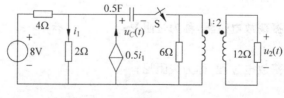
图题 5

6 如图题 6 所示电路,原已稳定,$t=0$ 时把 K 闭合,$t>0$ 时 $i(t)$ 的表达式为( )。

A. $0.06(e^{-5000t}-e^{-25000t})$ A　　　　　　B. $0.06(e^{-5000t}+e^{-25000t})$ A

C. $-0.06(e^{-5000t}+e^{-25000t})$ A　　　　　D. $0.06(-e^{-5000t}+e^{-25000t})$ A

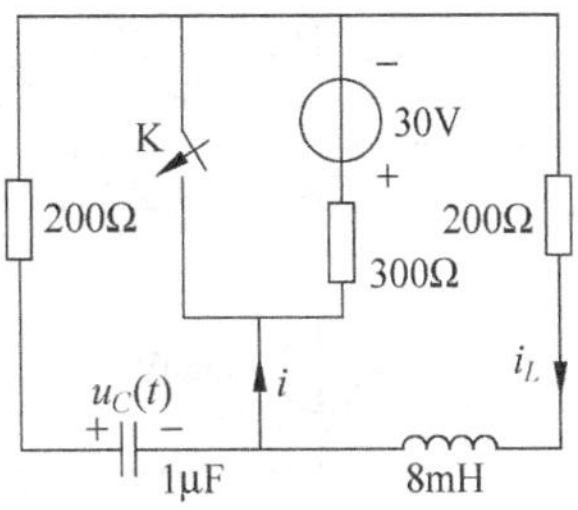

图题 6

7　RLC 串联电路中，$R>2\sqrt{\dfrac{L}{C}}$ 的特点是（　　）。

　　A. 非振荡衰减过程，称为过阻尼

　　B. 振荡衰减过程，称为欠阻尼

　　C. 临界情况，称为临界阻尼

　　D. 无振荡衰减过程，称为无阻尼

8　RLC 串联电路中，$R<2\sqrt{\dfrac{L}{C}}$ 的特点是（　　）。

　　A. 非振荡衰减过程，称为过阻尼　　　　　B. 振荡衰减过程，称为欠阻尼

　　C. 临界情况，称为临界阻尼　　　　　　　D. 无振荡衰减过程，称为无阻尼

9　RLC 串联电路中，$R=2\sqrt{\dfrac{L}{C}}$ 的特点是（　　）。

　　A. 非振荡衰减过程，称为过阻尼　　　　　B. 振荡衰减过程，称为欠阻尼

　　C. 临界情况，称为临界阻尼　　　　　　　D. 无振荡衰减过程，称为无阻尼

10　RLC 串联电路中，$R=0$ 的特点是（　　）。

　　A. 非振荡衰减过程，称为过阻尼　　　　　B. 振荡衰减过程，称为欠阻尼

　　C. 临界情况，称为临界阻尼　　　　　　　D. 无振荡衰减过程，称为无阻尼

11　GLC 并联电路中，$G>2\sqrt{\dfrac{C}{L}}$ 的特点是（　　）。

　　A. 非振荡衰减过程，称为过阻尼　　　　　B. 振荡衰减过程，称为欠阻尼

　　C. 临界情况，称为临界阻尼　　　　　　　D. 无振荡衰减过程，称为无阻尼

12　GLC 并联电路中，$G<2\sqrt{\dfrac{C}{L}}$ 的特点是（　　）。

　　A. 非振荡衰减过程，称为过阻尼　　　　　B. 振荡衰减过程，称为欠阻尼

　　C. 临界情况，称为临界阻尼　　　　　　　D. 无振荡衰减过程，称为无阻尼

13　GLC 并联电路中，$G=2\sqrt{\dfrac{C}{L}}$ 的特点是（　　）。

　　A. 非振荡衰减过程，称为过阻尼　　　　　B. 振荡衰减过程，称为欠阻尼

　　C. 临界情况，称为临界阻尼　　　　　　　D. 无振荡衰减过程，称为无阻尼

14　对于二阶电路，可以用（　　）来求解输出响应。

　　A. 三要素法　　　　　B. 相量法　　　　　C. 相量图法　　　　　D. 微积分法

15　如图题 15 电路，$i_C(t)=$（　　）。

　　A. $10\mathrm{e}^{-0.5t}\varepsilon(t)\mathrm{A}$　　　　　　　　　　B. $-5\mathrm{e}^{-0.5t}\varepsilon(t)\mathrm{A}$

　　C. $10\delta(t)-5\mathrm{e}^{-0.5t}\varepsilon(t)\mathrm{A}$　　　　D. $10-5\mathrm{e}^{-0.5t}\mathrm{A}$

16　图题 16 电路中，求 8Ω 电阻的电流 i 为（　　）。

　　A. $[1.5\delta(t)-4.5\mathrm{e}^{-6t}\varepsilon(t)]\mathrm{A}$　　　B. $(1.5-4.5\mathrm{e}^{-6t})\varepsilon(t)\mathrm{A}$

　　C. $-4.5\mathrm{e}^{-6t}\varepsilon(t)\mathrm{A}$　　　　　　　　D. $4.5\mathrm{e}^{-6t}\varepsilon(t)\mathrm{A}$

17　如图题 17 电路，无初始储能，$i_C(t)=$（　　）。

　　A. $10\mathrm{e}^{-0.5t}\varepsilon(t)\mathrm{A}$　　　　　　　　　　B. $-5\mathrm{e}^{-0.5t}\varepsilon(t)\mathrm{A}$

C. $10\delta(t)-5e^{-0.5t}\varepsilon(t)$A

D. $10-5e^{-0.5t}$A

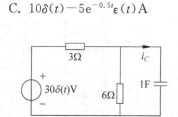

图题 15

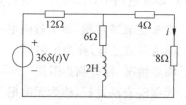

图题 16

18 图题18电路中，无初始储能，8Ω 电阻的电流 i 为（　　）。

A. $0.75[\delta(t)+e^{-6t}\varepsilon(t)]$A

B. $0.75(1+e^{-6t})\varepsilon(t)$A

C. $-0.75e^{-6t}\varepsilon(t)$A

D. $0.75e^{-6t}\varepsilon(t)$A

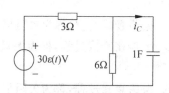

图题 17

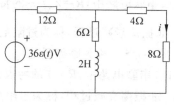

图题 18

19 图题19所示电路 i_L 的阶跃响应为（　　）。

A. $\left[1-\dfrac{2}{\sqrt{3}}e^{-0.5t}\cos\left(\dfrac{\sqrt{3}}{2}t+30°\right)\right]\varepsilon(t)$A

B. $\left[1+\dfrac{2}{\sqrt{3}}e^{-0.5t}\cos\left(\dfrac{\sqrt{3}}{2}t+30°\right)\right]\varepsilon(t)$A

C. $\left[1+\dfrac{2}{\sqrt{3}}e^{-0.5t}\cos\left(\dfrac{\sqrt{3}}{2}t-30°\right)\varepsilon(t)\right]$A

D. $\left[1-\dfrac{2}{\sqrt{3}}e^{-0.5t}\cos\left(\dfrac{\sqrt{3}}{2}t-30°\right)\right]\varepsilon(t)$A

20 图题20所示电路 i_L 的冲激响应为（　　）。

A. $\dfrac{2}{\sqrt{3}}e^{-0.5t}\sin\left(\dfrac{\sqrt{3}}{2}t\right)\varepsilon(t)$A

B. $\dfrac{2}{\sqrt{3}}e^{-0.5t}\cos\left(\dfrac{\sqrt{3}}{2}t\right)\varepsilon(t)$A

C. $\dfrac{2}{\sqrt{3}}e^{-0.5t}\sin\left(\dfrac{\sqrt{3}}{2}t\right)\delta(t)$A

D. $\dfrac{2}{\sqrt{3}}e^{-0.5t}\cos\left(\dfrac{\sqrt{3}}{2}t\right)\delta(t)$A

21 图题21所示电路中，$\varepsilon(t)$V 为单位阶跃电压源。① $i_L(0\_)=0$A 时，求 $i_L(t)$ 及 $i(t)$；② $i_L(0\_)=2$A 时，求 $i_L(t)$ 及 $i(t)$。

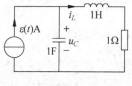

图题 19

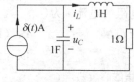

图题 20

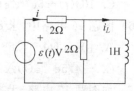

图题 21

22 图题 22 所示电路中,在①$u_C(0\_)=0\text{V}$;②$u_C(0\_)=5\text{V}$ 两种情况下,求响应$u_C(t)$。

23 图题 23(a)所示电路中,电压源 $u_S(t)$ 的波形如图题 23(b)所示。试求电流 $i_L(t)$。

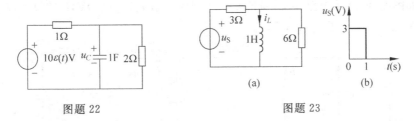

图题 22　　　　　　　　　　　图题 23

24 已知 RC 电路对单位阶跃电流的零状态响应为 $s(t)=2(1-e^{-t})\varepsilon(t)$,求该电路对图题 24 所示输入电流的零状态响应。

25 电路如图题 25 所示,试求 $t\geqslant0$ 时的 $i(t)$。

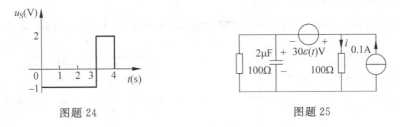

图题 24　　　　　　　　　　　图题 25

26 求图题 26 所示电路中电感的电流和电感两端的电压。

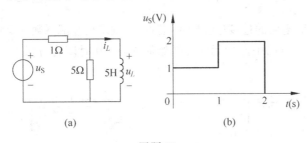

图题 26

27 电路如图题 27 所示,求单位冲激响应 $u_C(t)$ 和 $u(t)$。若 $u_C(0\_)=2\text{V}$,再求 $u_C(t)$ 和 $u(t)$。

28 图题 28 所示电路中,已知 $C=1\mu\text{F}$,$L=1\text{H}$,$u_C(0\_)=10\text{V}$,$i_L(0\_)=2\text{A}$,开关 S 在 $t=0$ 时闭合。在①$R=4000\Omega$;②$R=2000\Omega$;③$R=1000\Omega$ 三种情况下,求 $t\geqslant0$ 时的 $u_C(t)$、i 及 $u_L(t)$。

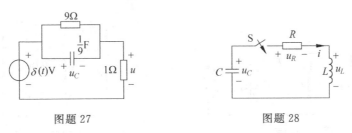

图题 27　　　　　　　　　　　图题 28

29　图题 29 所示电路中,已知 $C=1\mu\text{F}$, $L=1\text{H}$, $i_L(0_-)=2\text{A}$, $u_C(0_-)=10\text{V}$。在①$R=250\Omega$;②$R=500\Omega$;③$R=1000\Omega$ 三种情况下,求 $t\geq0$ 时的 $u_C(t)$, i_L 及 i_R。

30　如图题 30 所示电路中 $C=1\text{F}$, $L=1\text{H}$, $R=3\Omega$, $u_C(0_-)=0\text{V}$, $i_L(0_-)=1\text{A}$, $t\geq0$ 时, $u_{\text{OC}}(t)=0\text{V}$,试求 $u_C(t)$ 及 $i_L(t)$, $t\geq0$。

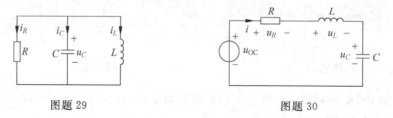

图题 29　　　　　　　　　图题 30

31　如图题 31, $C=0.25\text{F}$, $L=0.5\text{H}$, $R=3\Omega$, $u_C(0_-)=2\text{V}$, $i_L(0_-)=1\text{A}$, $t\geq0$ 时, $u_{\text{OC}}(t)=0\text{V}$,试求 $u_C(t)$ 及 $i_L(t)$, $t\geq0$。

32　图题 32 所示电路中储能元件无初始储能, $u_S=6\delta(t)\text{V}$,求 $i_L(t)$ 和 $u_C(t)$。

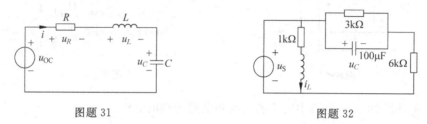

图题 31　　　　　　　　　图题 32

33　判断图题 33 电路的过渡过程性质,若振荡,则求出衰减系数 δ 及自由振荡角频率 ω。

34　图题 34 所示电路中储能元件无初始储能, $t=0$ 时闭合开关 S。求 $L=0.1\text{H}$ 时的 $i_L(t)$。

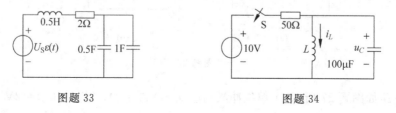

图题 33　　　　　　　　　图题 34

35　图题 35 所示电路中,已知 $i_{\text{S}1}=5\text{A}$, $i_{\text{S}2}=4\varepsilon(t)\text{A}$, $R=30\Omega$, $L=3\text{H}$, $C=\dfrac{1}{27}\text{F}$,求 $u_C(t)$。

36　判断图题 36 所示电路的过渡过程性质,若振荡,则求出衰减系数 δ 及自由振荡角频率 ω。

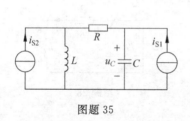

图题 35

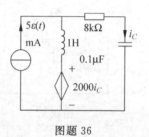

图题 36

37 电路如图题 37 所示,若 $i_L(t)=5\sin 3t\mathrm{A},t\geqslant 0$;$i_L(t)=0,t<0$。试确定 $i_L(0)$、$u(0)$ 以及 α 的值。

38 图题 38 所示电路已达稳态,$t=0$ 开关打开,求零输入响应 $u_C(t)$。

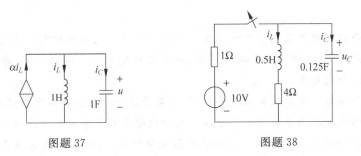

图题 37   图题 38

39 图题 39 为 $t>0$ 的电路,已知 $u_1(0)=1\mathrm{V},u_2(0)=-2\mathrm{V}$,求 $u_1(t)$。

40 含受控源电路处于零初始状态,已知 $u_S=10\varepsilon(t)\mathrm{V}$,求图题 40 所示电路的电流 i。

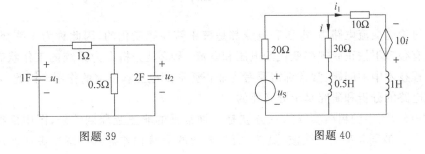

图题 39   图题 40

第11章 非正弦周期电流电路

内容提要

本章主要介绍了非正弦周期电流电路及其分析方法。主要内容有：周期函数分解的傅里叶级数、波形对称性与傅里叶系数的关系、非正弦周期电流电路的计算、非正弦周期量的有效值、平均值、平均功率。

非正弦周期函数在满足狄里赫利条件下，可展开成一个收敛的傅里叶级数，要能够掌握傅里叶级数的形式和各项系数的求解方法。充分理解和熟练掌握分析线性非正弦周期电流电路的谐波分析法的原则和步骤；能够运用谐波分析法中，容抗和感抗与各次谐波角频率之间的关系，分析无源滤波电路的作用。

11.1 非正弦周期信号

前面讨论的交流电路中，电压和电流都是按正弦规律变化的，因此称为正弦交流电路。工程上还有很多不按正弦规律变化的电压和电流，无论是分析电力系统的工作状态还是分析电子工程技术中的问题，常常都需要考虑非正弦周期电压和电流的作用。因此，对非正弦周期电流电路的分析和研究是十分必要的。

图 11-1(a)图中的粗黑实线所示方波是一种常见的非正弦周期信号，图中虚线所示的 u_1 是一个与方波同频率的正弦波，显然，两个波形的形状相差甚远。图中虚线所示还有一个振幅是 u_1 的 1/3、频率是 u_1 的三倍的正弦波 u_3，将这两个正弦波进行叠加，可得到一个如图 11-1(a)中细实线所示的合成波 u_{13}，这个 u_{13} 与 u_1 相比，波形的形状就比较接近方波了。如果再在 u_{13} 上叠加一个振幅是 u_1 的 1/5、频率是 u_1 的 5 倍的正弦波 u_5，如图 11-1(b)中虚线所示两波形，又可得到如图中细实线所示的合成波 u_{135}，这个 u_{135} 显然更加接近方波的波形。依此类推，把振幅为 u_1 的 1/7、1/9…、7 倍、9 倍…于 u_1 的高频率正弦波继续叠加到合成波 u_{135}、u_{1357}…上，最终的合成波肯定与图中方波完全相同。

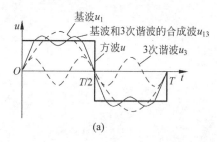
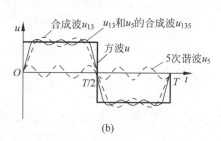

图 11-1 方波信号

此例说明，一系列振幅不同，频率成整数倍的正弦波，叠加后可构成一个非正弦周期波。把这些频率不同的正弦波称为非正弦周期波的谐波，其中 u_1 的频率与方波相同，称为方波的基波，是构成方波的基本成分；其余的叠加波按照频率为基波的 K 次倍而分别称为 K 次谐波，如 u_3 称为方波的 3 次谐波、u_5 称为方波的 5 次谐波等。K 为奇数的谐波又称为奇次谐波，K 为偶数的谐波称为偶次谐波；基波也可称作一次谐波,高于一次谐波的正弦波均可称为高次谐波。

11.2 周期函数分解为傅里叶级数

1. 周期函数的傅里叶级数

各次谐波可以合成为一个非正弦周期波。反之,如果给定的周期函数 $f(t)$ 满足狄里赫利条件

① 周期函数的极值点的数目为有限个；

② 间断点的数目为有限个；

③ 在一个周期内绝对可积,这个函数就可分解为无限多项谐波成分,这个分解的过程即为傅里叶级数的展开,即

$$f(t) = A_0 + A_{1m}\cos(\omega_1 t + \phi_1) + A_{2m}\cos(2\omega_1 t + \phi_2) + \cdots + A_{nm}\cos(n\omega_1 t + \phi_n) + \cdots$$

$$= A_0 + \sum_{k=1}^{\infty} A_{km}\cos(k\omega_1 t + \phi_k) \tag{11-1}$$

也可表示为

$$f(t) = a_0 + \sum_{k=1}^{\infty} \left[a_k \cos k\omega_1 t + b_k \sin k\omega_1 t \right] \tag{11-2}$$

即有

$$A_0 = a_0$$

$$A_{km} = \sqrt{a_k^2 + b_k^2}$$

$$a_k = A_{km}\cos\phi_k$$

$$b_k = -A_{km}\sin\phi_k$$

$$\phi_k = \arctan\frac{-b_k}{a_k}$$

式(11-1)、式(11-2)中的系数为

$$A_0 = a_0 = \frac{1}{T}\int_0^T f(t)\,\mathrm{d}t$$

$$a_k = \frac{1}{\pi}\int_0^{2\pi} f(t)\cos(k\omega_1 t)\,\mathrm{d}(\omega_1 t) \tag{11-3}$$

$$b_k = \frac{1}{\pi}\int_0^{2\pi} f(t)\sin(k\omega_1 t)\,\mathrm{d}(\omega_1 t)$$

具有其他波形的非正弦周期信号,也都是由一系列正弦谐波分量所合成的。但是,不同的非正弦周期信号波形所包含的各次谐波成分在振幅和相位上也各不相同。所谓傅里叶级数的谐波分析,就是对一个已知波形的非正弦周期信号,找出它所包含的各次谐波分量的振幅和初相,写出其傅里叶级数表达式的过程。

表 11-1 中列举了电工电子技术中经常遇到的一些非正弦周期信号所具有的波形和傅里叶展开级数。

表 11-1   一些典型非正弦周期信号的波形及其傅里叶级数

序号	$f(t)$的波形图	$f(t)$的傅里叶级数表达式
1		$f(t) = \dfrac{4A}{\pi}\left(\sin\omega t + \dfrac{1}{3}\sin3\omega t + \dfrac{1}{5}\sin5\omega t + \cdots\right)$
2		$f(t) = \dfrac{8A}{\pi^2}\left(\sin\omega t - \dfrac{1}{9}\sin3\omega t + \dfrac{1}{25}\sin5\omega t - \cdots\right)$
3		$f(t) = \dfrac{A}{2} - \dfrac{A}{\pi}\left(\sin2\omega t + \dfrac{1}{2}\sin4\omega t + \dfrac{1}{3}\sin6\omega t + \cdots\right)$
4		$f(t) = \dfrac{4A}{\pi}\left(\dfrac{1}{2} - \dfrac{1}{3}\cos2\omega t - \dfrac{1}{15}\cos4\omega t - \dfrac{1}{35}\cos6\omega t - \cdots\right)$
5		$f(t) = \dfrac{2A}{\pi}\left(\dfrac{1}{2} + \dfrac{\pi}{4}\sin\omega t - \dfrac{1}{3}\cos2\omega t - \dfrac{1}{15}\cos4\omega t - \cdots\right)$
6		$f(t) = \dfrac{2A}{\pi}\left(\sin\omega t - \dfrac{1}{2}\sin2\omega t + \dfrac{1}{3}\sin3\omega t - \cdots\right)$
7		$f(t) = \dfrac{8A}{\pi^2}\left(\cos\omega t + \dfrac{1}{9}\cos3\omega t + \dfrac{1}{25}\cos5\omega t + \cdots\right)$
8		$f(t) = A\left[\dfrac{1}{2} + \dfrac{2}{\pi}\left(\sin\omega t + \dfrac{1}{3}\sin3\omega t + \dfrac{1}{5}\sin5\omega t + \cdots\right)\right]$

2. 波形对称与傅里叶系数的关系

电工技术中遇到的周期函数常具有某种对称性,利用函数的对称性可使系数的求解简化。

图 11-2 中奇函数有原点对称的性质，即 $f(t)=-f(-t)$，其傅里叶级数不含 cos 项；$a_k=0$；$a_0=0$；仅含 sin 项；$b_k\neq0$。

图 11-3 中偶函数有纵轴对称的性质，即 $f(t)=$ $-f(-t)$，其傅里叶级数不含 sin 项；$b_k=0$；$\varphi_k=0$；仅含 cos 项；$a_k\neq0$。

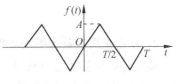

图 11-2　奇函数举例

图 11-4 中奇谐波函数具有镜像对称性质，即该波形移动半个周期后与横轴对称

$$f(t)=-f\left(t+\frac{T}{2}\right) \quad a_{2k}=b_{2k}=0$$

故奇谐波函数的傅里叶展开级数中不含偶次谐波。

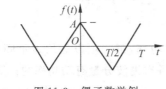

图 11-3　偶函数举例

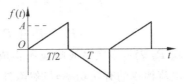

图 11-4　奇谐波函数举例

11.3　非正弦周期量的有效值、平均值和平均功率

1. 非正弦周期量的有效值与平均值

非正弦周期量的有效值，在数值上等于与它热效应相同的直流电的数值。这一点说明它的有效值的定义与正弦量有效值的定义相同

$$I=\sqrt{\frac{1}{T}\int_0^T i^2(\omega t)\mathrm{d}(t)}=\sqrt{\frac{1}{T}\int_0^T\left[I_0+\sum_{k=1}^{\infty}I_{km}\cos(k\omega t+\varphi_k)\right]^2\mathrm{d}(t)} \tag{11-4}$$

假设一个非正弦周期电流为已知：

$$i=I_0+\sqrt{2}I_1\sin(\omega t+\varphi_1)+\sqrt{2}I_2\sin(2\omega t+\varphi_2)+\cdots$$

其中的 I_0 为直流分量，I_1，I_2，$\cdots$ 为各次谐波的有效值。经数学推导，非正弦周期量的有效值等于它的各次谐波有效值的平方和的开方，即

$$I=\sqrt{I_0^2+I_1^2+I_2^2+\cdots+I}=\sqrt{I_0^2+\sum_{k=1}^{\infty}I_k^2} \tag{11-5}$$

非正弦量的有效值也可以直接用仪表来测量，例如用电磁式、电动式等仪表都可以测出它的有效值。但是，如果用晶体管或电子管伏特计来测量非正弦周期量时，就必须注意，由于这种仪器经常测量的是正弦量，因此常常把最大值除以 $\sqrt{2}$，直接换算成有效值刻在表盘上，测非正弦量时，这种伏特计的读数并不是待测量的有效值。为此，引入非正弦周期量的平均值的概念。

一般规定，正弦量的平均值按半个周期计算，而非正弦周期量的平均值要按一个周期计算。因为正弦量在一个周期内的平均值为零，但半个周期内的平均值则不为零，其值

$$I_{av}=\frac{2}{\pi}I_m=0.637I_m$$

这个平均值的计算公式在非正弦量半波整流或全波整流电路中都是有用的。对于非正

弦周期信号,其平均值可按傅里叶级数分解后,求其恒定分量(即零次谐波),即非正弦周期信号在一个周期内的平均值就等于它的恒定分量。用数学式可表达为

$$I_{av} = \frac{1}{T}\int_0^T |i(t)| \, dt$$

2. 非正弦周期量的平均功率

非正弦周期量通过负载时,负载上也要消耗功率,此功率与非正弦量的各次谐波有关。理论计算证明:只有同频率的电压和电流谐波分量(包括直流电压和直流电流)才能构成平均功率。换言之,不同频率的电压和电流,不能产生平均功率。非正弦量的平均功率表达式为

$$P = \frac{1}{T}\int_0^T u \cdot i\,dt = U_0 I_0 + \sum_{k=1}^{\infty} U_k I_k \cos\varphi_k$$
$$= P_0 + P_1 + P_2 + \cdots \tag{11-6}$$

式中的第一项 P_0 表示零次谐波响应所构成的有功功率,第二项以后均表示同频率的各次谐波电压和电流构成的有功功率,显然除外。其他各次谐波分量有功功率的计算方法,与正弦交流电路中所用的方法完全相同,式中的 $\varphi_1, \varphi_2, \cdots$ 为各次谐波电压与电流的相位差角。由式(11-6)可知,非正弦周期量的平均功率就等于它的各次谐波所产生的平均功率之和。

【例 11-1】 已知有源二端网络的端口电压和电流分别为
$$u = [50 + 85\sin(\omega t + 30°) + 56.6\sin(2\omega t + 10°)]V$$
$$i = [1 + 0.707\sin(\omega t - 20°) + 0.424\sin(2\omega t + 50°)]A$$

求该电路所消耗的平均功率。

解 电路中的电压和电流分别包括零次谐波、一次谐波和二次谐波,因此其平均功率为
$$P = \left\{50 \times 1 + \frac{85 \times 0.707}{2}\cos[30° - (-20°)] + \frac{56.6 \times 0.424}{2}\cos[10° - (50°)]\right\}W$$
$$= (50 + 19.3 + 9.2)W$$
$$= 78.5W$$

11.4 非正弦周期电流电路的计算

分析非正弦周期电流电路时,可将非正弦周期信号展开为傅里叶级数,转化为一系列正弦谐波分量,对非正弦周期电流电路进行分析。换言之,非正弦周期信号虽然是非正弦的,但它的谐波分量却是正弦的,因此对于每一个正弦谐波分量而言,正弦交流电路中所介绍的相量分析法仍然适用。用相量分析法求出各次正弦谐波分量的响应,根据线性电路的叠加性,再把各次谐波响应的结果进行叠加,即可求出非正弦周期电流电路的响应。具体分析时可按以下几个步骤进行。

① 利用傅里叶级数,将非正弦周期函数展开成若干种频率的谐波信号。

② 对各次谐波分别应用相量法计算:

• 当直流分量单独作用时,遇电容元件按开路处理;遇电感元件按短路处理;

• 当任意一次正弦谐波分量单独作用时,电路的计算方法与单相正弦交流电路的计算方法完全相同。必须注意的是,对不同频率的谐波分量,电容元件和电感元件上所

呈现的容抗和感抗各不相同,应分别加以计算。

③ 将以上计算结果转换为瞬时值叠加:用相量分析法计算出来的各次谐波分量的结果一般是用复数表示的,不能直接进行叠加。必须要把它们化为瞬时值表达式后才能进行叠加。

【例 11-2】 方波信号激励的电路如图 11-5。已知:$R = 20\Omega, L = 1\text{mH}, C = 1000\text{pF}, I_\text{m} = 157\mu\text{A}, T = 6.28\mu\text{s}$,求电压 u。

解　① 方波信号展开式为

$$i_\text{S} = \frac{I_\text{m}}{2} + \frac{2I_\text{m}}{\pi}\left(\sin\omega t + \frac{1}{3}\sin3\omega t + \frac{1}{5}\sin5\omega t + \cdots\right)$$

代入已知条件,可得

直流分量

$$I_0 = \frac{I_\text{m}}{2} = \frac{157}{2}\mu\text{A} = 78.5\mu\text{A}$$

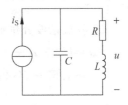

图 11-5　方波信号激励

基波最大值

$$I_{1m} = \frac{2I_\text{m}}{\pi} = \frac{2 \times 1.57}{3.14}\mu\text{A} = 100\mu\text{A}$$

三次谐波最大值

$$I_{3m} = \frac{1}{3}I_{1m} = 33.3\mu\text{A}$$

五次谐波最大值

$$I_{5m} = \frac{1}{5}I_{1m} = 20\mu\text{A}$$

角频率

$$\omega = \frac{2\pi}{T} = \frac{2 \times 3.14}{6.28 \times 10^{-6}}\text{rad/s} = 10^6\text{rad/s}$$

电流源各频率的谐波分量为

$$I_{S0} = 78.5\mu\text{A} \quad i_{S1} = 100\sin10^6 t\mu\text{A}$$

$$i_{S3} = \frac{100}{3}\sin3 \cdot 10^6 t\mu\text{A} \quad i_{S5} = \frac{100}{5}\sin5 \cdot 10^6 t\mu\text{A}$$

② 对各次谐波分量单独计算

直流分量的作用

$$U_0 = RI_{S0} = (20 \times 78.5 \times 10^{-6})\text{mV} = 1.57\text{mV}$$

基波作用

$$Z(\omega_1) = \frac{(R + jX_L) \cdot (jX_c)}{R + j(X_L + X_c)} \approx -\frac{X_L X_c}{R} = \frac{L}{RC} = 50\text{k}\Omega$$

$$\dot{U}_1 = \dot{I}_1 \cdot Z(\omega_1) = \left(\frac{100 \times 10^{-6}}{\sqrt{2}} \cdot 50\right)\text{mV} = \frac{5000}{\sqrt{2}}\text{mV}$$

三次谐波作用

$$Z(3\omega_1) = \frac{(R + jX_{L3})(-jX_{C3})}{R + j(X_{L3} - X_{C3})} = 374.5\angle -89.19°\Omega$$

$$\dot{U}_3 = \dot{I}_{S3} \cdot Z(3\omega_1) = \left(33.3 \times \frac{10^{-6}}{\sqrt{2}} \times 374.5 \angle -89.19°\right)\text{mV} = \frac{12.47}{\sqrt{2}} \angle -89.2°\text{mV}$$

五次谐波作用

$$Z(5\omega_1) = \frac{(R + jX_{L5})(-jX_{C5})}{R + j(5X_{L5} - X_{C5})} = 208.3 \angle -89.53°\Omega$$

$$\dot{U}_5 = \dot{I}_{S5} \cdot Z(5\omega_1) = \left(20 \times \frac{10^{-6}}{\sqrt{2}} \cdot 208.3 \angle -89.53°\right)\text{mV} = \frac{4.166}{\sqrt{2}} \angle -89.53°\text{mV}$$

③ 各次谐波分量瞬时值叠加

$$u = U_0 + u_1 + u_3 + u_5$$

$$\approx 1.57 + 5000\sin\omega t + 12.47\sin(3\omega t - 89.2°) + 4.166\sin(5\omega t - 89.53°)\text{mV}$$

本 章 小 结

实际工程中遇到的周期函数可用傅里叶级数展开为

$$f(t) = a_0 + \sum_{k=1}^{\infty}[a_k\cos k\omega_1 t + b_k\sin k\omega_1 t]$$

$$= a_0 + \sum_{k=1}^{\infty} c_k\cos(k\omega_1 t + \phi_k)$$

式中，$\omega_1 = \dfrac{2\pi}{T}$，$T$ 为函数的周期；a_0 称为 $f(t)$ 的直流分量；$f_1 = a_1\cos(\omega_1 t + \phi_1)$ 称为 $f(t)$ 的基波；$f_k = a_k\cos(k\omega_1 t + \phi_k)(k > 1)$ 称为 $f(t)$ 的 k 次谐波分量。各系数的求解公式为

$$a_0 = \frac{1}{T}\int_{t_0}^{t_0+T} f(t)\mathrm{d}t$$

$$a_k = \frac{2}{T}\int_{t_0}^{t_0+T} f(t)\cos(k\omega_1 t)\mathrm{d}t$$

$$b_k = \frac{2}{T}\int_{t_0}^{t_0+T} f(t)\sin(k\omega_1 t)\mathrm{d}t$$

$$c_k = \sqrt{a_k + b_k}, \quad \phi_k = \arctan\frac{-b_k}{a_k}$$

傅里叶级数是一个无穷三角级数，为了直观、形象地表示一个周期函数分解为傅里叶级数后包含哪些频率分量以及各分量所占"比重"，用线段的高度表示各次谐波振幅，画出 $a_k \leftrightarrow k\omega_1$ 的图形。这种图形称为 $f(t)$ 的频谱(图)。这种频谱只表示各谐波分量的振幅，所以称为幅度频谱。如果用同样的方法画出 $\phi_k \leftrightarrow k\omega_1$ 的图形就可以得到相位频谱。一般画出幅度频谱就可以了。

对稳定的线性电路，在周期信号激励下，稳态响应仍为周期信号。利用叠加定理，可对各谐波分别进行计算。对直流分量，电感相当于短路，电容相当于开路。对 k 次谐波分量，角频率为 $k\omega_1$，利用相量法求解。待计算出一定次数的谐波后，再在时域对各分量叠加，求出稳态响应。

课 后 习 题

1　图题1所示电路的电源电压为$(2+3\sqrt{2}\sin1000t)$V,电阻$1k\Omega$消耗的功率为(　　)。

A. 5.8W　　　　B. 5.8mW　　　　C. 4W　　　　D. 4mW

2　图题2所示电路中,已知$u_S=[100+50\sin(3\omega t+45°)]$V,$R=20\Omega$,$\omega L_1=5\Omega$,$\omega L_2=2\Omega$,$\dfrac{1}{\omega C}=18\Omega$,其电流$i$和电路消耗的平均功率$P$为(　　)。

A. 5A,500W　　　　　　　　B. 1.66A,55W

C. 6.66A,555W　　　　　　　D. 5.27A,555W

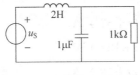
图题1

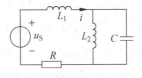
图题2

3　R、L串联电路两端的电压$u=(100\sqrt{2}\sin\omega t+50\sqrt{2}\sin3\omega t)$V,$R=4\Omega$,$\omega L=3\Omega$,该电压的有效值$U$和电路中电流的有效值$I$为(　　)。

A. 150V,25A　　　　　　　　B. 100V,20A

C. 111.8V,20.6A　　　　　　D. 50V,5A

4　图题4所示电路中,已知$u=(10+5\sqrt{2}\sin3\omega t)$V,$R=5\Omega$,$\omega L=5\Omega$,$\dfrac{1}{\omega C}=45\Omega$,其电压表和电流表的读数为(　　)。

A. 0V,0A　　　　B. 11V,1A　　　　C. 10V,0A　　　　D. 10V,1A

5　图题5所示电路a、b之间的诺顿等效电路。已知$u_S=(10\sin\omega t+8\sin3\omega t)$V,$i_S=2\sin\omega t$A,$R_1=10\Omega$,$R_2=4\Omega$。(　　)

A. $\begin{cases}u_{OC}=(18\sin\omega t+8\sin3\omega t)V\\Z_{eq}=4\Omega\end{cases}$　　B. $\begin{cases}u_{OC}=(63\sin\omega t+28\sin3\omega t)V\\Z_{eq}=14\Omega\end{cases}$

C. $\begin{cases}i_{SC}=(4.5\sin\omega t+2\sin3\omega t)A\\Z_{eq}=4\Omega\end{cases}$　　D. $\begin{cases}i_{SC}=(4.5\sin\omega t+2\sin3\omega t)A\\Z_{eq}=14\Omega\end{cases}$

6　图题6所示电路中,已知$i_S=[10\sin\omega t+8\sin(3\omega t+30°)]$A,$R=4\Omega$,$\dfrac{1}{\omega C}=3\Omega$,该电路消耗的功率$P$为(　　)。

A. 72W　　　　B. 79.5W　　　　C. 46W　　　　D. 118W

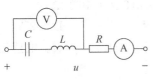
图题4

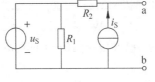
图题5

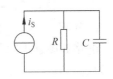
图题6

7 图题7所示电路中,已知 $u_{S1}=20\sqrt{2}\sin1000t\text{V}$，$u_{S2}=5\text{V}$，$R=1000\Omega$，$L=1\text{H}$，$C=2\mu\text{F}$，功率表的读数（　　）。

    A. 2W   B. 1W   C. 0.2W   D. 0W

8 图题8所示电路,已知 $u_S=4\sin2t\text{V}$，$i_S=2\sqrt{2}\sin4t\text{A}$，$u$ 和 i 的表达式为（　　）。

    A.
$$\begin{cases} u=[3.88\sqrt{2}\sin(4t+14.4°)-0.6\sin(2t-122°)]\text{V} \\ i=[0.5\sqrt{2}\sin(4t-75.2°)-0.3\sqrt{2}\sin(2t+58°)]\text{A} \end{cases}$$

    B.
$$\begin{cases} u=[3.88\sqrt{2}\sin(4t+14.4°)+0.6\sin(2t-122°)]\text{V} \\ i=[0.5\sqrt{2}\sin(4t-75.2°)+0.3\sqrt{2}\sin(2t+58°)]\text{A} \end{cases}$$

    C.
$$\begin{cases} u=[3.88\sqrt{2}\sin(4t+14.4°)+0.6\sin(2t+122°)]\text{V} \\ i=[0.5\sqrt{2}\sin(4t+75.2°)+0.3\sqrt{2}\sin(2t+58°)]\text{A} \end{cases}$$

    D.
$$\begin{cases} u=[3.88\sqrt{2}\sin(4t+14.4°)-0.6\sin(2t-122°)]\text{V} \\ i=[0.5\sqrt{2}\sin(4t+75.2°)-0.3\sqrt{2}\sin(2t+58°)]\text{A} \end{cases}$$

9 图题9所示电路,已知 $i_S=[3+2\sin t+\sqrt{2}\sin3t]\text{A}$，$i_S$ 和 i 的有效值为（　　）。

    A. 3A,3A   B. 7.07A,4.87A   C. 5.41A,4.32A   D. 3.46A,3.18A

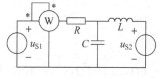   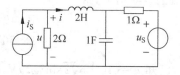   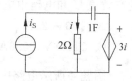

    图题7   图题8   图题9

10 一个非正弦周期电流为 $i=I_0+\sqrt{2}I_1\sin(\omega t+\varphi_1)+\sqrt{2}I_2\sin(2\omega t+\varphi_2)+\cdots$，则电流的有效值为（　　）。

    A. $I=\sqrt{I_0^2+I_1^2+I_2^2+\cdots}$ B. $I=I_0+\sqrt{I_1^2+I_2^2+\cdots}$

    C. $I=\sqrt{0.5I_0^2+I_1^2+I_2^2+\cdots}$ D. $I=I_0+I_1+I_2\cdots$

11 一个非正弦周期电压为 $u=U_0+\sqrt{2}U_1\cos(\omega t+\varphi_1)+\sqrt{2}U_2\cos(2\omega t+\varphi_2)+\cdots$，则电压的有效值为（　　）。

    A. $U=U_0+\sqrt{U_1^2+U_2^2+\cdots}$ B. $U=\sqrt{U_0^2+U_1^2+U_2^2+\cdots}$

    C. $U=\sqrt{0.5U_0^2+U_1^2+U_2^2+\cdots}$ D. $U=U_0+U_1+U_2\cdots$

12 已知有源二端网络的端口电压和电流分别如下,求平均功率（　　）。

$$\begin{cases} u=[50+60\sqrt{2}\sin(\omega t+40°)+40\sqrt{2}\sin(2\omega t-20°)]\text{V} \\ i=[1+0.5\sqrt{2}\sin(\omega t-20°)+0.3\sqrt{2}\sin(2\omega t+40°)]\text{A} \end{cases}$$

    A. 50W   B. 60W   C. 71W   D. 92W

13 电路如图题13所示,已知 $u=[10-10\sin\omega t]\text{V}$，$R=4\Omega$，$\omega L=3\Omega$。电感元件上的电压 u_L 为（　　）。

    A. $10+6\sin(\omega t-126.87°)\text{V}$ B. $10-6\sin(\omega t+126.87°)\text{V}$

  C. $6\sin(\omega t-126.87°)$V   D. $6\sin(\omega t+126.87°)$V

14　电路如图题 14 所示,已知 $u=[10-10\sin\omega t]$V,$R=4\Omega$,$\dfrac{1}{\omega C}=3\Omega$。电容元件上的

电压 u_C 为(　　)。

  A. $6\sin(\omega t+53.13°)$V   B. $6\sin(\omega t-53.13°)$V

  C. $10+6\sin(\omega t-53.13°)$V   D. $10+6\sin(\omega t+53.13°)$V

15　如图题 15 所示,已知 $i(t)=[10+5\sin10t]$A,$R=1\Omega$ 和 $C=0.1$F;电压 $u_{ab}(t)=$

(　　)。

  A. $10+2.5\sqrt{2}\sin(10t-45°)$V   B. $10+2.5\sqrt{2}\sin(10t+45°)$V

  C. $2.5\sqrt{2}\sin(10t-45°)$V   D. $2.5\sqrt{2}\sin(10t+45°)$V

16　如图题 16 所示,已知 $i(t)=(10+5\sin10t)$A,$R=1\Omega$ 和 $L=0.1$H;电压 $u_{ab}(t)$

为(　　)。

  A. $10+2.5\sqrt{2}\sin(10t-45°)$V   B. $10+2.5\sqrt{2}\sin(10t+45°)$V

  C. $2.5\sqrt{2}\sin(10t-45°)$V   D. $2.5\sqrt{2}\sin(10t+45°)$V

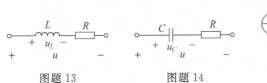 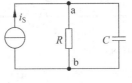 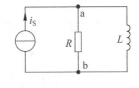

  图题 13   图题 14   图题 15   图题 16

17　RL 串联,在角频率为 1ω 时,串联阻抗为 $(4+j3)\Omega$,角频率为 3ω 时串联阻抗$=$(　　)。

  A. $(4+j3)\Omega$ B. $(12+j9)\Omega$ C. $(4+j9)\Omega$ D. $(12+j3)\Omega$

18　RC 串联,在角频率为 1ω 时,串联阻抗为 $(4-j3)\Omega$,问角频率为 3ω 时串联阻抗$=$

(　　)。

  A. $(4-j3)\Omega$ B. $(12-j9)\Omega$ C. $(4-j9)\Omega$ D. $(4-j)\Omega$

19　RL 并联,在角频率为 1ω 时,并联阻抗为 $(1+j)\Omega$,问角频率为 3ω 时并联阻抗$=$

(　　)。

  A. $(1.8+j0.6)\Omega$ B. $(2+j2)\Omega$ C. $(2+j6)\Omega$ D. $(0.5+j1.7)\Omega$

20　RC 并联,在角频率为 1ω 时,并联阻抗为 $(3-j3)\Omega$,问角频率为 3ω 时并联阻抗$=$

(　　)。

  A. $(6-j2)\Omega$ B. $(0.6-j1.8)\Omega$ C. $(0.6-j6)\Omega$ D. $(6-j6)\Omega$

21　求图题 21 所示非正弦周期函数的傅里叶级数系数,并做频谱图。

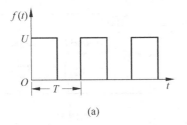 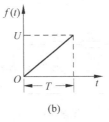

        (a)   (b)

          图题 21

22 图题 22 中为滤波电路,要求负载中不含基波分量,但 2ω 的谐波分量能全部传送至负载。如 $\omega=500\mathrm{rad/s}$,$C=1\mu\mathrm{F}$,求 L_1 和 L_2。

23 求图题 23 所示电路电容的电压。已知 $u_S(t)=5\sin 3t\mathrm{V}$,$i_S(t)=3\cos(4t+30°)\mathrm{A}$。

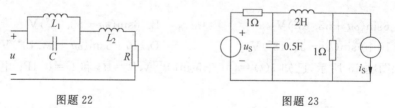

图题 22   图题 23

24 已知:$u=30+120\cos 1000t+60\cos(2000t+\pi/4)\mathrm{V}$,求图题 24 所示电路各表读数(有效值)。

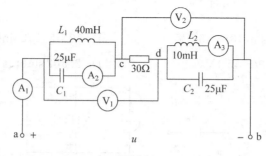

图题 24

25 已知一 RLC 串联电路的端口电压和电流为
$$u(t)=[100\cos(10^3 t)+50\cos(3\times 10^3 t-30°)]\mathrm{V},$$
$$i(t)=[10\cos(10^3 t)+1.755\cos(3\times 10^3 t+\theta)]\mathrm{A}.$$
试求:①R、L、C 的值;②θ 的值;③电路消耗的功率。

26 图题 26 所示电路,$\dfrac{1}{\omega_1 C}=21\Omega$,$\omega_1 L=0.429\Omega$,$R=3\Omega$,输入电源为矩形波,其级数展开式如下,求电流 i 和电阻吸收的平均功率 P。
$$u_S=[280.11\cos(\omega_1 t)+93.37\cos(3\omega_1 t)+56.02\cos(5\omega_1 t)$$
$$+40.03\cos(7\omega_1 t)+31.12\cos(9\omega_1 t)+\cdots]\mathrm{V}$$

27 电路如图题 27 所示(实线部分),为了在端口 1-0 获得关于 $u_S(t)$ 的最佳的传输信号,可在端口 1-0 并联 RC 串联支路(图中虚线部分),使输出电压 $u(t)=ku_S(t)$。其中 $u_S(t)$ 为任意频率的输入信号。求参数 R、C 和 k(实数)。

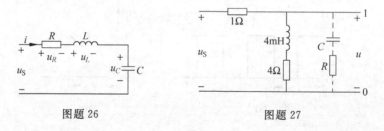

图题 26   图题 27

28 图题 28(a)所示电路中 $L=5H$，$C=10\mu F$，负载电阻 $R=2k\Omega$，u_S 为正弦全波整流波形，如图题 28(b)所示。设 $\omega=314rad/s$，$U_{Sm}=157V$。求负载两端电压的各谐波分量。

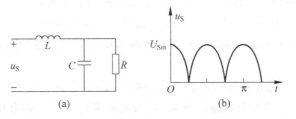

图题 28

29 图题 29 所示电路中 $u_S(t)$ 为非正弦周期电压，其中含有 $3\omega_1$ 及 $7\omega_1$ 的谐波分量。如果要求在输出电压 $u(t)$ 中不含这两个谐波分量，问 L、C 应为多少？

30 图题 30 所示电路中，$L_1=L_2=2H$，$i_{S1}(t)=[5+10\cos(10t-30°)-5\sin(30t+60°)]A$，$M=0.5H$，$u_{S2}(t)=[300\sin(10t)+150\cos(30t-30°)]V$。求图中交流电表的读数和电源发出的功率 P。

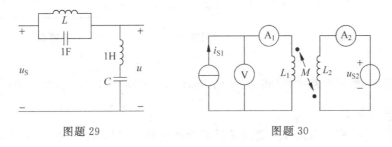

图题 29   图题 30

31 有效值为 200V 的正弦电压加在电感 L 两端时，测得电流 $I=10A$。当加上含基波和三次谐波分量（基波频率与上述正弦电压频率相等）、有效值仍为 200V 的非正弦电压时，测得电流 $I'=8A$。试计算非正弦电压的基波和三次谐波的有效值。

32 已知 RC 串联电路中，外施电源电压 $u=[100\sin\omega t-50\sin(3\omega t-90°)]V$，$R=30\Omega$，$\dfrac{1}{\omega C}=40\Omega$。求：①电源电压的有效值；②电路中电流的有效值；③电路消耗的有功功率。

33 图题 33 所示电路中，已知 $u=[50\sin(\omega t-30°)+30\sin(3\omega t+90°)]V$，$i_1=10\sin\omega t A$，$i_2=[10\sin(\omega t+60°)+5\sin(3\omega t-145°)]A$，求：①各次谐波阻抗；②电流 i 的有效值；③电路消耗的有功功率 P。

34 图题 34 所示电路中 $u_{S1}(t)=[1.5+5\sqrt{2}\sin(2t+90°)]V$，电流源电流 $i_{S2}(t)=2\sin(1.5t)A$。求 u_R 及 u_{S1} 发出的功率。

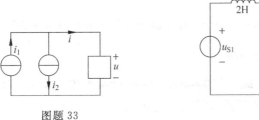

图题 33

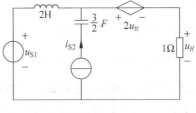

图题 34

35　图题 35 所示电路中,已知 $R=\omega L=\dfrac{1}{\omega C}=10\Omega$,端口电压 $u=(200\sin\omega t+90\sin3\omega t)$V。试求:①电流 i 的有效值;②电压 u 的有效值;③电路消耗的平均功率。

36　图题 36 所示电路中,已知 $u_1=60\sin\omega t$ V, $u_2=[60\sin(\omega t+60°)-20\sin3\omega t]$V, $i=[15\sin(\omega t-30°)+10\sin(3\omega t-45°)]$A,求:①各次谐波阻抗;②电压 u 的有效值;③电路消耗的有功功率 P。

37　有效值为 1V 的正弦电压加在电容两端时,测得电流 $I=10$A。若加上有效值仍为 1V 的非正弦电压(含基波和五次谐波分量,且基波频率与上述正弦电压频率相同),测得电流 $I'=16$A。试求非正弦电压的基波和五次谐波电压的有效值。

38　如图题 38 所示电路,已知 $i_S=[3+2\sin t+\sqrt{2}\sin(3t)]$A。求 $i(t)$、电阻吸收的有功功率、电容吸收的无功功率、i_S 和 i 的有效值。

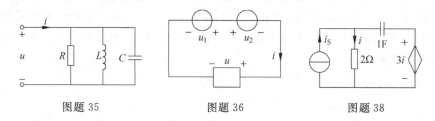

图题 35　　　　　　图题 36　　　　　　图题 38

39　图题 39 所示电路中,已知 $i_S=[10\sin\omega t+8\sin(3\omega t+30°)]$A, $R=4\Omega$, $\dfrac{1}{\omega C}=3\Omega$,求该电路消耗的功率 P。

40　求图题 40 所示电路 a、b 之间的最简等效电路。已知 $u_S=(10\sin\omega t+8\sin3\omega t)$V, $i_S=2\sin\omega t$A, $R_1=10\Omega$, $R_2=4\Omega$。

41　求正弦电流 $i=I_m\sin\omega t$ A 的平均值和波形因数。

42　图题 42 所示电路中,已知 $u_{S1}=20\sqrt{2}\sin1000t$V, $u_{S2}=5$V, $R=1000\Omega$, $L=1$H, $C=2\mu$F,求功率表的读数。

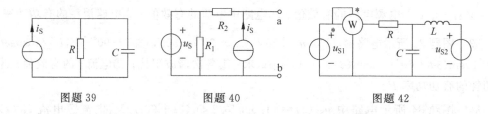

图题 39　　　　　　图题 40　　　　　　图题 42

43　图题 43 所示电路中,已知 $i_S=5\sin10t$A, $u_S=10\sin5t$V,求①i 的瞬时表达式;②各电源提供的功率。

44　图题 44 所示电路中,已知 $i_S=10+8\sin(\omega t+60°)+6\sin(3\omega t+30°)$V, $R_1=2\Omega$, $R_2=8\Omega$, $\omega L=2\Omega$, $\dfrac{1}{\omega C}=18\Omega$。求 u_C 及 u。

45　图题 45 所示电路中,已知 $u_{S1}=[100\sin\omega t+50\sin(3\omega t+30°)]$V, $\omega=500$rad/s, $R=100\Omega$, $L_1=1$H, $C_1=4\mu$F, $C_2=20\mu$F, $U_{S2}=100$V,求电流 i。

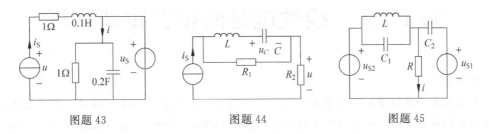

图题 43 　　　　　　　　　　图题 44 　　　　　　　　　图题 45

46 已知 R、C 串联电路中,外施电源电压 $u=[100\sin\omega t-50\sin(3\omega t-90°)]\text{V}$,$R=30\Omega$,$\dfrac{1}{\omega C}=40\Omega$。求:①电源电压的有效值;②电路中电流的有效值;③电路消耗的有功功率。

47 在正弦电压 $u=220\sqrt{2}\sin314t\text{V}$ 的作用下,某铁心线圈的电流 $i=[0.85\sin(314t-85°)+0.25\sin(942t-105°)]\text{A}$,求该电流的等效正弦波。

48 图题 48 所示电路中,已知 $u_\text{S}=[20+20\sqrt{2}\sin\omega t+15\sqrt{2}\sin(3\omega t+90°)]\text{V}$,$R_1=1\Omega$,$R_2=4\Omega$,$\omega L_1=5\Omega$,$\dfrac{1}{\omega C_1}=45\Omega$,$\omega L_2=40\Omega$,试求电磁系电流表及电压表的读数。

49 图题 49 所示为一滤波器电路。已知输入电压 $u_1=80\sin314t+40\sin942t\text{V}$,电路中 $L=0.12\text{H}$,$R=2\Omega$。要使输出电压 $u_2=80\sin314t\text{V}$(即输出电压中没有三次谐波电压,而输出的基波电压等于输入中的基波电压),C_1 和 C_2 值为多少?并求电容电压 u_{C1} 和 u_{C2}。

50 图题 50 所示无源二端网络 N 的端口电压、电流为 $u=[100\sin314t+50\sin(942t-30°)]\text{V}$,$i=[10\sin314t+1.76\sin(942t+\theta_3)]\text{A}$。将 N 等效为 R、L、C 串联电路,试求:①R、L、C 的值;②θ_3 的值;③网络消耗的功率。

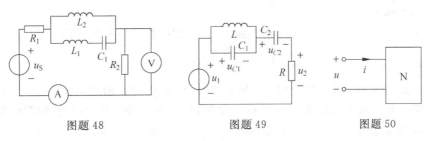

图题 48 　　　　　　　　图题 49 　　　　　　　　图题 50

第12章 线性电路的拉普拉斯分析

内容提要

本章主要介绍拉普拉斯变换的定义及与电路分析有关的一些基本性质；介绍拉普拉斯反变换的部分分式法；介绍动态电路分析中出现的阻抗、导纳，它们的 KCL 和 KVL 的运算形式，如何利用拉普拉斯进行动态电路分析。在研究一阶、二阶电路时，根据电路的基尔霍夫定律和元件的电压、电流关系建立方程，该方程是以时间为自变量的线性常微分方程，求解常微分方程即可得到电路变量在时域的解答，这种方法称为经典法。对于多个动态元件的电路，建立的方程是高阶常微分方程，求解非常复杂，并且比较困难。为了解决该问题，通常采用积分变换的方法，能够采用的分析方法有傅里叶变换法、拉普拉斯变换法。本章只介绍拉普拉斯变换法及在电路中的应用。

12.1 拉普拉斯变换的定义

对于具有多个动态元件的复杂电路，用直接求解微分方程的方法比较困难，特别是求解时需要的初始值，对于 n 阶方程，需要知道变量及其各阶导数（直到 $n-1$ 阶导数）在 $t=0_+$ 时刻的值，工作量非常大。为了减轻工作量，采用积分变换法，该方法是通过积分变换，把已知的时域函数变换为频域函数，从而把时域的微分方程化为频域的代数方程。求出频域函数后，再作反变换，最后求出时域的解。在频域求解时无须确定积分常数，并且代数方程比微分方程容易求解。拉普拉斯变换是一种重要的积分变换，是求解高阶复杂动态电路的有效而重要的方法之一。

设一个定义在 $[0,\infty)$ 区间的时域函数 $f(t)$，它的拉普拉斯变换式 $F(s)$ 定义为

$$F(s) = \int_{0_-}^{\infty} f(t) e^{-st} dt$$

式中 $s = \sigma + j\omega$ 为复数，$F(s)$ 称为 $f(t)$ 的象函数，$f(t)$ 称为 $F(s)$ 的原函数。拉普拉斯变换简称拉氏变换。从公式中可以看出，e^{-st} 称为收敛因子，本书涉及的 $f(t)$ 都满足收敛因子条件。从 $F(s)$ 可以看出，它与时间无关，但跟 s 有关。也就是说，从时间域变换到 s 复频域。变量 s 称为复频率，应用拉氏变换法进行电路分析称为电路的复频域分析方法。

如果 $F(s)$ 已知，要求出与它对应的原函数 $f(t)$，由 $F(s)$ 到 $f(t)$ 的变换称为拉普拉斯反变换，它定义为

$$f(t) = \frac{1}{2\pi j} \int_{\sigma-j\infty}^{\sigma+j\infty} F(s) e^{st} ds$$

式中 σ 为正的有限常数。

通常可用符号 $\zeta[\ ]$ 表示对方括号里的时域函数作拉氏变换，用符号 $\zeta^{-1}[\ ]$ 表示对方括号里的复频域函数作拉氏反变换。

显然，直接利用反变换公式是很难求解的，通常采用变换对来求反变换的结果，也就是查表的方法，一般熟记一些典型的变换对，对于电路图的解，可以分解为有这些典型变换对组合而成的结果。下面的例子就是典型的变换对。

【例 12-1】 求指数函数的象函数。

解　$f(t)=e^{at}$，则象函数

$$F(s)=\int_{0_-}^{\infty}e^{at}e^{-st}dt=\frac{1}{-(s-\alpha)}e^{-(s-\alpha)t}\Big|_{0_-}^{\infty}=\frac{1}{s-\alpha}$$

【例 12-2】 求单位阶跃函数 $\varepsilon(t)$ 的象函数。

解　单位阶跃函数表示，当 $t>0$ 时，$\varepsilon(t)$ 的值为 1；否则为 0。

$\varepsilon(t)$ 的象函数

$$F(s)=\int_{0_-}^{\infty}\varepsilon(t)e^{-st}dt=\frac{1}{-s}e^{-st}\Big|_{0_-}^{\infty}=\frac{1}{s}$$

【例 12-3】 求单位冲激函数 $\delta(t)$ 的象函数。

解　单位冲激函数表示，当 $t=0$ 时，$\delta(t)$ 的值为 ∞；否则为 0。

$\delta(t)$ 的象函数

$$F(s)=\int_{0_-}^{\infty}\delta(t)e^{-st}dt=\int_{0_-}^{\infty}\delta(t)dt=1$$

12.2　拉普拉斯变换的基本性质

拉氏变换有许多重要的性质，本书仅介绍与线性电路有关的部分基本性质。

1. 线性性质

设 $f_1(t)$ 和 $f_2(t)$ 是两个任意的时间函数，它们的象函数分别为 $F_1(s)$ 和 $F_2(s)$，A_1 和 A_2 是两个任意实数，则

$$\zeta[A_1f_1(t)+A_2f_2(t)]=A_1F_1(s)+A_2F_2(s)$$

证： $\zeta[A_1f_1(t)+A_2f_2(t)]=\int_{0_-}^{\infty}[A_1f_1(t)+A_2f_2(t)]e^{-st}dt$

$$=A_1\int_{0_-}^{\infty}f_1(t)e^{-st}dt+A_2\int_{0_-}^{\infty}f_2(t)e^{-st}dt$$

$$=A_1F_1(s)+A_2F_2(s)$$

【例 12-4】 求三角函数 $\sin(\omega t)$ 的象函数。

解　根据欧拉公式 $\sin(\omega t)=\dfrac{e^{j\omega t}-e^{-j\omega t}}{2j}$。

$\sin(\omega t)$ 的象函数

$$F(s)=\frac{1}{2j}\Big[\int_{0_-}^{\infty}e^{j\omega t}e^{-st}dt-\int_{0_-}^{\infty}e^{-j\omega t}e^{-st}dt\Big]$$

$$=\frac{1}{2j}\Big(\frac{1}{s-j\omega}-\frac{1}{s+j\omega}\Big)=\frac{\omega}{s^2+\omega^2}$$

【例 12-5】 求三角函数 $\cos(\omega t)$ 的象函数。

解　根据欧拉公式 $\cos(\omega t)=\dfrac{e^{j\omega t}+e^{-j\omega t}}{2}$。

$\cos(\omega t)$ 的象函数

$$F(s) = \frac{1}{2}\left[\int_{0_-}^{\infty} e^{j\omega t}e^{-st}dt + \int_{0_-}^{\infty} e^{-j\omega t}e^{-st}dt\right]$$

$$= \frac{1}{2}\left(\frac{1}{s-j\omega} + \frac{1}{s+j\omega}\right) = \frac{s}{s^2+\omega^2}$$

【例 12-6】 求 $f(t) = K(1-e^{-\alpha t})$ 函数的象函数。

解

$$\zeta[K(1-e^{-\alpha t})] = \zeta[K] - \zeta[Ke^{-\alpha t}] = \frac{K}{s} - \frac{K}{s+\alpha}$$

2. 微分性质

设函数 $f(t)$ 的象函数为 $F(s)$，则 $f'(t)$ 的象函数为 $sF(s)-f(0_-)$。

证： $\zeta[f'(t)] = \int_{0_-}^{\infty} f'(t)e^{-st}dt = f(t)e^{-st}\Big|_{0_-}^{\infty} - \int_{0_-}^{\infty} f(t)(-se^{-st})dt$

$$= -f(0_-) + s\int_{0_-}^{\infty} f(t)e^{-st}dt = -f(0_-) + sF(s)$$

【例 12-7】 利用微分性质，求单位冲激函数 $\delta(t)$ 的象函数。

解 单位冲激函数 $\delta(t) = \varepsilon'(t)$；即单位阶跃函数的导数就是单位冲激函数。

$\delta(t)$ 的象函数

$$F(s) = s\zeta[\varepsilon(t)] - \varepsilon(0_-) = 1$$

结果与例 12-3 所求解结果完全相同。

3. 积分性质

设函数 $f(t)$ 的象函数为 $F(s)$，则函数的积分 $f^{-1}(t)$ 的象函数为 $\frac{F(s)}{s}$。

证： $\zeta[f^{-1}(t)] = \int_{0_-}^{\infty}\int_{0_-}^{t}[f(\xi)d\xi]e^{-st}dt = \left[\int_{0_-}^{t}f(\xi)d\xi \frac{e^{-st}}{-s}\right]\Big|_{0_-}^{\infty} - \int_{0_-}^{\infty} f(t)\left(-\frac{e^{-st}}{s}\right)dt$

$$= 0 + \frac{1}{s}\int_{0_-}^{\infty} f(t)e^{-st}dt = \frac{F(s)}{s}$$

【例 12-8】 利用积分性质，求函数 $f(t)=t$ 的象函数。

解 由于

$$\zeta[t] = \zeta\left[\int_0^t \varepsilon(\tau)d\tau\right] = \frac{\zeta[\varepsilon(t)]}{s} = \frac{1}{s^2}$$

12.3 拉普拉斯反变换

在系统复频域分析线性电路中，需要求解拉普拉斯反变换，变换为时间函数。利用反变换公式来求解非常困难，但人们已摸索出了一些规律。本节介绍两种求解方法。

1. 反变换表法

如果 $F(s)$ 是一些比较简单的函数，可利用常见函数的拉普拉斯变换表(见表 12-1)，查出对应的原函数，或者借助拉普拉斯变换的若干性质，配合查表，求出原函数。

【例 12-9】 求 $F(s) = 2 + \frac{s+2}{(s+2)^2+2^2}$ 的反变换函数 $f(t)$。

解 查变换表可知 $f(t) = 2\delta(t) + e^{-2t}\cos 2t, t \geq 0$。

表 12-1　原函数与象函数变换表

原函数 $f(t)$	象函数 $F(s)$	原函数 $f(t)$	象函数 $F(s)$
$\delta(t)$	1		
$\varepsilon(t)$	$\dfrac{1}{s}$	$\dfrac{1}{n!}t^n$	$\dfrac{1}{s^{n+1}}$
e^{-at}	$\dfrac{1}{s+\alpha}$	$\dfrac{1}{n!}t^n e^{-at}$	$\dfrac{1}{(s+\alpha)^{n+1}}$
$\sin(\omega t+\phi)$	$\dfrac{s\sin\phi+\omega\cos\phi}{s^2+\omega^2}$	$\cos(\omega t+\phi)$	$\dfrac{s\cos\phi-\omega\sin\phi}{s^2+\omega^2}$
$e^{-at}\sin(\omega t)$	$\dfrac{\omega}{(s+\alpha)^2+\omega^2}$	$e^{-at}\cos(\omega t)$	$\dfrac{s+\alpha}{(s+\alpha)^2+\omega^2}$

【例 12-10】　求 $F(s)=\dfrac{s\sin30°+2\cos30°}{s^2+2^2}$ 的反变换函数 $f(t)$。

解　查变换表可知 $f(t)=\sin(2t+30°)$，$t\geqslant0$。

2. 部分分式展开法

分析电路系统时，常常遇到的象函数 $F(s)$ 是 s 的有理分式，可以用长除法把 $F(s)$ 分解为关于 s 的有理多项式与真分式之和。有理真分式是 s 的两个多项式之比，可以写成

$$F_1(s)=\frac{N(s)}{D(s)}=\frac{a_m s^m+a_{m-1}s^{m-1}+\cdots+a_1 s+a_0}{s^n+b_{n-1}s^{n-1}+\cdots+b_1 s+b_0}$$

式中，$m<n$，各系数 $a_i(i=0,1,2,\cdots,m)$，$b_j(j=1,2,\cdots,n-1)$，都是实数。

求 $F(s)$ 的反变换归结为求有理真分式 $F_1(s)$ 的反变换，可用将有理真分式展开成部分分式的方法来求。首先要求出 $D(s)=0$ 的 n 个根，分三种情况。

(1) 单值根

如果 $D(s)=0$ 的 n 个根都是单值根，即 n 个根 $s_k(k=1,2,\cdots,n)$，都互不相等，则 $F_1(s)$ 可以展开成如下部分分式

$$F_1(s)=\frac{N(s)}{D(s)}=\frac{a_m s^m+a_{m-1}s^{m-1}+\cdots+a_1 s+a_0}{(s-s_1)(s-s_2)\cdots(s-s_n)}=\sum_{i=1}^{n}\frac{K_i}{s-s_i}$$

式中，K_i 为待定系数。

$$K_i=(s-s_i)F_1(s)\big|_{s=s_i}=(s-s_i)\frac{N(s)}{D(s)}\bigg|_{s=s_i}$$

$$f(t)=\sum_{i=1}^{n}K_i e^{s_i t},\quad t\geqslant0$$

【例 12-11】　求 $F(s)=\dfrac{2s^2+3s+3}{s^3+6s^2+11s+6}$ 的反变换函数 $f(t)$。

解

$$D(s)=s^3+6s^2+11s+6=(s+3)(s+2)(s+1)$$

所以

$$F(s)=\frac{K_1}{s+3}+\frac{K_2}{s+2}+\frac{K_3}{s+1}$$

$$K_1=(s+3)F(s)\big|_{s=-3}=6$$

$$K_2 = (s+2)F(s) \mid_{s=-2} = -5$$

$$K_3 = (s+1)F(s) \mid_{s=-1} = 1$$

因此

$$f(t) = 6e^{-3t} - 5e^{-2t} + e^{-t}, \quad t \geqslant 0$$

(2) 有重根

设 $D(s)=0$ 有一个 p 阶重根 s_1, $(n-p)$ 个单值根 $s_k(k=1,2,\cdots,n-p+1)$, 则 $F_1(s)$ 可以展开成如下部分分式:

$$F_1(s) = \frac{N(s)}{D(s)} = \frac{a_m s^m + a_{m-1} s^{m-1} + \cdots + a_1 s + a_0}{(s-s_1)^p (s-s_2) \cdots (s-s_{n-p+1})}$$

令 $F_2(s) = \sum_{i=2}^{n-p+1} \dfrac{K_i}{s-s_i}$, 其原函数求法同前单值根相同。

这时 $F_1(s)$ 可分解成

$$F_1(s) = \frac{K_{11}}{(s-s_1)^p} + \frac{K_{12}}{(s-s_1)^{p-1}} + \cdots + \frac{K_{1p}}{(s-s_1)} + F_2(s)$$

系数 $K_{1j}(j=1,2,\cdots,p)$, 求法如下:

$$K_{11} = (s-s_1)^p F_1(s) \mid_{s=s_1}$$

$$K_{12} = \frac{\mathrm{d}}{\mathrm{d}s}[(s-s_1)^p F_1(s)]_{s=s_1}$$

$$\cdots$$

$$K_{1i} = \frac{1}{(i-1)!} \frac{\mathrm{d}^{i-1}}{\mathrm{d}s^{i-1}}[(s-s_1)^p F_1(s)]_{s=s_1}, \quad i=1,2,\cdots,p$$

【例 12-12】 求 $F(s) = \dfrac{2s^2+3s+3}{(s+1)(s+3)^3}$ 的反变换函数 $f(t)$。

解

$$F(s) = \frac{K_{11}}{(s+3)^3} + \frac{K_{12}}{(s+3)^2} + \frac{K_{13}}{(s+3)} + \frac{K_2}{(s+1)}$$

$$K_{11} = (s+3)^3 F(s) \mid_{s=-3} = -6$$

$$K_{12} = \frac{\mathrm{d}}{\mathrm{d}s}[(s+3)^3 F(s)]_{s=-3} = \frac{3}{2}$$

$$K_{13} = \frac{1}{2} \frac{\mathrm{d}^2}{\mathrm{d}s^2}[(s+3)^3 F(s)]_{s=-3} = -\frac{1}{4}$$

$$K_2 = (s+1)F(s) \mid_{s=-1} = \frac{1}{4}$$

$$f(t) = \left(-\frac{6}{2}t^2 + \frac{3}{2}t - \frac{1}{4}\right)e^{-3t} + \frac{1}{4}e^{-t}, \quad t \geqslant 0$$

(3) 含有复根

因为 $F(s)$ 为有理式,当出现复根时,必共轭成对。有两种处理办法,一种是当单值根处理,求解方法同(1);另一种是,由于是共轭复根,这时原函数将出现正弦或余弦项,把 $D(s)$ 作为一个整体来考虑,可使求解过程简化。

【例 12-13】 求 $F(s) = \dfrac{3s+5}{s^2+2s+2}$ 的反变换函数 $f(t)$。

解 方法 1

$$F(s) = \frac{K_1}{s+1+\mathrm{j}} + \frac{K_2}{s+1-\mathrm{j}}$$

$$K_1 = (s+1+\mathrm{j})F(s)\mid_{s=-1-\mathrm{j}} = \frac{3}{2}+\mathrm{j}$$

$$K_2 = (s+1-\mathrm{j})F(s)\mid_{s=-1+\mathrm{j}} = \frac{3}{2}-\mathrm{j}$$

$$f(t) = \left(\frac{3}{2}+\mathrm{j}\right)\mathrm{e}^{-(1+\mathrm{j})t} + \left(\frac{3}{2}-\mathrm{j}\right)\mathrm{e}^{-(1-\mathrm{j})t}, \quad t \geqslant 0$$

或表示成

$$f(t) = \left(3\frac{\mathrm{e}^{\mathrm{j}t}+\mathrm{e}^{-\mathrm{j}t}}{2} + 2\frac{\mathrm{e}^{\mathrm{j}t}-\mathrm{e}^{-\mathrm{j}t}}{\mathrm{j}2}\right)\mathrm{e}^{-t}, \quad t \geqslant 0$$

方法 2

$$F(s) = \frac{3(s+1)}{(s+1)^2+1} + \frac{2}{(s+1)^2+1}$$

查变换表得

$$f(t) = (3\cos t + 2\sin t)\mathrm{e}^{-t}, \quad t \geqslant 0$$

根据欧拉公式,很容易验证利用两种方法求解结果一致。

12.4　线性电路的复频域模型

基尔霍夫定律的时域表示式为:

- 对任一结点,$\sum i(t) = 0$;
- 对任一回路,$\sum u(t) = 0$。

根据拉普拉斯变换性质得出基尔霍夫定律的拉普拉斯变换公式为:

- 对任一结点,$\sum I(s) = 0$;
- 对任一回路,$\sum U(s) = 0$。

根据元件、电流的时域关系,可以推导出各元件电压、电流的复频域关系式。

对于复频域电阻元件,电阻 R 为复频域阻抗,$G = \dfrac{1}{R}$ 为复频域导纳。表 12-2 是电阻元件的复频域电压、电流的拉普拉斯变换关系。

表 12-2　电阻元件的时域与复频域关系

元　件	时　　域	复　频　域
电阻	$i(t)$　R $+ u(t) -$ $u(t)=Ri(t), i(t)=Gu(t)$	$I(s)$　R $+ U(s) -$ $U(s)=RI(s), I(s)=GU(s)$

对于复频域电感元件,sL 为复频域电感阻抗;$\dfrac{1}{sL}$ 为复频域电感导纳;$i(0_-)$ 表示电感初始电流;$\dfrac{i(0_-)}{s}$ 表示附加电流源的电流。表 12-3 是电感元件的复频域电压、电流的拉普拉斯变换关系。请特别留意 $U(s)$ 的正负极范围和 $I(s)$ 的包含范围。

表 12-3　电感元件的时域与复频域关系

元　件	时　域	复　频　域
电感	$u(t) = L\dfrac{\mathrm{d}i(t)}{\mathrm{d}t}$ $i(t) = \dfrac{1}{L}\displaystyle\int_{-\infty}^{t} u(\tau)\mathrm{d}\tau$	$U(s) = sLI(s) - Li(0_-)$ $I(s) = \dfrac{1}{sL}U(s) + \dfrac{1}{s}i(0_-)$

对于复频域电容元件，$\dfrac{1}{sC}$ 为复频域电容阻抗；sC 为复频域电容导纳；$\dfrac{u(0_-)}{s}$ 表示电容初始电压的附加电压源；$Cu(0_-)$ 表示附加电流源的电流。表 12-4 是电容元件的复频域电压、电流的拉普拉斯变换关系。请特别留意 $U(s)$ 的正负极范围和 $I(s)$ 的包含范围。

表 12-4　电容元件的时域与复频域关系

元　件	时　域	复　频　域
电容	$u(t) = \dfrac{1}{C}\displaystyle\int_{-\infty}^{t} i(\tau)\mathrm{d}\tau$ $i(t) = C\dfrac{\mathrm{d}u(t)}{\mathrm{d}t}$	$U(s) = \dfrac{1}{sC}I(s) + \dfrac{1}{s}u(0_-)$ $I(s) = sCU(s) - Cu(0_-)$

对于复频域耦合电感元件，既要考虑自感，还要考虑互感。表 12-5 是耦合电感元件的复频域电压、电流的拉普拉斯变换关系。

表 12-5　耦合电感元件的时域与复频域关系

元　件	时　域	复　频　域
耦合电感	$\begin{cases} u_1 = L_1\dfrac{\mathrm{d}i_1}{\mathrm{d}t} + M\dfrac{\mathrm{d}i_2}{\mathrm{d}t} \\ u_2 = L_2\dfrac{\mathrm{d}i_2}{\mathrm{d}t} + M\dfrac{\mathrm{d}i_1}{\mathrm{d}t} \end{cases}$	$L_1 i_1(0_-) + M i_2(0_-)\quad L_2 i_2(0_-) + M i_1(0_-)$ $\begin{cases} U_1(s) = sL_1 I_1(s) - L_1 i_1(0_-) \\ \qquad\quad + sMI_2(s) - Mi_2(0_-) \\ U_2(s) = sL_2 I_2(s) - L_2 i_2(0_-) \\ \qquad\quad + sMI_1(s) - Mi_1(0_-) \end{cases}$

对于受控源元件,要注意控制量的变换。表 12-6 是受控源元件的复频域电压、电流的拉普拉斯变换关系。

表 12-6　受控源元件的时域与复频域关系

元 件	时 域	复 频 域
受控源	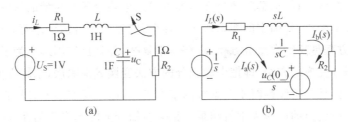	

$$u_1 = i_1 R$$
$$u_2 = \mu u_1$$

$$U_1(s) = I_1(s)R$$
$$U_2(s) = \mu U_1(s)$$

12.5　应用拉普拉斯变换法分析线性电路

首先,利用表 12-2～表 12-6,把时域电路图变换成复频域电路图,然后列方程,解方程,求得结果象函数,最后利用拉普拉斯反变换,求得原函数,即时域的解。

应用拉普拉斯变换法分析线性电路直接求得全响应,直接利用 0_- 初始条件参加运算,跃变情况自动包含在响应中。运算法分析动态电路的步骤如下。

① 由换路前电路,计算动态元件的 $u_C(0_-), i_L(0_-)$。

② 参照表 12-2～表 12-6 各元件对应的模型图,画运算电路模型,注意运算阻抗的表示和附加电源的作用。

③ 应用电路分析方法,列写方程,求解象函数。

④ 通过反变换表法和部分分式展开法,求出原函数。

【例 12-14】　电路如图 12-1(a)所示电路,原电路处于稳定状态。$t=0$ 时开关 S 闭合,求换路后的电流 $i_L(t)$。

解　首先进行变换,由于开关闭合前图 12-1(a)所示电路已处于稳定状态,所以电感电流 $i_L(0_-)=0$,电容电压 $u_C(0_-)=1V$。所以图 12-1(a)所示时域电路可以变换成如图 12-1(b)所示的复频域电路。

(a)　　　　　　　　　　(b)

图 12-1　时域到频域变换求解

应用回路电流法,如图 12-1(b)所示复频域电路设定,方程如下

$$\left(R_1 + sL + \frac{1}{sC}\right)I_a(s) - \frac{1}{sC}I_b(s) = \frac{1}{s} - \frac{u_C(0_-)}{s}$$

$$-\frac{1}{sC}I_\mathrm{a}(s) + \left(R_2 + \frac{1}{sC}\right)I_\mathrm{b}(s) = \frac{u_C(0_-)}{s}$$

代入已知数据,解得

$$I_\mathrm{L}(s) = I_\mathrm{a}(s) = \frac{1}{s(s^2 + 2s + 2)}$$

求其反变换得

$$i_1(t) = \frac{1}{2} - \frac{1}{2}\mathrm{e}^{-t}\cos t - \frac{1}{2}\mathrm{e}^{-t}\sin t, \quad t \geqslant 0$$

【例 12-15】 电路如图 12-2(a)所示,原电路处于稳定状态。$t=0$ 时开关 S 打开,求换路后的电流 $i_1(t),i_2(t)$。

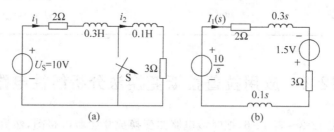

图 12-2 时域到频域变换求解

解 首先进行变换,由于开关打开前电路如图 12-2(a)所示已处于稳定状态,所以电感电流 $i_1(0_-)=5\mathrm{A}$,$i_2(0_-)=0$。所以图 12-1(a)所示时域电路可以变换成图 12-1(b)所示复频域电路。0.3H 电感产生的附加电压源电压 $Li_1(0_-)=0.3 \times 5 = 1.5\mathrm{V}$。

$$I_1(s) = \frac{10/s + 1.5}{2 + 0.3s + 3 + 0.1s} = \frac{2}{s} + \frac{1.75}{s + 12.5}$$

因此,反变换得

$$i_1(t) = i_2(t) = 2 + 1.75\mathrm{e}^{-12.5t}, \quad t \geqslant 0$$

本 章 小 结

对于一阶、二阶电路,根据电路的基尔霍夫定律和元件的电压、电流关系建立以时间为自变量的线性常微分方程,求解常微分方程即可得到电路变量在时域的解答,这种方法称为经典法。要解答不困难,要确定的初始值至多两个,能正确求得结果。而对于多个动态元件的电路,建立的方程是高阶常微分方程,求解非常复杂,并且比较困难。为了解决该问题,提出了拉普拉斯积分变换的方法,即把求微积分的方法变换成乘除法,求解方便。

拉普拉斯变换是分析线性时不变系统的基本工具,由于反变换不容易直接求得,所以必须要利用拉普拉斯变换的性质来求得结果。拉普拉斯变换除具有叠加性、微分性、积分性等性质外,还具有许多其他的性质。

利用拉普拉斯变换可求得电路的全响应、全过程,因此拉普拉斯变换是全面分析线性电路的一种有效工具,特别是分析线性高阶动态电路的一种重要工具。

拉普拉斯变换的核心问题是把时域问题变成复频域问题进行分析,把定义在$[0,\infty)$区

间的时域函数 $f(t)$ 变换为它的拉普拉斯变换式 $F(s)$

$$F(s) = \int_{0_-}^{\infty} f(t)e^{-st}\,\mathrm{d}t = \int_{0_-}^{0_+} f(t)e^{-st}\,\mathrm{d}t + \int_{0_+}^{\infty} f(t)e^{-st}\,\mathrm{d}t$$

式中，$s=\sigma+\mathrm{j}\omega$ 为复数；$F(s)$ 称为 $f(t)$ 的象函数；$f(t)$ 称为 $F(s)$ 的原函数。显然，在 $t=0_- \sim t=0_+$ 的时间里，当 $f(t)$ 为冲激函数 $\delta(t)$ 时，则 $t=0_- \sim t=0_+$ 的 $f(t)$ 积分项不为零；若 $f(t)$ 不是冲激函数 $\delta(t)$，而是有限值时，则 $t=0_- \sim t=0_+$ 的 $f(t)$ 积分项为零。

应用运算法求解线性动态电路的步骤：

① 根据换路前动态电路的状态，计算出电感电流 $i_L(0_-)$ 值和电容电压 $u_C(0_-)$ 值，从而确定出运算电路中反映初始条件的附加电源。

② 将激励电压源 $u_S(t)$ 或激励电流源 $i_S(t)$ 变换成象函数 $U_S(s)$ 或 $I_S(s)$。

③ 根据表 12-2～表 12-6，画出换路后的运算电路图，注意附加电源的值以及方向。

④ 应用支路电流法、网孔电流法、回路电流法、结点电压法等各种求解电路的方法列写方程，并求出响应的象函数。

⑤ 根据表 12-1，查表以及部分方式展开方法，对响应的象函数进行拉普拉斯反变换，求出响应的原函数，即把频域反变换为时域表达式。

课 后 习 题

1 电感元件的拉普拉斯运算变换图是（　　）。

A. $I(s)$ sL $Li(0_-)$ $U(s)$

B. $I(s)$ sL $Li(0_-)$ $U(s)$

C. $I(s)$ sL $sLi(0_-)$ $U(s)$

D. $I(s)$ sL $sLi(0_-)$ $U(s)$

2 电容元件的拉普拉斯运算变换图是（　　）。

A. $I(s)$ sC $u(0_-)/s$ $U(s)$

B. $I(s)$ sC $\dfrac{u(0_-)}{s}$ $U(s)$

C. $I(s)$ $\dfrac{1}{sC}$ $\dfrac{u(0_-)}{s}$ $U(s)$

D. $I(s)$ $\dfrac{1}{sC}$ $\dfrac{u(0_-)}{s}$ $U(s)$

3 电感元件的拉普拉斯运算变换图是（　　）。

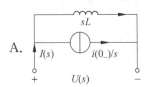

A. sL $I(s)$ $i(0_-)/s$ $U(s)$

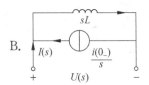

B. sL $I(s)$ $\dfrac{i(0_-)}{s}$ $U(s)$

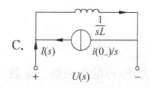

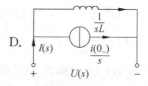

4 电容元件的拉普拉斯运算变换图是(　　)。

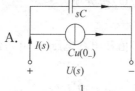

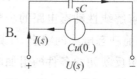

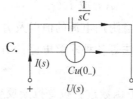

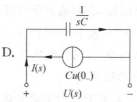

5 耦合电感元件的拉普拉斯运算变换图是(　　)。

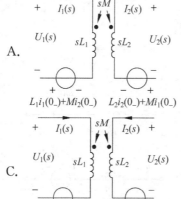

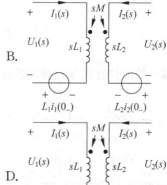

6 阶跃电压源 $U\varepsilon(t)$ 的拉普拉斯运算变换图是(　　)。

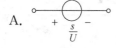

7 冲激电压源 $U\delta(t)$ 的拉普拉斯运算变换图是(　　)。

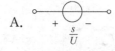

8 阶跃电流源 $I\varepsilon(t)$ 的拉普拉斯运算变换图是( )。

9 冲激电流源 $I\delta(t)$ 的拉普拉斯运算变换图是( )。

10 电路如图题 10 所示,已知电源电压 $u_S=30$V,$R_1=10\Omega$,$R_2=20\Omega$,$C=1$F。开关 S 闭合之前电路稳定,$t=0$ 时开关接通,请画出 $t\geqslant0$ 时的拉普拉斯运算图( )。

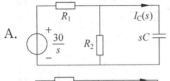

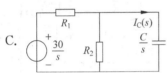

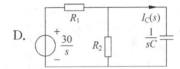

11 在图题 11 所示电路中,$t=0$ 时开关断开,请画出 $t\geqslant0$ 时的拉普拉斯运算图( )。

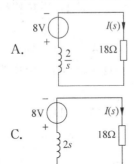

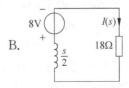

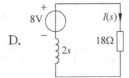

12 电路如图题 12 所示,已知电源电压 $u_S=20$V,$C=100$mF,$R_1=R_2=10\Omega$。开关 S 打开之前电路稳定,$t=0$ 时打开,请画出 $t\geqslant0$ 时的拉普拉斯运算图( )。

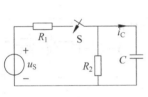

图题 10

图题 11

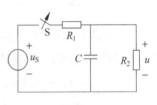

图题 12

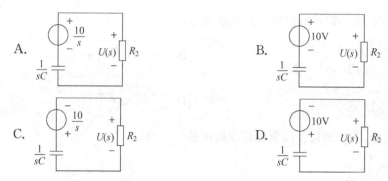

13 在图题13所示电路中,已知电容初始电压为 $u_C(0)=10\text{V}$,电感初始电流 $i_L(0)=0$,$C=0.2\text{F}$,$L=0.5\text{H}$,$R_1=30\Omega$,$R_2=20\Omega$,$t=0$ 时开关接通,请画出 $t\geqslant0$ 时的拉普拉斯运算图( )。

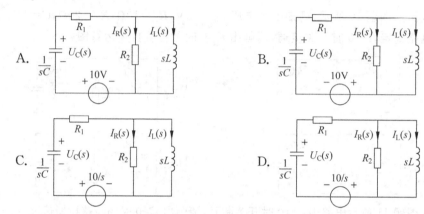

14 在如图题14所示电路中,$u_S=40\delta(t)\text{V}$,$L=1\text{H}$,$R_1=R_2=20\Omega$。用拉普拉斯变换求电感电流的冲激响应 $i_L(t)$( )。

A. 20A   B. $-20\text{e}^{-10t}\text{A}$ C. $20(1-\text{e}^{10t})\text{A}$ D. $20\text{e}^{-10t}\text{A}$

15 在如图题15所示电路中,$u_S=4\delta(t)\text{V}$,$C=1/3\text{F}$,$R_1=2\Omega$,$R_2=4\Omega$。用拉普拉斯变换求电容电压的冲激响应 $u_C(t)$( )。

A. $2(1-\text{e}^{2t})\text{V}$ B. $2\text{e}^{-0.5t}\text{V}$ C. $2(1-\text{e}^{-0.5t})\text{V}$ D. $2\text{e}^{-2t}\text{V}$

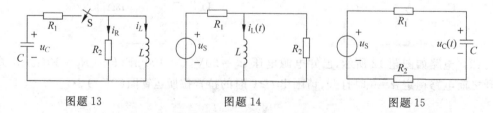

图题13   图题14   图题15

16 电路如图题16所示,已知电源电压 $u_S=10\cos(100t+30°)\text{V}$,$C=100\mu\text{F}$,$R=200\Omega$。无初始储能,$t=0$ 时闭合,求 $t\geqslant0$ 时的 u_C( )。

A. $u_C(t)=-(2+\sqrt{3})\text{e}^{-50t}+2\sqrt{5}\cos(100t+33.44°)\text{V}$

B. $u_C(t)=-(2+\sqrt{3})\text{e}^{-50t}-2\sqrt{5}\cos(100t+33.44°)\text{V}$

C. $u_C(t)=(2+\sqrt{3})\text{e}^{-50t}+2\sqrt{5}\cos(100t+33.44°)\text{V}$

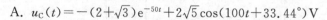
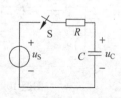

图题16

D. $u_C(t)=(2+\sqrt{3})e^{-50t}-2\sqrt{5}\cos(100t+33.44°)$ V

17　电路如图题 17 所示,已知电源电压 $u_S=10\cos(100t+30°)$ V,$L=1$H,$R=200\Omega$。无初始储能,$t=0$ 时闭合,求 $t\geqslant 0$ 时的 i_L(　　)。

A. $i_L(t)=(10+20\sqrt{3})e^{-200t}+100\sqrt{5}\cos(100t+3.44°)$ mA

B. $i_L(t)=(10+20\sqrt{3})e^{-200t}-100\sqrt{5}\cos(100t+3.44°)$ mA

C. $i_L(t)=-(10+20\sqrt{3})e^{-200t}+100\sqrt{5}\cos(100t+3.44°)$ mA

D. $i_L(t)=-(10+20\sqrt{3})e^{-200t}-100\sqrt{5}\cos(100t+3.44°)$ mA

18　在如图题 18 所示 RLC 串联电路中,$R=1\Omega$,$L=1$H,$C=1$F,$u_C(0)=1$V,$i_L(0)=1$A,零输入响应 $u_C(t)$ 为(　　)。

A. $u_C(t)=2e^{-0.5t}\cos\left(\dfrac{\sqrt{3}}{2}t+\dfrac{\pi}{3}\right)$ V

B. $u_C(t)=2e^{-0.5t}\cos\left(\dfrac{\sqrt{3}}{2}t-\dfrac{\pi}{3}\right)$ V

C. $u_C(t)=-2e^{-0.5t}\cos\left(\dfrac{\sqrt{3}}{2}t+\dfrac{\pi}{3}\right)$ V

D. $u_C(t)=-2e^{-0.5t}\cos\left(\dfrac{\sqrt{3}}{2}t-\dfrac{\pi}{3}\right)$ V

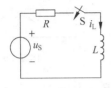

图题 17

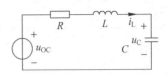

图题 18

19　在如图题 18 所示 RLC 串联电路中,$R=2\Omega$,$L=1$H,$C=1$F,$u_C(0)=-1$V,$i_L(0)=0$A,零输入响应 $u_C(t)$ 和 $i_L(t)$ 分别为(　　)。

A. $u_C(t)=(1+t)e^{-t}$ V,$i_L(t)=te^{-t}$ A

B. $u_C(t)=-1+te^{-t}$ V,$i_L(t)=-te^{-t}$ A

C. $u_C(t)=(-1+t)e^{-t}$ V,$i_L(t)=-te^{-t}$ A

D. $u_C(t)=-(1+t)e^{-t}$ V,$i_L(t)=te^{-t}$ A

20　在如图题 18 所示 RLC 串联电路中,$R=4\Omega$,$L=1$H,$C=1$F,$u_C(0)=1$V,$i_L(0)=1$A,零输入响应 $u_C(t)=$(　　)。

A. $u_C(t)=\left[\dfrac{\sqrt{3}+1}{2}e^{-(2-\sqrt{3})t}+\dfrac{\sqrt{3}-1}{2}e^{-(2+\sqrt{3})t}\right]$ V

B. $u_C(t)=-\left[\dfrac{\sqrt{3}+1}{2}e^{-(2-\sqrt{3})t}+\dfrac{\sqrt{3}-1}{2}e^{-(2+\sqrt{3})t}\right]$ V

C. $u_C(t)=\left[\dfrac{\sqrt{3}+1}{2}e^{-(2-\sqrt{3})t}-\dfrac{\sqrt{3}-1}{2}e^{-(2+\sqrt{3})t}\right]$ V

D. $u_C(t)=-\left[\dfrac{\sqrt{3}+1}{2}e^{-(2-\sqrt{3})t}-\dfrac{\sqrt{3}-1}{2}e^{-(2+\sqrt{3})t}\right]$ V

21　图题 21 所示电路原已达稳态,$t=0$ 时把开关 S 合上,请画出运算电路。

22　图题 22 所示电路原已达稳态,$t=0$ 时把开关 S 合上,请画出运算电路。

23　图题 23 所示电路原处于零状态,$t=0$ 时把开关 S 合上,试求电流 i_L。

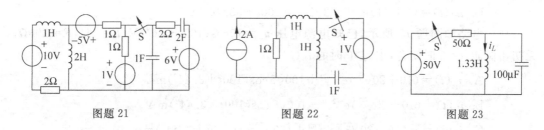

图题 21   图题 22   图题 23

24 电路如图题 24 所示,已知 $i_L(0_-)=0$A,$t=0$ 时将开关 S 合上,求 $t\geq0$ 时的 $u_L(t)$。

25 电路如图题 25 所示,设电容上原有电压 $U_0=100$V,电源电压 $U_S=200$V,$R_1=30\Omega$,$R_2=10\Omega$,$L=0.1$H,$C=1000\mu$F。求开关 S 合上后电感中的电流 i_L。

26 电路如图题 26 所示,已知 $i_S=2\sin(1000t)$A,$R_1=R_2=20\Omega$,$C=1000\mu$F,$t=0$ 时将开关 S 合上,求 $t\geq0$ 时的 $u_C(t)$。

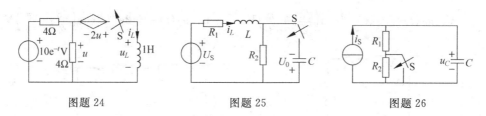

图题 24   图题 25   图题 26

27 图题 27 所示电路中,$L_1=1$H,$L_2=4$H,$M=2$H,$R_1=R_2=1\Omega$,$U_S=1$V,电感中原无磁场能量。求开关 S 合上后,用运算法求 i_1,i_2。

28 电路如图题 28 所示,$t=0$ 时将开关 S 合上,求 $t\geq0$ 时的电流 $i_2(t)$。

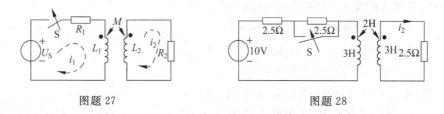

图题 27   图题 28

29 在图题 29 所示电路中,开关动作前已达稳态,$t=0$ 时开关打开,求 $t\geq0$ 时的电容电压 u_C。

30 图题 30(a)所示电路激励 $u_S(t)$ 的波形如图题 30(b)所示,已知 $R_1=6\Omega$,$R_2=3\Omega$,$L=1$H,$\mu=1$,试求电路的零状态响应 $i_L(t)$。

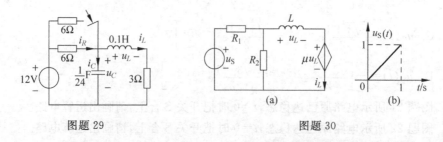

图题 29   图题 30

31　图题31所示电路含理想变压器，已知$R=1\Omega$，$C_1=1$F，$C_2=2$F，$i_S=\mathrm{e}^{-t}$V，试求电路的零状态响应$u(t)$。

32　电路如图题32所示，$t=0$时将开关S合上，用运算法求$i(t)$及$u_C(t)$。

33　图题33所示电路，$t=0$将开关S合上，用运算法求$i(t)$及$u_C(t)$。

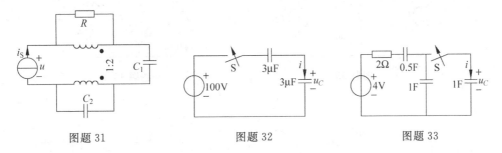

图题31　　　　　　　　　图题32　　　　　　　　　图题33

34　电路如图题34所示，已知$u_{S1}(t)=\varepsilon(t)$V，$u_{S2}(t)=\delta(t)$V，试求$u_1(t)$及$u_2(t)$。

35　电路如图题35所示，开关S原是闭合的，电路处于稳态。若S在$t=0$时打开，已知$U_S=2$V，$L_1=L_2=1$H，$R_1=R_2=1\Omega$，试求$t\geqslant0$时的$i_1(t)$及$u_{L2}(t)$。

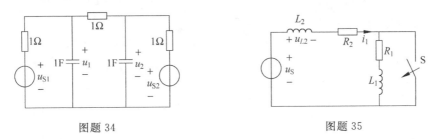

图题34　　　　　　　　　　　　　　　图题35

36　图题36所示电路，开关S原是闭合的，电路处于稳态。若S在$t=0$时打开，已知$U_S=42$V，$L=\dfrac{1}{12}$H，$C=1$F，$R_1=1\Omega$，$R_2=0.75\Omega$，$R_3=2\Omega$，求$t\geqslant0$时的电感电流$i_L(t)$。

37　电路如图题37所示，已知$L=1$H，$C=0.5$F，$R_1=2\Omega$，$R_2=3\Omega$，电源为冲激电流源，且已知$u_C(0_-)=0$，求$t\geqslant0$时的$u_C(t)$。

38　在图题38所示电路中，已知$u_C(0_-)=0$，$t=0$时开关S闭合，求$t\geqslant0$时的电容电压u_C。

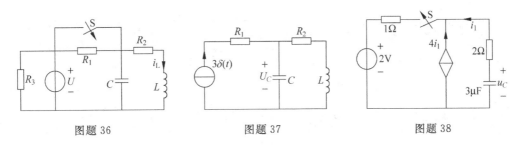

图题36　　　　　　　　　图题37　　　　　　　　　图题38

39　图题39所示电路，已知直流电压源$U_{S1}=10$V，正弦电压源$u_{S2}=5\cos10^3t$V，求电容电压$u_C(t)$。

40 图题40所示电路中的开关S闭合前电容电压$u_C(0_-)=10$V,在$t=0$时S闭合,求$t\geqslant 0$时电流$i(t)$。

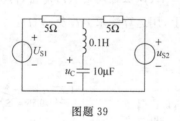

图题39

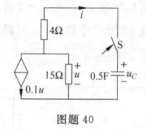

图题40

第 13 章 二端口网络

内容提要

本章介绍二端口网络及其方程,二端口的导纳参数、阻抗参数、传输参数和混合参数以及它们之间的相互关系,还介绍互易二端口网络的等效电路、π 形和 T 形等效电路,最后介绍二端口网络的级联。掌握二端口网络及其方程、参数、等效电路和转移函数等。

二端口网络主要研究两个端口的电压和电流,共 4 个变量,所以从不同的要求来选取这 4 个变量中的两个作为独立变量的方法共有 6 种。因此,共有 6 种可以用来表征二端口网络的方程和参数,而常用的只有 Y、Z、T、H 4 种方程和参数。

本章的难点在于如何求解二端口网络的 Y、Z、T、H 共 4 种常用参数;如果已知二端口网络的 Y、Z、T、H 参数,如何求出其二端口网络的等效电路。

13.1 二端口网络

本章在对直流电路的分析过程中,通过戴维宁定理讲述具有两个引线端的电路的分析方法。这种具有两个引线端的电路称为一端口网络,如图 13-1 所示。一个无源一端口网络,可以等效成一个电阻。一个有源一端口网络,不论其内部电路简单或复杂,就其外特性来说,可以用电压源与电阻的串联电路进行置换,以便在分析某个局部电路工作关系时,使分析过程得到简化。当一个电路有四个外引线端子,如图 13-2 所示,其中左、右两对端子都满足:从一个引线端流入电路的电流与另一个引线端流出电路的电流相等的条件,这样组成的电路可称为二端口网络(或称为双口网络)。

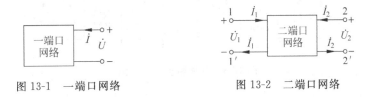

图 13-1 一端口网络   图 13-2 二端口网络

从端子 1 流入的电流等于从端子 1′ 流出的电流,则 1-1′ 两个端子构成一个端口。

二端口网络(双口网络):1-1′ 一对端子为输入端子,2-2′ 一对端子为输出端子,以便与其他设备相连接。变压器、滤波器、运算放大器等均属于双口网络。

本章所研究的二端口网络是线性网络,由线性电阻、线性电容、线性电感(包括耦合电感)及线性受控源组成,不含有独立电源和初始值构成的附加电源。

13.2 二端口的方程和参数

在实际应用过程中,不少电路(如集成电路)制作完成后就被封装起来,无法看到具体的结构。在分析这类电路时,只能通过其引线端或端口处电压与电流的相互关系来表征电路的功能。而这种相互关系,可以用一些参数来表示。这些参数只决定于网络本身的结构和内部元件,一但表征这个端口网络的参数确定之后,当一个端口的电压和电流发生变化时,利用网络参数,就可以很容易找出另一个端口的电压和电流。利用这些参数,还可以比较不同网络在传递电能和信号方面的性能,从而评价端口网络的质量。

一个二端口网络输入端口和输出端口的电压和电流共有四个,即$\dot{U}_1$、$\dot{I}_1$、$\dot{U}_2$、$\dot{I}_2$。在分析二端口网络时,通常是已知其中的两个电量,求出另外两个电量。因此,由这四个物理量构成的组合,共有六组关系式,其中四组为常用关系式。

1. 阻抗参数方程及阻抗参数

(1) 阻抗参数方程

$$\begin{cases} \dot{U}_1 = Z_{11}\dot{I}_1 + Z_{12}\dot{I}_2 \\ \dot{U}_2 = Z_{21}\dot{I}_1 + Z_{22}\dot{I}_2 \end{cases} \tag{13-1}$$

$$\Rightarrow \begin{bmatrix} \dot{U}_1 \\ \dot{U}_2 \end{bmatrix} = \begin{bmatrix} Z_{11} & Z_{12} \\ Z_{21} & Z_{22} \end{bmatrix} \begin{bmatrix} \dot{I}_1 \\ \dot{I}_2 \end{bmatrix} = \mathbf{Z} \begin{bmatrix} \dot{I}_1 \\ \dot{I}_2 \end{bmatrix}$$

$$\mathbf{Z} \stackrel{\text{def}}{=} \begin{bmatrix} Z_{11} & Z_{12} \\ Z_{21} & Z_{22} \end{bmatrix} \ (\mathbf{Z}\ \text{参数矩阵,开路阻抗矩阵})$$

式中的系数 Z_{11}、Z_{12}、Z_{21}、Z_{22} 具有阻抗性质,所以式(13-1)称为阻抗方程或 Z 方程。

(2) 开路阻抗参数的测定

开路阻抗参数的测定如图 13-3 所示,无源二端口网络的 Z 参数,仅与网络的内部结构、元件参数、工作频率有关,而与输入信号的振幅、负载的情况无关。因此,这些参数描述了二端口网络本身的电特性。

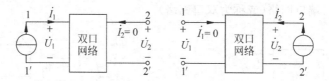

图 13-3 开路阻抗参数的测定

二端口网络 $\mathbf{Z}$ 参数的物理意义,可由式(13-1)推导而得。当输出端口开路时,$\dot{I}_2 = 0$,这时有

$$Z_{11} = \frac{\dot{U}_1}{\dot{I}_1}\bigg|_{\dot{I}_2 = 0}, \quad Z_{21} = \frac{\dot{U}_2}{\dot{I}_1}\bigg|_{\dot{I}_2 = 0}$$

即 Z_{11} 是输出端口开路时在输入端口处的输入阻抗,称为开路输入阻抗。而 Z_{21} 是输出端口开路时的转移阻抗,称为开路转移阻抗。转移阻抗是一个端口的电压与另一个端口的电流之比。

同理,当输入端口开路时,$\dot{I}_1 = 0$,这时有

$$Z_{22} = \frac{\dot{U}_2}{\dot{I}_2}\bigg|_{\dot{I}_1 = 0}, \quad Z_{12} = \frac{\dot{U}_1}{\dot{I}_2}\bigg|_{\dot{I}_1 = 0}$$

即 Z_{22} 是输入端口开路时在输出端口处的输出阻抗,称为开路输出阻抗。而 Z_{12} 是输入端口开路时的转移阻抗,称为开路转移阻抗。以上四个阻抗的单位都是欧姆(Ω)。

对于无源线性二端口网络利用互易定理可以得到证明,即输入和输出互换位置时,不会改变由同一激励所产生的响应。由此得出 $Z_{12}=Z_{21}$ 的结论,即在 Z 参数中,只有三个参数是独立的。

如果二端口网络是对称的,则输出端口和输入端口互换位置后,电压和电流均不改变,表明 $Z_{11}=Z_{22}$,则 Z 参数中只有两个参数是独立的。

(3) **Z** 参数的特点

① 无源二端口(线性 $R,L(M),C$ 元件构成),$Z_{12}=Z_{21}$,**Z** 参数只有 3 个是独立的。

② 对称二端口,$Z_{22}=Z_{11}$,$Z_{12}=Z_{21}$,**Z** 参数只有两个是独立的。

【例 13-1】 写出如图 13-4 所示电路的 **Z** 参数方程。

解 根据 **Z** 参数的定义,将输出端 2-2' 开路得

$$Z_{11} = \left.\frac{\dot{U}_1}{\dot{I}_1}\right|_{\dot{I}_2=0} = R_1 /\!/ (R_2+R_3) = \left[\frac{12\times(12+12)}{12+(12+12)}\right]\Omega = 8\,\Omega$$

$$Z_{21} = \left.\frac{\dot{U}_2}{\dot{I}_1}\right|_{\dot{I}_2=0} = \left[\frac{\dot{U}_2}{\dot{U}_1}\times\frac{\dot{U}_1}{\dot{I}_1}\right]_{\dot{I}_2=0} = \frac{R_3}{R_2+R_3}Z_{11} = \left(\frac{12}{12+12}\times 8\right)\Omega = 4\,\Omega$$

因为该电路是对称无源线性二端口网络,所以 $Z_{22}=$ Z_{11},$Z_{12}=Z_{21}$,该电路的 **Z** 参数方程为

$$\dot{U}_1 = 8\,\dot{I}_1 + 4\,\dot{I}_2$$

$$\dot{U}_2 = 4\,\dot{I}_1 + 8\,\dot{I}_2$$

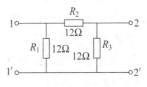

图 13-4　开路阻抗参数的计算

2. 导纳参数方程和导纳参数

(1) 导纳参数方程

导纳方程的一般表示形式

$$\begin{cases} \dot{I}_1 = Y_{11}\dot{U}_1 + Y_{12}\dot{U}_2 \\ \dot{I}_2 = Y_{21}\dot{U}_1 + Y_{22}\dot{U}_2 \end{cases} \tag{13-2}$$

$$\Rightarrow \begin{bmatrix} \dot{I}_1 \\ \dot{I}_2 \end{bmatrix} = \begin{bmatrix} Y_{11} & Y_{12} \\ Y_{21} & Y_{22} \end{bmatrix}\begin{bmatrix} \dot{U}_1 \\ \dot{U}_2 \end{bmatrix} = Y\begin{bmatrix} \dot{U}_1 \\ \dot{U}_2 \end{bmatrix}$$

$$Y \overset{\text{def}}{=} \begin{bmatrix} Y_{11} & Y_{12} \\ Y_{21} & Y_{22} \end{bmatrix} \quad (\textbf{Y} \text{ 参数矩阵,短路导纳矩阵})$$

(2) 短路导纳参数的测定

短路导纳参数的测定如图 13-5 所示,二端口网络 **Y** 参数的物理意义,可由式(13-2)推导得到。当输出端口短路时,$\dot{U}_2=0$,这时有

$$Y_{11} = \left.\frac{\dot{I}_1}{\dot{U}_1}\right|_{\dot{U}_2=0}, \quad Y_{21} = \left.\frac{\dot{I}_2}{\dot{U}_1}\right|_{\dot{U}_2=0}$$

即 Y_{11} 是输出端口短路时在输入端口处的输入导纳,称为短路输入导纳;Y_{21} 是输出端口短

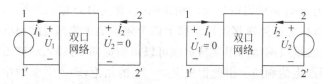

图 13-5　短路导纳参数的测定

路时的转移导纳,称为出端短路转移导纳。

当输入端口短路时,$\dot{U}_1 = 0$,这时有

$$Y_{22} = \frac{\dot{I}_2}{\dot{U}_2}\bigg|_{\dot{U}_1=0} , \quad Y_{12} = \frac{\dot{I}_1}{\dot{U}_2}\bigg|_{\dot{U}_1=0}$$

Y_{22} 是输入端口短路时在输出端口处的输出导纳,称为短路输出导纳。Y_{12} 是输入端口短路时的转移导纳,称为入端短路转移导纳。$\boldsymbol{Y}$ 参数的单位是西门子(S)。

同样可以证明,对于无源线性二端口网络 $Y_{12} = Y_{21}$。对称二端口网络有 $Y_{11} = Y_{22}$。

（3）Y 参数的特点

① 根据互易定理,由线性 $R,L(M),C$ 构成的任何无源二端口,$Y_{12} = Y_{21}$,故一个无源线性二端口,只要 3 个独立的参数足以表征其性能。

② 对称二端口,$Y_{11} = Y_{22}$,则此二端口的两个端口 1-1′ 和 2-2′ 互换位置后,其外部特性不会有任何变化;对称二端口中,因 $Y_{11} = Y_{22}$,$Y_{12} = Y_{21}$,故其 $\boldsymbol{Y}$ 参数中只有两个是独立的。

③ $\boldsymbol{Z}$ 与 $\boldsymbol{Y}$ 互为逆阵,$\boldsymbol{Z} = \boldsymbol{Y}^{-1}$,$\boldsymbol{Y} = \boldsymbol{Z}^{-1}$。

④ 含有受控源的线性 $R,L(M),C$ 二端口,$Y_{12} \neq Y_{21}$,$Z_{12} \neq Z_{21}$,互易定理不再成立。

【例 13-2】　求图 13-6(a)所示二端口的 $\boldsymbol{Y}$ 参数。

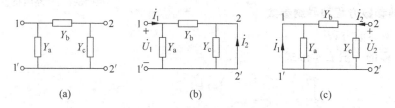

(a)　　　　　　　　　(b)　　　　　　　　　(c)

图 13-6　短路导纳参数的计算

解　这个端口的结构比较简单,它是一个 π 形电路。求它的 Y_{11} 和 Y_{12} 时,把端口 2-2′ 短路,在端口 1-1′ 上外施电压 $\dot{U}_1$,如图 13-6(b)所示,这时可求得:

$$\dot{I}_1 = \dot{U}_1(Y_a + Y_b)$$

$$-\dot{I}_2 = \dot{U}_1 Y_b$$

式中,$\dot{I}_2$ 前有负号是由指定的电流和电压参考方向造成的。根据定义可求得

$$Y_{11} = \frac{\dot{I}_1}{\dot{U}_1}\bigg|_{\dot{U}_2=0} = Y_a + Y_b$$

$$Y_{21} = \frac{\dot{I}_2}{\dot{U}_1}\bigg|_{\dot{U}_2=0} = -Y_b$$

同样,如果把端口 1-1′短路,并在端口 2-2′外施电压$\dot{U}_2$,则可求得

$$Y_{12} = -Y_b$$
$$Y_{22} = Y_b + Y_c$$

由此可见,$Y_{12} = Y_{21}$。此结果虽然是根据这个特例得到的,但是根据互易定理不难证明,对于由线性 R、$L(M)$、C 元件构成的任何无源二端口,$Y_{12} = Y_{21}$ 总是成立的。所以对任何一个无源线性二端口,只要 3 个独立的参数就足以表征它的性能。

【例 13-3】 求图 13-7 所示电路的 **Y** 参数方程。

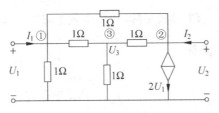

图 13-7 **Y** 参数的分析

解 结点电压方程为

$$\begin{cases} (1S + 1S + 1S)U_1 - 1S \times U_2 - 1S \times U_3 = I_1 \\ (1S + 1S)U_2 - 1S \times U_1 - 1S \times U_3 = I_2 - 2U_1 \\ (1S + 1S + 1S)U_3 - 1S \times U_1 - 1S \times U_2 = 0 \end{cases}$$

$$\Rightarrow \quad U_3 = \frac{1}{3}U_1 + \frac{1}{3}U_2$$

$$\begin{cases} I_1 = \dfrac{8}{3}U_1 - \dfrac{4}{3}U_2 \\ I_2 = \dfrac{2}{3}U_1 + \dfrac{5}{3}U_2 \end{cases} \quad \text{或} \quad \begin{bmatrix} I_1 \\ I_2 \end{bmatrix} = \begin{bmatrix} \dfrac{8}{3} & -\dfrac{4}{3} \\ \dfrac{2}{3} & \dfrac{5}{3} \end{bmatrix} \begin{bmatrix} U_1 \\ U_2 \end{bmatrix}$$

所以

$$\mathbf{Y} = \begin{bmatrix} Y_{11} & Y_{12} \\ Y_{21} & Y_{22} \end{bmatrix} = \begin{bmatrix} \dfrac{8}{3} & -\dfrac{4}{3} \\ \dfrac{2}{3} & \dfrac{5}{3} \end{bmatrix} S$$

网络含有受控源,失去互易性,即 $Y_{12} \neq Y_{21}$。

3. 传输参数方程和传输参数

(1) 传输参数方程

实际问题中,往往希望知道一个端口的电压、电流与另一个端口的电压、电流的关系,即输入、输出之间的关系,对于一般双口网络,就是 $\dot{U}_1$、$\dot{I}_1$ 与 $\dot{U}_2$、$\dot{I}_2$ 之间的关系,已知 $\dot{U}_2$、$\dot{I}_2$ 可求出 $\dot{U}_1$、$\dot{I}_1$,或者已知 $\dot{U}_1$、$\dot{I}_1$,可求出 $\dot{U}_2$、$\dot{I}_2$。

有些二端口并不存在阻抗矩阵或导纳矩阵,必须用除 **Z** 和 **Y** 参数以外的其他形式的参数描述其端口外特性。

$$\begin{cases} \dot{I}_1 = Y_{11}\dot{U}_1 + Y_{12}\dot{U}_2 \\ \dot{I}_2 = Y_{21}\dot{U}_1 + Y_{22}\dot{U}_2 \end{cases} \Rightarrow \begin{cases} \dot{U}_1 = -\dfrac{Y_{22}}{Y_{21}}\dot{U}_2 + \dfrac{1}{Y_{21}}\dot{I}_2 \\ \dot{I}_1 = \left(Y_{12} - \dfrac{Y_{11}Y_{22}}{Y_{21}}\right)\dot{U}_2 + \dfrac{Y_{11}}{Y_{21}}\dot{I}_2 \end{cases}$$

$$\begin{cases} \dot{U}_1 = A\dot{U}_2 - B\dot{I}_2 \\ \dot{I}_1 = C\dot{U}_2 - D\dot{I}_2 \end{cases} \Rightarrow \begin{cases} A = -\dfrac{Y_{22}}{Y_{21}}, & B = -\dfrac{1}{Y_{21}} \\ C = Y_{12} - \dfrac{Y_{11}Y_{22}}{Y_{21}}, & D = -\dfrac{Y_{11}}{Y_{21}} \end{cases} \tag{13-3}$$

$$T \stackrel{\text{def}}{=} \begin{bmatrix} A & B \\ C & D \end{bmatrix} \quad (T\text{ 参数矩阵,传输参数矩阵})$$

(2) 传输参数的计算与测量

$$\begin{cases} A = \dfrac{\dot{U}_1}{\dot{U}_2}\Big|_{\dot{I}_2=0}, & \text{开路电压比} \\[4mm] B = \dfrac{\dot{U}_1}{-\dot{I}_2}\Big|_{\dot{U}_2=0}, & \text{短路转移阻抗} \\[4mm] C = \dfrac{\dot{I}_1}{\dot{U}_2}\Big|_{\dot{I}_2=0}, & \text{开路转移导纳} \\[4mm] D = \dfrac{\dot{I}_1}{-\dot{I}_2}\Big|_{\dot{U}_2=0}, & \text{短路电流比} \end{cases} \tag{13-4}$$

(3) T 参数的特点

① A,B,C,D 都具有转移函数性质。

② 无源线性二端口,A,B,C,D 4 个参数中将只有 3 个是独立的。

因为

$$Y_{12} = Y_{21}$$

所以

$$AD - BC = \frac{Y_{11}Y_{22}}{Y_{21}^2} + \frac{Y_{12}Y_{21} - Y_{11}Y_{22}}{Y_{21}^2} = \frac{Y_{12}}{Y_{21}} = 1$$

③ 对称二端口,由于 $Y_{11} = Y_{22}$,还将有 $A = D$。

4. 混合参数方程及混合参数

(1) 混合参数方程

在已知二端口网络的输出电压 $\dot{U}_2$ 和输入电流 $\dot{I}_1$,求解二端口网络的输入电压 $\dot{U}_1$ 和输出电流 $\dot{I}_2$ 时,用 H 参数建立信号之间的关系。当选择电流的参考方向为流入二端口网络时,H 参数方程的一般形式为

$$\begin{cases} \dot{U}_1 = H_{11}\dot{I}_1 + H_{12}\dot{U}_2 \\ \dot{I}_2 = H_{21}\dot{I}_1 + H_{22}\dot{U}_2 \end{cases}$$

$$\begin{bmatrix} \dot{U}_1 \\ \dot{I}_2 \end{bmatrix} = \begin{bmatrix} H_{11} & H_{12} \\ H_{21} & H_{22} \end{bmatrix} \begin{bmatrix} \dot{I}_1 \\ \dot{U}_2 \end{bmatrix} = \boldsymbol{H} \begin{bmatrix} \dot{I}_1 \\ \dot{U}_2 \end{bmatrix}$$

$$\boldsymbol{H} \stackrel{\text{def}}{=} \begin{bmatrix} H_{11} & H_{12} \\ H_{21} & H_{22} \end{bmatrix} \quad (\boldsymbol{H} \text{参数矩阵,混合参数矩阵})$$

（2）混合参数的计算与测量

短路参数：$H_{11} = \dfrac{\dot{U}_1}{\dot{I}_1}\bigg|_{\dot{U}_2=0} = \dfrac{1}{Y_{11}}$, $\quad H_{21} = \dfrac{\dot{I}_2}{\dot{I}_1}\bigg|_{\dot{U}_2=0}$ （两个电流比）

开路参数：$H_{12} = \dfrac{\dot{U}_1}{\dot{U}_2}\bigg|_{\dot{I}_1=0}$, $\quad H_{22} = \dfrac{\dot{I}_2}{\dot{U}_2}\bigg|_{\dot{I}_1=0} = \dfrac{1}{Z_{22}}$ （两个电压比）

（3）$\boldsymbol{H}$ 参数的特点

① 无源线性二端口，$\boldsymbol{H}$ 参数中只有 3 个是独立的，因 $H_{21} = -H_{12}$。

② 当 $H_{11}H_{22} - H_{12}H_{21} = 1$，即 $Y_{11} = Y_{22}$ 或 $Z_{11} = Z_{22}$ 时，则为对称二端口。

【例 13-4】 试求图 13-8 所示晶体管等效电路的 $\boldsymbol{H}$ 参数。

解　因为

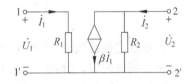

$$\begin{cases} \dot{U}_1 = R_1 \dot{I}_1 \\ \dfrac{1}{R_2} \dot{U}_2 = \dot{I}_2 - \beta \dot{I}_1 \end{cases}$$

可改为

图 13-8　晶体管等效电路的 $\boldsymbol{H}$ 参数

$$\begin{cases} \dot{U}_1 = R_1 \dot{I}_1 \\ \dot{I}_2 = \beta \dot{I}_1 + \dfrac{1}{R_2} \dot{U}_2 \end{cases}$$

所以

$$\boldsymbol{H} = \begin{bmatrix} H_{11} & H_{12} \\ H_{21} & H_{22} \end{bmatrix} = \begin{bmatrix} R_1 & 0 \\ \beta & \dfrac{1}{R_2} \end{bmatrix}$$

对于一个无源线性二端口网络，可以根据对电路不同的分析要求，选择不同的参数来描述，以达到简化分析过程的目的。当采用不同的参数表示同一个二端口网络时，各参数之间必然存在一定的关系，可以相互换算。各参数之间的相互表示关系见表 13-1。

表 13-1　二端口网络参数之间的换算关系

	Z		Y		H		T	
Z	Z_{11}	Z_{12}	$\dfrac{Y_{22}}{\Delta_Y}$	$-\dfrac{Y_{12}}{\Delta_Y}$	$\dfrac{\Delta_H}{H_{12}}$	$\dfrac{H_{12}}{H_{22}}$	$\dfrac{A}{C}$	$\dfrac{\Delta_T}{C}$
	Z_{21}	Z_{22}	$-\dfrac{Y_{21}}{\Delta_Y}$	$\dfrac{Y_{11}}{\Delta_Y}$	$-\dfrac{H_{21}}{H_{22}}$	$\dfrac{1}{H_{22}}$	$\dfrac{1}{C}$	$\dfrac{D}{C}$
Y	$\dfrac{Z_{22}}{\Delta_Z}$	$-\dfrac{Z_{12}}{\Delta_Z}$	Y_{11}	Y_{12}	$\dfrac{1}{H_{11}}$	$-\dfrac{H_{12}}{H_{11}}$	$\dfrac{D}{B}$	$-\dfrac{\Delta_T}{B}$
	$-\dfrac{Z_{21}}{\Delta_Z}$	$-\dfrac{Z_{11}}{\Delta_Z}$	Y_{21}	Y_{22}	$\dfrac{H_{21}}{H_{11}}$	$\dfrac{\Delta_H}{H_{11}}$	$-\dfrac{1}{B}$	$\dfrac{A}{B}$

续表

	Z		Y		H		T	
H	$\dfrac{\Delta_Z}{Z_{22}}$	$\dfrac{Z_{12}}{Z_{22}}$	$\dfrac{1}{Y_{11}}$	$-\dfrac{Y_{12}}{Y_{11}}$	H_{11}	H_{12}	$\dfrac{B}{D}$	$\dfrac{\Delta_T}{D}$
	$-\dfrac{Z_{21}}{Z_{22}}$	$\dfrac{1}{Z_{22}}$	$\dfrac{Y_{21}}{Y_{11}}$	$\dfrac{\Delta_Y}{Y_{11}}$	H_{21}	H_{22}	$-\dfrac{1}{D}$	$\dfrac{C}{D}$
T	$\dfrac{Z_{11}}{Z_{21}}$	$\dfrac{\Delta_Z}{Z_{21}}$	$-\dfrac{Y_{22}}{Y_{21}}$	$-\dfrac{1}{Y_{21}}$	$-\dfrac{\Delta_H}{H_{21}}$	$-\dfrac{H_{11}}{H_{21}}$	A	B
	$\dfrac{1}{Z_{21}}$	$\dfrac{Z_{22}}{Z_{21}}$	$\dfrac{-\Delta_Y}{Y_{21}}$	$-\dfrac{Y_{11}}{Y_{21}}$	$-\dfrac{H_{22}}{H_{21}}$	$-\dfrac{1}{H_{21}}$	C	D

表中：$\Delta_Z = Z_{11}Z_{22} - Z_{12}Z_{21}$；$\Delta_Y = Y_{11}Y_{22} - Y_{12}Y_{21}$；$\Delta_T = AD - BC$；$\Delta_H = H_{11}H_{22} - H_{12}H_{21}$。

一个二端口网络不一定都存在 4 种参数，有的网络无 Y 参数，也有的既无 Y 参数也无 Z 参数（如理想变压器）。在传输线中，多用传输参数分析端口电压、电流的关系。电子线路中，广泛应用混合参数，Y 参数多用于高频电路中。

13.3　二端口的等效电路

根据等效变换的概念，当两个网络具有相同的端口特性时，这两个网络就称为等效网络。对于二端口而言，当两个二端口具有相同的参数时，若这两个二端口的端口特性也是相同，则两者互为等效网络。

对于不含受控源的二端口而言，其 4 个参数中只有 3 个是独立的，所以不管其内部电路有多复杂，都可以用一个仅含 3 个阻抗（导纳）的二端口等效替代。仅含 3 个阻抗（导纳）的二端口只有两种形式，即 T 形（或 Y 形）电路和 π 形（或 △ 形）电路，分别如图 13-9(a) 和 (b) 所示。

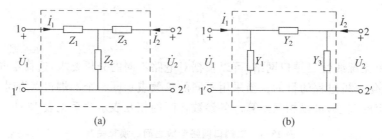

图 13-9　二端口的等效电路

1. 二端口的 Z 参数已知的等效二端口

(1) 二端口的 Z 参数已知，用 T 形电路（参数为阻抗）来等效，如图 13-9(a) 所示。因为

$$\begin{cases} \dot{U}_1 = Z_1\dot{I}_1 + Z_2(\dot{I}_2 + \dot{I}_1) = (Z_1 + Z_2)\dot{I}_1 + \dot{I}_2 Z_2 = Z_{11}\dot{I}_1 + Z_{12}\dot{I}_2 \\ \dot{U}_2 = Z_2(\dot{I}_1 + \dot{I}_2) + Z_3\dot{I}_2 = Z_2\dot{I}_1 + (Z_2 + Z_3)\dot{I}_2 = Z_{21}\dot{I}_1 + Z_{22}\dot{I}_2 \end{cases} \tag{13-5}$$

所以

$$\begin{cases} Z_{11} = Z_1 + Z_2 \\ Z_{12} = Z_{21} = Z_2 \\ Z_{22} = Z_2 + Z_3 \end{cases} \quad \begin{cases} Z_1 = Z_{11} - Z_{21} \\ Z_2 = Z_{12} = Z_{21} \\ Z_3 = Z_{22} - Z_{12} \end{cases}$$

(2) 如果给定二端口的其他参数,可根据其他参数和 Z 参数的变换关系求出用其他参数来表示 T 形等效电路中的 Z_1, Z_2 和 Z_3。

2. 二端口的 Y 参数已知的等效二端口

(1) 二端口的 Y 参数已知,用 π 形电路(参数为导纳)等效,如图 13-9(b)所示。

因为

$$\begin{cases} \dot{I}_1 = Y_1 \dot{U}_1 + Y_2(\dot{U}_1 - \dot{U}_2) = (Y_1 + Y_2)\dot{U}_1 - Y_2\dot{U}_2 = Y_{11}\dot{U}_1 + Y_{12}\dot{U}_2 \\ \dot{I}_2 = Y_3 \dot{U}_2 + Y_2(\dot{U}_2 - \dot{U}_1) = -Y_2\dot{U}_1 + (Y_2 + Y_3)\dot{U}_2 = Y_{21}\dot{U}_1 + Y_{22}\dot{U}_2 \end{cases} \tag{13-6}$$

所以

$$\begin{cases} Y_{11} = Y_1 + Y_2 \\ Y_{12} = Y_{21} = -Y_2 \\ Y_{22} = Y_2 + Y_3 \end{cases} \quad \begin{cases} Y_1 = Y_{11} + Y_{21} \\ Y_2 = -Y_{21} \\ Y_3 = Y_{22} + Y_{21} \end{cases}$$

(2) 如果给定二端口的其他参数,可将其他参数变换为 Y 参数,再代入式(13-6),求得等效 π 形电路的导纳。

3. T 形网络和 π 形网络的等效变换

在实际应用中,有时需要将 T 形网络和 π 形网络之间进行变换或反变换,变换关系和纯电阻时的变换关系相类似。

将 T 形网络变换为 π 形网络时其关系为

$$Z_a = \frac{Z_1 Z_2 + Z_2 Z_3 + Z_3 Z_1}{Z_2}, \quad Z_b = \frac{Z_1 Z_2 + Z_2 Z_3 + Z_3 Z_1}{Z_1}, \quad Z_c = \frac{Z_1 Z_2 + Z_2 Z_3 + Z_3 Z_1}{Z_3}$$

将 π 形网络变换为 T 形网络时其关系为

$$Z_1 = \frac{Z_a Z_c}{Z_a + Z_b + Z_c}, \quad Z_2 = \frac{Z_b Z_c}{Z_a + Z_b + Z_c}, \quad Z_3 = \frac{Z_a Z_b}{Z_a + Z_b + Z_c}$$

用 T 参数表示 T 形等效电路

$$Z_1 = \frac{A-1}{C}, \quad Z_2 = \frac{1}{C}, \quad Z_3 = \frac{D-1}{C}$$

用 T 参数表示 π 形等效电路

$$Y_1 = \frac{D-1}{B}, \quad Y_2 = \frac{1}{B}, \quad Y_3 = \frac{A-1}{B}$$

对称二端口,由于 $Y_{11} = Y_{22}, Z_{11} = Z_{22}$,故有 $Y_1 = Y_3, Z_1 = Z_3$,它的等效 π 形电路和 T 形电路也是对称的。

求二端口的等效 π 形电路,先求该二端口的 Y 参数,从而确定等效 π 形电路中的导纳;求二端口的等效 T 形电路,先求二端口的 Z 参数,从而确定 T 形电路中的阻抗,如图 13-10 所示。

含有受控源的线性二端口,其外部性能要用 4 个独立参数来确定,在等效 T 形或 π 形电路中适当另加一个受控源就可以涉及这种情况。

$$\begin{cases} \dot{U}_1 = Z_{11}\dot{I}_1 + Z_{12}\dot{I}_2 \\ \dot{U}_2 = Z_{12}\dot{I}_1 + Z_{22}\dot{I}_2 + (Z_{21} - Z_{12})\,\dot{I}_1 \end{cases} \qquad \begin{cases} \dot{I}_1 = Y_{11}\,\dot{U}_1 + Y_{12}\,\dot{U}_2 \\ \dot{I}_2 = Y_{12}\,\dot{U}_1 + Y_{22}\,\dot{U}_2 + (Y_{21} - Y_{12})\,\dot{U}_1 \end{cases}$$

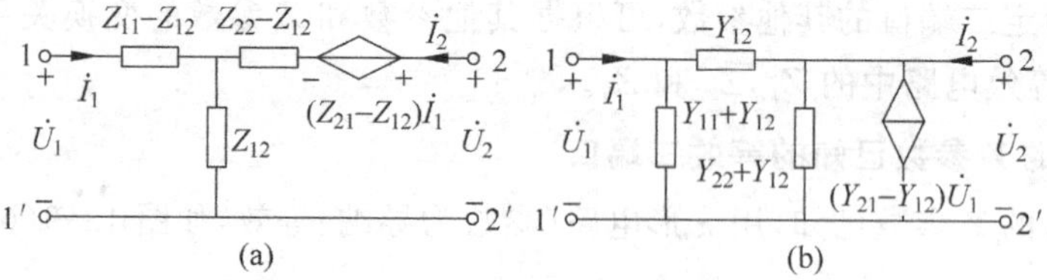

图 13-10 含受控源的二端口等效电路

13.4 二端口的转移函数

1. 无端接的二端口转移函数

当二端口没有外接负载及输入激励无内阻抗时,此二端口称为无端接的二端口。

$$\begin{bmatrix} U_1(s) \\ U_2(s) \end{bmatrix} = \begin{bmatrix} Z_{11}(s) & Z_{12}(s) \\ Z_{21}(s) & Z_{22}(s) \end{bmatrix} \begin{bmatrix} I_1(s) \\ I_2(s) \end{bmatrix}, \qquad \begin{bmatrix} I_1(s) \\ I_2(s) \end{bmatrix} = \begin{bmatrix} Y_{11}(s) & Y_{12}(s) \\ Y_{21}(s) & Y_{22}(s) \end{bmatrix} \begin{bmatrix} U_1(s) \\ U_2(s) \end{bmatrix}$$

(1) 电压转移函数

$$\frac{U_2(s)}{U_1(s)} = \frac{Z_{21}(s)}{Z_{11}(s)} = -\frac{Y_{21}(s)}{Y_{22}(s)}, \quad I_2(s) = 0$$

(2) 电流转移函数

$$\frac{I_2(s)}{I_1(s)} = \frac{Y_{21}(s)}{Y_{11}(s)} = -\frac{Z_{21}(s)}{Z_{22}(s)}, \quad U_2(s) = 0$$

(3) 转移导纳

$$\frac{I_2(s)}{U_1(s)} = Y_{21}(s), \quad U_2(s) = 0$$

(4) 转移阻抗

$$\frac{U_2(s)}{I_1(s)} = Z_{21}(s), \quad I_2(s) = 0$$

2. 端接二端口转移函数

实际应用中,二端口的输出端口往往接有负载阻抗 Z_L,输入端口接有电压源与阻抗 Z_S 的串联组合或电流源与阻抗 Z_S 的并联组合。这种情况下该二端口称为具有"双端接"的二端口。如果只计及 Z_L 或只计及 Z_S,则称为具有"单端接"的二端口。具有单端接或双端接的二端口的转移函数与端接阻抗有关。

(1) 单端接二端口转移函数

转移导纳

$$\frac{I_2(s)}{U_1(s)} = \frac{Y_{21}(s)/R}{Y_{22}(s) + 1/R}$$

转移阻抗

$$\frac{U_2(s)}{I_1(s)} = \frac{RZ_{21}(s)}{R + Z_{21}(s)}$$

电流转移函数为

$$\frac{I_2(s)}{I_1(s)} = \frac{Y_{21}(s)Z_{11}(s)}{1 + RY_{22}(s) - Z_{12}(s)Y_{21}(s)}$$

电压转移函数

$$\frac{U_2(s)}{U_1(s)} = \frac{Z_{21}(s)Y_{11}(s)}{1 + Z_{22}(s)/R - Z_{21}(s)Y_{12}(s)}$$

(2) 双端接二端口传递函数

$$\frac{U_2(s)}{U_S(s)} = -\frac{R_2 I_2(s)}{U_S(s)} = \frac{Z_{21}(s)R_2}{[R_1 + Z_{11}(s)][R_2 + Z_{22}(s)] - Z_{12}(s)Z_{21}(s)}$$

13.5　二端口的连接

一个复杂的二端口网络,可以被看作由多个简单的二端口网络相连组成。二端口可以按多种不同方式相互连接,这里主要介绍级联(链联)、并联和串联 3 种方式。

1. 二端口的级联

无源二端口 P_1 和 P_2 按级联方式连接构成复合二端口,如图 13-11 所示。

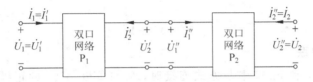

图 13-11　二端口的级联

P_1 和 P_2 的 $\boldsymbol{T}$ 参数分别为

$$\boldsymbol{T}' = \begin{bmatrix} A' & B' \\ C' & D' \end{bmatrix}, \quad \boldsymbol{T}'' = \begin{bmatrix} A'' & B'' \\ C'' & D'' \end{bmatrix}$$

即

$$\begin{bmatrix} \dot{U}'_1 \\ \dot{I}'_1 \end{bmatrix} = \begin{bmatrix} A' & B' \\ C' & D' \end{bmatrix} \begin{bmatrix} \dot{U}'_2 \\ -\dot{I}'_2 \end{bmatrix} = \boldsymbol{T}' \begin{bmatrix} \dot{U}'_2 \\ -\dot{I}'_2 \end{bmatrix}, \quad \begin{bmatrix} \dot{U}''_1 \\ \dot{I}''_1 \end{bmatrix} = \begin{bmatrix} A'' & B'' \\ C'' & D'' \end{bmatrix} \begin{bmatrix} \dot{U}''_2 \\ -\dot{I}''_2 \end{bmatrix} = \boldsymbol{T}'' \begin{bmatrix} \dot{U}''_2 \\ -\dot{I}''_2 \end{bmatrix}$$

$$\begin{bmatrix} \dot{U}_1 \\ \dot{I}_1 \end{bmatrix} = \begin{bmatrix} \dot{U}'_1 \\ \dot{I}'_1 \end{bmatrix} = \boldsymbol{T}' \begin{bmatrix} \dot{U}'_2 \\ -\dot{I}'_2 \end{bmatrix} = \boldsymbol{T}' \begin{bmatrix} \dot{U}''_1 \\ \dot{I}''_1 \end{bmatrix} = \boldsymbol{T}'\boldsymbol{T}'' \begin{bmatrix} \dot{U}''_2 \\ -\dot{I}''_2 \end{bmatrix} = \boldsymbol{T}'\boldsymbol{T}'' \begin{bmatrix} \dot{U}_2 \\ -\dot{I}_2 \end{bmatrix} = \boldsymbol{T} \begin{bmatrix} \dot{U}_2 \\ -\dot{I}_2 \end{bmatrix}$$

所以

$$\boldsymbol{T} = \boldsymbol{T}'\boldsymbol{T}''$$

2. 二端口的并联

当两个端口 P_1 和 P_2 按并联方式连接时,两个二端口的输入电压和输出电压被分别强制为相同,如图 13-12 所示。

P_1 和 P_2 的 $\boldsymbol{Y}$ 参数分别为

$$\boldsymbol{Y}' = \begin{bmatrix} Y'_{11} & Y'_{12} \\ Y'_{21} & Y'_{22} \end{bmatrix}, \quad \boldsymbol{Y}'' = \begin{bmatrix} Y''_{11} & Y''_{12} \\ Y''_{21} & Y''_{22} \end{bmatrix}$$

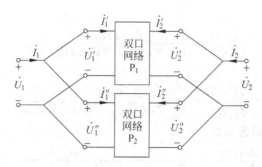

图 13-12 二端口的并联

即

$$\begin{bmatrix}\dot{I}'_1\\\dot{I}'_2\end{bmatrix}=\begin{bmatrix}Y'_{11}&Y'_{12}\\Y'_{21}&Y'_{22}\end{bmatrix}\begin{bmatrix}\dot{U}'_1\\\dot{U}'_2\end{bmatrix}=\boldsymbol{Y}'\begin{bmatrix}\dot{U}'_1\\\dot{U}'_2\end{bmatrix},\quad\begin{bmatrix}\dot{I}''_1\\\dot{I}''_2\end{bmatrix}=\begin{bmatrix}Y''_{11}&Y''_{12}\\Y''_{21}&Y''_{22}\end{bmatrix}\begin{bmatrix}\dot{U}''_1\\\dot{U}''_2\end{bmatrix}=\boldsymbol{Y}''\begin{bmatrix}\dot{U}''_1\\\dot{U}''_2\end{bmatrix}$$

$$\begin{bmatrix}\dot{I}_1\\\dot{I}_2\end{bmatrix}=\begin{bmatrix}\dot{I}'_1\\\dot{I}'_2\end{bmatrix}+\begin{bmatrix}\dot{I}''_1\\\dot{I}''_2\end{bmatrix}=\boldsymbol{Y}'\begin{bmatrix}\dot{U}'_1\\\dot{U}'_2\end{bmatrix}+\boldsymbol{Y}''\begin{bmatrix}\dot{U}''_1\\\dot{U}''_2\end{bmatrix}=(\boldsymbol{Y}'+\boldsymbol{Y}'')\begin{bmatrix}\dot{U}_1\\\dot{U}_2\end{bmatrix}=\boldsymbol{Y}\begin{bmatrix}\dot{U}_1\\\dot{U}_2\end{bmatrix}$$

所以

$$\boldsymbol{Y}=\boldsymbol{Y}'+\boldsymbol{Y}''$$

3. 二端口的串联

当两个端口 P_1 和 P_2 按串联方式连接时,P_1 的负极与 P_2 的正极连接,如图 13-13 所示。

因为

$$\begin{bmatrix}\dot{U}_1\\\dot{U}_2\end{bmatrix}=\begin{bmatrix}\dot{U}'_1\\\dot{U}'_2\end{bmatrix}+\begin{bmatrix}\dot{U}''_1\\\dot{U}''_2\end{bmatrix}=\boldsymbol{Z}'\begin{bmatrix}\dot{I}'_1\\\dot{I}'_2\end{bmatrix}+\boldsymbol{Z}''\begin{bmatrix}\dot{I}''_1\\\dot{I}''_2\end{bmatrix}$$

$$=(\boldsymbol{Z}'+\boldsymbol{Z}'')\begin{bmatrix}\dot{I}'_1\\\dot{I}'_2\end{bmatrix}=\boldsymbol{Z}\begin{bmatrix}\dot{I}_1\\\dot{I}_2\end{bmatrix}$$

所以

$$\boldsymbol{Z}=\boldsymbol{Z}'+\boldsymbol{Z}''$$

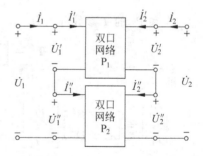

图 13-13 二端口的串联

本 章 小 结

二端口网络与一端口网络的区别在于它具有两对向外伸出的端钮,每对端钮形成一个端口;并且每个端口还必须满足端口条件,即从该端口的一个端钮流进的电流,必须等于从该端口的另一端钮流出的电流。

对于二端口网络,主要是分析端口的电压和电流,通过端口电压和电流之间的关系表征二端口网络的电特性,并不涉及二端口网络内部的工作状况。线性无源二端口的构成元件都是线性的,且其内部不含独立源,同时储能元件无初始储能。二端口又可以根据两个端口是否服从互易定理,分为可逆与不可逆的二端口;根据使用时将两个端口互换位置是否不改变其外电路的工作状况,又分为对称和不对称二端口。

二端口网络的常用 4 种参数,分别是 Y 参数、Z 参数、T(A)参数、H 参数。

Y 参数方程,用相量表示为

$$\dot{I}_1 = Y_{11}\dot{U}_1 + Y_{12}\dot{U}_2, \quad \dot{I}_2 = Y_{21}\dot{U}_1 + Y_{22}\dot{U}_2$$

$$\begin{vmatrix} \dot{I}_1 \\ \dot{I}_2 \end{vmatrix} = \begin{vmatrix} Y_{11} & Y_{12} \\ Y_{21} & Y_{22} \end{vmatrix} \cdot \begin{vmatrix} \dot{U}_1 \\ \dot{U}_2 \end{vmatrix} = Y \begin{vmatrix} \dot{U}_1 \\ \dot{U}_2 \end{vmatrix}$$

Z 参数方程,用相量表示为

$$\dot{U}_1 = Z_{11}\dot{I}_1 + Z_{12}\dot{I}_2, \quad \dot{U}_2 = Z_{21}\dot{I}_1 + Z_{22}\dot{I}_2$$

$$\begin{vmatrix} \dot{U}_1 \\ \dot{U}_2 \end{vmatrix} = \begin{vmatrix} Z_{11} & Z_{12} \\ Z_{21} & Z_{22} \end{vmatrix} \cdot \begin{vmatrix} \dot{I}_1 \\ \dot{I}_2 \end{vmatrix} = Z \begin{vmatrix} \dot{I}_1 \\ \dot{I}_2 \end{vmatrix}$$

T 参数方程,用相量表示为

$$\dot{U}_1 = A\dot{U}_2 - B\dot{I}_2, \quad \dot{I}_1 = C\dot{U}_2 - D\dot{I}_2$$

$$\begin{vmatrix} \dot{U}_1 \\ \dot{I}_1 \end{vmatrix} = \begin{vmatrix} A & -B \\ C & -D \end{vmatrix} \cdot \begin{vmatrix} \dot{U}_2 \\ \dot{I}_2 \end{vmatrix} = T \begin{vmatrix} \dot{U}_2 \\ \dot{I}_2 \end{vmatrix}$$

H 参数方程,用相量表示为

$$\dot{U}_1 = H_{11}\dot{I}_1 + H_{12}\dot{U}_2, \quad \dot{I}_2 = H_{21}\dot{I}_1 + H_{22}\dot{U}_2$$

$$\begin{vmatrix} \dot{U}_1 \\ \dot{I}_2 \end{vmatrix} = \begin{vmatrix} H_{11} & H_{12} \\ H_{21} & H_{22} \end{vmatrix} \cdot \begin{vmatrix} \dot{I}_1 \\ \dot{U}_2 \end{vmatrix} = H \begin{vmatrix} \dot{I}_1 \\ \dot{U}_2 \end{vmatrix}$$

任何一个二端口网络均可用一个等效电路对外来表示它,如果给定 Z 参数,且此二端口不含受控源,那么此二端口可等效 T 形电路,通常应用回路电流法求解。如果给定 Y 参数,且此二端口不含受控源,那么此二端口可等效 π 形电路,通常应用结点电压法求解。

二端口网络可按不同的方式进行连接,其主要方式有级联、串联和并联。

二端口网络的级联:当二端口 P_1 的传输参数为 T_1,另一个二端口 P_2 的传输参数为 T_2 时,对于级联后的复合二端口网络,其传输参数变为 $T = T_1 \cdot T_2$。

二端口网络的串联:当二端口 P_1 的短路导纳参数为 Y_1,另一个二端口 P_2 的短路导纳参数为 Y_2 时,对于串联后的复合二端口网络,其短路导纳参数变为 $Y = Y_1 + Y_2$。

二端口网络的并联:当二端口 P_1 的开路阻抗参数为 Z_1,另一个二端口 P_2 的开路阻抗参数为 Z_2 时,对于并联后的复合二端口网络,其开路阻抗参数变为 $Z = Z_1 + Z_2$。

课 后 习 题

1 已知二端口网络的特性方程为 $u_1 = Ri_2$,$i_1 = \dfrac{u_2}{R}$,则该网络中的元件为( )。

A. 无源元件　　　　B. 有源元件　　　　C. 感性元件　　　　D. 受控源元件

2 图题 2 所示二端口网络,其阻抗参数矩阵 **Z** 为( )。

A. $\begin{bmatrix} Z_1 & Z_3 \\ Z_3 & Z_2 \end{bmatrix}\Omega$ B. $\begin{bmatrix} Z_1 & 0 \\ 0 & Z_2 \end{bmatrix}\Omega$

C. $\begin{bmatrix} Z_1+Z_3 & Z_3 \\ Z_3 & Z_2+Z_3 \end{bmatrix}\Omega$ D. $\begin{bmatrix} Z_1+Z_3 & Z_3 \\ Z_2+Z_3 & Z_2 \end{bmatrix}\Omega$

3 图题 3 所示二端口网络,其阻抗参数中的 Z_{12} 和 Z_{34} 分别为( )。

A. j2Ω、j2Ω   B. (3+j2)Ω、j2Ω   C. j3Ω、j3Ω   D. (3+j3)Ω、j3Ω

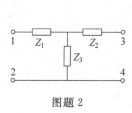

图题 2

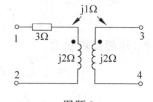

图题 3

4 求图题 4 所示二端口网络的导纳参数矩阵( )。

A. $\begin{bmatrix} -\dfrac{3}{R} & \dfrac{1}{R} \\ \dfrac{3}{R} & -\dfrac{3}{R} \end{bmatrix}S$ B. $\begin{bmatrix} \dfrac{1}{R} & -\dfrac{3}{R} \\ -\dfrac{1}{R} & \dfrac{3}{R} \end{bmatrix}S$

C. $\begin{bmatrix} R & -3R \\ -R & 3R \end{bmatrix}S$ D. $\begin{bmatrix} -3R & R \\ 3R & -R \end{bmatrix}S$

5 图题 5 所示二端口的 **Y** 参数矩阵为( )。

A. $\begin{bmatrix} 1 & -0.5 \\ -0.5 & 1 \end{bmatrix}S$ B. $\begin{bmatrix} \dfrac{4}{3} & \dfrac{2}{3} \\ \dfrac{2}{3} & \dfrac{4}{3} \end{bmatrix}S$

C. $\begin{bmatrix} 1 & -2 \\ -2 & 1 \end{bmatrix}S$ D. $\begin{bmatrix} -\dfrac{1}{3} & -\dfrac{2}{3} \\ -\dfrac{2}{3} & -\dfrac{1}{3} \end{bmatrix}S$

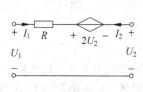

图题 4

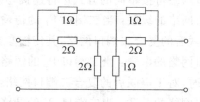

图题 5

6 二端口网络的传输参数方程以( )为自变量。

A. $\dot{U}_1, -\dot{I}_1$ B. $\dot{U}_1, -\dot{I}_2$ C. $\dot{U}_2, -\dot{I}_1$ D. $\dot{U}_2, -\dot{I}_2$

7 二端口网络的传输参数方程组的一般形式为( )。

A. $\dot{U}_2 = A\dot{U}_1 + B(-\dot{I}_1), \dot{I}_2 = C\dot{U}_1 + D(-\dot{I}_1)$

B. $\dot{U}_2 = A\dot{U}_1 + B(-\dot{I}_2), \dot{I}_1 = C\dot{U}_1 + D(-\dot{I}_2)$

C. $\dot{U}_1 = A\dot{U}_2 + B(-\dot{I}_1), \dot{I}_2 = C\dot{U}_2 + D(-\dot{I}_1)$

D. $\dot{U}_1 = A\dot{U}_2 + B(-\dot{I}_2), \dot{I}_1 = C\dot{U}_2 + D(-\dot{I}_2)$

8 对某电阻双口网络测试如下：①端口开路时，$U_2 = 15\text{V}, U_1 = 10\text{V}, I_2 = 30\text{A}$；②端口短路时，$U_2 = 10\text{V}, I_1 = -5\text{A}, I_2 = 4\text{A}$。试求该双口网络的 **Y** 参数（　　）。

A. $\boldsymbol{Y} = \begin{vmatrix} \dfrac{3}{4} & \dfrac{1}{2} \\ \dfrac{12}{5} & \dfrac{2}{5} \end{vmatrix} \text{S}$ 　　B. $\boldsymbol{Y} = \begin{vmatrix} \dfrac{3}{4} & -\dfrac{1}{2} \\ \dfrac{12}{5} & -\dfrac{2}{5} \end{vmatrix} \text{S}$

C. $\boldsymbol{Y} = \begin{vmatrix} \dfrac{3}{4} & \dfrac{1}{2} \\ \dfrac{12}{5} & -\dfrac{2}{5} \end{vmatrix} \text{S}$ 　　D. $\boldsymbol{Y} = \begin{vmatrix} \dfrac{3}{4} & -\dfrac{1}{2} \\ \dfrac{12}{5} & \dfrac{2}{5} \end{vmatrix} \text{S}$

9 二端口网络的混合参数方程以（　　）为自变量。

A. $\dot{I}_1, \dot{U}_1$ 　　　B. $\dot{I}_1, \dot{U}_2$ 　　　C. $\dot{I}_2, \dot{U}_1$ 　　　D. $\dot{I}_2, \dot{U}_2$

10 二端口网络的混合参数方程组的一般形式为（　　）。

A. $\dot{U}_2 = H_{11}\dot{I}_1 + H_{12}\dot{U}_1, \dot{I}_2 = H_{21}\dot{I}_1 + H_{22}\dot{U}_1$

B. $\dot{U}_1 = H_{11}\dot{I}_1 + H_{12}\dot{U}_2, \dot{I}_2 = H_{21}\dot{I}_1 + H_{22}\dot{U}_2$

C. $\dot{U}_2 = H_{11}\dot{I}_2 + H_{12}\dot{U}_1, \dot{I}_1 = H_{21}\dot{I}_2 + H_{22}\dot{U}_1$

D. $\dot{U}_1 = H_{11}\dot{I}_2 + H_{12}\dot{U}_2, \dot{I}_1 = H_{21}\dot{I}_2 + H_{22}\dot{U}_2$

11 二端口网络的导纳参数方程以（　　）为自变量。

A. $\dot{U}_1, \dot{U}_2$ 　　　B. $\dot{U}_1, \dot{I}_1$ 　　　C. $\dot{I}_1, \dot{I}_2$ 　　　D. $\dot{U}_1, \dot{I}_2$

12 二端口网络的导纳参数方程组的一般形式为（　　）。

A. $\dot{I}_1 = Y_{11}\dot{U}_1 + Y_{12}\dot{U}_2, \dot{I}_2 = Y_{21}\dot{U}_1 + Y_{22}\dot{U}_2$

B. $\dot{U}_2 = Y_{11}\dot{U}_1 + Y_{12}\dot{I}_1, \dot{I}_2 = Y_{21}\dot{U}_1 + Y_{22}\dot{I}_2$

C. $\dot{U}_1 = Y_{11}\dot{I}_1 + Y_{12}\dot{I}_2, \dot{U}_2 = Y_{21}\dot{I}_1 + Y_{22}\dot{I}_2$

D. $\dot{U}_2 = Y_{11}\dot{U}_1 + Y_{12}\dot{I}_2, \dot{I}_1 = Y_{21}\dot{U}_1 + Y_{22}\dot{I}_2$

13 二端口网络的阻抗参数方程以（　　）为自变量。

A. $\dot{U}_1, \dot{U}_2$ 　　　B. $\dot{U}_1, \dot{I}_1$ 　　　C. $\dot{I}_1, \dot{I}_2$ 　　　D. $\dot{U}_1, \dot{I}_2$

14 二端口网络的阻抗参数方程组的一般形式为（　　）。

A. $\dot{I}_1 = Z_{11}\dot{U}_1 + Z_{12}\dot{U}_2, \dot{I}_2 = Z_{21}\dot{U}_1 + Z_{22}\dot{U}_2$

B. $\dot{U}_2 = Z_{11}\dot{U}_1 + Z_{12}\dot{I}_1, \dot{I}_2 = Z_{21}\dot{U}_1 + Z_{22}\dot{I}_2$

C. $\dot{U}_1 = Z_{11}\dot{I}_1 + Z_{12}\dot{I}_2, \dot{U}_2 = Z_{21}\dot{I}_1 + Z_{22}\dot{I}_2$

D. $\dot{U}_2 = Z_{11}\dot{U}_1 + Z_{12}\dot{I}_2, \dot{I}_1 = Z_{21}\dot{U}_1 + Z_{22}\dot{I}_2$

15 若二端口网络的阻抗参数矩阵为 $\boldsymbol{Z} = \begin{bmatrix} 1 & 1.5 \\ 0 & 0.5 \end{bmatrix}\Omega$，则该网络的导纳参数矩阵为（　　）。

A. $\boldsymbol{Y} = \begin{bmatrix} 1 & -3 \\ 0 & 1 \end{bmatrix}\text{S}$ 　　　　　　　　　　B. $\boldsymbol{Y} = \begin{bmatrix} 1 & 3 \\ 0 & 2 \end{bmatrix}\text{S}$

$$\text{C. } \mathbf{Y} = \begin{bmatrix} 1 & 1.5 \\ 0 & 2 \end{bmatrix} \text{S} \qquad\qquad \text{D. } \mathbf{Y} = \begin{bmatrix} 1 & -3 \\ 0 & 2 \end{bmatrix} \text{S}$$

16 如图题 16 中，N 为多端元件，其 $\mathbf{Y}_n$ 参数矩阵如下，则整个电路的 $\mathbf{Y}$ 参数矩阵为（　）。

$$\text{A. } \mathbf{Y} = \begin{bmatrix} Y_1 + y_{11} & y_{12} \\ y_{21} & Y_2 + y_{22} \end{bmatrix} \qquad \text{B. } \mathbf{Y} = \begin{bmatrix} Y_1 + y_{11} & Y_2 + y_{12} \\ y_{21} & y_{22} \end{bmatrix}$$

$$\text{C. } \mathbf{Y} = \begin{bmatrix} Y_1 + y_{11} & Y_1 + y_{12} \\ Y_2 + y_{21} & Y_2 + y_{22} \end{bmatrix} \qquad \text{D. } \mathbf{Y} = \begin{bmatrix} Y_1 + y_{11} & Y_2 + y_{12} \\ Y_1 + y_{21} & Y_2 + y_{22} \end{bmatrix}$$

17 图题 17 所示有 4 个端钮的网络，当满足（　　）的条件时，该网络称为二端口网络。

$$\mathbf{Y}_n = \begin{bmatrix} y_{11} & y_{12} \\ y_{21} & y_{22} \end{bmatrix}$$

A. $i_1 = i_1', i_2 = i_2'$　　B. $i_1 = i_1', i_2 \neq i_2'$　　C. $i_1 \neq i_1', i_2 = i_2'$　　D. $i_1 \neq i_1', i_2 \neq i_2'$

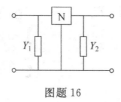

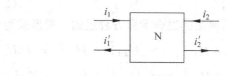

图题 16　　　　　　　　　　图题 17

18 求如图题 18 二端口网络的 $\mathbf{Z}$ 参数（　　）。

A. 无 $\mathbf{Z}$ 参数　　B. $\mathbf{Z} = \begin{vmatrix} 6 & 6 \\ 6 & 6 \end{vmatrix} \Omega$　　C. $\mathbf{Z} = \begin{vmatrix} 1 & 1 \\ 1 & 1 \end{vmatrix} \Omega$　　D. $\mathbf{Z} = \begin{vmatrix} 6 & 6 \\ 0 & 0 \end{vmatrix} \Omega$

19 如图题 19 所示电路中 $\omega L = 15\Omega, \dfrac{1}{\omega C} = 25\Omega, \omega L_1 = \omega L_2 = 10\Omega, \omega M = 5\Omega$，求二端口网络的 $\mathbf{T}$ 参数（　　）。

$$\text{A. } \mathbf{T} = \begin{vmatrix} \dfrac{19}{5} & j36 \\ j\dfrac{3}{25} & \dfrac{7}{5} \end{vmatrix} \qquad\qquad \text{B. } \mathbf{T} = \begin{vmatrix} \dfrac{19}{5} & j36 \\ -j\dfrac{3}{25} & -\dfrac{7}{5} \end{vmatrix}$$

$$\text{C. } \mathbf{T} = \begin{vmatrix} \dfrac{19}{5} & j36 \\ -j\dfrac{3}{25} & \dfrac{7}{5} \end{vmatrix} \qquad\qquad \text{D. } \mathbf{T} = \begin{vmatrix} \dfrac{19}{5} & j36 \\ -j\dfrac{3}{25} & -\dfrac{7}{5} \end{vmatrix}$$

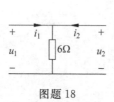

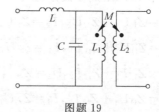

图题 18　　　　　　　　　　图题 19

20 写出如图题 20 所示二端口网络的阻抗、导纳、混合、传输参数矩阵（　　）。

A. $\mathbf{Z}$ 参数矩阵不存在，$\mathbf{Y} = \begin{bmatrix} 0 & 1 \\ -1 & 0 \end{bmatrix}$，$\mathbf{H} = \begin{bmatrix} 1 & 0 \\ 0 & -1 \end{bmatrix}$，$\mathbf{T}$ 参数矩阵不存在

B. $Z=\begin{bmatrix} 0 & 1 \\ -1 & 0 \end{bmatrix}$, $Y=\begin{bmatrix} 1 & 0 \\ 0 & 1 \end{bmatrix}$, H 参数矩阵不存在, T 参数矩阵不存在

C. Z 参数矩阵不存在, Y 参数矩阵不存在, $H=\begin{bmatrix} 0 & 1 \\ -1 & 0 \end{bmatrix}$, $T=\begin{bmatrix} 1 & 0 \\ 0 & 1 \end{bmatrix}$

D. Z 参数矩阵不存在, Y 参数矩阵不存在, $H=\begin{bmatrix} 0 & 1 \\ -1 & 0 \end{bmatrix}$, $T=\begin{bmatrix} 1 & 0 \\ 0 & -1 \end{bmatrix}$

21 求图题 21 所示二端口的 Y、Z 和 T 参数矩阵。

22 求图题 22 的 Z 参数。

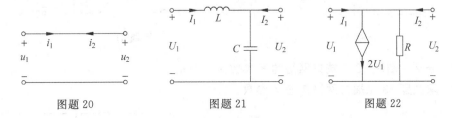

图题 20　　　　　　　图题 21　　　　　　　图题 22

23 求图题 23 所示二端口 Y 参数矩阵。

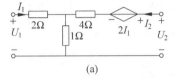　　　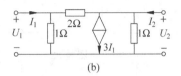

(a)　　　　　　　　　　(b)

图题 23

24 已知图题 24 所示二端口的 Z 参数矩阵为 $Z=\begin{bmatrix} 10 & 8 \\ 5 & 10 \end{bmatrix}\Omega$, 求 R_1, R_2, R_3 和 r 值。

25 求图题 25 所示二端口的 Y 参数。

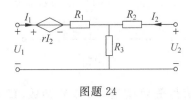　　　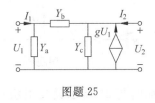

图题 24　　　　　　　　　图题 25

26 若已知二端口的 T 参数,求其等效 T 形电路和等效 π 形电路。

27 求图题 27 所示电路的等效 T 形电路。

28 二端口网络如图题 28 所示,求其 Y 参数和 π 形等效电路。

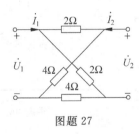　　　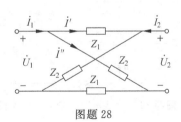

图题 27　　　　　　　　　图题 28

29　已知导纳方程为 $\dot{I}_1 = 0.2\dot{U}_1 - 0.2\dot{U}_2$，$\dot{I}_2 = -0.2\dot{U}_1 + 0.4\dot{U}_2$，求该方程所表示的最简 T 形电路。

30　图题 30 所示二端口网络，由电阻 R 与变压器组成，求导纳参数矩阵和阻抗参数矩阵。

31　图题 31 所示二端口网络，求混合参数矩阵 $\boldsymbol{H}$。

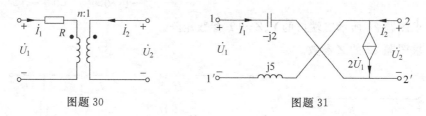

图题 30　　　　　　　　　图题 31

32　分别求图题 32 二端口网络的 $\boldsymbol{Y}$ 参数。

33　求图题 33 二端口网络传输 $\boldsymbol{T}$ 参数。

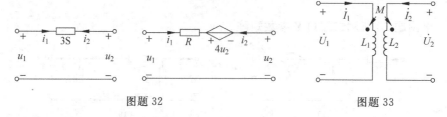

图题 32　　　　　　　　　图题 33

34　图题 34 所示二端口网络，求阻抗参数矩阵 $\boldsymbol{Z}$。

35　求图题 35 二端口网络的 $\boldsymbol{T}$ 参数，并判断其互易性。

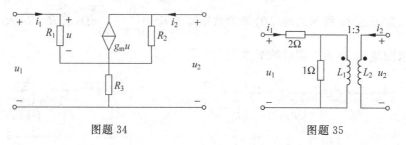

图题 34　　　　　　　　　图题 35

36　如图题 36 所示共发射极三极管的小信号等效模型，求其 $\boldsymbol{Y}$ 参数、$\boldsymbol{H}$ 参数和 $\boldsymbol{T}$ 参数。

37　求图题 37 二端口网络混合 $\boldsymbol{H}$ 参数。

38　求图题 38 二端口网络混合 $\boldsymbol{H}$ 参数。

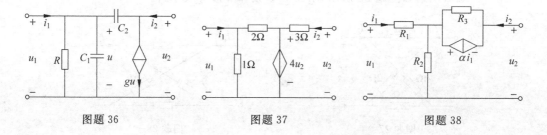

图题 36　　　　　　　图题 37　　　　　　　图题 38

39 求图题 39 二端口网络 Y 参数。

40 求图题 40 RC 梯形网络的 T 参数($\omega = 1\mathrm{rad/s}, C = 1\mathrm{F}, R = 1\Omega$)。

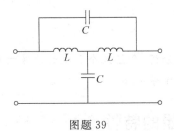

图题 39

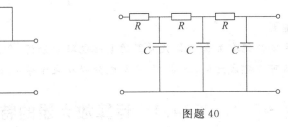

图题 40

第14章 含运算放大器电路的分析

内容提要

本章主要介绍有关含运算放大器的电阻电路的分析,介绍几个典型的运算放大电路,运算放大电路可以完成比例、加减、积分与微分以及乘除等运算。

14.1 运算放大器的特性

1. 运算放大器的电路符号

运算放大器是一种将"管"和"路"紧密结合的集成器件。它以半导体单晶硅为芯片,采用专门的制造工艺,把晶体管、电阻、电容等元件及连线所组成的完整电路制作在一起,使其具有特定的功能。运算放大器是一种高增益、高输入电阻、低输出电阻的放大器。在运放电路中,以输入电压作为自变量,以输出电压作为函数,当输入电压变化时,输出电压将按照一定的数学规律变化,即输出电压反映输入电压某种运算的结果,因此被称为运算放大器。

运算放大器的图形符号如图 14-1(a)。运放有两个输入端,a 端为反相输入端,又称为倒向输入端,电位值用 u^- 表示;b 端为同相输入端,又称为非倒向输入端,电位值用 u^+ 表示。输出端电位用 u_o 表示。直流电源 E^+、E^- 为运放提供偏置电压,维持运放正常工作。运放内部还包含接地端,运放的两个输入端电位、直流电源电压值都是相对接地公共端而言的。在分析运放的放大作用时,可不考虑直流电源,直接采用图 14-1(b)所示的图形符号。

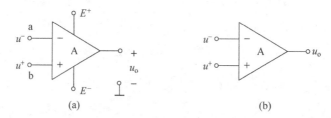

图 14-1 运算放大器的图形符号

运放的输入端是差分输入的形式,输入电压为

$$u_d = u^+ - u^- \tag{14-1}$$

其输出电压与输入电压的关系为

$$u_o = Au_d = A(u^+ - u^-) \tag{14-2}$$

其中,A 是运放的电压放大倍数,为一很大的正实数。

由式(14-2)可知,当同相输入端电位值大于反相输入端电位值,即 $u_d > 0$ 时,输出电压为正极性;若同相输入端电位值小于反相输入端电位值,即 $u_d < 0$ 时,则输出电压为负极性。特殊地,当同相端接地,输出电压与反相端输入反极性,因此图形符号中用"一"表示反相端;当反相端接地,输出电压与同相端输入同极性,因此图形符号中用"+"表示反相端。

2. 运算放大器的电压传输特性

图 14-2(a)为运算放大器的电路模型。运算放大器相当于一个电压控制电压源元件,

其电压传输特性如图 14-2(b)。输出电压有两种情况,当 $u_d < -\varepsilon$ 或 $u_d > \varepsilon$ 时,输出电压趋于饱和,此时运放工作在非线性区,工作状态称为"开环状态";当 $-\varepsilon \leqslant u_d \leqslant \varepsilon$ 时,输出与输入电压呈如式(14-2)的线性关系,其斜率为 A,此时运放工作在线性区,这种状态称为"闭环运行"。通过一定方式将输出的一部分反馈回输入中实现,也是本章分析运算放大器的主要工作状态。

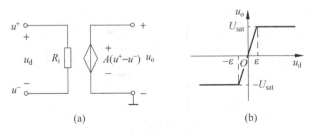

(a) (b)

图 14-2 运算放大器的电路模型

对于理想的运算放大器,其电压放大倍数 $A = \infty$,输入电阻 $R_i = \infty$,输出电阻 $R_o = 0$。由于 $A = \infty$,因此其工作在线性区的范围 $(-\varepsilon, \varepsilon)$ 趋向于零,则有 $u_d = u^+ - u^- = 0$,对于公共端,反相端与同相端电压相等。由于 $R_i = \infty$,必有两输入端输入电流 $i^+ = i^- = 0$。

14.2 含理想运算放大器的电阻电路分析

根据上节中运算放大器的分析,可得到理想运算放大器工作在线性区时十分重要的两个特性:

① 根据理想运放的特性 $A = \infty$,可知对于公共端,反相端与同相端电位相等,即 $u^+ = u^-$,称为"虚短"。

② 根据 $R_i = \infty$,两输入端输入电流 $i^+ = i^- = 0$,称为"虚断"。

合理运用这两个特性,结合电路其他分析定理,可以进行含理想运算放大器的电阻电路的分析。

【例 14-1】 求图 14-3 中的输出电压 u_o。

解 ① 根据"虚断"

$$i^- = 0$$
$$i_1 = i_f$$

即

$$\frac{u_{i1} - u^-}{R_1} = \frac{u^- - u_o}{R_f}$$

② 根据"虚短"

$$u^- = u^+ = u_{i2} \frac{R_3}{R_2 + R_3}$$

解得输出电压

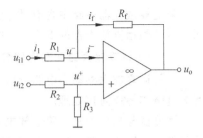

图 14-3 典型的减法运算放大电路

$$u_o = u_{i2} \frac{R_3}{R_2 + R_3} \left(1 + \frac{R_f}{R_1}\right) - u_{i1} \frac{R_f}{R_1}$$

若有 $R_1 = R_2, R_f = R_3$,则输出电压为

$$u_o = \frac{R_f}{R_1}(u_{i2} - u_{i1})$$

电路实现了一个典型的减法运算的功能。

【例 14-2】 求图 14-4 中的输出电压 u_o。

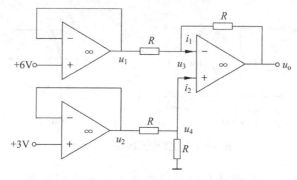

图 14-4 多级减法运算放大电路

解 ① 根据"虚短"

$$u_1 = 6V, \quad u_2 = 3V$$

② 根据"虚断"

$$i_1 = i_2 = 0$$

$$u_3 = u_4 = \frac{u_2}{2} = 1.5V$$

$$\frac{u_1 - u_3}{R} = \frac{u_3 - u_o}{R}$$

解得输出电压

$$u_o = -u_1 + 2u_3 = (-6 + 3)V = -3V$$

14.3 含理想运算放大器的动态电路分析

若运算放大器电路中含有动态元件,则电路方程为微分方程,可进行动态分析。本节只讨论含理想运算放大器的 RC 型运放电路。

1. 一阶运算放大器动态电路分析

一阶运算放大器动态电路分析时,通常采用结点电压法,也常需运用戴维宁等效电路对运放电路作等效简化处理。

微分器与积分器是一阶运放电路的典型例子。微分器与积分器都由运算放大器、电阻、电容等构成。

【例 14-3】 图 14-5 为一积分运算电路,求响应电压与激励电压之间的关系式。

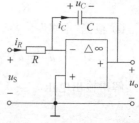

图 14-5 积分运算器

解 由运算放大器性质得:$u^+ = u^- = 0, i_R = i_C$

而 $i_R = \frac{u_S}{R}, i_C = -C\frac{\mathrm{d}u_o}{\mathrm{d}t}$,所以 $u_o(t) = -\frac{1}{RC}\int_{-\infty}^{t} u_S(\tau)\mathrm{d}\tau$

表明,积分器的响应电压正比于激励电压的积分,但电压的极性相反。实际电路中,积分器应工作在线性范围内,还需有一个反馈电阻以降低直流增益和避免饱和。

【例 14-4】 图 14-6 为一微分运算电路,求响应电压与激励电压之间的关系式。

解 由运算放大器性质得 $u^+ = u^- = 0, i_R = i_C$,而 $i_R = -\dfrac{u_o}{R}, i_C = C\dfrac{\mathrm{d}u_S}{\mathrm{d}t}$,所以

$$u_o(t) = -RC\frac{\mathrm{d}u_S}{\mathrm{d}t}$$

微分电路的输出电压是输入电压的微分。从电子学角度分析,微分电路输出信号是不稳定的,电路中的电子噪声都将被微分器放大,故在实际电路中很少应用微分电路。而积分电路则可以降低噪声,并使输出信号稳定,所以被广泛应用于模/数转换、波形产生、反馈控制系统电路等领域。

2. 二阶运算放大器动态电路分析

在二阶运算放大器电路中,只考虑 RC 型运放电路。RC 二阶运放电路在滤波器、振荡器中有着广泛的应用。

【例 14-5】 图 14-7 为二阶微分运算电路,已知 $R_1 = R_2 = 10\mathrm{k}\Omega, C_1 = 20\mu\mathrm{F}, C_2 = 100\mu\mathrm{F}$。当 $u_S(t) = 12\varepsilon(t)\mathrm{V}$ 时,求电路的输出响应 $u_o(t)$。

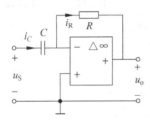
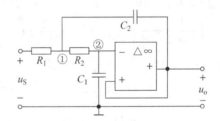

图 14-6 微分运算器　　　　图 14-7 二阶动态电路

解 由运算放大器性质得: $u^+ = u^-$,电容 C_1 上的电压就是输出电压 u_o。
结点①KCL 有

$$\frac{u_S - u_1}{R_1} = C_2\frac{\mathrm{d}(u_1 - u_o)}{\mathrm{d}t} + \frac{u_1 - u_o}{R_2}$$

结点②KCL 有

$$\frac{u_1 - u_o}{R_2} = C_1\frac{\mathrm{d}u_o}{\mathrm{d}t}$$

整理得

$$\frac{\mathrm{d}^2 u_o}{\mathrm{d}t^2} + \left(\frac{1}{R_1 C_2} + \frac{1}{R_2 C_2}\right)\frac{\mathrm{d}u_o}{\mathrm{d}t} + \frac{u_o}{R_1 R_2 C_1 C_2} = \frac{u_S}{R_1 R_2 C_1 C_2}$$

即

$$\frac{\mathrm{d}^2 u_o}{\mathrm{d}t^2} + 2\frac{\mathrm{d}u_o}{\mathrm{d}t} + 5u_o = 5u_S$$

电路的输出响应

$$u_o(t) = \left[12 - \mathrm{e}^{-t}(12\cos 2t + 6\sin 2t)\right]\varepsilon(t)\mathrm{V}$$

14.4　含理想运算放大器的正弦稳态电路分析

含有理想运算放电器的交流电路,常采用相量法的结点电压法、戴维宁定理、叠加定理等进行分析计算。

【例14-6】 图14-8电路中,已知 $u_S(t)=6\sin(1000t)\,\mathrm{V}$,求电路的输出响应 $u_o(t)$。

解　先将电路转换为相量模型,如图14-9所示。

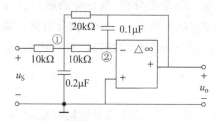

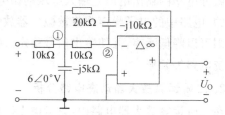

图14-8　正弦稳态电路　　　　　　图14-9　正弦稳态相量电路

结点①、结点②的电压方程

$$\begin{cases} \left(\dfrac{1}{10\mathrm{k}\Omega}+\dfrac{1}{10\mathrm{k}\Omega}+\dfrac{1}{20\mathrm{k}\Omega}+\dfrac{1}{-\mathrm{j}5\mathrm{k}\Omega}\right)\dot{U}_1-\dfrac{1}{20\mathrm{k}\Omega}\dot{U}_O-\dfrac{1}{10\mathrm{k}\Omega}\dot{U}_2=\dfrac{6\angle0°}{10\mathrm{k}\Omega} \\ \left(\dfrac{1}{10\mathrm{k}\Omega}+\dfrac{1}{-\mathrm{j}10\mathrm{k}\Omega}\right)\dot{U}_2-\dfrac{1}{10\mathrm{k}\Omega}\dot{U}_1-\dfrac{1}{-\mathrm{j}10\mathrm{k}\Omega}\dot{U}_O=0 \end{cases}$$

由于 $\dot{U}_2=0$,解得

$$\dot{U}_O=\frac{12}{3-\mathrm{j}5}=\frac{18+\mathrm{j}30}{17}\mathrm{V}=2.06\angle59.04°\mathrm{V}$$

$$u_o(t)=2.06\sin(1000t+59.04°)\,\mathrm{V}$$

14.5　含理想运算放大器的拉普拉斯分析

含有理想运算放电器的动态电路,也常采用拉普拉斯法进行分析计算。

【例14-7】 图14-10电路中,已知 $u_S(t)=2\mathrm{V}(t>0)$,求 $t>0$ 时零状态响应 $u_C(t)$。

解　先将电路转换为复频域模型,如图14-11所示。

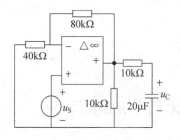

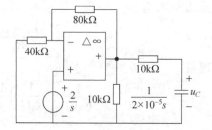

图14-10　零状态响应　　　　　　图14-11　零状态响应复频域

由 KCL 得

$$\frac{U_O(s)-U_S(s)}{80\mathrm{k}\Omega}=\frac{U_S(s)}{40\mathrm{k}\Omega}$$

即

$$U_O(s) = 3U_s(s) = \frac{6}{s}$$

$$U_O(s) = 10\text{k}\Omega \times 2 \times 10^{-5} s U_C(s) + U_C(s)$$

得

$$U_C(s) = \frac{U_O(s)}{1 + 0.2s} = \frac{30}{s(s+5)} = \frac{6}{s} - \frac{6}{s+5}$$

解得

$$u_C(t) = 6(1 - e^{-5t})\text{V}$$

本 章 小 结

含有理想运算放电器的电路,应合理运用理想运放"虚短"和"虚断"两条规则,并结合结点电压法进行求解。需要注意,在对理想运放输入端列写 KCL 方程时,由于理想运放输入电流为零,故可将其视为"开路";由于运放输出端的电流事先无法确定,故不宜对该结点列写 KCL 方程。

课 后 习 题

1 理想运算放大器中的"虚断",指的是( )。

    A. $u^+ = u^- = 0$ B. $u^+ = u^-$ C. $i^+ = i^- = 0$ D. $i^+ = i^-$

2 理想运算放大器中的"虚短",指的是( )。

    A. $u^+ = u^- = 0$ B. $u^+ = u^-$ C. $i^+ = i^- = 0$ D. $i^+ = i^-$

3 理想运算放大器可以实现( )运算。

    A. 傅里叶变换   B. 拉普拉斯变换   C. 相量变换   D. 微积分

4 理想运算放大器的倒向端,指的是( )。

    A. 输出端与倒向端方向相反   B. 输出端与倒向端方向相同

    C. 倒向端作为输出端   D. 倒向端只能用负值

5 理想运算放大器的非倒向端,指的是( )。

    A. 输出端与非倒向端方向相反   B. 输出端与非倒向端方向相同

    C. 非倒向端作为输出端   D. 非倒向端只能用正值

6 理想运算放大器的缩放比例由( )决定。

    A. 倒向端   B. 非倒向端   C. 外接元件   D. 本身

7 图题 7 所示电路是典型的( )。

    A. 比例器   B. 积分器   C. 微分器   D. 跟随器

8 图题 8 所示电路是典型的( )。

    A. 比例器   B. 积分器   C. 微分器   D. 跟随器

9 图题 9 所示电路是典型的( )。

    A. 比例器   B. 积分器   C. 微分器   D. 跟随器

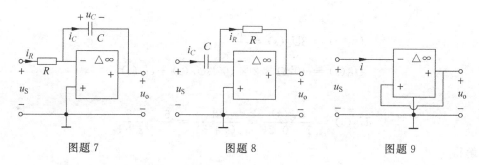

图题 7   图题 8   图题 9

10　图题 10 所示电路是典型的(　　)。

　　A. 反向比例器　　　B. 积分器　　　　C. 微分器　　　　D. 跟随器

11　图题 11 所示电路是典型的(　　)。

　　A. 加法器　　　　　B. 减法器　　　　C. 同向比例器　　D. 反向比例器

12　图题 12 所示电路是典型的(　　)。

　　A. 加法器　　　　　B. 减法器　　　　C. 同向比例器　　D. 反向比例器

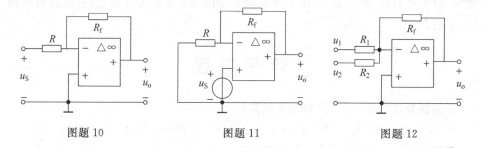

图题 10   图题 11   图题 12

13　图题 13 所示电路是典型的(　　)。

　　A. 加法器　　　　　B. 减法器　　　　C. 同向比例器　　D. 反向比例器

14　如图题 14 所示,求 $t \geqslant 0$ 时输出响应 u_C 的等效电路图,错误的是(　　)。

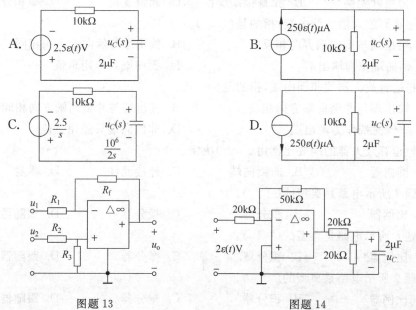

图题 13   图题 14

15　电路如图题15(a)所示,已知 $u_1(t)$ 的波形如图(b)所示。$u_2(t)$ 的波形为(　　)。

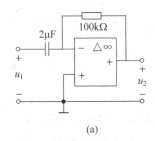

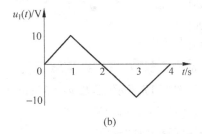

(a)　　　　　　　　　　　　　　　(b)

图题15

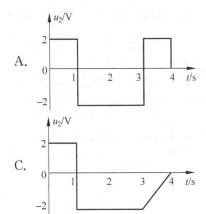

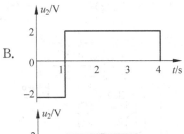

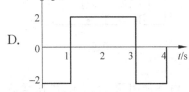

16　电路如图题16(a)所示,已知 $u_1(t)$ 的波形如图题16(b)所示。$u_2(t)$ 的波形为(　　)。

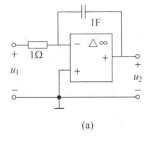

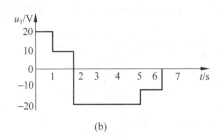

(a)　　　　　　　　　　　　　　　(b)

图题16

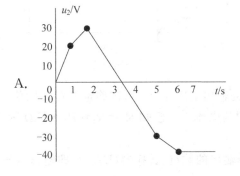

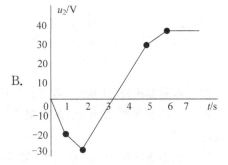

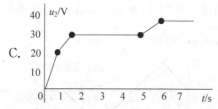

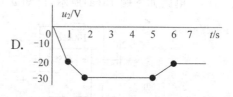

17 电路如图题17所示,已知 $u_S=15\sin(120\pi t)\,\text{V}$,$u_o(t)=($)。

A. $u_o=72\sin(120\pi t)\,\text{V}$ B. $u_o=72\cos(120\pi t)\,\text{V}$

C. $u_o=75\sin(120\pi t)\,\text{V}$ D. $u_o=75\cos(120\pi t)\,\text{V}$

18 电路如图题18所示,求冲激响应 $u_C($)。

A. $25e^{-50t}\varepsilon(t)$ B. $-25e^{-50t}\varepsilon(t)$ C. $125e^{-50t}\varepsilon(t)$ D. $-125e^{-50t}\varepsilon(t)$

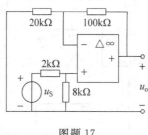

图题17

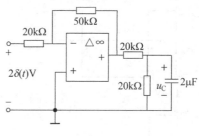

图题18

19 电路如图题19所示,电压增益 $\dfrac{u_o}{u_s}$ 为( )。

A. 1   B. 2   C. 3   D. 4

20 电路如图题20所示,电流/电压变换器 $\dfrac{u_o}{i_S}$ 为( )。

A. $\dfrac{u_o}{i_S}=-\dfrac{R_1R_2+R_2R_3+R_3R_1}{R_2}$ B. $\dfrac{u_o}{i_S}=\dfrac{R_1R_2+R_2R_3+R_3R_1}{R_2}$

C. $\dfrac{u_o}{i_S}=-\dfrac{R_2}{R_1R_2+R_2R_3+R_3R_1}$ D. $\dfrac{u_o}{i_S}=\dfrac{R_2}{R_1R_2+R_2R_3+R_3R_1}$

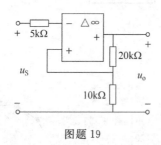

图题19

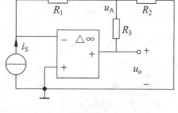

图题20

21 电路如图题21所示,若理想运放的输出电压 $u_o=9\,\text{V}$,试确定电阻 R 的值。

22 电路如图题22所示,求电阻 R_5 中的电流 i_5。已知 $R_1=R_3=R_4=1\text{k}\Omega$,$R_2=R_5=2\text{k}\Omega$,$u_i=1\,\text{V}$。

23 根据所学知识,设计一个4输入单输出的数/模转换器(DAC),即输出电压与输入电压的关系为 $u_o=2^0u_1+2^1u_2+2^2u_3+2^3u_4$。

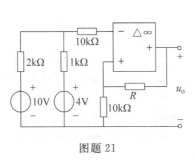

图题 21

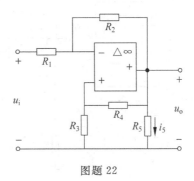

图题 22

24 求图题 24 所示电路的输出电压 U_o。

25 求图题 25 所示电路运算放大器的输出电流 I_o。

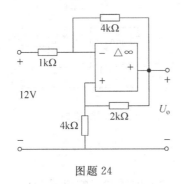

图题 24

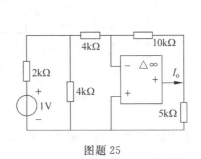

图题 25

26 用结点分析法求图题 26 所示电路的电压增益 $\dfrac{U_o}{U_S}$。

27 求图题 27 所示电路的输出电压 U_o。

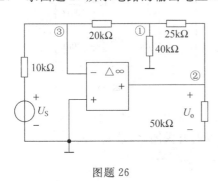

图题 26

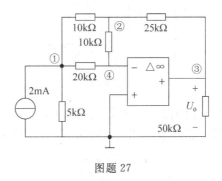

图题 27

28 求图题 28 中含理想运算放大器电路的输出电压 u_o。

29 图题 29 所示电路含理想运算放大器,已知 $R_1=1\mathrm{k}\Omega$, $R_2=2\mathrm{k}\Omega$, $C_1=1\mu\mathrm{F}$, $C_2=2\mu\mathrm{F}$, $u_S=2\mathrm{V}$,试求电压 $u_o(t)$。

30 电路如图题 30(a)所示,已知 $u_1(t)$ 的波形如图题 30(b)所示。画出 $u_2(t)$ 的波形。

31 求图题 31 所示运算放大电路的输出电压 u_o。

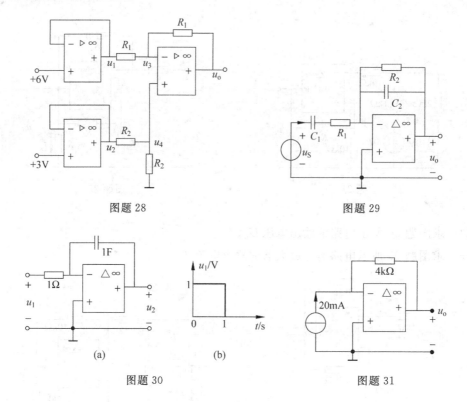

图题 28

图题 29

图题 30

图题 31

32　求图题 32 所示运算放大电路的电压增益 $\dfrac{u_o}{u_S}$。

33　由图题 33 所示，已知 $u_S(t)=2V(t>0)$，求 $t>0$ 时零状态响应 $u_C(t)$。

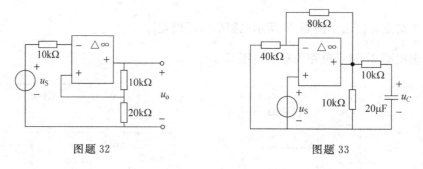

图题 32

图题 33

34　由图题 34 所示，已知 $u_C(0)=-4V$，求 $t>0$ 时输出电流 $i_o(t)$。

35　在图题 35 中，已知 $u_C(0)=-1V$，求 $t=0$ 时开关闭合，求 $u_o(t)$。

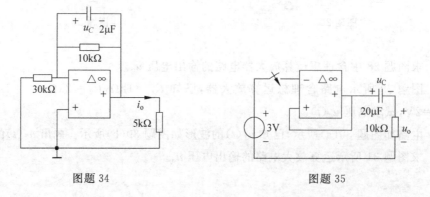

图题 34

图题 35

36 对图题 36 中运放电路,推导 $u_o(t)$ 和 $u_S(t)$ 之间的微分方程。

37 图题 37 所示理想运算放大器,求电压增益 $\dfrac{u_o}{u_S}$,并求当 $\omega = \dfrac{1}{R_1 C_1}$ 时增益。

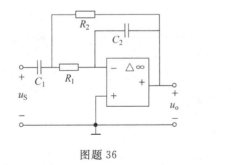

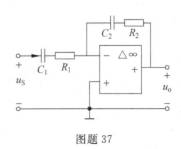

图题 36   图题 37

38 图题 38 所示是带有负反馈电阻的积分器,若 $u_S(t) = 2\cos(40kt)\,\mathrm{V}$,求 $u_o(t)$。

39 图题 39 所示是运算放大器电路,若 $u_S(t) = 10\cos(4kt)\,\mathrm{V}$,求 $u_o(t)$。

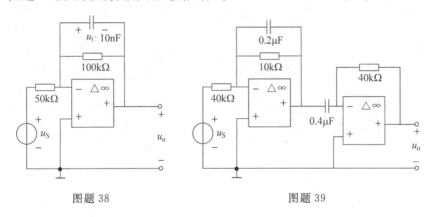

图题 38   图题 39

40 电路如图题 40(a) 所示,已知 $u_1(t)$ 的波形如图题 40(b) 所示。求 $u_2(t)$ 的表达式。

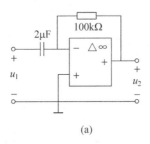

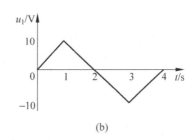

(a)   (b)

图题 40

第二篇　电路分析实验

本篇共 5 章内容,分别介绍 Multisim 仿真实验、仿真应用实例、仿真训练以及 Multisim 仿真界面和虚拟仪器的使用,最后介绍电路操作台实验。

第 15 章　Multisim 仿真实验

第 16 章　Multisim 仿真应用实例

第 17 章　Multisim 仿真训练

第 18 章　Multisim 窗口界面及常用的虚拟仪器使用说明

第 19 章　电路操作台实验

第 15 章 Multisim 仿真实验

电路理论是电气、电子以及相关专业必修的一门专业基础课,与之配套的电路实验既能加深电路理论的理解,同时又是一门能够培养学生实践与创新能力的课程。随着电子技术的高速发展,电路、元器件、仪器设备也不断地更新,现有实验室的条件已很难满足各种电路的设计和调试要求,在一定程度上影响了电路实验教学的效果。

引入具有强大分析、仿真电路功能的电路仿真软件 Multisim,可较好地解决这一问题。这种仿真实验是在计算机上虚拟出一个元器件种类齐备、先进的电子工作平台,一方面可以克服实验室各种条件的限制,另一方面又可以针对不同目的(验证、测试、设计、纠错和创新等)进行训练,培养学生分析、应用和创新的能力。

15.1 Multisim 特点

Multisim 是加拿大 IIT(Interactive Image Technologies)公司在 EWB(Electronics Work Bench)基础上推出的电子电路仿真设计软件。Multisim 仿真软件与实验室各实验台配备的计算机相配合,在 Windows 操作系统下运行,可以作为个人虚拟实验平台。适用于模拟/数字电路板的设计,该工具在一个程序包中汇总了框图输入、Spice、仿真、HDL 设计输入和仿真、可编程逻辑综合及其他设计能力。

Multisim 是一种具有强大分析、仿真功能的 EDA 电路设计和仿真软件。在电路实验教学中引入 Multisim,建立虚拟的电路实验平台,是对传统实验教学方法的充实与改进。由此可以有效扩展实验容量,提高实验效率,并能节省大量的实验资源。使用 Multisim,可以使学生融入学习氛围,通过动手实践巩固理论知识,还可以提供易于使用的交互式电路教学和学习环境。为教学目的而开发的 Multisim 包含多种特性,能协助教师授课,能为学生提供交互式学习环境,从而查看和研究各种电路。与传统的实验方式相比,采用电子工作平台进行电子线路的分析和设计,突出了实验教学以学生为中心的开放模式。

Multisim 的仿真功能具有以下特点:

① 仿真环境直观,操作界面简洁明了,操作方便。

② 具备模拟、数字及模拟/数字混合电路的仿真。

③ 提供大量的激励源(信号源)和数学模型元件,方便各种分析。

④ 提供各种能发亮的指示元件和发声元件,可用键盘控制电路中的开关、电位器调节、电感器调节和电容器调节,使仿真过程更为形象。

⑤ 提供各种常用的仪器仪表,增加仿真结果的直观度,并允许多个仪表同时调用和重复调用,且仪表均具有存储功能。

15.2 Multisim 2001 仿真软件的基本操作

创建电路图并进行仿真通常要有元件的放置、元件属性设置、线路的连接、虚拟仪器的使用、进行仿真这样几个步骤。

1.元件的放置

Multisim 将若干元件类型分门别类地存放在元件工具中。元件模型是电路仿真的基础。仿真所需的元件可以从元件工具栏或虚拟元件工具栏中提取,两者不同的是,从元件工具栏中提取的元件都与具体型号的元件相对应,在"元件属性"对话框中不能更改元件的参数,只能用另一型号的元件来代替。从虚拟元件工具栏中提取的元件的大多数参数都是该类元件的典型值,部分参数可由用户根据需要自行确定。

(1)通过元件工具栏放置

单击 Multisim 用户界面中相应的元件工具栏,打开该类元件工具栏的 Select a Component 窗口,在"系列"列表框中即可选择相应的虚拟元件。例如,单击 Basic 工具栏弹出所示的 Select a Component 对话框(见图 15-1),在"系列"列表框中有 3 个底色为绿色的图标就是可供选择的虚拟元件类。

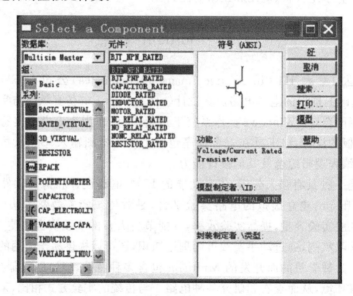

图 15-1　Select a Component 窗口

图 15-2　基本元件栏

(2)通过虚拟元件栏放置

在 Multisim 用户界面中,有一组底色为天蓝色图标的工具栏就是虚拟工具栏。虚拟工具栏含 10 个虚拟工具图标,单击每个图标都回弹出相应的一组虚拟元件栏,如单击 Basic components Bar 就会弹出如图 15-2 所示的基本元件栏。

2.元件属性设置

放置好元件后,双击各元件的图标,就会弹出其属性对话框,设置其属性。以放置 $33k\Omega$ 的虚拟电阻来说明。先放置好一个 $1k\Omega$ 的虚拟电阻,双击该电阻图标,弹出如图 15-3 所示的属性对话框。

该对话框中有 4 个选项卡,分别为标号(Lable)、显示(Display)、值(Value)和故障(Fault)。通过 Value 选项卡可修改虚拟电阻参数。

• Resistance:设置电阻值。

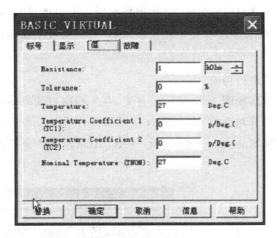

图 15-3 元件属性对话框

- Tolerance：设置电阻的容差。
- Temperature：设置环境温度。
- Temperature Coefficient 1/2：设置电阻的一次或二次温度系数。
- Normal Temperature：设置参考环境温度(默认值为 27)。

3．线路的连接

Multisim 提供了两种连线方式。

（1）自动连线

将鼠标移到需要连线的引脚,鼠标就会变成一个中间有黑点的十字,单击该引脚;移动鼠标就会跟随着鼠标的移动产生一条线路,该线路会自动绕过中间的元器件(此时若右击,就会终止此次连线);将鼠标移到需连线的另一个引脚,并单击该引脚,就会自动将两个引脚连起来。

（2）手动连线

将鼠标移到需要连线的引脚,鼠标就会变成一个中间有黑点的十字,单击该引脚;移动鼠标就会跟随着鼠标的移动产生一条线路,该线路会自动绕过中间的元器件(此时若右击,就会终止此次连线);鼠标在电路窗口移动时,若需在某一位置人为改变路线走向,则单击,那么在此之前的路线就被确定下来,不随鼠标的移动而改变位置;将鼠标移到需连线的另一个引脚,并单击该引脚,就会自动将两个引脚连起来。

若想添加结点,只需在已存在的连线上单击即可。为观察方便,可改变连线的颜色:将鼠标在欲改变颜色的连线上右击,从弹出的快捷菜单中选择 Color 进行设置即可。

4．虚拟仪器的使用

Multisim 提供了许多虚拟仪器,可以用它们来测量仿真电路的性能参数,这些仪器的设置、使用和数据读取方法都和现实中的仪器一样,它们的外观也与实验室所见到的仪器相同。

在 Multisim 用户界面中,单击仪器工具栏中需放置的仪器,就会出现一个随鼠标移动的虚显示的仪器框,在电路窗口再次单击,仪器图标和标识就会被放置到工作区上。仪器标示符用来识别仪器的类型和放置的次数。例如,在电路窗口中放置的第一万用表被称为

XMM1,第二个就被称为 XMM2,等等,这些编号在同一电路中是唯一的。

注意:电压表和电流表并没有放置在仪表工具栏里,而放置在指示元件库中。

5.进行仿真

最后,打开仿真开关进行仿真。

以谐振电路为例,电路如图 15-4 所示。首先,在工作窗口编辑该电路图,然后选取菜单 Options→Preferences 打开对话框,在 circuit 选项卡中单击 Show node name 项,设置电路的结点序号。启动菜单 Simulate→Analysis→AC Analysis 命令,打开 AC Analysis 对话框,如图 15-5 所示。

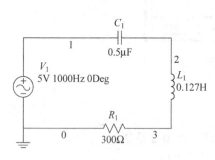

图 15-4 谐振电路

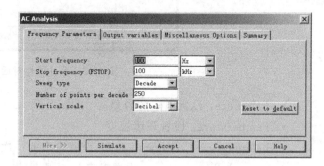

图 15-5 AC Analysis 对话框

- Start frequency:设置交流分析的起始频率。
- Stop frequency:设置交流分析的终止频率。
- Sweep type:通常采用十倍程扫描(Decade 选项),以对数方式展现。
- Number of points per decade:设置每十倍频率的取样数量。
- Vertical scale:从该下拉列表中选择输出波形的纵坐标刻度,通常采用 Logarithmic 或 Decibel 选项。

对于本例,设置起始频率为 100Hz,终止频率为 100kHz,扫描方式设为 Decade,取样值设为 250,纵轴坐标设为 Logarithmic。另外,在 Output variables 选项卡的 Variables in circuit 列表框中选定分析结点,通过 Plot during simulation 把分析结点移入 Selected variables for 列表框中,最后单击 Simulate 进行分析,其幅频特性、相频特性如图 15-6 所示。

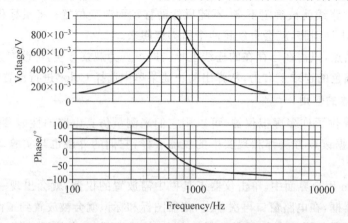

图 15-6 谐振电路幅频特性、相频特性

15.3 仿真实验内容及要求

利用 Multisim 可以十分方便地进行电路设计,然后利用分析工具对所设计的电路进行仿真,测试电路的有效性、可靠性和功能。同时,也可以配合电路理论的基本知识对理论的推导结果进行有效的比较和验证。

在设计和仿真中需要注意的一点是,Multisim 2001 中的元件值可以进行任意设定,但如果设计仿真的是实际电路,则需要考虑实际元件的额定值,否则无法起到验证实际电路性能的效果。

三相交流电路广泛地应用于日常生活和生产领域,所以针对三相交流电路的工作情况进行实验很有必要。然而,在实验室进行三相交流电路实验有一定的危险性,一些短路、断路的实验有时也较难进行。电路仿真软件 Multisim 提供了适用于三相交流电路仿真的各种元件模块及测试工具,利用该软件对三相交流电路进行仿真,与理论分析的结果一致。

实验分析表明,利用 Multisim 对三相电路进行各种实验分析方便、准确,在电工实验中可以推广。

运用 Multisim 进行电路分析的实验内容包括以下方面。

① 掌握 Multisim 的基本操作与分析方法。

② 器件模型的建立、修改,虚拟元件与实际器件的区别与使用方法。

③ 电路图及参数输入,受控源的使用方法,电路图编辑注意事项。

④ 直流电路分析。

⑤ 交流电路分析:电路的幅频特性、相频特性,在谐振电路判别、特征分析中的应用。

⑥ 瞬态分析:动态电路的零输入响应、零状态响应。

⑦ 虚拟实验:虚拟仪表、仪器的使用方法,虚拟实验。

⑧ 结果分析:实验数据与理论计算的比较,波形曲线的处理。

仿真实验要求,掌握实际电路的模型化概念,了解适合计算机分析的电路方程建立方法,初步掌握 Multisim 等电路辅助分析软件的使用方法,具备上机实验的技能,为今后解决电路的计算机辅助设计问题奠定基础。

第16章 Multisim 仿真应用实例

本章介绍 Multisim 电路仿真应用实例,在电阻电路、运算放大电路、直流激励下的一阶电路的响应、交流电路分析、三相电路及二端口电路设计等六个方面,通过虚拟仪器的使用,得到仿真实验的结果,并与理论计算值比较,验证了相关理论的正确,表明了仿真实验的可行。

16.1 电阻电路仿真

设计目的
① 验证并熟悉电阻电路分析中的结点电压法;
② 验证并熟悉戴维宁等效电路;
③ 学习使用 Multisim 进行电路分析。

【仿真实例1】 结点电压法。电路图如图 16-1 所示,用结点电压法求各支路电流及输出电压。

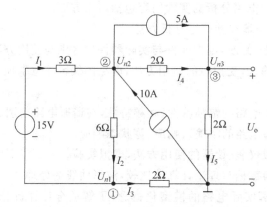

图 16-1 结点电压法电路图

理论分析:结点电压方程为

$$\begin{cases} \left(\dfrac{1}{2}+\dfrac{1}{3}+\dfrac{1}{6}\right)U_{n1} - \left(\dfrac{1}{3}+\dfrac{1}{6}\right)U_{n2} = -\dfrac{15}{3} \\ -\left(\dfrac{1}{3}+\dfrac{1}{6}\right)U_{n1} + \left(\dfrac{1}{2}+\dfrac{1}{3}+\dfrac{1}{6}\right)U_{n2} - \dfrac{1}{2}U_{n3} = \dfrac{15}{3}-5+10 \\ -\dfrac{1}{2}U_{n2} + \left(\dfrac{1}{2}+\dfrac{1}{2}\right)U_{n3} = 5 \end{cases} \Rightarrow \begin{cases} U_{n1}=5\text{V} \\ U_{n2}=20\text{V} \\ U_{n3}=15\text{V} \end{cases}$$

可得:$I_1=0$;$I_2=2.5\text{A}$,$I_3=2.5\text{A}$,$I_4=2.5\text{A}$,$I_5=7.5\text{A}$,$U_o=U_{n3}=15\text{V}$

在仿真软件中设计如图 16-2 所示的模拟电路。仿真值与理论值相符合。

【仿真实例2】 求戴维宁等效电路。

基本操作:
① 利用数字万用表测量电路端口的开路电压和短路电流;
② 求解出该二端网络的等效电阻;

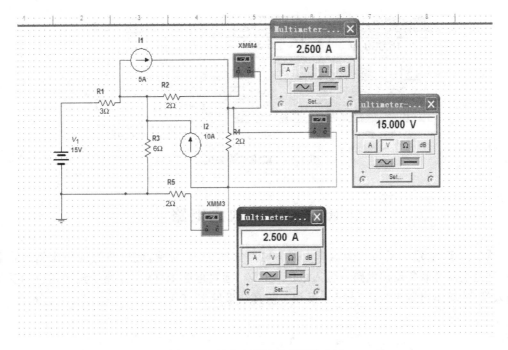

图 16-2 结点电压法仿真测试电路

③ 绘制戴维宁等效模型。

电路图如图 16-3 所示。

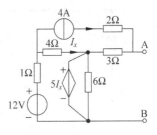

图 16-3 戴维宁测试电路

在 Multisim 界面中绘制如图 16-4 所示的戴维宁等效分析仿真电路。观察电压表和电流表,得到如图 16-5(a)和(b)所示的数据。

求出等效电阻为 $R_{eq} = \dfrac{16}{5.333} \approx 3\Omega$,戴维宁等效电路如图 16-5(c)所示。

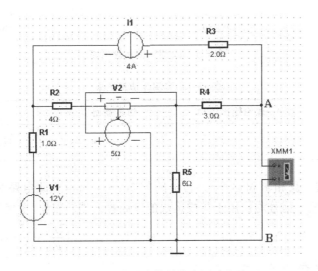

图 16-4 戴维宁等效仿真测试电路

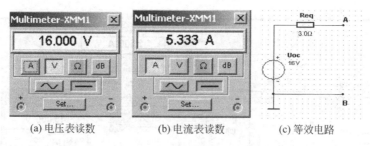

(a) 电压表读数   (b) 电流表读数   (c) 等效电路

图 16-5 戴维宁等效电路

16.2 运算放大电路

【仿真实例 3】 反向比例运算电路。电路如图 16-6 所示,此电路为反相比例运算电路,这是电压并联负反馈电路。输入电压 V1(V_1)通过电阻 R1(R_1)作用于集成运放的反相输入端,故输出电压 V0(V_0)与 V1 反相。仿真结果见表 16-1。

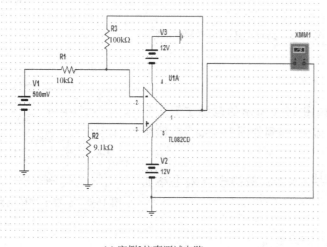

(a) 实例3仿真测试电路   (b) 仿真结果

图 16-6 反相比例运算电路

表 16-1 实例 3 仿真结果

输入输出关系	理论输出值/V	仿真输出值/V	电路功能
$V_0 = -\dfrac{R_F}{R_1}V_1$	−5	−4.944	反相比例运算电路

【仿真实例 4】 反相求和运算电路,电路如图 16-7 所示。此电路为反相求和运算电路,其电路的多个输入信号均作用于集成运放的反相输入端。根据"虚短"和"虚断"的原则,$u_N = u_p = 0$,结点 N 的电流方程为 $i_1 + i_3 = i_F$,所以 $U_o = -R_F\left(\dfrac{U_{i1}}{R_3} + \dfrac{U_{i2}}{R_1}\right)$,其中 $R_2 = R_1 /\!/ R_3 /\!/ R_F$。仿真结果见表 16-2。

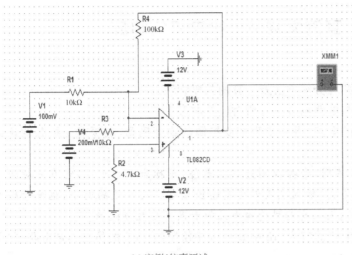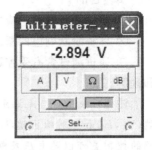

(a) 实例4仿真测试   (b) 仿真结果

图 16-7   反相求和运算电路

表 16-2   实例仿真结果

输入输出关系	理论输出值/V	仿真输出值/V	电路功能
$U_o = -R_F\left(\dfrac{U_{i1}}{R_3} + \dfrac{U_{i2}}{R_1}\right)$	-3	-2.894	反相求和运算电路

【仿真实例5】 电压跟随器电路,电路如图 16-8 所示。此电路为电压跟随器电路,其输出电压的全部反馈到反相输入端,电路引入电压串联负反馈,且反馈系数为 1,由于 $u_O = u_P = u_N$,故输出电压与输入电压的关系为 $u_O = u_I$。仿真结果见表 16-3。

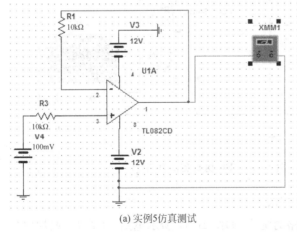

(a) 实例5仿真测试   (b) 仿真结果

图 16-8   电压跟随器电路

表 16-3   实例 5 仿真结果

输入输出关系	理论输出值/mV	仿真输出值/mV	电路功能
$u_O = u_I$	100	104.999	电压跟随器

16.3　直流激励下一阶电路的响应

实验目的

① 掌握一阶电路响应的两种分解方法及计算的三要素法。

② 理解阶跃响应的概念与电路响应信号所对应的波形。

③ 通过测试含有受控源的电路,进一步理解受控源的物理概念,加深对受控源的认识和理解。

注意:独立源与无源元件不同,受控源则是四端器件,或称为双口元件,它有一对输入端(U_1,I_1)和一对输出端(U_2,I_2)。输入端用以控制输出端电压或电流的大小,施加于输入端的控制量可以是电压或电流,因而有两种受控电压源和两类受控电流源。

【仿真实例6】　RC一阶电路的响应,在Multisim中绘制图16-9的仿真测试电路,并用示波器观察电容电压波形的变化。

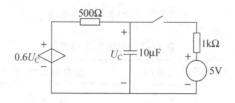

图 16-9　实例 6 电路

在操作界面上绘制如图 16-10 所示电路。

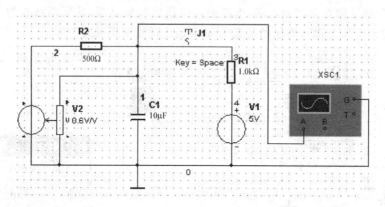

图 16-10　RC仿真测试电路

观察示波器结果如图 16-11 所示。

【仿真实例7】　RL一阶电路的响应,如图16-12所示电路,计算R2两端电压。

要知道R2两端的电压,可以先计算出通过它的电流,则先使用三要素法计算电流。零时刻的电流:

$$i_{(0_-)} = 10 \times \frac{1}{1+1} = 5\text{mA}, \quad i_{(0_+)} = i_{(0_-)} = 5\text{mA}$$

时间无穷远点的电流:

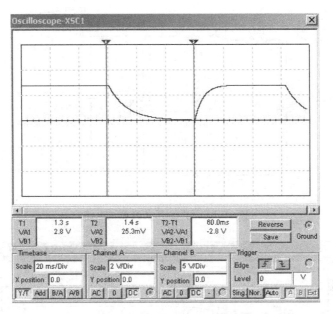

图 16-11　实例 6 仿真波形

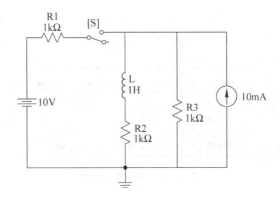

图 16-12　RL 仿真电路测试

$$R = 1 + 1 \mathbin{/\mkern-5mu/} 1 = 1.5\text{k}\Omega, \quad i_{(\infty)} = \frac{10}{R} \frac{1}{1+1} + i_{(0_+)} = 8.333\text{mA}$$

$$R' = 1 + 1 \mathbin{/\mkern-5mu/} 1 = 1.5\text{k}\Omega, \quad \tau = \frac{L}{R'} = \frac{1}{1500}\text{s}$$

则电流随时间变化为

$$i(t) = i_{(\infty)} + (i_{(0_+)} - i_{(\infty)})\mathrm{e}^{-\frac{t}{\tau}} = (8.333 - 3.333\mathrm{e}^{-1500t})\text{mA}$$

即可算得 R2 两端的电压为

$$U_{(R_2)} = 1000 \times i_{(t)} = (8.333 - 3.333\mathrm{e}^{-1500t})\text{V}$$

电路仿真如图 16-13 所示。

其中换路前后示波器显示如图 16-14 所示。

选择 Channel A 为 5V/Div,可以验证:$U_{R_2(0_+)} = 5\text{V}$,$U_{R_2(\infty)} \approx 8.333\text{V}$,同时调整示波器显示屏如图 16-15 所示。

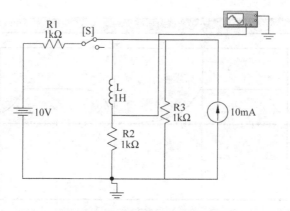

图 16-13　RL 一阶仿真测试电路

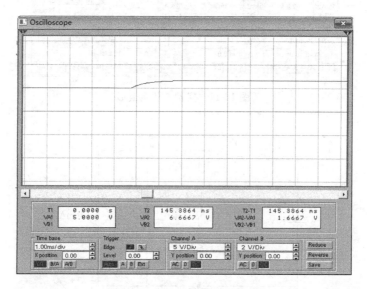

图 16-14　R2 两端的电压波形

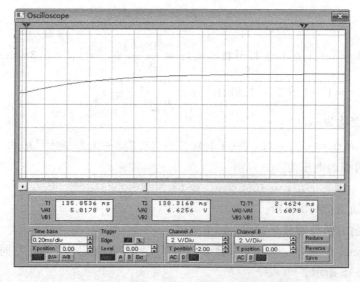

图 16-15　换路开始时 R2 两端的电压波形

将 T_1、T_2 坐标分别调至换路开始时与电路环路之后基本稳定时,可知

$$T_2 - T_1 = 2.4624\text{ms}, \qquad \frac{T_2 - T_1}{\tau} \approx 3.7$$

将此结果带入计算所得结论: $U_{R_2} = 8.333 - 3.333e^{-3.7} = 8.25\text{V}$。可认为基本已达到稳定状态,理论计算与仿真实践相吻合。

16.4 交流电路分析

1. 测定交流电路的参数

测定交流电路的参数常用的有三表法,即交流电压表测 U、交流电流表测 I、瓦特表测 P 及功率因数。然后通过下列关系计算出电路参数。

阻抗的模

$$|Z| = \frac{U}{I}$$

等效电阻

$$R = |Z|\cos\varphi = \frac{P}{I^2}$$

等效电抗

$$X = |Z|\sin\varphi$$

【仿真实例8】 设计实验测定电路模块 Zx 的参数,并判断其性质。

测试电路图如图 16-16 所示.

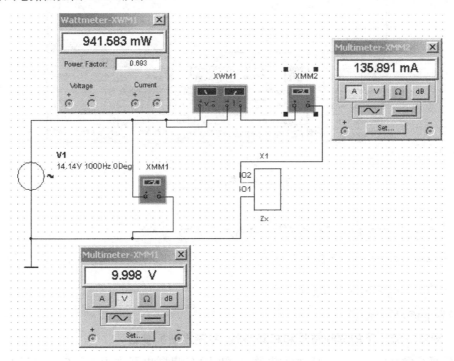

图 16-16 实例8仿真测试电路

波形测试电路如图 16-17(a)所示。示波器波形见图 16-17(b)。

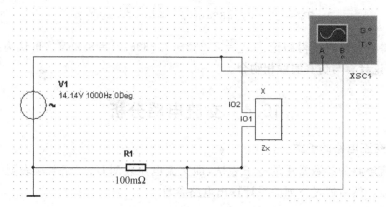

(a) 波形测试电路图

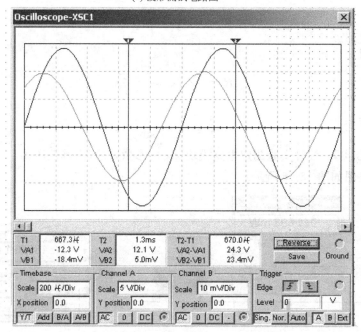

(b) 示波器波形

图 16-17　实例 8 测试波形

$$|Z| = \frac{U}{I} = \frac{9.998}{0.136891} \approx 73.6\,\Omega, \quad \cos\varphi = 0.693$$

$$R = |Z|\cos\varphi = 73.6 \times 0.693 = 50.8\,\Omega \quad X = |Z|\sin\varphi = 73.6 \times 0.721 = 53.1\,\Omega$$

$$C = \frac{1}{\omega X} = \frac{1}{2\pi \times 1000 \times 53.1} = 3\,\mu F$$

电压滞后电流,呈容性。

2. 观察交流电路的幅频特性和相频特性,并测定谐振参数

【仿真实例 9】　如图 16-18 所示电路,已知 RLC 串联电路中 $R = 10\,\Omega$,$L = 100\,\mu H$,$C = 100nF$,观察 RLC 串联电路的幅频特性和相频特性,求谐振频率。

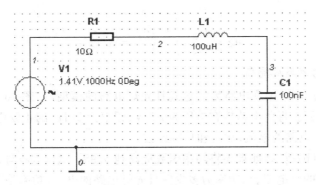

图 16-18　实例 9 电路

RLC 串联电路的幅频特性和相频特性如图 16-19 所示。

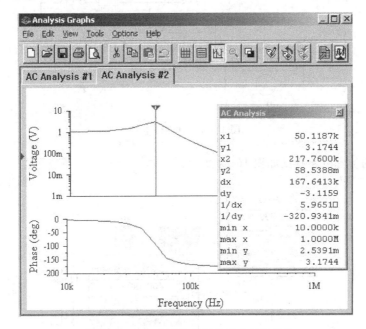

图 16-19　RLC 电路的幅频特性和相频特性

将正弦交流电压源的频率设置为谐振频率 50.1187kHz。电容电压如图 16-20 所示。

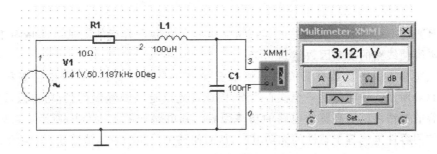

图 16-20　测量电容电压

品质因数

$$Q = \frac{U_C}{U_S} = \frac{3.121}{1} = 3.121$$

3. 交流电路功率因数提高

【仿真实例10】 RL串联电路为一老式日光灯电路的模型,如图16-21(a)所示。已知 $R=250\Omega$,$L=1.56\text{H}$。将此电路接在电压为220V、频率为50Hz的正弦电压源上。

① 测量日光灯电路的电流、功率和功率因数;

② 如图16-21(b)所示,如果要将功率因数提高到0.95。试问:需与日光灯电路并联多大电容? 此时电路的总电流、总功率为多少? 日光灯电路的电流、功率是否变化?

(注:电容值在 $0\sim5\mu\text{F}$ 之间)

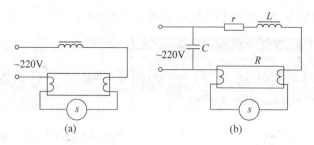

图 16-21　日光灯电路

实例10的仿真电路测试如图16-22所示。

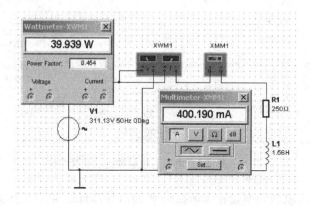

图 16-22　实例10仿真测试电路

与日光灯电路并联一个 $5\mu\text{F}$ 的虚拟可变电容。并联电容后的测试电路见图16-23,调节可变电容使线路的功率因数达到0.95。

本次实验所用的负载是日光灯。整个实验电路是由灯管、整流器和启辉器组成,如图16-21(a)所示。镇流器是一个铁心线圈,因此日光灯是一个感性负载,功率因数较小,用并联电容的方法可以提高整个电路的功率因数。其电路如图16-21(b)所示。选取适当的电容值使用容性电流等于感性的无功电流,从而使整个电路的总电流减小,电路的功率因数将会接近于1。功率因数提高后,能使用电源容易得到充分利用,还可以降低线路的损耗,从而提高传输效率。

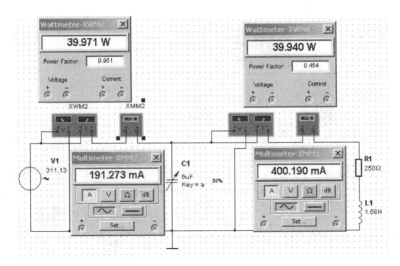

图 16-23 并联电容后的测试电路

日光灯由灯管、启辉器、整流器组成。

此实验工作原理：日光灯管内的壁上涂荧光物质，管内抽成真空，并允有少量的水银蒸气。灯管的两端各有一灯丝串联在电路中，灯管的启辉电压在 400～500V 之间，启辉后管降压约为 110V（40W 日光灯的管压降），所以日光灯不能直接接在 220V 的电压上使用。启辉器相当于一个自动开关，有两个电极靠得很近，其中一个电极是双金属片制成，通上电源时，两电极之间会产生放电，双金属片电极热膨胀后，使两电极接通，此时灯丝也被通电加热。当两电极接通后，两电极放电现象消失，双金属片因降温后而收缩，于是两极分开。在两极断开的瞬间，镇流器将产生很高的自感电压。该自感电压和电源电压一起加到灯管两端，使灯管两端的灯丝被激发，产生紫外线，从而涂在管壁上的荧光粉发出可见的光。当灯管启辉后，整流器起到降压和限流的作用。

4．串联谐振电路

【仿真实例 11】 自选元器件及设定参数，通过仿真软件观察并确定 RLC 串联谐振的频率，通过改变信号发生器的频率，当电阻上的电压达到最大值时的频率就是谐振频率。设计 RLC 串联电路如图 16-24 所示。

设计内容与步骤如下。

当电路发生谐振时，$X_L = X_C$ 或 $\omega L = \dfrac{1}{\omega C}$（谐振条件）。其中，$C_1 = 2.2\text{nF}$，$L_1 = 1\text{mH}$，

$R_1 = 510\Omega$，根据公式 $f_0 = \dfrac{1}{2\pi \sqrt{LC}}$ 可以得出，当该电路发生谐振时，频率 $f_0 = 70\text{kHz}$。RLC 串联电路谐振时，电路的阻抗最小，电流最大；电源电压与电流同相；谐振时电感两端电压与电容两端电压大小相等，相位相反。

用波特图示仪观察幅频特性。按图 16-25（a）所示，将波特图仪 XBP1 连接到电路图中。双击波特图仪图标打开面板，面板上各项参数设置如图 16-25（b）所示。打开仿真开关，在波特图仪面板上出现输出 u_0 的幅频特性，拖动红色指针，使之对应在幅值的最高点，此时在面板上显示出谐振频率 $f_0 = 107.152\text{kHz}$。

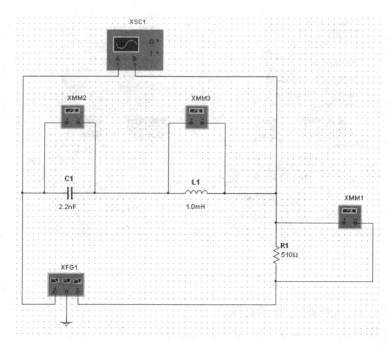

图 16-24　实例 11 串联谐振仿真测试电路

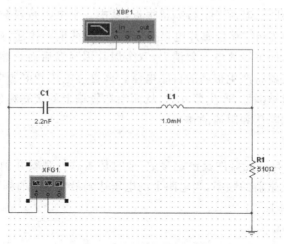

(a) 波特图仪的连接

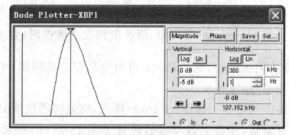

(b) 波特图仪的参数设置

图 16-25　串联谐振电路及波特图

用调节频率法测量 RLC 串联谐振电路的谐振频率 f_0。

再用 Multisim 仿真软件连接的 RLC 串联谐振电路,电容选用 $C_1 = 2.2\text{nF}$,电感选用 $L_1 = 1\text{mH}$,电阻选用 $R_1 = 510\Omega$。电源电压 U_S 处接低频正弦函数信号发生器,电阻电压 U_R 处接交流毫伏表。

保持低频正弦函数信号发生器输出电压 U_S 不变,改变信号发生器的频率(由小逐渐变大),观察交流毫伏表的电压值。当电阻电压 U_R 的读数达到最大值(即电流达到最大值)时所对应的频率值即为谐振频率。将此时的谐振频率记录下来,如表 16-4 所示。

表 16-4 谐振曲线的测量数据表

f/kHz	70	80	90	100	107.2	110	120	130	140	150
U_R/V	9.220	11.115	12.817	13.905	14.142	14.111	13.556	12.591	11.518	10.501
U_C/V	18.677	19.702	20.194	19.717	18.707	18.191	16.019	13.735	11.666	9.921
U_L/V	7.954	10.959	14.216	17.136	18.684	19.129	20.048	20.173	19.872	19.401

当频率为 108kHz 时,电阻电压 U_R 的读数达到最大值,即此时电路发生谐振。当频率为 70kHz 时,观察波形(如图 16-26 所示),函数信号发生器输出电压 U_S 和电阻电压 U_R 相位不同,此时电路呈现电感性。

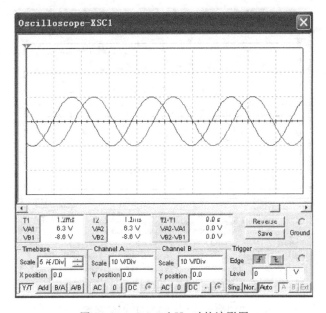

图 16-26 $f_0 = 70\text{kHz}$ 时的波形图

当频率 $f_0 = 107.2\text{kHz}$ 时,观察波形(如图 16-27 所示),函数信号发生器输出电压 U_S 和电阻电压 U_R 同相位,可以得出,此时电路发生谐振,验证了实验电路的正确,与之前得出的理论值相等。因此,证明实验电路的连接是正确的。

当频率 $f_0 = 150\text{kHz}$ 时,观察波形(如图 16-28 所示),函数信号发生器输出电压 U_S 和电阻电压 U_R 相位不同,此时电路呈现出电容性。

观察品质因数 Q。

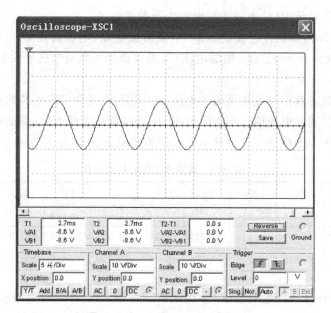

图 16-27 $f_0 = 107.2\text{kHz}$ 时的波形图

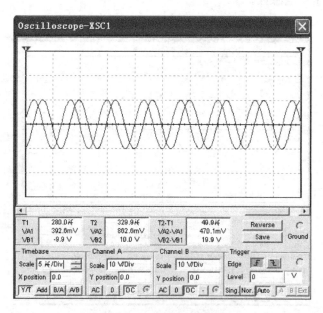

图 16-28 $f_0 = 150\text{kHz}$ 时波形图

RLC 串联回路中的 L 和 C 保持不变,改变 R 的大小,可以得出不同 Q 值时的幅频特性曲线。取 $R = 100\Omega, R = 200\Omega$ 和 $R = 510\Omega$ 三种阻值分别观察品质因数 Q。

当 $R = 100\Omega$ 时的波形图如图 16-29 所示。

当 $R = 200\Omega$ 时的波形图如图 16-30 所示。

显然,Q 值越高,曲线越尖锐,电路的选择性越好,通频带也越窄。

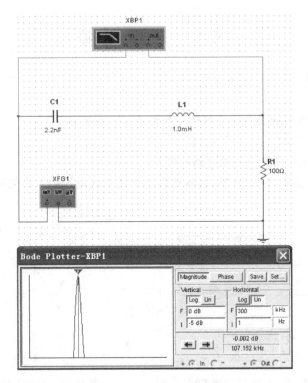

图 16-29 $R=100\Omega$ 时的波形图

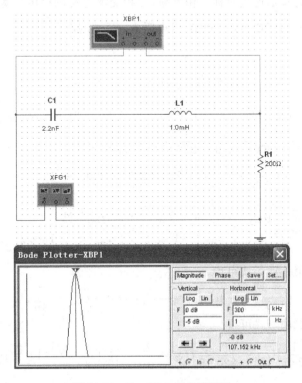

图 16-30 $R=200\Omega$ 时的波形图

16.5 三 相 电 路

【仿真实例 12】 对称三相电路分析。

实验目的

对称三相电路的电源及负载均可使用星形或三角形连接。

① 熟悉并验证三相电路分析的方法;

② 练习 Multisim 软件中三相电路的模拟。

对称三相电路如图 16-31 所示,其各相的相电压与线电压的关系如图 16-32 所示。

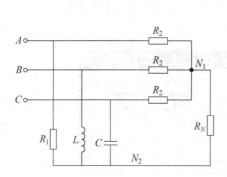

图 16-31 实例 12 三相电路

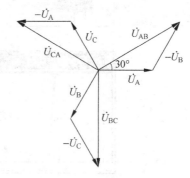

图 16-32 三相电路相量图

由于图 16-31 为星形连接对称三相电路,三相交流电源的线电压为 380V。已知 $R_N = 220\Omega, R_1 = \omega L = \dfrac{1}{\omega C} = 100\Omega, R_3 = 300\Omega$,求电阻 R_N 两端的电压。

电源相电压

$$U_A = U_B = U_C = \frac{380}{\sqrt{3}}\text{V} = 220\text{V} \tag{15-1}$$

设 $\dot{U}_A = 220\angle 0°, \dot{U}_B = 220\angle -120°, \dot{U}_C = 220\angle 120°$。对 N_1、N_2 分别列式可得

$$\begin{cases} \left(\dfrac{1}{300} + \dfrac{1}{300} + \dfrac{1}{300} + \dfrac{1}{220}\right)\dot{U}_{N1} - \dfrac{1}{220}\dot{U}_{N2} \\ \qquad = \dfrac{1}{300}(220\angle 0° + 220\angle 120° + 220\angle -120°) \\ \left(\dfrac{1}{100} + \dfrac{1}{100\text{j}} + \dfrac{1}{-100\text{j}} + \dfrac{1}{220}\right)\dot{U}_{N2} - \dfrac{1}{220}\dot{U}_{N1} \\ \qquad = \dfrac{1}{100}220\angle 0° + \dfrac{1}{100\text{j}}220\angle -120° + \dfrac{1}{-100\text{j}}220\angle 120° \end{cases} \tag{15-2}$$

由式(15-2)的第一项等式可得

$$\left(\frac{1}{100} + \frac{1}{220}\right)\dot{U}_{N1} - \frac{1}{220}\dot{U}_{N2} = 0 \Rightarrow \dot{U}_{N1} = \frac{5}{16}\dot{U}_{N2}$$

由式(15-2)第二项等式可得

$$\left(\frac{1}{100} + \frac{1}{220}\right)\dot{U}_{N2} - \frac{1}{220}\frac{5}{16}\dot{U}_{N2} = \frac{22}{10} + \frac{22}{10}\text{j}\left(\frac{1}{2} + \frac{\sqrt{3}}{2}\text{j}\right) + \frac{22}{10}\text{j}\left(-\frac{1}{2} + \frac{\sqrt{3}}{2}\text{j}\right)$$

$$\Rightarrow \quad \dot{U}_{N2} = \frac{11(1 - \sqrt{3}) \times 20 \times 64}{20 + 64}\text{V} = -122.7\text{V}$$

则有

$$U_{R_N} = |\,U_{N_2 N_1}\,| = \dot{U}_{N1} - \dot{U}_{N2} = \left(\frac{11}{16}122.7\right)\mathrm{V} = 84.36\mathrm{V}$$

如图16-33所示设计仿真测试电路。

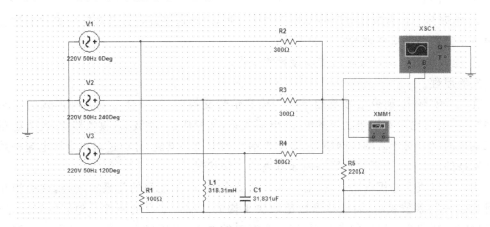

图16-33　星形连接三相电路仿真

利用电压表直接测出 R_N 两端的电压值,再利用示波器观察 N_1、N_2 两结点处的电压,验证它们相位相同。

设电源频率为50Hz,则

$$L = \frac{100}{50 \times 2\pi} = 318.31\mathrm{mH}$$

$$C = \frac{1}{50 \times 2\pi \times 100} = 31.831\mu\mathrm{F}$$

实验测得:$U_{R_N} = 84.37\mathrm{V}$,示波器显示如图16-34所示。其中,红色图像为 U_{N1} 波形;蓝色为 U_{N2} 波形。由图16-34可知两电压相位差几乎为零。

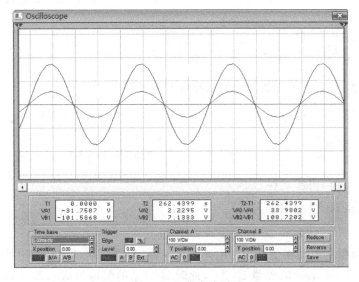

图16-34　仿真波形

16.6 二端口电路设计

实验目的:

① 掌握与三种参数相对应的二端口网络方程,理解这些方程各自对应的参数的物理意义及各个参数与端口物理量之间的关系;

② 理解掌握二端口级联后传输参数的变化。

实验原理

在工程实际中,研究信号及能量的传输和信号交换时,经常会碰到各种形式的四端网络,常常需要讨论两对端钮之间的电压、电流关系,如变压器、滤波器、放大器等,此类电路称为二端口网络。对于二端口网络,主要分析端口的电压和电流,并通过端口电压电流关系来表征网络的电特性,而不涉及网络内部电路的工作状况。

用二端口概念分析电路时,仅对二端口处的电流、电压之间的关系感兴趣,这种相互关系可通过一些参数表示,而这些参数值取决于构成二端口本身的原件及他们的连接方式。一旦确定表征这个二端口的参数后,当一个端口的电流、电压发生变化,再求另一个端口的电流电压就比较容易了。同时,一个任意复杂的二端口网络,还可以看做若干个简单的二端口组成,如果已知这些简单的二端口的参数,根据他们与复杂二端口的关系就可以直接求出复杂二端口网络的参数。

【仿真实例 13】 二端口网络。如图 16-35 所示的二端口网络。

计算该电路的开路阻抗参数和传输参数。计算 $\boldsymbol{Z}$ 参数矩阵

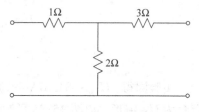

图 16-35 实例 13 二端口网络

$$Z_{11} = \frac{U_1}{I_1}\bigg|_{I_2=0} = Z_1 + Z_3 = 3\Omega$$

$$Z_{12} = \frac{U_1}{I_2}\bigg|_{I_1=0} = Z_3 = 2\Omega$$

$$Z_{21} = \frac{U_2}{I_1}\bigg|_{I_2=0} = Z_3 = 2\Omega$$

$$Z_{22} = \frac{U_2}{I_2}\bigg|_{I_1=0} = Z_2 + Z_3 = 5\Omega$$

计算 $\boldsymbol{T}$ 参数矩阵,由 $\boldsymbol{T}$ 参数对应的二端口方程可得

$$\begin{cases} U_1 = 3I_1 + 2I_2 \\ U_2 = 2I_1 + 5I_2 \end{cases} \Rightarrow \begin{cases} U_1 = \dfrac{3}{2}U_2 + \dfrac{11}{2}(-I_2) \\ I_1 = \dfrac{1}{2}U_2 + \dfrac{5}{2}(-I_2) \end{cases}$$

所以,$\boldsymbol{T}$ 矩阵 $\boldsymbol{T}_{\mathrm{a}} = \begin{bmatrix} \dfrac{3}{2} & \dfrac{11}{2} \\ \dfrac{1}{2} & \dfrac{5}{2} \end{bmatrix}$

按二端口网络的电路在仿真软件中连接各元件,测量二端口的开路阻抗参数即 $\boldsymbol{Z}$ 参数矩阵,首先令 $I_1=1\mathrm{A}$,$I_2=0$,测量 U_1,U_2,此时 U_1、U_2 的值即为 Z_{11},Z_{21};再令 $I_1=0$,$I_2=$

1A,测量 U_1、U_2,此时 U_1、U_2 的值即为 Z_{21}、Z_{22},如图 16-36 所示。

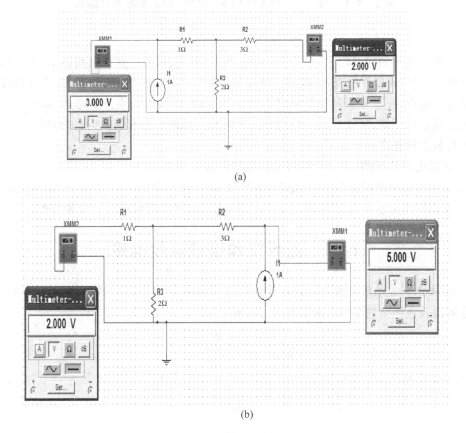

(a)

(b)

图 16-36 二端口网络仿真电路

由图 16-36 仿真实验数据可知：$Z_{11}=3$,$Z_{12}=2$,$Z_{21}=2$,$Z_{22}=5$,所以实验测得

$$\boldsymbol{Z}_a' = \begin{bmatrix} 3 & 2 \\ 2 & 5 \end{bmatrix} = \boldsymbol{Z}_a$$

第 17 章　Multisim 仿真训练

在前面仿真实例的基础上,本章安排做一些电路仿真训练。在仿真测试中,要注意掌握仿真软件 Multisim 中万用表、示波器等测量仪器的使用,要注意直流分析、交流分析等分析方法的适用范围,注意分析理论结果和 Multisim 仿真结果的关系。要考虑 Multisim 仿真分析的最佳适用环境,Multisim 中使用的元件符号和标准符号有何不同,如何转化?

实验报告的基本要求如下。

① 根据电路连接图,记录相应测试仪器的读数。

② 绘制交流分析时的幅频特性和相频特性图,并进行分析。

③ 使用理论分析进行计算,并将结果和 Multisim 测试结果进行比较和分析。

17.1　戴维宁和诺顿等效电路

使用 Multisim 求解戴维宁和诺顿等效电路。求图 17-1 所示二端网络(a、b 为端口)的等效电阻以及该网络的戴维宁和诺顿等效电路。

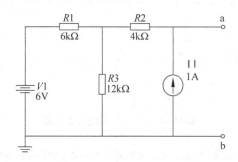

图 17-1　待测有源二端网络

实验步骤:

① 在端口 a、b 处连接一直流电压表测量该有源二端网络的开路电压,测试电路和测量结果如图 17-2 所示。

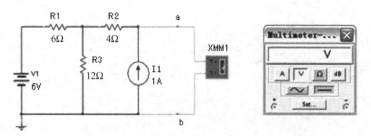

图 17-2　有源二端网络的开路电压测试电路和测试结果

② 将电压表转换为直流电流表测量该有源二端网络的短路电流 I_{sc},测试电路和测量结果如图 17-3 所示。

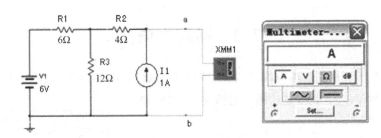

图 17-3　有源二端网络的短路电流测试电路和测试结果

③ 使用公式 $R_{eq} = U_{oc}/I_{sc}$ 求等效电阻。

④ 有了二端网络的等效电阻 R_{eq}，以及有源二端网络的开路电压 U_{oc} 和短路电流 I_{sc}，画出该有源二端网络的戴维宁和诺顿等效电路。

17.2　受控源电路

对于如图 17-4 的受控源电路，在 Multisim 中绘制相应的仿真测试电路，并与理论值比较。如不相同，找出原因。

理论计算受控源电路，如图 17-4 所示，根据 KVL，有

$$5 \times I - 10I = 1$$

所以 $I = -0.2A$，得

$$U = 1 \times 10 - 10I = 12V$$

根据 KCL，有

$$I_1 = I + 1 = 0.8A$$

仿真测试电路如图 17-5 所示。

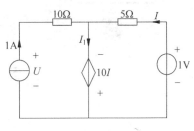

图 17-4　受控源电路

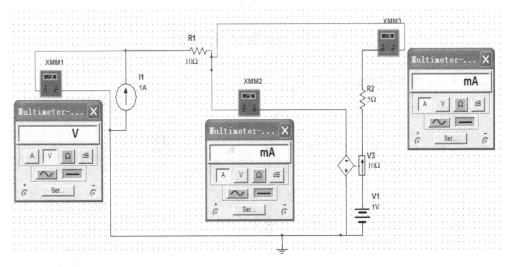

图 17-5　受控源仿真电路

17.3 回路电流法

如图 17-6 所示直流电路中,电阻和电源均为已知,其中 $R_1 = R_2 = R_3 = 1\Omega$, $R_4 = R_5 = R_6 = 2\Omega$; $u_{s1} = 4\text{V}$, $u_{s5} = 2\text{V}$,试选择一组独立的回路,并列出回路电流方程。

要求:

① 各回路电流;

② 求各回路电流和支路电流的关系;

③ 与仿真测试值比较。如不相同,找出原因。

在仿真软件中,模拟电路如图 17-7 所示。

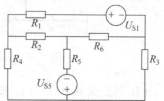

图 17-6　回路电流法分析电路图

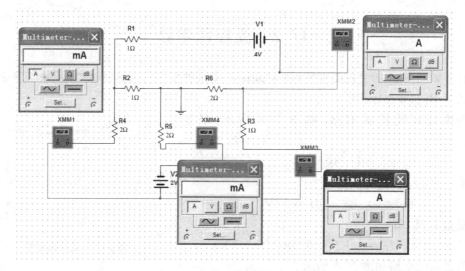

图 17-7　回路电流法分析仿真电路

17.4 运算放大电路

运算放大电路电路图如图 17-8 所示。

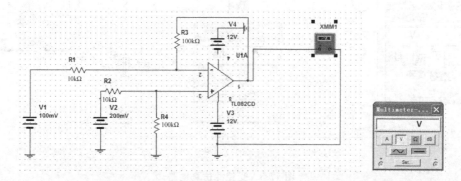

图 17-8　运算放大电路

从对比例运算电路和求和运算电路的分析可知,输出电压与同相输入端信号电压极性相同,与反相输入端信号电压极性相反,因而如果多个信号同时作用于两个输入端时,就可以实现加减运算。运算放大电路的仿真结果如表 17-1 所示。

$$U_O = U_{O1} + U_{O2}, \quad U_{O1} = -\frac{RF}{R1}U_{i1}, \quad U_{O2} = \frac{RF}{R3}U_{i2}$$

表 17-1 运算放大电路仿真结果

输入输出关系	理论输出值	仿真输出值	电路功能
$U_O = RF\left(\dfrac{U_{i2}}{R3} - \dfrac{U_{i1}}{R1}\right)$	1V	1.055V	加减运算电路

17.5 RLC 串联谐振电路

1. RLC 串联谐振电路 1

使用 Multisim 分析 RLC 串联谐振电路。如图 17-9 所示,已知 $L = 2\text{mH}, C = 2\text{mF}, R = 0.5\Omega$,求电路的谐振频率 f_0 和品质因数 Q。当外加交流电压源的电压有效值为 1V 时,求谐振电流 I_0 和电容的端电压 U_{C0}。

在原有电路中加入相应的测试仪器:在 RLC 串联支路中串入电流表 XMM1,在电压源两端并联一个电压表 XMM2,另外,为了测量谐振时电容的端电压,在电容两端并联一个电压表 XMM3,以上各电压表和电流表均工作在交流状态。此外,还需为电路添加一个示波器,电路的输入电压接到示波器的 A 通道,电阻 R 上的电压接到示被器的 B 通道,如图 17-10 所示。

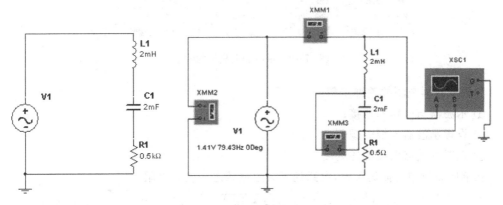

图 17-9 RLC 串联谐振电路   图 17-10 RLC 串联谐振电路的测试电路

对该电路进行交流分析(AC Analysis),结果使用幅频特性和相频特性两个图形表示。

2. RLC 串联谐振电路 2

在如图 17-11 所示的 RLC 串联电路中,已知 $L = 10\text{mH}, R = 51\Omega, C = 2\mu\text{F}$,信号源输出频率为 100Hz、幅值为 5V 的方波信号,利用示波器观察同时观察输入信号和电容电压的波形,此时电路处于何种状态?当 R 为多少时,电路处于临界阻尼状态?图 17-12 所示为示波器显示的波形。

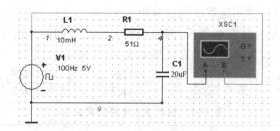

图 17-11   RLC 串联测试电路

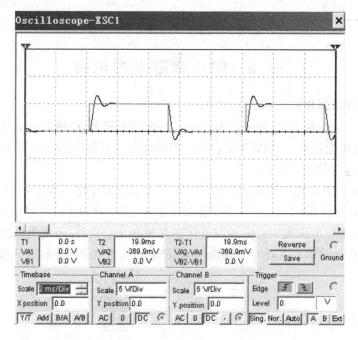

图 17-12   示波器上显示的波形

利用示波器观测的关键步骤：

① 示波器与电路的连接；

② 设置示波器连线的颜色；

③ 设置示波器面板的各刻度。

在响应波形中有振荡现象,电路处于欠阻尼状态。临界电阻

$$R_0 = 2\sqrt{\frac{10 \times 10^{-3}}{2 \times 10^{-6}}} = 141\Omega$$

当 $R < R_0$ 时,电路处于欠阻尼状态,当 $R = R_0$ 时,电路处于临界阻尼状态,当 $R > R_0$ 时,电路处于过阻尼状态。

第18章 Multisim 窗口界面及常用的 虚拟仪器使用说明

18.1 Multisim 窗口界面

启动 Windows"开始"菜单中的 Multisim 2001,在计算机显示器上出现它的基本界面。与其他 Windows 应用程序一样,Multisim 2001 有一个标准的工作界面,如图 18-1 所示。

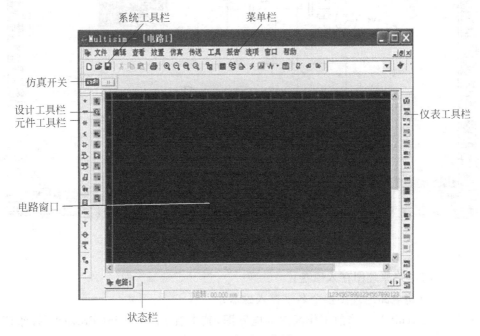

图 18-1 标准工作界面

由图 18-1 可以看到,在窗口界面中主要包含了以下几个部分:菜单栏、系统工具栏、仿真开关、电路窗口、仪表工具栏、状态栏、元件工具栏和设计工具栏等。

注意:刚打开的基本界面中没有电路图,这里假设已打开了一个电路文件,如图 18-2 所示。

1. 菜单栏

菜单栏中提供了本软件几乎所有的功能命令。Multisim 2001 菜单栏中包含 9 个主菜单,如图 18-3 所示。

(1) 文件菜单(File)

文件菜单的命令如下:

- New 建立一个新文件;
- Open 将已存盘的文件调入本软件中;
- Close 关闭当前工作区内的文件;

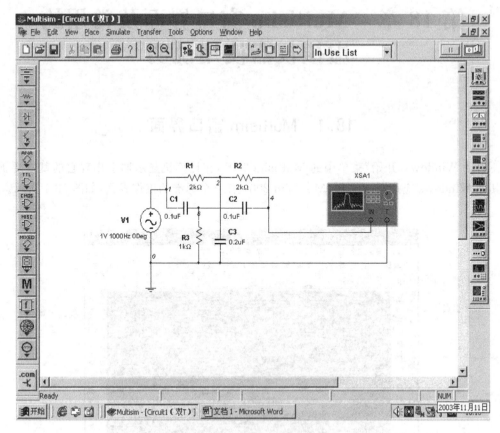

图 18-2　Multisim 2001 基本界面

* Save 将电路原理图存入磁盘；
* Save as 将电路原理图换个名字存入磁盘；
* Print Circuit 打印当前工作区内的电路图，其中有 Print、Print Preview（打印预览）命令；
* Print Circuit Setup 打印电路设置；
* Print Reports 打印电路图中的元器件的详细资料；
* Print Instruments 打印当前工作区内的仪表波形图；
* Print Setup 打印机设置；
* Recent Files 最近几次打开过的文件，可以选择其中一个打开；
* Exit 退出仿真系统软件。

图 18-3　菜单栏

（2）编辑菜单（Edit）

编辑菜单的命令如下：

- Undo 撤销存盘前的操作；
- Cut 剪切；
- Copy 复制；
- Paste 粘贴；
- Select All 全部选中；
- Flip Horizontal 水平旋转；
- Flip Vertical 垂直旋转；
- 90 Clockwise 顺时针旋转 90°；
- 90 CounterCW 逆时针旋转 90°；
- Component Properties 打开被选中的元件属性对话框，可对其参数进行修改。

（3）窗口显示菜单（View）

用于确定仿真界面上显示的内容，以及电路图的缩放和元件的查找。菜单中的命令及功能如下：

- Toolbars 选择工具栏；
- Component Bars 选择元件库；
- Status Bar 显示状态栏；
- Show Simulation Error Log/Audit Trail 显示仿真错误记录/检查仿真踪迹；
- Show XSpice Command Line Interface 显示 XSpice 命令行界面；
- Show Grapher 显示图表；
- Show Simulate Switch 显示仿真开关；
- Show Text Description box 显示文本描述框；
- Show Grid 显示栅格；
- Show Page Bounds 显示纸张边界；
- Show Title Block and Border 显示标题栏和边界；
- Zoom In 电原理图放大；
- Zoom Out 电原理图缩小；
- Find 查找电原理图中的元件。

（4）放置菜单（Place）

提供在电路窗口内放置元件、连接点、总线和文字等命令。Place 菜单中的命令及功能如下：

- Place Component 放置一个元件；
- Place Junction 放置一个结点；
- Place Bus 放置一个总线；
- Place Input/Output 放置一个输入/输出端；
- Place Text 放置文字；
- Place Text Description Box 放置一个文本描述框；
- Replace Component 替换元件；

- place as Subcircuit 放置一个子电路；
- Replace by Subcircuit 用一个子电路替代。

（5）仿真菜单（Simulate）

提供电路仿真设置与操作命令。Simulate 菜单中的命令及功能如下：

- Run 运行仿真开关；
- Pause 暂停开关；
- Default Instrument Setting 打开预置仪表设置对话框；
- Digital Simulation Settings 选择数字电路仿真设置；
- Instrument 选择仿真仪表；
- Analyses 选择仿真分析法；
- Subcircuit 打开后处理器对话框；
- Auto Fault Option 自动设置电路故障；
- Global Component Tolerances 全局元件容差设置。

（6）文件输出菜单（Transfer）

提供将电路仿真结果传递给其他软件处理的命令。Transfer 菜单中的命令及功能如下：

- Transfer to Ultiboard 传送给 Ultiboard；
- Transfer to other PCB Layout 传送给其他 PCB 软件；
- Backannotate form Ultiboard 从 Ultiboard 返回的注释；
- Export Simulate Results to MathCAD 结果输出到 MathCAD；
- Export Simulate Results to Excel 结果输出到 Excel；
- Export Netlist 输出网表。

（7）工具菜单（Tools）

主要用于编辑或管理元器件和元件库。Tools 菜单中的命令及功能如下：

- Create Component 打开创建元件对话框；
- Edit Component 打开编辑元件对话框；
- Copy Component 打开复制元件对话框；
- Delete Component 打开删除元件对话框；
- Database Management 打开元件库管理对话框；
- Update Component 升级元件；
- Remote Control/Design Sharing 远程控制/设计共享。

（8）选项菜单（Option）

主要用于定制电路的界面和电路某些功能的设定。Option 菜单中的命令及功能如下：

- Preferences 打开参数选择对话框；
- Modify Title Block 修改标题栏内容；
- Simplified Version 简化版本；
- Global Restrictions 全局限制设置；
- Circuit Restrictions 电路限制。

（9）帮助菜单（Help）

帮助菜单的命令如下：

- Multisim Help 帮助主题目录；
- Multisim Reference 帮助主题索引；
- Release Notes 版本注释；
- About Multisim 关于 Multisim 的说明。

2．系统工具栏

系统工具栏包含了常用的基本功能按钮，与 Windows 的基本功能相同，如图 18-4 所示。

图 18-4　系统工具栏

3．设计工具栏

该工具栏是 Multisim 的核心，使用它可进行电路的建立、仿真及分析，并最终输出设计数据等。虽然前述菜单中也可以执行这些设计功能，但使用设计工具栏进行电路设计将会更方便更快捷。这 9 个设计工具栏按钮的功能如下所示。

元件设计按钮（Component）：确定存放元器件模型的工具栏是否放到界面上。

元件编辑器按钮（Component Editor）：调整或增加元件。

仪表按钮（Instruments）：给电路添加仪表或观察仿真结果。

仿真按钮（Simulate）：确定开始、暂停或结束电路仿真。

分析按钮（Analysis）：选择要进行的分析。

后分析器按钮（Postprocessor）：进行对仿真结果的进一步操作。

VHDL/Verilog 按钮：使用 VHDL 或 Verilog 模型进行设计。

报告按钮（Reports）：打印有关电路的报告（材料清单、元件列表和元件细节）。

4．元件工具栏

Multisim 将所有的元件模型分门别类地放到 14 个元件分类库中，每个元件库放置同一类型的元件。由这 14 个元件库按钮（以元件符号区分）组成的元件工具栏，通常放置在工作窗口的左边（如图 18-1 所示）。不过也可以任意移动这一列按钮。元件工具栏如图 18-5所示。

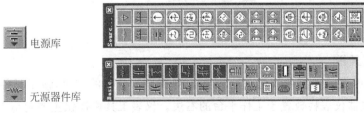

电源库

无源器件库

图 18-5　元件工具栏

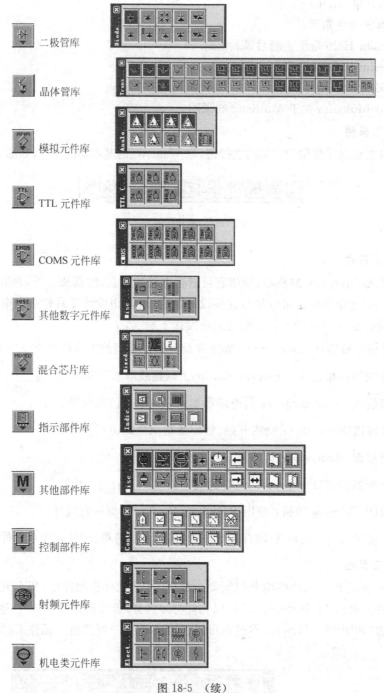

二极管库

晶体管库

模拟元件库

TTL 元件库

COMS 元件库

其他数字元件库

混合芯片库

指示部件库

其他部件库

控制部件库

射频元件库

机电类元件库

图 18-5 （续）

5. 仪表工具栏

Multisim 提供的丰富的仪器仪表用来监测和显示分析的结果,该工具栏含有 11 种仪器仪表,一般仪器仪表栏放置于工作平台的右边。仪表工具栏按钮主要包括如下部分。

数字万用表(Multimeter)

函数信号发生器(Function Generator)

瓦特表(Wattmeter)

示波器(Oscilloscope)

波特指示器(Bode Plotter)

字信号发生器(Word Generator)

逻辑分析仪(Logic Analyzer)

逻辑转换器(Logic Converter)

失真分析仪(Distortion Analyzer)

频谱分析仪(Spectrum Analyzer)

网络分析仪(Network analyzer)

18.2　常用的虚拟仪器使用说明

1. 数字万用表

数字万用表(Multimeter)如同实验室里使用的数字万用表一样,是一种多用途的常用仪器,它能完成交直流电压、电流和电阻的测量显示,也可以用分贝(dB)形式显示电压和电流,其图标和面板如图18-6所示。

图标上的＋、－两个端子用来连接所要测试的端点,与现实万用表一样,连接时必须遵循如下原则:

① 测电阻或电压时,应与所要测试的端点并联;

② 测电流时,应串联于被测支路中。

点击面板上的各按钮可进行相应的操作或设置。

点击 A 按钮,测量电流;点击 V 按钮,测量电压;点击 Ω 按钮,测量电阻;点击 dB 按钮,测量分贝值(dB)。

另外,点击"～"按钮,测量交流,而其测量值是有效值(RMS)。点击"—"按钮,测量直流,如用以测量交流,则其测量所得的值是其交流的平均值。

Set 按钮是对数字万用表内部的参数进行设置,单击此按钮,将出现如图18-7所示对话框。

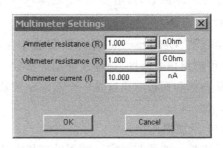

图 18-6　数字万用表图标和面板　　　　图 18-7　数字万用表内部的参数设置

其中：Ammeter resistance(R)用于设置与电流表并联的内阻，其大小影响电流的测量精度。Voltmeter resistance(R)用于设置与电压表串联的内阻，其大小影响电压的测量精度。

2．函数信号发生器

函数信号发生器(Function Generator)是用来产生正弦波、方波和三角波信号的仪器，其图标和面板如图 18-8 所示。

函数信号发生器的图标有＋、Common 和－，3 个输出端子与外电路相连输出电压信号，其连接规则是：

① 连接＋和 Common 端子，输出信号为正极性信号，幅值等于信号发生器的有效值；

② 连接 Common 和－端子，输出信号为负极性信号，幅值等于信号发生器的有效值；

③ 连接＋和－端子，输出信号的幅值等于信号发生器的有效值的两倍；

④ 同时连接＋、Common 和－端子，且把 Common 端子与公共地(Ground)符号相连，则输出两个幅度相等、极性相反的信号。

3．瓦特表

瓦特表(Wattmeter)是一种测试电路功率的仪器，交、直流均可测量，其图标和仪器面板如图 18-9 所示。

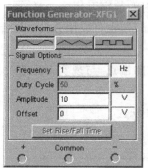

图 18-8　函数信号发生器图标和面板　　图 18-9　瓦特表图标和面板

功率表图标中有两组端子，左边两个端子为电压输入端子，与所要测试的电路并联；右边两个端子为电流输入端子，与所要测试的电路串联。

测量时功率表面板上显示两个数据，一个是功率，该功率是平均功率，单位自动调整。另一个是功率因数，数值在 0～1 之间，显示在 Power Factor 栏内。

4．示波器

示波器(Oscilloscope)是电路实验中使用较为频繁的仪器之一，可用来观察信号的波形，并可测量信号幅度、频率及周期等参数。示波器的图标和面板如图 18-10 所示。

从图标和面板看出这是一个双踪示波器，有 A、B 两个测试通道，G 是接地端，T 是外触发端。

(1) 示波器连接

该虚拟示波器与现实示波器的连接方式稍有不同，如图 18-10 所示。A、B 两个通道分别只用一根线与被测点相连，测量的是该点与"地"之间的波形。接地端 G 一般要接地，但

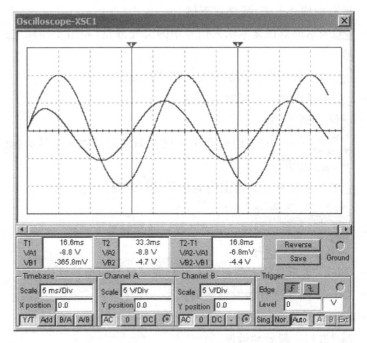

图18-10 示波器图标和面板

当电路中已有接地符号时,也可不接。

(2)示波器面板说明及其操作

① 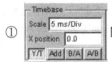 区:用来设置 X 轴方向时间基线扫描时间。

- Scale:选择 X 轴方向每一个刻度代表的时间。点击该栏后将出现刻度翻转列表,根据所测信号频率的高低,上下翻转选择适当的值。

- X position:表示 X 轴方向时间基线的起始位置,修改其设置可使时间基线左右移动。

- Y/T 表示 Y 轴方向显示 A、B 通道的输入信号,X 轴方向显示时间基线,并按设置时间进行扫描。当显示随时间变化的信号波形(例如三角波、方波及正弦波等)时,常采用此种方式。

- B/A 表示将 A 通道信号作为 X 轴扫描信号,将 B 通道信号施加在 Y 轴上。

- A/B 与 B/A 相反。以上两种方式可用于观察交叉坐标轴的图形。

- Add 表示 X 轴按时间进行扫描,而 Y 轴方向显示 A、B 通道的输入信号之和。

② 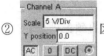 区:用来设置 Y 轴方向 A 通道输入信号的标度。

- Scale:表示 Y 轴方向对 A 通道输入信号而言每格所表示的电压数值。点击该栏后将出现刻度翻转列表,根据所测信号电压的大小,上下翻转选择一适当的值。

- Y position:表示时间基线在显示屏幕中的上下位置。当其值大于零时,时间基线在

311

屏幕中线之上侧,反之在下侧。

- AC 表示屏幕仅显示输入信号中的交变分量(相当于实际电路中加入了隔直流的电容)。
- DC 表示屏幕将显示信号的全部交直流分量。
- 0 表示将输入信号对地短路。

③ 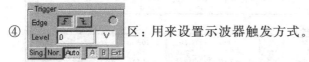 区:用来设置 Y 轴方向 B 通道输入信号的标度。其设置与通道 A 区

相同。 · 单击该键可对 B 通道所测信号进行取反。

④ 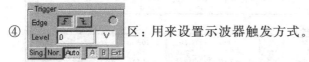 区:用来设置示波器触发方式。

- Edge:表示将输入信号的上升沿或下降沿作为触发信号。
- Level:用于选择触发电平的大小。
- Sing 选择单脉冲触发。
- Nor. 选择一般脉冲触发。
- Auto 表示触发信号不依赖外部信号。一般情况下使用 Auto 方式。
- A 或 B 表示用 A 通道或 B 通道的输入信号作为同步 X 轴时基扫描的触发信号。
- Ext 用示波器图标上触发端子 T 连接的信号作为触发信号来同步 X 轴时基扫描。

⑤ 测量波形参数:在屏幕上有两条左右可以移动的读数指针,指针上方有三角形标志。通过鼠标器左键可拖动读数指针左右移动。在显示屏幕下方有 3 个测量数据的显示区:

- 左侧数据区表示 1 号读数指针所指信号波形的数据。T1 表示 1 号读数指针离开屏幕最左端(零时基线点)所对应的时间,时间单位取决于 Timebase 所设置的时间单位;VA1、VB1 分别表示通道 A、通道 B 的信号幅度,其值为电路中测量点的实际值,与 X、Y 轴的 Scale 的设置值无关。
- 中间数据区表示 2 号读数指针所在位置测得的数值。T2 表示 2 号读数指针离开时基线零点的时间值。
- 右侧数据区中,T2-T1 表示 2 号读数指针所在的位置与 1 号读数指针所在位置的时间差值,可用来测量信号的周期、脉冲信号的宽度、上升时间及下降时间等参数。VA2-VA1 表示 A 通道信号两次测量值之差,VB2-VB1 表示 B 通道信号两次测量值之差。

⑥ 信号波形显示颜色:只要设置 A、B 通道连接导线的颜色,则波形的显示颜色与导线的颜色相同。方法是快速双击连接导线,在弹出的对话框中设置导线的颜色即可。

⑦ 改变屏幕背景颜色:

单击展开面板右下方的 Reverse 按钮,即可改变屏幕背景的颜色。如要将屏幕背景恢复为原色,再次单击 Reverse 按钮即可。

⑧ 存储读数:对于读数指针测量的数据,单击展开面板右下方 Save 按钮即可将其存

储。数据存储格式为 ASCII 码格式。

⑨ 移动波形：在动态显示时，点击 ▐▐ (暂停)按钮或按 F6 键，均可通过改变 X position 设置，左右移动波形；利用指针拖动显示屏幕下沿的滚动条也可左右移动波形。

【例 18-1】 用示波器观测线性电阻的伏安特性曲线的电路，如图 18-11 所示。

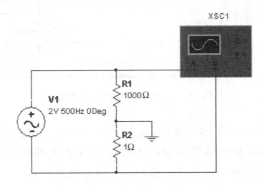

图 18-11 观测线性电阻伏安特性曲线的电路图

选择示波器面板 Timebase 区中的 ▇▇ 按钮，即以 B 通道为横轴，A 通道为纵轴，在示波器上显示的线性电阻伏安特性曲线仿真结果如图 18-12 所示。

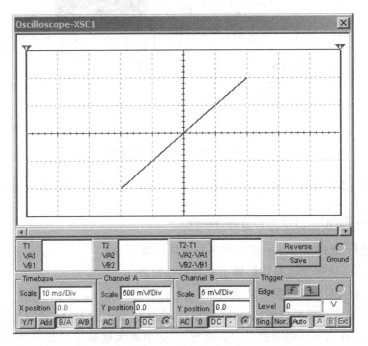

图 18-12 仿真结果显示

5．波特图仪

▇▇ 波特图仪(Bode Plotter)是用来测量和显示一个电路、系统或放大器幅频特性和相频特性的一种仪器，其图标和面板如图 18-13 所示。

波特图仪的图标上有四个接线端，左边的 in 是输入端口，其 V＋、V－分别与电路输入

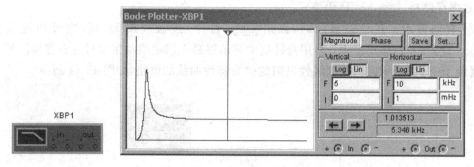

图 18-13　波特图仪图标及面板

端的正负端子连接；右边 out 是输出端口，其 V＋、V－分别与电路输出端的正负端子连接。波特图仪本身没有信号源，所以在使用波特图仪时，必须在电路的输入端口示意性地接入一个交流信号源（或函数信号发生器），且无须对信号源参数进行设置。

【例 18-2】　用波特图仪测量一个 RLC 串联谐振电路的频率特性，其连接如图 18-14 所示。

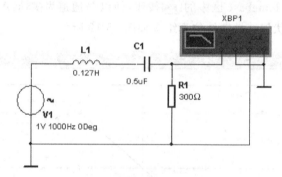

图 18-14　RLC 串联谐振电路

波特图仪的控制面板及其操作如下所示。波特图仪面板左边是显示屏（绘图区），右边是设置选择区。

① 右上排按钮功能包括以下部分。

- Magnitude：选择左边显示屏展示幅频特性曲线。
- Phase：选择左边显示屏展示相频特性曲线。
- Save：以 BOD 格式保存测量结果。
- Set…：设置扫描的分辨率，点击该按钮，屏幕出现如图 18-15 所示的对话框。

在 Resolution Points 栏中选定扫描分辨率，数值越大读数精度越高，但运行时间较长，默认值是 100。

② 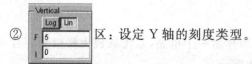 区：设定 Y 轴的刻度类型。

测量幅频特性时，若点击 Log（对数）按钮，Y 轴刻度的单位是 dB（分贝），标尺刻度为 $20\mathrm{Log}A(f)\mathrm{dB}$，其中

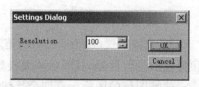

图 18-15　设置扫描分辨率对话框

$A(f)=Vo(f)/Vi(f)$；当点击 Lin(线性)按钮后，Y 轴刻度是线性刻度。一般选择线性刻度。

测量相频特性时，Y 轴坐标表示相位，单位是度，刻度是线性的。

F 栏用以设置最终值(Final)，而 I 栏则用以设置初始值(Initial)。

③ 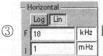区：确定波特图仪显示的 X 轴频率范围。

选择 Log，则标尺用 Logf 表示；若选择 Lin，坐标标尺是线性的。当测量信号的频率范围较宽时，用 Log 标尺为宜。

为了清楚显示某一频率范围的频率特性，可将 X 轴频率范围设定得小一些。

④ 测量读数：利用鼠标拖动(或点击读数指针移动按钮 ← →)读数指针，可测量某个频率点处的幅值或相位，其读数在面板右下方显示。

【例 18-3】 测量图 18-14 所示 RLC 串联谐振电路的幅频特性。

双击图标，打开波特图仪的面板，对面板上的各项进行适当的设置，其运行结果如图 18-16 所示。

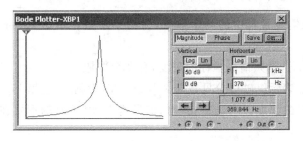

图 18-16 RLC 串联谐振电路的幅频特性和相频特性

6．频谱分析仪

频谱分析仪的图标符号上有两个输入端子，IN 端子是输入端子，用来连接电路的输出信号，T 端子是外触发输入端。

双击频谱分析仪的图标符号，即可打开频谱分析仪的控制面板，如图 18-17(b)所示，在该控制面板上可进行各种设置并显示相应的频率特性曲线。该控制面板的各项设置说明如下。

① Span Control 区：选择显示频率变动范围的方式，有三个按钮。

- Set Span ：采用 Frequency 区所设置的频率范围。
- Zero Span ：采用 Frequency 区 Center 定义的一个单一频率。当按下该按钮后，Frequency 区的 4 个栏中仅 Center 可以设置某一频率，仿真结果是以该频率为中心的曲线。
- Full Span ：指全频范围，即从 0～4GHz。程序自动给定，Frequency 区不起作用。

② Frequency 区：设置频率范围，其中包括四个栏。

- Span 0 Hz ：设置频率变化范围大小。记为 f_{span}
- Start 51 kHz ：设置开始频率。记为 f_{start}

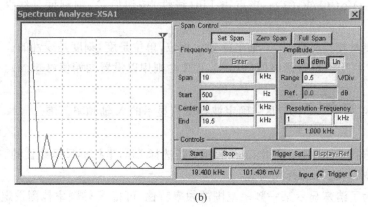

(a)   (b)

图 18-17　频谱分析仪的图标和控制面板

- Center 51 　kHz：设置中心频率。记为 f_{center}
- End 51 　kHz：设置结束频率，记为 f_{end}

这四项频率设置之间的关系为：$f_{start} = f_{center} - \dfrac{f_{span}}{2}$，$f_{end} = f_{center} + \dfrac{f_{span}}{2}$

因此，实质上只需设置其中的两个参数，另两个参数在单击 Enter 按钮后程序会自动确定。

③ Amplitude 区：选择频谱纵坐标的刻度，有 3 个按钮。

- dB（分贝）：表示纵轴以分贝数即 $20\log10(V)$ 为刻度，这里 log10 是以 10 为底的对数，V 是信号的幅度。当选中 dB 时，信号将以 dB/Div 的形式在频谱分析仪的右下角被显示。

- dBm：表示纵轴以 $10\log10(V/0.775)$ 为刻度，0dBm 是当通过 600Ω 电阻上的电压为 0.775V 时在电阻上的功耗，这个功率等于 1mW。如果一个信号是 +10dBm，那么意味着它的功率是 10mW。当选用这个选项时，以 0dBm 为基础显示信号的功率。在终端电阻是 600Ω 的应用场合，诸如电话线，直接读 dBm 会很方便，因为它直接与功率损耗成比例。用 dB 时，为了找到在电阻上的功率损耗，需要考虑电阻值；而用 dBm 时，电阻值已考虑在内。

- Lin（线性）：表示纵轴以线性刻度来显示。

另外，该区中还有以下选项。

- Range 10 dB/Div：设置频谱分析仪左边显示窗口纵向每格代表的幅值多少。

- Ref. 0.0 dB：设置参考标准。所谓参考标准就是确定被显示在窗口中的信号频谱的某一幅值所对应的频率范围大小。由于频谱分析仪的轴没有标明单位和值，通常需用滑块来读取显示在频谱分析仪左侧频谱显示窗口中的每一点的频率和幅度。当滑块放置在感兴趣的点上时，此点的频率和幅度以 V、dB 或 dBm 的形式显示在分析仪的右下角部分。如果读取的不是一个频率点，而是要确定某个频率范围。例如想知道什么时候某些频率成分的幅度在一个限定值之上（该限定值必须以 dB 或 dBm 形式表示）。如取限定值为 −3dB，读取通过 −3dB 点的位置所对应的频率，则可估计出滤波器的带宽。

第19章 电路操作台实验

19.1 基本元件特性的测绘

1. 实验目的

① 学会识别常用电路元件的方法；

② 掌握线性电阻、非线性电阻元件伏安特性的逐点测绘法；

③ 掌握实验台上直流电工仪表和设备的使用方法。

2. 实验内容

(1) 测定电阻的特性

按图 19-1 所示连接线路，电阻分别选取 $1k\Omega$、200Ω，调节稳压电源的输出电压，按表格达到电压表读数 U_R，记下相应的电流表的读数 I。

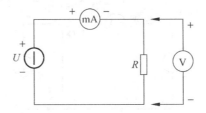

图 19-1 电阻特性电路图

① 当 $R=1k\Omega$ 时

$U_R(\mathbf{V})$	0	2	4	6	8	10
$I(\mathbf{mA})$						
$\dfrac{U_R}{I}$						

② 当 $R=200\Omega$ 时

$U_R(\mathbf{V})$	0	2	4	6	8	10
$I(\mathbf{mA})$						
$\dfrac{U_R}{I}$						

结论：电阻 R[等于 不等于]$\dfrac{U_R}{I}$，[满足 不满足]欧姆定律。

(2) 测定开路的特性

按图 19-2 所示连接线路，电路开路，测开路电压。调节稳压电源的输出电压，按表格达到电压表读数 U，记下相应的电流表的读数 I。

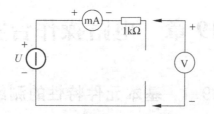

图 19-2　开路特性电路图

U(V)	0	2	4	6	8	10
I(mA)						

结论：开路支路电流始终为[零　无穷大]，开路电压[一定　不一定]为零。

（3）测定短路的特性

按图 19-3 所示连接线路，电路短路，调节稳压电源的输出电压，按表格达到电流表读数 I，记下相应的电压表的读数 U。

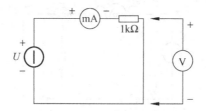

图 19-3　短路特性电路图

I(mA)	0	2	4	6	8	10
U(V)						

结论：短路支路电压始终为[零　无穷大]，短路电流[一定　不一定]为零。

（4）测定电感的特性

按图 19-4 所示连接线路，分别选取两个不同的电感，调节稳压电源的输出电压，按表格达到电流表读数 I，记下相应的电压表的读数 U_L。

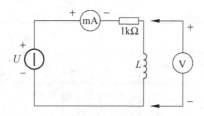

图 19-4　电感特性电路图

① 当 $L=10\text{mH}$ 时

I(mA)	0	2	4	6	8	10
U_L(V)						

② 当 $L=30\text{mH}$ 时

$I(\text{mA})$	0	2	4	6	8	10
$U_L(\text{V})$						

　　结论：电感电压在直流电路中始终为［零　无穷大］；电感在直流电路中相当于［开路　短路］。

　　(5) 测定电容的特性

　　按图 19-5 所示连接线路，电容分别选取 $0.01\mu\text{F}$、$0.1\mu\text{F}$，调节稳压电源的输出电压，按表格达到电压表读数 U_C，记下相应的电流表的读数 I。

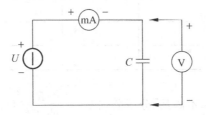

图 19-5　电容特性电路图

① 当 $C=0.01\mu\text{F}$ 时

$U_C(\text{V})$	0	2	4	6	8	10
$I(\text{mA})$						

② 当 $C=0.1\mu\text{F}$ 时

$U_C(\text{V})$	0	2	4	6	8	10
$I(\text{mA})$						

　　结论：电容电流在直流电路中始终为［零　无穷大］；电容在直流电路中相当于［开路　短路］。

　　(6) 测定两个电阻串联的特性

　　按图 19-6 所示连接线路，分别测量 R_1、R_2、总电压，调节稳压电源的输出电压，按表格达到电压表读数 U，记下相应的电流表的读数 I。

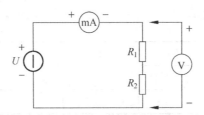

图 19-6　两电阻串联特性电路图

① 当 $R_1 \neq R_2$ 时

总 U(V)	0	2	4	6	8	10
I(mA)						
U_{R1}(V)						
U_{R2}(V)						

② 当 $R_1 = R_2$ 时

总 U(V)	0	2	4	6	8	10
I(mA)						
U_{R1}(V)						
U_{R2}(V)						

结论：串联电阻[满足　不满足]分压公式 $U_{R1} = \dfrac{R_1}{R_1+R_2}U$，$U_{R2} = \dfrac{R_2}{R_1+R_2}U$。

（7）测定两个电阻并联的特性

按图 19-7 所示连接线路，分别测量 R_1、R_2 的电流，调节稳压电源的输出电流，按表格达到电流 I_S，记下相应的电流表的读数 I。

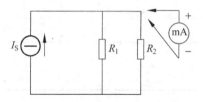

图 19-7　两电阻并联特性电路图

① 当 $R_1 \neq R_2$ 时

总 I_S(mA)	0	2	4	6	8	10
I_{R1}(mA)						
I_{R2}(mA)						

② 当 $R_1 = R_2$ 时

总 I_S(mA)	0	2	4	6	8	10
I_{R1}(mA)						
I_{R2}(mA)						

结论：并联电阻[满足　不满足]分流公式 $I_{R1} = \dfrac{R_2}{R_1+R_2}I$，$I_{R2} = \dfrac{R_1}{R_1+R_2}I$。

（8）测定两个电容串联的特性

按图 19-8 所示连接线路,分别测量 C_1、C_2、总电压,调节稳压电源的输出电压,按表格达到电压表读数 U_C,记下相应的电流表的读数 I。

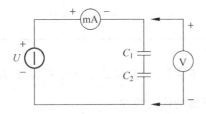

图 19-8 两电容串联特性电路图

① 当 $C_1 \neq C_2$ 时

总 U(V)	0	2	4	6	8	10
I(mA)						
U_{C1}(V)						
U_{C2}(V)						

② 当 $C_1 = C_2$ 时

总 U(V)	0	2	4	6	8	10
I(mA)						
U_{C1}(V)						
U_{C2}(V)						

结论：串联电容［满足　不满足］分压公式 $U_{C1} = \dfrac{C_2}{C_1 + C_2} U$，$U_{C2} = \dfrac{C_1}{C_1 + C_2} U$。

（9）测定两个电感并联的特性

按图 19-9 所示连接线路,分别测量 L_1、L_2 的电流,调节稳压电源的输出电流,按表格达到电流 I_S,记下相应的电流表的读数 I。

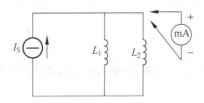

图 19-9 两个电感并联特性电路图

① 当 $L_1 \neq L_2$ 时

总 I_S(mA)	0	2	4	6	8	10
I_{L1}(mA)						
I_{L2}(mA)						

② 当 $L_1 = L_2$ 时

总 I_S(mA)	0	2	4	6	8	10
I_{L1}(mA)						
I_{L2}(mA)						

结论：并联电感[满足　不满足]分流公式 $I_{L1} = \dfrac{L_2}{L_1+L_2}I$，$I_{L1} = \dfrac{L_1}{L_1+L_2}I$。

（10）测定非线性白炽灯泡的伏安特性

按图 19-10 所示连接电路，测量一只 12V，0.1A 的灯泡。U_L 为灯泡的端电压。

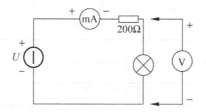

图 19-10　非线性白炽灯泡

U_L(V)	0	2	4	6	8	10	12
I(mA)							

根据实验结果数据，请绘制出光滑的伏安特性曲线。

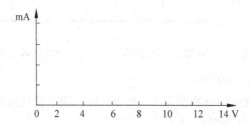

结论：灯泡电阻[等于　不等于] U_L/I，[满足　不满足]欧姆定律，所以它属于[线性　非线性]元件。

19.2　基尔霍夫定律的验证

1. 实验目的

① 验证基尔霍夫定律的正确性，加深对基尔霍夫定律的理解。

② 学会用电流插头、插座测量各支路电流的方法。

2. 实验内容

实验线路如图 19-11 所示，用挂箱的"基尔夫定律/叠加原理"线路。

① 实验前先任意设定三条支路和三个闭合回路的电流正方向。图中 I_1、I_2、I_3 的方向已设定。三个闭合回路的电流正方向可设为 ADEFA、BADCB 和 FBCEF。

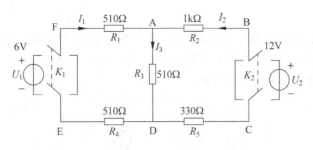

图 19-11 实验线路

② 将两路稳压源的输出分别调节为 6V 和 12V，接入 U_1 和 U_2 处，需要拨打开关。

③ 熟悉电流插头的结构，将电流插头的两端接至数字毫安表的正、负两端。

④ 将电流插头分别插入三条支路的三个电流插座中，读出并记录电流值。

⑤ 用直流数字电压表分别测量两路电源及电阻元件上的电压值，并记录。

实验内容	测 量 项 目							
	I_1(mA)	I_2(mA)	I_3(mA)	U_{AB}(V)	U_{CD}(V)	U_{AD}(V)	U_{DE}(V)	U_{FA}(V)
计算值	1.926	5.988	7.914	−5.988	−1.976	4.036	0.982	0.982
测量值								
相对误差								
故障1								
故障2								
故障3								

3. 分析与总结

① 根据实验数据，选定结点 A，验证 KCL 的正确性。**答**：$I_1 + I_2 [= \neq] I_3$，即结点 A 所有支路电流代数和等于零，满足 KCL。

② 根据实验数据，选定实验中的任一个闭合回路，验证 KVL 的正确性。

答：_____回路，该回路中所有支路电压代数和等于零，满足 KVL。

③ 误差原因分析。**答**：_____

④ 故障原因分析。**答**：故障 1：_____支路[短路　开路]；

故障 2：_____支路[短路　开路]；

故障 3：_____支路[短路　开路]；

19.3　电源等效变换的验证

1. 实验目的

① 掌握电源外特性的测试方法。

② 验证电压源与电流源等效变换的条件。

2．实验内容

① 测定直流稳压电源(理想与实际)电压源的外特性,利用实验箱的元件和屏上的电流插座,分别按图 19-12(a)、(b)所示连接线路。U_S 为＋12V 直流稳压电源。调节 R_2,令其阻值由大至小变化,分别记录两表的读数。

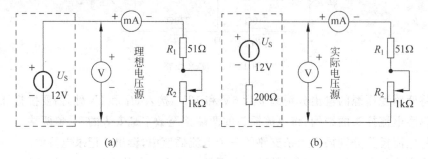

图 19-12　直流稳压电源外特性

$U(V)$							$U(V)$						
$I(mA)$	10	15	20	25	28	30	$I(mA)$	10	15	20	25	28	30

② 测定(理想与实际)电流源的外特性,按图 19-13 所示连接线路,I_s 为直流恒流源,调节其输出为 10mA,令 R_o 分别为 1kΩ 和∞(即接入和断开),调节电位器 R_L(从 0 至 1kΩ),测出这两种情况下的电压表和电流表的读数。

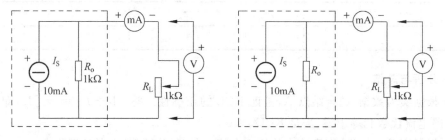

图 19-13　电流源外特性

R_o 接入 1kΩ 时：实际电流源							R_o 断开时：理想电流源						
$U(V)$	0	1	2	3	4	5	$U(V)$	0	1	2	3	4	5
$I(mA)$							$I(mA)$						

③ 测定电源等效变换的条件,先按图 19-14(a)线路接线,记录线路中两表的读数。然后利用图(a)中右侧的元件和仪表,按图 19-14(b)接线。调节恒流源的输出电流 I_S,使两表的读数与图(a)时的数值相等,记录 I_S 之值,验证等效变换条件的正确性。

　　计算值：电压表读数＝2.438V,电流表读数＝47.809mA,电流源 I_S＝60mA。

　　测量值：电压表读数＝_____V,电流表读数＝_____mA,电流源 I_S＝_____mA。

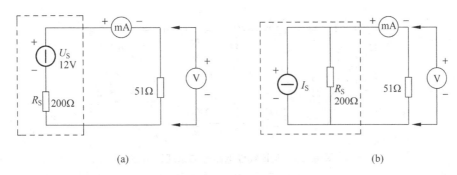

图 19-14 电源等效变换

3．分析与总结

① 根据步骤 1 实验数据绘出理想电压源外特性（红色）曲线，实际电压源外特性（黑色）曲线。

② 根据步骤 2 实验数据绘出理想电流源外特性（红色）曲线，实际电流源外特性（黑色）曲线。

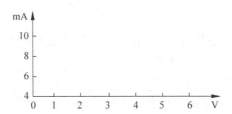

③ 根据步骤 3 实验结果，验证电源等效变换的条件。即写出 U_S、I_S、R_S 的关系。

答：＿＿＿＿＿＿＿＿＿＿＿＿＿＿＿＿＿＿＿＿＿＿＿＿＿

19.4 叠加原理的验证

1．实验目的

验证线性电路叠加原理的正确性，加深对线性电路的叠加性和齐次性的认识和理解。

2．实验内容

实验线路如图 19-15 所示，用挂箱的"基尔霍夫定律/叠加原理"线路。

① 将两路稳压源的输出分别调节为 12V 和 6V，接入 U_1 和 U_2 处。

② 令 U_1 电源单独作用（将开关 K_1 投向 U_1 侧，开关 K_2 投向短路侧）。用直流数字电压表和毫安表（接电流插头）测量各支路电流及各电阻元件两端的电压，数据记入表中。

325

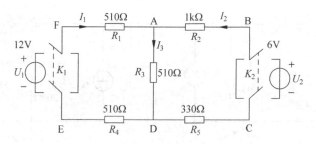

图 19-15 验证线性电路叠加原理正确性

实验内容	测量项目									
	U_1(V)	U_2(V)	I_1(mA)	I_2(mA)	I_3(mA)	U_{AB}(V)	U_{CD}(V)	U_{AD}(V)	U_{DE}(V)	U_{FA}(V)
U_1 单独作用	12	0	8.642	−2.395	6.247	2.395	0.790	3.186	4.407	4.407
	测量值									
U_2 单独作用	0	6	−1.198	3.593	2.395	−3.593	−1.186	1.221	−0.611	−0.611
	测量值									
U_1、U_2 共同作用	12	6	7.443	1.198	8.641	−1.198	−0.395	4.407	3.796	3.796
	测量值									
$2U_2$ 单独作用	0	12	−2.395	7.185	4.790	−7.185	−2.371	2.443	−1.222	−1.222
	测量值									

3. 分析与总结

① 根据实验数据表格,进行分析、总结实验结论,即验证线性电路的叠加性与齐次性。

答:叠加性验证(即 U_1、U_2 共同作用)＿＿＿＿＿＿＿＿＿＿＿＿＿＿＿＿＿＿

齐次性验证(即 $2U_2$ 作用)＿＿＿＿＿＿＿＿＿＿＿＿＿＿＿＿＿＿＿＿＿＿

② 各电阻器所消耗的功率能否用叠加原理计算得出？试用上述实验数据,进行计算。

答:＿＿＿＿＿＿＿＿＿＿＿＿＿＿＿＿＿＿＿＿＿＿＿＿＿＿＿＿＿＿＿＿

19.5　戴维宁定理的验证

1. 实验目的

① 验证戴维宁定理的正确性,加深对该定理的理解。

② 掌握测量有源二端网络等效参数的一般方法。

2. 实验内容

被测有源二端网络如图 19-16(a),即挂箱中"戴维宁定理/诺顿定理"线路。

① 用开路电压、短路电流法测定戴维宁等效电路的 U_{oc} 和 R_{eq}。在图 19-16(a)中,接入稳压电源 $U_s=12$V 和恒流源 $I_s=10$mA,不接入 R_L。利用开关 K,分别测定 $U_{oc}=$ ＿＿＿＿＿ V 和 $I_{sc}=$ ＿＿＿＿＿ mA,并计算出 $R_{eq}=U_{oc}/I_{sc}=$ ＿＿＿＿＿(Ω)。(测 U_{oc} 时,不接入 mA 毫安表。)

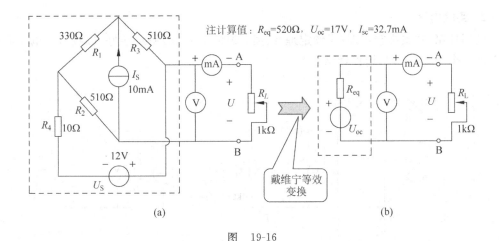

注计算值：$R_{eq}=520\Omega$，$U_{oc}=17\text{V}$，$I_{sc}=32.7\text{mA}$

(a)　　　　　　　　　　　　　　　(b)

图　19-16

② 按图 19-16(a)接入 R_L。改变 R_L 阻值，测量不同端电压下的电流值。

$U(\text{V})$	1	2	3	4	5	6	7	8	9	10
$I(\text{mA})$										

③ 验证戴维宁定理：从电阻箱上取得按步骤①所得的等效电阻 R_{eq} 之值，然后令其与直流稳压电源(调到步骤①时所测得的开路电压 U_{oc} 之值)相串联，如图 19-16(b)所示，仿照步骤②测其外特性，对戴氏定理进行验证。

$U(\text{V})$	1	2	3	4	5	6	7	8	9	10
$I(\text{mA})$										

④ 有源二端网络等效电阻(又称输入电阻)的直接测量法，见图 19-16(a)。将被测有源网络内的所有独立源置零(去掉电流源 I_s 和电压源 U_s，并在原电压源所接的两点用一根短路导线相连)，然后用伏安法或者直接用万用表的欧姆挡去测定负载 R_L 开路时 A、B 两点间的电阻，此即为被测网络的等效内阻 R_{eq}，或称网络的输入电阻 R_i。

3. 分析与总结

① 当电流源接反时，测定 $U_{oc}=$_____ V 和 $I_{sc}=$_____ mA，并计算出 $R_{eq}=U_{oc}/I_{sc}=$_____(Ω)。

② 讨论 1：电流源是否接反，R_{eq} 都相同，为什么？ **答：**_____

③ 讨论 2：若电压源反接，R_{eq} 也相同，为什么？ **答：**_____

19.6　诺顿定理的验证设计

1. 实验目的

① 验证诺顿定理的正确性，加深对该定理的理解。

② 掌握测量有源二端网络等效参数的一般方法。

2. 实验内容

利用挂箱中"戴维宁定理/诺顿定理"线路,按图19-17(a)所示接好电源后,在电流源两端并联一个200Ω电阻,请设计该实验。

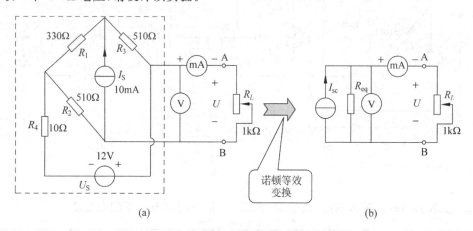

(a)   (b)

图 19-17　诺顿定理验证

① 根据电路分析理论计算开路电压 $U_{oc}=$＿＿＿＿＿＿ V、短路电流 $I_{sc}=$＿＿＿＿＿＿ mA,并计算出 $R_{eq}=U_{oc}/I_{sc}=$＿＿＿＿＿＿ Ω。注:保留3位小数。

② 用开路电压、短路电流法测定诺顿等效电路的 U_{oc} 和 R_{eq}。分别测定 $U_{oc}=$＿＿＿＿＿＿ V 和 $I_{sc}=$＿＿＿＿＿＿ mA,并计算出 $R_{eq}=U_{oc}/I_{sc}=$＿＿＿＿＿＿ Ω。

③ 有源二端网络端口接入 R_L。改变 R_L 阻值,测量不同端电压下的电流值。

$U(V)$	1	2	3	4	5	6	7	8	9	10
$I(mA)$										

④ 验证诺顿定理:连接诺顿等效电路端口接入 R_L。改变 R_L 阻值,测量不同端电压下的电流值,记于下表。对诺顿定理进行验证,要求保持电压 U 对应相等情况下测量电流。

$U(V)$	1	2	3	4	5	6	7	8	9	10
$I(mA)$										

3. 分析与总结

① 当电流源接反时,测定 $U_{oc}=$＿＿＿＿＿＿ V 和 $I_{sc}=$＿＿＿＿＿＿ mA,并计算出 $R_{eq}=U_{oc}/I_{sc}=$＿＿＿＿＿＿ Ω。

② 讨论1:电流源是否接反,R_{eq} 都相同,为什么? 答:＿＿＿＿＿＿

③ 讨论2:若电压源反接,R_{eq} 也相同,为什么? 答:＿＿＿＿＿＿

19.7　RC 一阶电路的响应测试

1. 实验目的

① 测定 RC 一阶电路的零输入响应、零状态响应及完全响应。

② 学习电路时间常数的测量方法。

③ 掌握有关微分电路和积分电路的概念。

④ 进一步学会用示波器观测波形。

⑤ 分析时间常数 τ 与方波半周期 $T/2$ 的关系。

2．实验内容

实验线路板采用实验挂箱的"一阶、二阶动态电路"，请认清 R、C 元件的布局及其标称值，各开关的通断位置等。

① 从电路板上选 R、C 组成如图 19-18 所示的 RC 充放电积分电路。u_S 为脉冲信号发生器电压 3V、频率 $f=1\mathrm{kHz}$、即半个周期 $\dfrac{T}{2}=5\times10^{-4}\mathrm{s}$ 的方波电压源信号，并通过两根同轴电缆线，分别将激励源 u_S 和响应 u_C 的信号分别连至示波器的两个输入口 Y_A 和 Y_B。这时可在示波器屏幕上观察到激励与响应的变化规律，请测算出时间常数 τ，并按比例描绘出波形。

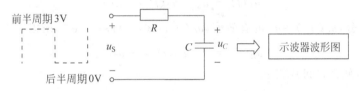

图 19-18　RC 充放电积分电路

对于周期方波激励，只要分析一个周期的波形即可。而一个周期可以分成两部分来讨论：

- 充电部分，$u_C(0_+)=0$，$u_C(\infty)=u_S$ 的有效值，$u_C(t)=u_S(1-\mathrm{e}^{\frac{-t}{\tau}})$
- 放电部分，$u_C(0_+)=u_S$ 的有效值，$u_C(\infty)=0$，$u_C(t)=u_S\mathrm{e}^{\frac{-t}{\tau}}$

根据实验，填写测算出的时间常数 τ。

- $R=10\mathrm{k}\Omega$，$C=1000\mathrm{pF}$；$\tau=$_____ s

- $R=10\mathrm{k}\Omega$，$C=6800\mathrm{pF}$；$\tau=$_____ s

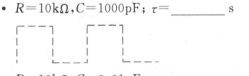

- $R=10\mathrm{k}\Omega$，$C=0.01\mu\mathrm{F}$；$\tau=$_____ s

- $R=10\mathrm{k}\Omega$，$C=0.1\mu\mathrm{F}$；$\tau=$_____ s

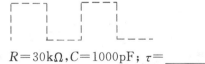

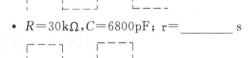

- $R=30\mathrm{k}\Omega$，$C=1000\mathrm{pF}$；$\tau=$_____ s

- $R=30\mathrm{k}\Omega$，$C=6800\mathrm{pF}$；$\tau=$_____ s

- $R=30\mathrm{k}\Omega$，$C=0.01\mu\mathrm{F}$；$\tau=$_____ s

- $R=30\mathrm{k}\Omega$，$C=0.1\mu\mathrm{F}$；$\tau=$_____ s

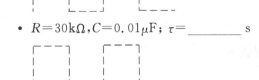

② 从电路板上选 R、C 组成如图 19-19 所示的 RC 充放电微分电路。u_S 为脉冲信号发

生器电压 3V、频率 $f=1\mathrm{kHz}$ 的方波电压源信号,并通过两根同轴电缆线,分别将激励源 u_S 和响应 u_R 的信号分别连至示波器的两个输入口 Y_A 和 Y_B。这时可在示波器的屏幕上观察到激励与响应的变化规律,请测算出时间常数 τ,并按比例描绘出波形。

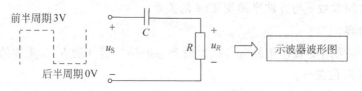

图 19-19　RC 充放电微分电路

对于周期方波激励,只要分析一个周期的波形即可。而一个周期可以分成两部分来讨论:

- 充电部分,$u_C(0_+)=0$,$u_C(\infty)=u_\mathrm{S}$ 的有效值,$u_C(t)=u_\mathrm{S}(1-\mathrm{e}^{\frac{-t}{\tau}})$,所以

$$u_R(t)=u_\mathrm{S}-u_C(t)=u_\mathrm{S}\mathrm{e}^{\frac{-t}{\tau}}$$

- 放电部分,$u_C(0_+)=u_\mathrm{S}$ 的有效值,$u_C(\infty)=0$,$u_C(t)=u_\mathrm{S}\mathrm{e}^{\frac{-t}{\tau}}$,所以

$$u_R(t)=0-u_C(t)=-u_\mathrm{S}\mathrm{e}^{\frac{-t}{\tau}}$$

根据实验,测算时间常数 τ。

- $R=100\Omega,C=1000\mathrm{pF}$; $\tau=$ _____ s
- $R=1\mathrm{k}\Omega,C=1000\mathrm{pF}$; $\tau=$ _____ s

- $R=10\mathrm{k}\Omega,C=1000\mathrm{pF}$; $\tau=$ _____ s
- $R=1\mathrm{M}\Omega,C=1000\mathrm{pF}$; $\tau=$ _____ s

- $R=100\Omega,C=0.01\mu\mathrm{F}$; $\tau=$ _____ s
- $R=1\mathrm{k}\Omega,C=0.01\mu\mathrm{F}$; $\tau=$ _____ s

- $R=10\mathrm{k}\Omega,C=0.01\mu\mathrm{F}$; $\tau=$ _____ s
- $R=1\mathrm{M}\Omega,C=0.01\mu\mathrm{F}$; $\tau=$ _____ s

19.8　直流双口网络测试

1. 实验目的

① 加深理解二端口网络的基本理论。

② 掌握直流二端口网络传输参数的测量技术。

2. 实验内容

二端口网络实验如图 19-20 所示,利用电路板"二端口网络/互易定理"。将直流稳压电源的输出电压调到10V,直流电流源的输出电流调到10mA,作为二端口网络的输入。

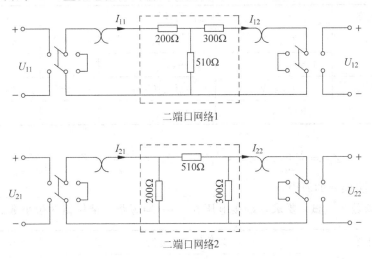

图 19-20　二端口网络

① 传输参数的测试：要求一端接电压源,另一端分别开路和短路。请保留3位小数。

	输入出端	理想值和测量值			计算值	
二端口网络1	$U_{11}=10\text{V}$ U_{12}开路,$I_{12}=0$	$U_{11O}(\text{V})$	$U_{12O}(\text{V})$	$I_{11O}(\text{mA})$	A	B
		10	7.180	14.085		
	$U_{11}=10\text{V}$ U_{12}短路,$U_{12}=0$	$U_{11S}(\text{V})$	$I_{11S}(\text{mA})$	$I_{12S}(\text{mA})$	C	D
		10	25.714	16.190		
	输入出端	理想值测量值			计算值	
二端口网络2	$U_{21}=10\text{V}$ U_{22}开路,$I_{22}=0$	$U_{21O}(\text{V})$	$U_{22O}(\text{V})$	$I_{21O}(\text{mA})$	A	B
		10	3.704	62.346		
	$U_{21}=10\text{V}$ U_{22}短路,$U_{22}=0$	$U_{21S}(\text{V})$	$I_{21S}(\text{mA})$	$I_{22S}(\text{mA})$	C	D
		10	69.608	19.608		

$A=\dfrac{U_{n1O}}{U_{n2O}},B=\dfrac{U_{n1S}}{I_{n2S}},C=\dfrac{I_{n1O}}{U_{n2O}},D=\dfrac{I_{n1S}}{I_{n2S}}$,其中 $n=1$ 表示网络1；$n=2$ 表示网络2。

请分析产生误差的原因：＿＿＿＿＿＿＿＿＿＿＿＿＿＿＿＿＿。

② 阻抗参数的测试：要求一端接电流源,另一端开路。请保留3位小数。

	输入出端	理想值和测量值			计算值	
二端口网络1	$I_{11}=10\text{mA}$ U_{12}开路,$I_{12}=0$	$U_{11O}(\text{V})$	$U_{12O}(\text{V})$	$I_{11O}(\text{mA})$	Z_{11}	Z_{21}
		7.100	5.100	10		
	$I_{12}=-10\text{mA}$ U_{11}开路,$I_{11}=0$	$U_{11S}(\text{V})$	$U_{12S}(\text{V})$	$I_{12S}(\text{mA})$	Z_{12}	Z_{22}
		5.100	8.100	-10		

二端口网络2	输入出端	理想值测量值			计算值	
	$I_{21}=10\text{mA}$	$U_{21O}(\text{V})$	$U_{22O}(\text{V})$	$I_{21O}(\text{mA})$	Z_{11}	Z_{21}
	U_{22} 开路，$I_{22}=0$	1.604	0.594	10		
	$I_{22}=-10\text{mA}$	$U_{21S}(\text{V})$	$U_{22S}(\text{V})$	$I_{22S}(\text{mA})$	Z_{12}	Z_{22}
	U_{21} 开路，$I_{21}=0$	0.594	2.109	-10		

$$Z_{11}=\frac{U_{n1O}}{I_{n1O}}, \quad Z_{21}=\frac{U_{n2O}}{I_{n1O}}, \quad Z_{12}=\frac{U_{n1S}}{I_{n2S}}, \quad Z_{22}=\frac{U_{n2S}}{I_{n2S}}$$

请分析产生误差的原因：_____。

③ 导纳参数的测试：要求一端接电压源，另一端短路。请保留 3 位小数。

二端口网络1	输入出端	理想值和测量值			计算值	
	$U_{11}=10\text{V}$	$U_{11O}(\text{V})$	$I_{11O}(\text{mA})$	$I_{12O}(\text{mA})$	Y_{11}	Y_{21}
	U_{12} 短路，$U_{12}=0$	10	25.714	16.190		
	$U_{12}=10\text{V}$	$U_{12S}(\text{V})$	$I_{11S}(\text{mA})$	$I_{12S}(\text{mA})$	Y_{12}	Y_{22}
	U_{11} 短路，$U_{11}=0$	10	-16.190	-22.540		

二端口网络2	输入出端	理想值测量值			计算值	
	$U_{21}=10\text{V}$	$U_{21O}(\text{V})$	$I_{21O}(\text{mA})$	$I_{22O}(\text{mA})$	Y_{11}	Y_{21}
	U_{22} 短路，$U_{22}=0$	10	69.608	19.608		
	$U_{22}=10\text{V}$	$U_{22S}(\text{V})$	$I_{21S}(\text{mA})$	$I_{22S}(\text{mA})$	Y_{12}	Y_{22}
	U_{21} 短路，$U_{21}=0$	10	-19.608	-52.941		

$$Y_{11}=\frac{I_{n1O}}{U_{n1O}}, \quad Y_{21}=\frac{I_{n2O}}{U_{n1O}}, \quad Y_{12}=\frac{I_{n1S}}{U_{n2S}}, \quad Y_{22}=\frac{I_{n2S}}{U_{n2S}}$$

请分析产生误差的原因：_____。

第三篇　电路分析实战

共 2 章,期中模拟试卷；期末模拟试卷。

第20章 电路期中模拟试卷

一、单项选择题（10 小题，共 20 分）

1. 已知接成Y形的三个电阻都是 30Ω，则等效△的三个电阻值为（　　）。

    A. 全是 10Ω B. 两个 30Ω，一个 90Ω

    C. 两个 90Ω，一个 30Ω D. 全是 90Ω

2. 电路如图 20-1 所示，其网孔方程是 $\begin{cases} 300I_1 - 200I_2 = 3 \\ -100I_1 + 400I_2 = 0 \end{cases}$，

则 CCVS 的控制系数 r 为（　　）。

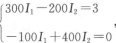
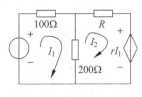

图　20-1

    A. 100Ω B. -100Ω

    C. 50Ω D. -50Ω

3. 如图 20-2 所示，电路中电流 I 为（　　）。

    A. $-2.5A$ B. $2.5A$ C. $-1.5A$ D. $1.5A$

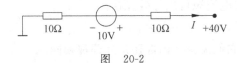

图　20-2

4. 如图 20-3 所示，电路中理想电流源的功率为（　　）。

    A. $30W$ B. $60W$ C. $20W$ D. $-20W$

5. 如图 20-4 所示，二端网络 a、b 端的等效电阻为（　　）。

    A. 12Ω B. 36Ω C. 48Ω D. 24Ω

6. 如图 20-5 所示，电路中电阻 1Ω 吸收的功率为（　　）。

    A. $1W$ B. $4W$ C. $9W$ D. $81W$

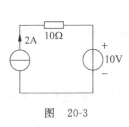 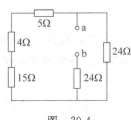 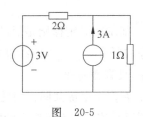

图　20-3   图　20-4   图　20-5

7. 如图 20-6 所示，电路中电压 U_S 为（　　）。（提示：计算每条支路电流和电压）

    A. $4V$ B. $7V$ C. $2V$ D. $8V$

8. 如图 20-7 所示，结点 1 的结点电压方程为（　　）。

    A. $6U_1 - U_2 = 6$ B. $5U_1 = 2$

    C. $5U_1 = 6$ D. $6U_1 - 2U_2 = 2$

9. 电流的参考方向为（　　）。

    A. 正电荷的移动方向   B. 负电荷的移动方向

C. 电流的实际方向　　　　　　　　　　D. 沿电路任意选定的某一方向

10. 如图 20-8 所示,电路中电流 I 为(　　)。

A. 1A　　　　　　B. 2A　　　　　　C. -1A　　　　　　D. -2A

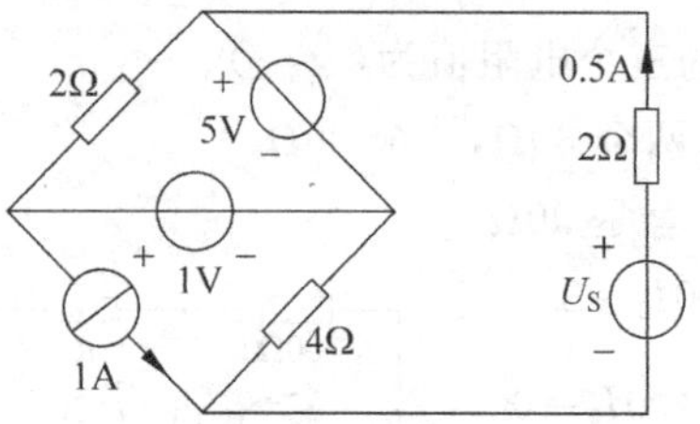

图 20-6 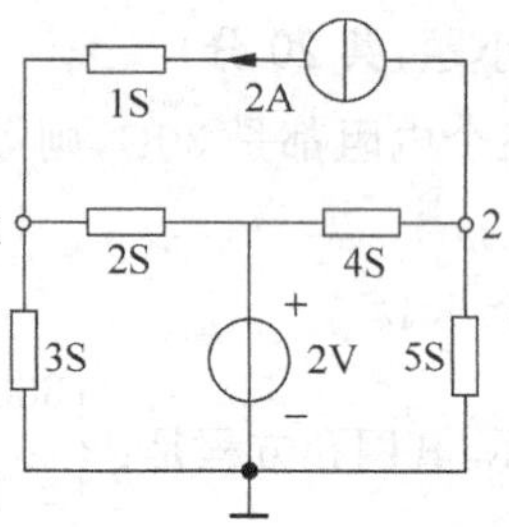　　　　　　　　　　图 20-7 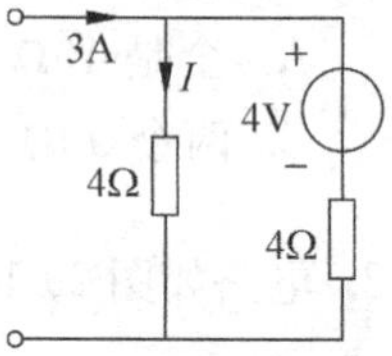　　　　　　　图 20-8

二、是非题(10 小题,共 10 分)

1. 网孔都是回路,而回路则不一定是网孔。　　　　　　　　　　　(　　)

2. 电路等效变换时,如果一条支路的电流为零,可按短路处理。　　(　　)

3. 理想电压源和理想电流源可以等效互换。　　　　　　　　　　　(　　)

4. 电功率大的用电器,电功也一定大。　　　　　　　　　　　　　(　　)

5. 两个电路等效,即它们无论其内部还是外部都相同。　　　　　　(　　)

6. 应用基尔霍夫定律列写方程式时,可以不参照参考方向。　　　　(　　)

7. 应用叠加定理时,要把不作用的电源置零,不作用的电压源用导线代替。(　　)

8. KCL 和 KVL 定律与元件的连接无关,与元件的性质有关。　　　(　　)

9. 通过理想电压源的电流由电压源本身决定。　　　　　　　　　　(　　)

10. 电压源与电阻的并联可以等效变换为电流源与电阻的串联。　　　(　　)

三、填空题(20 空,共 20 分)

1. _____定律体现了线性电路元件上电压、电流的约束关系,与电路的连接方式无关。

2. 基尔霍夫定律则是反映了电路的整体规律,其中 KCL 定律体现了电路中任意结点上汇集的所有_____的约束关系,KVL 定律体现了电路中任意回路上所有_____的约束关系,具有普遍性。

3. 在多个电源共同作用的_____电路中,任一支路的响应均可看成是由各个激励单独作用下在该支路上所产生的响应的_____,称为叠加定理。

4. 戴维宁等效电路是指一个电阻和一个电压源的串联组合,其中电阻等于原有源二端网络_____后的_____电阻,电压源等于原有源二端网络的_____电压。

5. 为了减少方程式数目,在电路分析方法中引入了_____电流法、_____电压法;_____定理只适用于线性电路的分析。

6. 在直流电路中,电容元件相当于_____,电感元件相当于_____。

7. 当流过一个线性电阻元件的电流不论为何值时,其端电压恒为零,就把它称为_____。

8. 如图 20-9 所示,其端口等效电阻为_____。

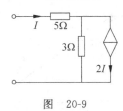

图　20-9

9. 在指定的电压 U 和电流 I 参考方向下,写出下列各元件 U 和 I 的约束方程。

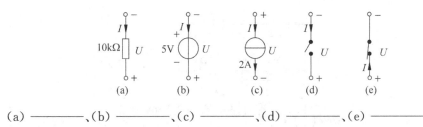

(a)　　　　　、(b)　　　　　、(c)　　　　　、(d)　　　　　、(e)　　　　　

四、计算题(5 小题,共 50 分)

1. 试用诺顿定理求图 20-10 所示电路中 $R=6\Omega$ 负载电阻消耗的功率。

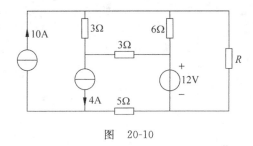

图　20-10

2. 在图 20-11 所示电路图中,已知 $I=0.5\mathrm{A}$,试求电压源电压 U_S。

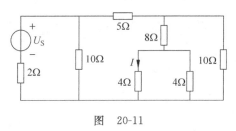

图　20-11

3. 在图 20-12 所示电路图中,电阻 R_L 为多少时可获得最大功率,并求此最大功率 $P_{\max}$。

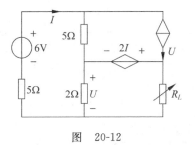

图　20-12

4. 试用结点电压法求图 20-13 所示电路图中的电流 i。

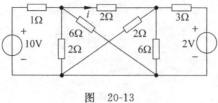

图 20-13

5. 用回路电流法求图 20-14 所示电路图中电压 U。

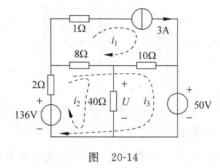

图 20-14

第21章 电路期末模拟试卷

一、单项选择题（15 小题，共 30 分）。

1. 图 21-1 所示电路中的电流 I 为（　　）。

   A. I_s　　　　　　B. 0　　　　　　C. $-I_s$　　　　　　D. $\dfrac{U_s}{R}$

2. 与图 21-2 所示伏安特性相对应的电路是（　　）。

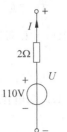 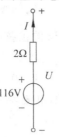 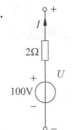 

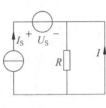

图 21-1

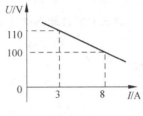

图 21-2

3. 图 21-3 所示对称三相电路中，若 $\dot{U}_{BC}=-j380V$，$Z=8+j6\Omega$，则 $\dot{I}$ 等于（　　）。

   A. $65.8\angle30°A$ 　　　　　　　　　B. $65.8\angle-66.9°A$

   C. $65.8\angle-36.9°A$ 　　　　　　　D. $65.8\angle23.1°A$

4. 图 21-4 所示正弦交流电路中，已知 $\dot{U}_s=10\angle0°V$，则图中电压 $\dot{U}$ 等于（　　）。

   A. $10\angle90°A$ 　　　　B. $5\angle90°A$ 　　　　C. $10\angle-90°A$ 　　　　D. $5\angle-90°A$

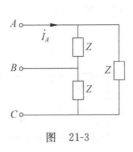

图 21-3

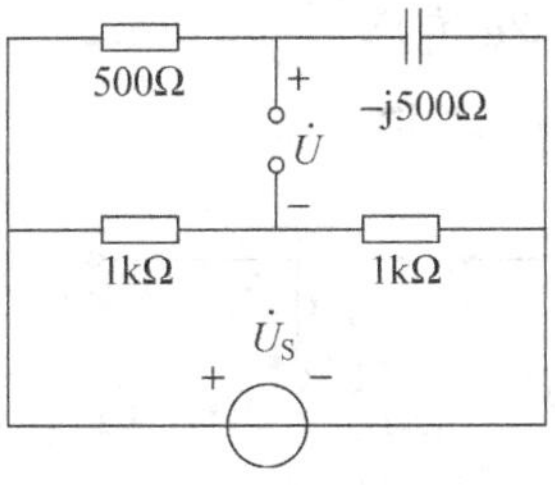

图 21-4

5. 已知某二端网络的输入阻抗为 $Z=R+jX$，端口正弦电压和电流的有效值分别为 U 和 I，则网络的平均功率为（　　）。

   A. $\dfrac{U^2}{R}$ 　　　　B. $\dfrac{U^2}{|Z|}$ 　　　　C. I^2R 　　　　D. $I^2|Z|$

6. 理想变压器可以实现电压、电流及阻抗的变换,在具体计算这三者时,其变换值受同名端位置影响的是(   )。

    A. 阻抗   B. 电压和电流   C. 只有电压   D. 只有电流

7. 电源和负载均为星形连接的对称三相电路中,负载连接不变,电源改为三角形连接,负载电流有效值(   )。

    A. 增大   B. 减小   C. 不变   D. 不能确定

8. 图 21-5 所示正弦电路中,已知各电流有效值 $I=5\text{A}$,$I_R=3\text{A}$,$I_C=3\text{A}$,则 I_L 等于(   )。

    A. -1A B. 1A C. 4A D. 7A

9. 100Ω 电阻与电感 L 串联后接到 $f=50\text{Hz}$ 的正弦电压 $\dot{U}$ 上,如 $\dot{U}_R$ 比 $\dot{U}$ 滞后 $30°$,则 L 为(   )。

    A. 0.551H B. 0.184H C. 0.637H D. 0.159H

10. 图 21-6 所示电路中,$R=X_L=X_C=10\Omega$,电流表 A 的读数为 1A,则电流表 A_1 的读数为(   )。

    A. 0.5A B. 1A C. $\sqrt{2}\text{A}$ D. 2A

11. 图 21-7 所示三个耦合线圈的同名端是(   )。

    A. a、c、e   B. a、d、f   C. b、d、e   D. b、c、f

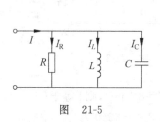 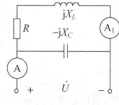 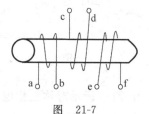

图 21-5   图 21-6   图 21-7

12. 图 21-8 所示电路中,已知 $\dot{I}_S=10\angle0°\text{A}$,则次级开路电压 $\dot{U}_2$ 为(   )。

    A. $10\angle90°\text{V}$ B. $20\angle90°\text{V}$ C. $20\angle-90°\text{V}$ D. $10\angle-90°\text{V}$

13. 如图 21-9 所示电路中 $u_C(0)=2\text{V}$,则 $t\geqslant0$ 的 $u_C(t)$ 为(   )。

    A. $(4-2e^{-\frac{t}{10}})\text{V}$ B. $(4-2e^{-\frac{5t}{12}})\text{V}$

    C. $(10-8e^{-\frac{t}{10}})\text{V}$ D. $(10-8e^{-\frac{5t}{12}})\text{V}$

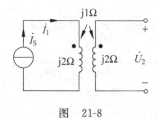 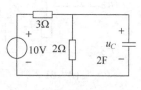

图 21-8   图 21-9

14. 如图 21-10 所示电路在 $t=0$ 时开关接通,则换路后的时间常数等于(   )。

    A. $\dfrac{L}{R_1+R_2}$ B. $\dfrac{L}{R_1+R_2+R_3}$

C. $\dfrac{L(R_1+R_2)}{R_1R_2+R_2R_3+R_3R_1}$ 　　　　　 D. $\dfrac{L(R_2+R_3)}{R_1R_2+R_2R_3+R_3R_1}$

15. 如图 21-11 所示二端口的阻抗矩阵为（　　）。

A. $\begin{bmatrix} Z & 0 \\ 0 & Z \end{bmatrix}$ 　　 B. $\begin{bmatrix} Z & Z \\ Z & Z \end{bmatrix}$ 　　 C. $\begin{bmatrix} 0 & Z \\ Z & 0 \end{bmatrix}$ 　　 D. $\begin{bmatrix} 0 & 0 \\ 0 & 0 \end{bmatrix}$

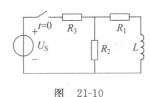 　　　　　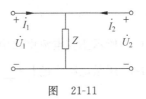

图 21-10 　　　　　　　　　　　图 21-11

二、是非题（10 小题，共 10 分）。

1. 在电路中，电阻元件总是消耗功率，电压源和电流源总是供出功率。 （　　）

2. 某实际直流电源的开路电压为 U_S，若该电源外接一个电阻器，其电阻值在某范围变化时都满足 $U_R=U_S$，则在一定的电流条件下，该实际电源的模型为一电压源。 （　　）

3. 感性负载并联电容后，总电流一定比原来电流小，因而电网功率因数一定会提高。

　　　　　　　　　　　　　　　　　　　　　　　　　　　　　　　　（　　）

4. 与感性负载并联一个适当的电容，可以提高负载自身的功率因数。 （　　）

5. 在正弦电流电路中，KCL、KVL 的表达式各为 $\sum U=0$、$\sum I=0$。 （　　）

6. 正弦电流并联电路中，总电流一定大于任意一个分电流。 （　　）

7. 如复功率 $\tilde{S}=\dot{U}\dot{I}^*=2\angle 30°\,\text{VA}$，则无功功率 $Q=1\text{var}$。 （　　）

8. 互感电压的正负仅与线圈的同名端有关，与电流的参考方向无关。 （　　）

9. 对外电路来说，与理想电压源并联的任何二端元件都可代之以开路。 （　　）

10. 对称三相电路中，三个线电压相差 120°，则三个线电流之间也一定相差 120°。

　　　　　　　　　　　　　　　　　　　　　　　　　　　　　　　　（　　）

三、填空题（10 小题，共 20 分）。

1. 如图 21-12 所示，电路中 b、c 两点间的电压 U_{bc} 为_____。

2. 图 21-13 所示电路中电阻 $R=$_____Ω，电压 $U_{ab}=$_____V。

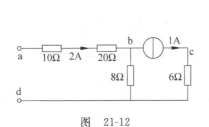

图　21-12 　　　　　　　　　　　图　21-13

3. 图 21-14 所示电路中电流 I_1 为_____ A，I_2 为_____A。

4. 图 21-15 所示电路，若已知 $U=4\text{V}$，为求图中各电阻中的电流，网络 N 可用_____替代。

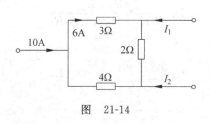

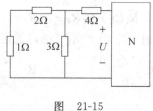

图　21-14　　　　　　　　　　　　　　　图　21-15

5. 图 21-16 所示正弦电流电路中，若 $U_R = U_L = 10\text{V}$，则 $U = $ _____。

6. 图 21-17 所示电路中的 $\dot{I} = $ _____，$\dot{U}_{ab} = $ _____，$\dot{I}_C = $ _____。

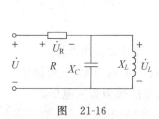

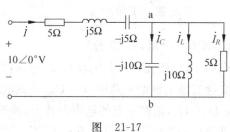

图　21-16　　　　　　　　　　　　　　　图　21-17

7. 图 21-18 所示电路中 $\dot{U}$ 与 $\dot{I}$ 的关系式为 _____。

8. 图 21-19 所示二端网络的等效电阻为 _____。

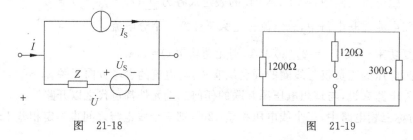

图　21-18　　　　　　　　　　　　　　　图　21-19

9. 图 21-20 所示电路中的电压 U 为 _____ V。

10. 图 21-21 所示电路中，已知 $u = 5\sqrt{2}\sin 3\omega t\,\text{V}$，$R = 5\Omega$，$\omega L = 5\Omega$，$\dfrac{1}{\omega C} = 45\Omega$，其电压表读数为 _____ V，电流表读数为 _____ A。

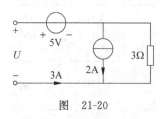

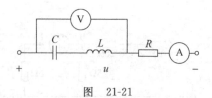

图　21-20　　　　　　　　　　　　　　　图　21-21

四、计算题（10 小题，共 40 分）。

1. 图 21-22 所示正弦电流电路由无源元件 1 与 2 并联而成。已知 $u_S = 50\sqrt{2}\sin(\omega t + 45°)\text{V}$，$i = 4\sqrt{2}\sin(\omega t + 120°)\text{A}$，$\omega = 10^5\text{rad/s}$，问 1、2 各是什么元件？其参数值是多少？

2. 图 21-23 所示三相电路中,对称三相电压源线电压为 380V,$Z_1 = -\mathrm{j}10\Omega$,$Z_2 = (5 + \mathrm{j}12)\Omega$,$R = 2\Omega$。

①求各电流表读数;②求功率表读数。

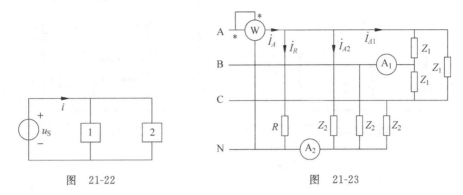

图 21-22 图 21-23

3. 图 21-24 所示网络中,$\dot{U} = 15\angle 0°V$,$R = 5\Omega$,$X_L = 5\Omega$,$X_C = 3\Omega$,试求总电流 $\dot{I}$,并作电压、电流相图。

4. 图 21-25 所示为串联电抗器(ωL_1)以限制异步电动机(R_2、ωL_2)起动电流的电路。已知正弦电压源的电压为 127V、频率为 50Hz,电动机起动时的 $R_2 = 1.9W$、$\omega L_2 = 3.4W$。要将起动电流限制在 16A,试求 L_1。

5. 图 21-26 所示正弦电流电路中,端口电压 $u = 50\sqrt{2}\sin(\omega t + \pi/4)V$,电流相量 $\dot{I} = 5\angle 0°A$,电容电压 U_C 为 25V,试求阻抗 Z。

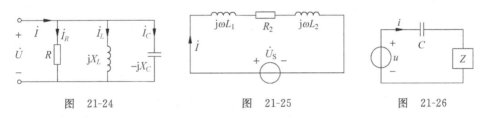

图 21-24 图 21-25 图 21-26

6. 求图 21-27 所示二端口网络的传输参数矩阵。

7. 测量线圈参数的电路如图 21-28 所示。当外加 25Hz 的正弦电压时,电压表读数为 110V,电流表读数为 3.66A;当外加 50Hz 的正弦电压时,若维持电压表读数不变,电流表读数为 2.84A。试求线圈的 R、L 值。

8. 图 21-29 所示电路中,已知 $\dot{U}_{ab} = 4\angle 0°V$,试求 $\dot{U}_S$。

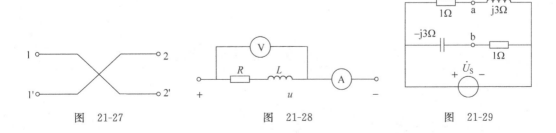

图 21-27 图 21-28 图 21-29

9. 图 21-30 所示电路,若 $\dot{I}_s = 6\angle 0°\text{A}$,则 I 等于多少?

10. 电路如图 21-31 所示,换路前已处于稳态,试求换路后 $t \geqslant 0$ 的 $u_C(t)$。

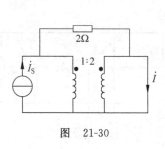

图　21-30

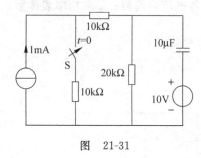

图　21-31

附录   部分课后习题答案

第 1 章

1 B   2 B   3 B   4 A   5 A   6 D   7 A   8 D   9 B   10 A

11 B   12 C   13 D   14 A   15 B   16 D   17 C   18 B   19 C   20 D

21 答：① 电源、负载、中间环节

② 能量的转换和传输；信号的处理、传递和存储

③ 用理想元件构成的电路称为电路模型。因为理想元件可以表征或近视地表示一个实际器件中所有主要物理现象

④ 功率大于零表示吸收,小于零表示产生。吸收功率元件在电路中表示负载

⑤ 不正确

⑥ 0.01A,50V

⑦ 不一定

⑧ 0.1A,10V

⑨ $20\Omega,20W$

⑩ $3712.5\Omega,\dfrac{216}{11}W$

22 答：负载：A、C；电源：B、D

23 答：A 点和 B 点等电位都是 6V；AB 是否连电阻,没有影响。

24 答：0A,0V   25 答：略   26 答：0V,−2V,−3V,−7V

27 答：产生功率：$P_{3A}=45W$(发出)；$P_{2A}=26W$(发出)；$P_{9V}=36W$(发出)

28 答：(1) $E=115V$；端电压 $U=110V$；输出功率 $P=1150W$；内阻消耗功率$=50W$

(2) $I_{SC}=230A$；内阻消耗功率$=26450W$

29 答：以 C 点为参考点：$U_A=3V,U_B=1.5V,U_C=0V,U_{AB}=1.5V,U_{AC}=3V$

以 B 点为参考点：$U_A=1.5V,U_B=0V,U_C=-1.5V,U_{AB}=1.5V,U_{AC}=3V$

30 答：15V 电压源功率$=-15i=-50/3W$(放出)；5V 电压源功率$=50/9W$(吸收)

31 答：

$$i_S=\begin{cases}2t, & 0\leqslant t\leqslant 2 \\ 4, & 2<t\leqslant 4\end{cases} \quad 所以 \quad u_R=Ri_S=\begin{cases}4t, & 0\leqslant t\leqslant 2 \\ 8, & 2<t\leqslant 4\end{cases}$$

$$u_L=L\dfrac{di_S}{dt}=\begin{cases}2, & 0\leqslant t\leqslant 2 \\ 0, & t>2\end{cases}, \quad u_C=\dfrac{1}{C}\int_{-\infty}^{t}i_S d\tau=\begin{cases}10t^2, & 0\leqslant t\leqslant 2 \\ 40(t-1), & 2\leqslant t\leqslant 4 \\ 120, & t>4\end{cases}$$

32 答：电流 $i(t)=12t+4A$ 33 答：电容储能 $W=4.5J$(焦耳)

34 答：图(a)−30V,图(b)20V   35 答：1A；2A

36 答：①302.5Ω,806.7Ω；②4/11A,3/22A；③不能；④灯泡变暗

37 答：60W(发出)   38 答：−1.5A

39 答：115V   40 答：4V、2/3A

41 答：$P_{2A}=46W(放出)$，$P_{3V}=-4.5W(吸收)$ 42 答：4V

43 答：图(a)7Ω，图(b)4/7Ω   44 答：图(a)6V，图(b)$-100/7V$

45 答：17.5Ω，35V   46 答：60V

47 答：①$-4V$；②0.5mA，2V   48 答：1.5A，0A，$-1.5A$

49 答：图(a)0V，$-4mA$，图(b)$-12V$，$-2mA$ 50 答：发出功率 $P_{4V}=0W$；$P_{2A}=12W$

51 答：$-72W(发出)$ 52 答：$-2mA$，60V，电源

53 答：6.4V，10Ω，2/3Ω   54 答：0.5A

55 答：电流源 S_1，S_2，S_3 发出功率分别为：15W，14W，15W

电压源 S_1，S_2，S_3 发出功率分别为：50W，$-6W$，0W

56 答：-1 57 答：12V，2A

58 答：4/3A，8/3W(吸收)   59 答：3∶2∶2

60 答：$-400V$

第 2 章

1 C   2 D   3 A   4 A   5 D   6 C   7 A   8 B   9 C   10 B

11 C   12 A   13 D   14 C   15 B   16 A   17 B   18 D   19 B   20 A

21 答：16/3Ω   22 答：5Ω   23 答：2.5Ω

24 答：$R_1+R_2(1+\beta)$ 25 答：$-5k\Omega$ 26 答：$\dfrac{R_1R_3}{R_1+(1-\mu)R_3}$

27 答：2V，20V   28 答：1/8A

29 答：$\dfrac{u_O}{u_S}=\dfrac{R_2R_4(2R_3+1)}{R_1R_2+R_2R_3+R_3R_1+(R_1+R_2)R_4(2R_3+1)}$

30 答：$u_{10}=\dfrac{3}{4}u_S$ 31 答：$-4mA$

32 答：图(a) $R_{eq}=\dfrac{R+\sqrt{R^2+4Rr}}{2}$，图(b) $R_{eq}=15.25\Omega$ 如果利用(a)式，则 $R_{eq}=15\Omega$

33 答：   34 答：1.5Ω

(a)   (b)

35 答：

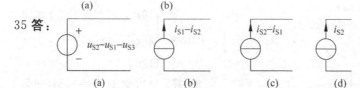

(a)   (b)   (c)   (d)

36 答：30V，2mA   37 答：38Ω，10/3Ω   38 答：略

39 答：3.6A   40 答：$-1V$

41 答：图(a) $u=(R-r)i$，图(b) $u=R(1+\alpha)i$，图(c) $u=u_S+Ri/(1+\alpha)$，

图(d) $u=(R-r)i+Ri_S$

42 答：1.5A,0.75A　　　43 答：-1A　　　　　44 答：图(a) 0.5A,图(b) 8A

45 答：图(a) 35Ω,图(b) 1Ω　　　46 答：$U_2 = \dfrac{R_2(I_{S1}R_1 + U_{S2})}{R_1 + R_2}$,$I_1 = \dfrac{I_{S1}R_2 + U_{S2}}{R_1 + R_2}$

47 答：2.75A　　　　　　　　48 答：7.27V,-2.9V,4.36V

49 答：①1.5Ω; ②1.68Ω　　　50 答：1.5A,-1.5A

第 3 章

1 A　　2 C　　3 A　　4 C　　5 C　　6 B　　7 A　　8 D　　9 B　　10 C

11 D　12 A　13 B　14 C　15 C　16 A　17 B　18 C　19 D　20 A

22 答：$i_1 = 2$A　　　　23 答：-32/13A　　　24 答：-2.6A　　　25 答：0.4A

26 答：1V　　　　　27 答：-4V　　　　28 答：0.5A　　　　29 答：1A,-42V

35 答：9A,-3A　　　36 答：32V　　　　37 答：$U_{bc} = \dfrac{G_5U_S - I_S}{G_4 + G_5}$

38 答：1A,-1/3A,5/3A　　　39 答：-1V　　　40 答：3.6A

41 答：$u = \dfrac{R_1R_2i_{S2} + (R_2R_4 + R_4R_5 + R_5R_2 + R_1R_4)i_{S1}}{R_1R_2 + R_2R_3 + R_3R_1 + R_2R_4 + R_4R_5 + R_5R_2 + R_1R_4 + R_3R_5}R_3$

42 答：3A,0W　　　43 答：-29/4　　　45 答：0.718A　　　46 答：5A

47 答：5A　　　48 答：8/9A,26/9A　　　51 答：(a)11A; (b)8A

52 答：40/21W　　　53 答：34W

第 4 章

1 B　　2 C　　3 B　　4 A　　5 A　　6 D　　7 C　　8 D　　9 C　　10 B

11 A　12 D　13 B　14 B　15 A　16 A　17 B　18 D　19 A　20 C

21 答：1A　　　　　　　　22 答：-0.4V,1.2V　　　23 答：1.5A

24 答：$U_{OC} = -7$V,$R_{eq} = 3.5$Ω　　25 答：-1V　　　　26 答：3Ω,12W

27 答：4kΩ,12/19mA,81/19V　　28 答：18Ω,2W　　　29 答：$U_{OC} = 0$V,$R_{eq} = 8$Ω

30 答：-50mA,15mA,60mA,1.25W 吸收　　　31 答：20/3V

32 答：$U_{OC} = 55$V,$R_{eq} = 13.75$Ω,$I_{SC} = 4$A　　　33 答：0.8Ω,0.2W

34 答：10.8A　　　　　35 答：2Ω,5kW　　　　36 答：22Ω,40.91W

37 答：2/3A　　　　　38 答：$U_{OC} = \dfrac{U_S}{1 - \beta}$V,$R_{eq} = \dfrac{\alpha}{\beta - 1}$

39 答：$U_{OC} = 2$V,$R_{eq} = 2$Ω　　　40 答：6A

41 答：①15A,10A,25A,②11A,16A,27A

42 答：$U_{OC} = 10$V,$R_{eq} = 1$Ω,$I_{SC} = 10$A　　　43 答：2Ω,0.5W

44 答：1A　　　　　45 答：11V　　　　　46 答：$U_{OC} = 4$V,$R_{eq} = 2$Ω

47 答：图(a) $U_{OC} = 4$V,$R_{eq} = 4$Ω,$I_{SC} = 8.5$A；图(b) 等效为电流源,$I_{SC} = -2$A；图(c) 等效为电压源,$U_{OC} = 4$V

48 答：发出功率 52W,78W　　　49 答：3,10.42W　　　50 答：3A,3A

第 5 章

1 C　　2 A　　3 B　　4 B　　5 C　　6 C　　7 A　　8 C　　9 B　　10 B

11 C　　12 D　　13 C　　14 B　　15 B　　16 D　　17 A　　18 C　　19 B　　20 A

21 答：$i(t)=10\sin(40\pi t+30°)$A

22 答：$10+j12\Omega$、$2+j4\Omega$、$-8+j56\Omega$、$1.75+j0.25\Omega$

23 答：(1) $\dot{I}_1=2.5\sqrt{2}$A；(2) $\dot{I}_2=5\sqrt{2}\angle 60°$A；(3) $\dot{I}=\dot{I}_1+\dot{I}_2$

24 答：①65°；②95°；③无解；④-65°；⑤-120°

25 答：$8+j12.66,50\angle 113.13°,0.5\angle -6.87°$

26 答：$u(t)=220\sqrt{2}\sin\omega t$V,$i_1(t)=10\sqrt{2}\sin(\omega t+90°)$A,$i_2(t)=10\sin(\omega t-45°)$A

相量形式为：$\dot{U}=220\angle 0°$V　$\dot{I}_1=10\angle 90°$A　$\dot{I}_2=5\sqrt{2}\angle -45°$A

28 答：超前 45°　　　　　　　　　　29 答：1Ω 电阻和 0.1732F 电容

30 答：5A,$5\sqrt{2}$A　　　　　　　　31 答：4V

32 答：①电阻 $R=5\Omega$；②电感 $L=10$H；③电容 $C=2$mF

④ 电阻 $R=\dfrac{5\sqrt{2}}{2}\Omega$ 和电感 $L=\dfrac{5\sqrt{2}}{628}$H

33 答：5V,5V,1V,7V,7V,7V　　　34 答：(a)$30\sqrt{3}$V,(b)25V

35 答：$i_3(t)=\sqrt{6}\sin(314t-30°)$A　　36 答：$i(t)=4\sin(1000t+15°)$A

37 答：①电阻,$R=5\Omega$；②电容,$C=10\mu$F

38 答：图(a)电阻和电容的串联：$R=5\Omega,C\approx 58$mF

图(b)电阻和电感的串联：$R=3\Omega,L=29.33$H

图(c)电阻和电容的串联：$R=3\Omega,C=1/8$F

图(d)电容：$C=1/50$F

39 答：$Z=1+\left(\dfrac{\omega}{100}-\dfrac{10^6}{\omega}\right)\Omega$

40 答：① $\begin{cases} i_1=9\sqrt{2}\cos(10^6 t\pm 180°)A \\ i_2=4\sqrt{2}\cos(10^6 t)A \\ i=5\sqrt{2}\cos(10^6 t\pm 180°)A \end{cases}$ ；②电感元件。

第 6 章

1 B　　2 A　　3 C　　4 C　　5 D　　6 C　　7 B　　8 D　　9 A　　10 B

11 A　　12 D　　13 C　　14 A　　15 B　　16 D　　17 D　　18 A　　19 B　　20 A

21 答：当 $\beta=1$ 时：相当于短路电路

当 $\beta>1$ 时：相当于电感电路，等效电感为：$L_{eq}=\dfrac{\beta-1}{\omega^2 C}$

当 $\beta<1$ 时：相当于电容电路，等效电容为：$C_{eq}=\dfrac{C}{1-\beta}$

22 答：$\omega RC=1$ 23 答：$u_L(t)=6\sin(\omega t-126.87°)\text{V}$

24 答：$\dot{U}=\sqrt{2}\angle-45°\text{V}$ 25 答：$\dot{U}_1=24.8\angle72.3°\text{V}，\dot{U}_2=34.3\angle52.8°\text{V}$

26 答：①$R=1/3\Omega，C=0.4\text{F}$；②$u_{ab}(t)=1.39\sin(5t-33.7°)\text{V}$

27 答：$2.3\angle61.7°\text{A}$

28 答：①$\phi=\arctan(\omega R_2 C_2)-90°-\arctan(\omega R_1 C_1)$；②$R_1 C_1=R_2 C_2$

29 答：①$R=30\Omega$；②$C=79.58\mu\text{F}$ 30 答：$Z=11.5\angle30°\Omega$

31 答：$613\text{W}，-404\text{Var}，735\text{VA}$ 32 答：①$p(t)=500(1+\cos20t)\text{W}$；②$P=500\text{W}$

33 答：①$p_L(t)=50\sin20t\text{W}$；②$w_L(t)=2.5(1-\cos20t)\text{J}$；③$W_L=2.5\text{J}$

34 答：①$p_C(t)=-50\sin20t\text{W}$；②$w_C(t)=2.5(1+\cos20t)\text{J}$；③$W_C=2.5\text{J}$

35 答：$250\text{W}，0.5$ 36 答：$324.76\text{W}，187.5\text{Var}，0.866$

37 答：①$37.5\text{kVar}，62.5\text{kVA}$；②$-24.2\text{kVar}，55.6\text{kVA}$

38 答：$\dot{U}_1=4+\text{j}2\text{V}，\dot{U}_2=6+\text{j}8\text{V}，\dot{I}_C=6-\text{j}2\text{A}$

39 答：$10\text{kW}\quad 20\text{kW}\quad 0\text{W}\quad -30\text{kW}$

40 答：$46.87°$ 41 答：$P_{2\Omega}=1587.6\text{W}，P_{4\Omega}=1587.6\text{W}$

42 答：①$Z_L=0.5+\text{j}9.5\Omega，P_{max}=18\text{W}$；②$R_L=9.513\Omega，P_{max}\approx1.8\text{W}$

43 答：$1-\text{j}，5\text{W}$ 44 答：$86.6\Omega，159\text{mH}，31.85\mu\text{F}$ 45 答：3Ω

46 答：$\dot{I}=1\angle53.1°\text{A}，\dot{U}_{C_1}=\dot{U}_{C_2}=4\angle-36.9°\text{V}，\dot{U}_L=4\angle143.1°\text{V}$

47 答：$u_c=-10\text{V}，i_L=10+\sqrt{2}\cos(10^6 t\pm180°)\text{A}$

48 答：$10+\text{j}10\text{A}，\text{j}100\text{V}$ 49 答：$I=10\text{A}，R_2=X_L=7.5\Omega，X_C=15\Omega$

50 答：①$86.6\Omega，0.159\text{H}，31.85\mu\text{F}$；②$\bar{S}=400\angle-30°\text{VA}$

第 7 章

1 C   2 C   3 B   4 D   5 B   6 A   7 C   8 C   9 D   10 A

11 A   12 B   13 D   14 C   15 A   16 C   17 A   18 B   19 A   20 D

21 答：14.1mH 22 答：$i_1=\dfrac{n_1^2 n_2^2 u_S}{R_L+n_1^2 n_2^2 R_1}，u_{ab}=\dfrac{n_1 n_2 R_L u_S}{R_L+n_1^2 n_2^2 R_1}$

23 答：$n=\sqrt{5}$ 24 答：$Z_{ab}=5\angle-36.87°\Omega$

26 答：$\dot{U}_{OC}=\dfrac{1+\omega^2 MC}{1-\omega^2 LC}\dot{U}_S$ 27 答：$\omega=\dfrac{1}{\sqrt{LC(1+\alpha)}}$ 28 答：$2\angle180°\text{A}$

29 答：$\begin{cases}\left(R_3+\text{j}\omega L_1+\dfrac{1}{\text{j}\omega C_4}\right)\dot{I}_1+\left(\text{j}\omega M-\dfrac{1}{\text{j}\omega C_4}\right)\dot{I}_2=\dot{U}_S\\\left(R_5+\text{j}\omega L_2+\dfrac{1}{\text{j}\omega C_4}\right)\dot{I}_2+\left(\alpha R_5+\text{j}\omega M-\dfrac{1}{\text{j}\omega C_4}\right)\dot{I}_1=0\end{cases}$

30 答：$Z=\dfrac{\mathrm{j}2\omega(5-\sqrt{6})}{2+\mathrm{j}\omega(5-\sqrt{6})}\Omega$　　　　　31 答：$u_2(t)=1.035\cos(t+73°)\text{V}$

32 答：$\left(R_1+\mathrm{j}\omega L_1+\dfrac{1}{\mathrm{j}\omega C}\right)\dot{I}_1+(\mathrm{j}\omega M-R_1)\dot{I}_2-\left(\dfrac{1}{\mathrm{j}\omega C}+\mathrm{j}\omega M\right)\dot{I}_3=0$

$(R_1+\mathrm{j}\omega L_2)\dot{I}_2+(\mathrm{j}\omega M-R_1)\dot{I}_1-\mathrm{j}\omega L_2\dot{I}_3=\dot{U}_S$

$\left(R_2+\mathrm{j}\omega L_2+\dfrac{1}{\mathrm{j}\omega C}\right)\dot{I}_3-\mathrm{j}\omega L_2\dot{I}_2-\left(\dfrac{1}{\mathrm{j}\omega C}+\mathrm{j}\omega M\right)\dot{I}_1=0$

33 答：$\dot{U}_1=100.7\angle-31.5°\text{V},\dot{U}_2=50.35\angle-31.5°\text{V}$,

$\dot{I}_1=0.7\angle24.8°\text{A},\dot{I}_2=1.4\angle-155.2°\text{A}$

34 答：4.8Ω　　　　　　　　　35 答：ω_0 不变,Q 变小

36 答：①$\dot{I}=\dot{I}_1=2-\mathrm{j}9\text{A}$；②$\dot{I}=\dfrac{85}{26}(9-\mathrm{j}7)\text{A}$ 和$\dot{I}_1=\dfrac{85}{26}(-10+\mathrm{j}2)\text{A}$

37 答：$1\Omega,6.25\text{W}$　　　　　　　38 答：$n=0.25$ 或 $n=0.5$

39 答：$i_1=10\cos(t-45°)\text{A},i_2=2.5\sqrt{2}\cos(t)\text{A}$

40 答：①$\dot{I}_1=\dfrac{5}{3\sqrt{2}}\text{A},P_L=5.56\text{W}$；②$R_1=0$ 时,$P_{L\max}=12.5\text{W}$

41 答：$500-\mathrm{j}500\Omega,2.5\text{W}$　　　　42 答：100Ω

43 答：①$\dot{I}_1=5\sqrt{2}\angle-45°\text{A}$　$\dot{U}_2=25\sqrt{2}\angle45°\text{V}$；②$\dot{I}_2=4.85\angle14.04°\text{A}$

44 答：$10\angle-126.9°\text{V}$　　　　　45 答：3H

第 8 章

1 B　　2 D　　3 B　　4 A　　5 A　　6 A　　7 D　　8 B　　9 C　　10 A

11 D　　12 A　　13 B　　14 C　　15 A　　16 C　　17 B　　18 D　　19 A　　20 B

21 答：$\dot{I}_A=1.17\angle-26.975°\text{A},\dot{U}_{A'B'}=375.466\angle30.005°\text{V}$

22 答：$\dot{I}_A=30.09\angle-65.78°\text{A},\dot{I}_{A'B'}=17.37\angle-35.78°\text{A}$

23 答：$I=0$　　　　　　　　　24 答：$7.3\text{A},407\text{V}$

25 答：$220\text{V},7.3\text{A},7.3\text{A},3872\text{W}$

26 答：①$6.64\text{A},1587\text{W}$；②$19.92\text{A},11.5\text{A},4761\text{W}$

③三角形连接负载的总功率是星形连接负载的总功率的 3 倍。

27 答：$400\angle32.73°\text{V}$　　28 答：$\dot{I}_A=17.37\angle0°\text{A}$　　29 答：$\dot{I}_N=27.32\angle30°\text{A}$

30 答：$\dot{I}_A=8.8\angle-83.13°\text{A},\lambda=0.6$

31 答：①$13.21\text{A}$,②$22.88\text{A}$　　　32 答：①$1.17\text{A}$；②$375.466\angle-89.995°\text{V}$

33 答：$2500\text{W},1443.38\text{Var},0.866$

34 答：$3097\text{W},2198\text{Var},3798\text{VA},0.816$

35 答：①$11.5\text{A},4761\text{W}$；②$34.5\text{A},14283\text{W}$

36 答：$11\text{A},5782\text{W},4344\text{Var},7240\text{VA}$

37 答：①$0,5.5\text{A}$；②$3610\text{W}$

38 答：658.18W,0

39 答：40＋j30Ω,325V

40 答：17328W,23104Var

41 答：①$\dot{I}_A=65.82\angle-66.87°$A；②34656W

42 答：①$\dot{I}_A=2.2\angle-53.13°$A,$\dot{I}_N=0$A；②866W

43 答：①$\dot{I}_A=22\angle-53.13°$A,$\dot{I}_N=10.1\angle136.5°$A；②7744W,6292Var

44 答：相电压有效值220V

① $\dot{I}_A=20\angle0°$A,$\dot{I}_B=10\angle-120°$A,$\dot{I}_C=10\angle120°$A,$\dot{I}_N=10\angle0°$A,$P=8800$W

② $\dot{I}_A=30\angle0°$A,$\dot{I}_B=10\sqrt{3}\angle-150°$A,$\dot{I}_C=10\sqrt{3}\angle150°$A

45 答：①$\dot{U}_{BC}=488\angle-91.79°$V,$\dot{U}_{B'C'}=380\angle-90°$V ②$P=23253$W

第 9 章

1 D	2 C	3 A	4 C	5 D	6 A	7 B	8 D	9 B	10 A
11 A	12 D	13 D	14 D	15 C	16 B	17 A	18 D	19 A	20 B

21 答：$u_C=12$V,$i_1=0$A,$i_2=6$mA,$i_C=-6$mA

22 答：$i_L=1$A,$i=5/3$A,$i_k=2/3$A,$u_L=-4$V

23 答：$u_C=6$V,$u_{20k}=4$V,$u_{30k}=0$V,$i_C=0.2$mA

24 答：$i_L=2$A,$i_R=10$A,$u_R=10$V,$u_{R1}=8$V,$u_L=-8$V

25 答：$u_C=2$V,$i=-2.5$A,$i_C=-4.5$A

26 答：(a)$u_C(0)=4$V,$i_L(0)=0$A；(b)$i_L(0)==2$A,$u_L(0)=15.32$V

27 答：1/16s　　　　　　　　28 答：100kΩ

29 答：所以：$u_C(t)=\dfrac{6}{13}e^{-\frac{11000}{3}t}$V,$i(t)=\dfrac{6}{65}e^{-\frac{11000}{3}t}$A

30 答：$i_L(t)=1.2e^{-50t}$A,$u_L(t)=-6e^{-50t}$V

31 答：$i_L(t)=\dfrac{5}{22}e^{-1000t}$A,$u_C(t)=\dfrac{250}{11}e^{-1000t}$V,$i_C(t)=\dfrac{5}{22}e^{-1000t}$A,$i(t)=0$A

32 答：$i_L(t)=2e^{-2t}$A　　　　　33 答：4/3kΩ,12μF

34 答：$\dfrac{5}{4}e^{-\frac{t}{12}}$V　　　　　35 答：$\dfrac{6}{25}(e^{-500t}-e^{-1000t})$A

36 答：①$\dfrac{du_C}{dt}+1000u_C=10000$；②$10-10e^{-1000t}$V,$-10(2-e^{-1000t})$W(发出)

37 答：①$\dfrac{di_L}{dt}+100i_L=50$；②$0.5(1-e^{-100t})$A,$-(7.5-2.5e^{-100t})$W(发出)

38 答：$\dfrac{8}{3}(1-e^{-30000t})$V,$\dfrac{2}{3}+\dfrac{8}{15}e^{-30000t}$A

39 答：$-\dfrac{55}{37}(1-e^{-\frac{185}{6}t})$A,$\dfrac{40}{37}-\dfrac{55}{222}e^{-\frac{185}{6}t}$V

40 答：$u_C(t)=-131.65e^{-500t}+131.74\cos(314t-2.13°)$V

41 答：$i_L(t) = -0.4e^{-10t} + 0.45\cos(314t - 28.18°)\text{A}$

42 答：$i_L(t) = 5(1 - e^{-t})\text{A}, u_L(t) = 5e^{-t}\text{V}$

43 答：(1) $20 - 5e^{-0.25t}\text{V}, 1.25e^{-0.25t}\text{A}, -100 + 25e^{-0.25t}\text{W}$(发出)

(2) $20 + 5e^{-0.25t}\text{V}, -1.25e^{-0.25t}\text{A}, -100 - 25e^{-0.25t}\text{W}$(发出)

44 答：$\dfrac{8}{5} + \dfrac{2}{5}e^{-25t}\text{A}, \dfrac{8}{5} + \dfrac{17}{5}e^{-25t}\text{A}$

45 答：$20 - 8e^{-10^6 t}\text{V}, -40 + 16e^{-10^6 t}\text{W}$(发出)

46 答：$12 + 8e^{-10^5 t}\text{V}, \dfrac{24}{25}e^{-10^5 t}\text{W}$(吸收)

47 答：$\dfrac{4}{7} + \dfrac{3}{7}e^{-\frac{140}{11}t}\text{A}, \dfrac{8}{7} - \dfrac{18}{77}e^{-\frac{140}{11}t}\text{A}$

48 答：(1)$u_C(t) = -73.359e^{-1500000t} + 207.418\cos(314t + 49.988°)\text{V}$；(2)$I_S = 22.226\text{A}$

49 答：$\dfrac{20}{3} - \dfrac{23}{3}e^{-3t}\text{A}$　　　50 答：$10 - e^{-400000t}\text{A}, 1.2e^{-400000t}\text{A}, 6 - 3e^{-400000t}\text{V}$

51 答：$t + e^{-t}\text{V}$　　　　　52 答：(1)1.1Ω；(2)24V

53 答：$72 - 60e^{-t}\text{V}$

54 答：零输入响应：$5e^{-50t}\text{V}$,零状态响应：$-10(1 - e^{-50t})\text{V}$,全响应：$-10 + 15e^{-50t}\text{V}$
稳态分量：-10V,暂态分量：$15e^{-50t}\text{V}$

55 答：$\dfrac{4}{3} - \dfrac{1}{3}e^{-\frac{3}{4}t}\text{A}$　　　56 答：$52e^{-100t}\text{A}$　　　57 答：$2(1 - e^{-\frac{10^6}{21}t})\text{V}$

58 答：$3 - 2e^{-2t}\text{A}$　　　59 答：$\left(\dfrac{5}{8} - \dfrac{1}{8}e^{-t}\right)\text{V}$

60 答：$u_{ab} = 0.25(1 - e^{-0.5t})\varepsilon(t)\text{V}$

第 10 章

1 D　　2 B　　3 B　　4 D　　5 C　　6 A　　7 A　　8 B　　9 C　　10 D
11 A　　12 B　　13 C　　14 D　　15 C　　16 A　　17 A　　18 B　　19 D　　20 A

21 答：(1) $0.5\varepsilon(t) - 0.5e^{-t}\varepsilon(t)\text{A}, 0.5\varepsilon(t) - 0.25e^{-t}\varepsilon(t)\text{A}$

(2) $0.5\varepsilon(t) + 1.5e^{-t}\varepsilon(t)\text{A}, 0.5\varepsilon(t) + 0.75e^{-t}\varepsilon(t)\text{A}$

22 答：(1)$\dfrac{20}{3}\varepsilon(t) - \dfrac{20}{3}e^{-1.5t}\varepsilon(t)\text{V}$；(2)$\dfrac{20}{3}\varepsilon(t) - \dfrac{5}{3}e^{-1.5t}\varepsilon(t)\text{V}$

23 答：$i_L(t) = (1 - e^{-2t})\varepsilon(t) - (1 - e^{-2(t-1)})\varepsilon(t-1)]\text{A}$

24 答：$s(t) = -2(1 - e^{-t})\varepsilon(t) + 6(1 - e^{-(t-3)})\varepsilon(t-3) - 4(1 - e^{-(t-4)})\varepsilon(t-4)$

25 答：$i(t) = 0.2\varepsilon(t) - 0.15e^{-10^4 t}\varepsilon(t)\text{A}$

26 答：$i_L(t) = (1 - e^{-\frac{t}{6}})\varepsilon(t) + (1 - e^{-\frac{t-1}{6}})\varepsilon(t-1) - 2(1 - e^{-\frac{t-2}{6}})\varepsilon(t-2)\text{A}$

$u_L(t) = \dfrac{5}{6}e^{-\frac{t}{6}}\varepsilon(t) + \dfrac{5}{6}e^{-\frac{t-1}{6}}\varepsilon(t-1) - \dfrac{5}{3}e^{-\frac{t-2}{6}}\varepsilon(t-2)\text{V}$

27 答：$u_C(t) = 9e^{-10t}\varepsilon(t) + 11e^{-10t}\text{V}, u(t) = \delta(t) - 20e^{-10t}\varepsilon(t)\text{V}$

30 答：$u_C(t) = \dfrac{\sqrt{5}}{5}(e^{-\frac{3-\sqrt{5}}{2}t} - e^{-\frac{3+\sqrt{5}}{2}t})\text{V}, i_L(t) = \dfrac{5-3\sqrt{5}}{40}e^{-\frac{3-\sqrt{5}}{2}t} + \dfrac{5+3\sqrt{5}}{40}e^{-\frac{3+\sqrt{5}}{2}t}\text{A}$

38 答：658.18W,0

39 答：$40+j30\Omega,325V$

40 答：17328W,23104Var

41 答：①$\dot{I}_A=65.82\angle-66.87°A$；②34656W

42 答：①$\dot{I}_A=2.2\angle-53.13°A,\dot{I}_N=0A$；②866W

43 答：①$\dot{I}_A=22\angle-53.13°A,\dot{I}_N=10.1\angle136.5°A$；②7744W,6292Var

44 答：相电压有效值220V

① $\dot{I}_A=20\angle0°A,\dot{I}_B=10\angle-120°A,\dot{I}_C=10\angle120°A,\dot{I}_N=10\angle0°A,P=8800W$

② $\dot{I}_A=30\angle0°A,\dot{I}_B=10\sqrt{3}\angle-150°A,\dot{I}_C=10\sqrt{3}\angle150°A$

45 答：①$\dot{U}_{BC}=488\angle-91.79°V,\dot{U}_{B'C'}=380\angle-90°V$ ②P=23253W

第 9 章

1 D	2 C	3 A	4 C	5 D	6 A	7 B	8 D	9 B	10 A
11 A	12 D	13 D	14 D	15 C	16 B	17 A	18 D	19 A	20 B

21 答：$u_C=12V,i_1=0A,i_2=6mA,i_c=-6mA$

22 答：$i_L=1A,i=5/3A,i_k=2/3A,u_L=-4V$

23 答：$u_C=6V,u_{20k}=4V,u_{30k}=0V,i_C=0.2mA$

24 答：$i_L=2A,i_R=10A,u_R=10V,u_{R1}=8V,u_L=-8V$

25 答：$u_C=2V,i=-2.5A,i_c=-4.5A$

26 答：(a)$u_C(0)=4V,i_L(0)=0A$；(b)$i_L(0)==2A,u_L(0)=15.32V$

27 答：1/16s   **28 答：**$100k\Omega$

29 答：所以：$u_C(t)=\dfrac{6}{13}e^{-\frac{11000}{3}t}V,i(t)=\dfrac{6}{65}e^{-\frac{11000}{3}t}A$

30 答：$i_L(t)=1.2e^{-50t}A,u_L(t)=-6e^{-50t}V$

31 答：$i_L(t)=\dfrac{5}{22}e^{-1000t}A,u_C(t)=\dfrac{250}{11}e^{-1000t}V,i_C(t)=\dfrac{5}{22}e^{-1000t}A,i(t)=0A$

32 答：$i_L(t)=2e^{-2t}A$ **33 答：**$4/3k\Omega,12\mu F$

34 答：$\dfrac{5}{4}e^{-\frac{t}{12}}V$ **35 答：**$\dfrac{6}{25}(e^{-500t}-e^{-1000t})A$

36 答：①$\dfrac{du_C}{dt}+1000u_C=10000$；②$10-10e^{-1000t}V,-10(2-e^{-1000t})W$（发出）

37 答：①$\dfrac{di_L}{dt}+100i_L=50$；②$0.5(1-e^{-100t})A,-(7.5-2.5e^{-100t})W$（发出）

38 答：$\dfrac{8}{3}(1-e^{-30000t})V,\dfrac{2}{3}+\dfrac{8}{15}e^{-30000t}A$

39 答：$-\dfrac{55}{37}(1-e^{-\frac{185}{6}t})A,\dfrac{40}{37}-\dfrac{55}{222}e^{-\frac{185}{6}t}V$

40 答：$u_C(t)=-131.65e^{-500t}+131.74\cos(314t-2.13°)V$

41 答：$i_L(t) = -0.4e^{-10t} + 0.45\cos(314t - 28.18°)$ A

42 答：$i_L(t) = 5(1 - e^{-t})$ A，$u_L(t) = 5e^{-t}$ V

43 答：(1) $20 - 5e^{-0.25t}$ V，$1.25e^{-0.25t}$ A，$-100 + 25e^{-0.25t}$ W(发出)

(2) $20 + 5e^{-0.25t}$ V，$-1.25e^{-0.25t}$ A，$-100 - 25e^{-0.25t}$ W(发出)

44 答：$\dfrac{8}{5} + \dfrac{2}{5}e^{-25t}$ A，$\dfrac{8}{5} + \dfrac{17}{5}e^{-25t}$ A

45 答：$20 - 8e^{-10^6 t}$ V，$-40 + 16e^{-10^6 t}$ W(发出)

46 答：$12 + 8e^{-10^5 t}$ V，$\dfrac{24}{25}e^{-10^5 t}$ W(吸收)

47 答：$\dfrac{4}{7} + \dfrac{3}{7}e^{-\frac{140}{11}t}$ A，$\dfrac{8}{7} - \dfrac{18}{77}e^{-\frac{140}{11}t}$ A

48 答：(1) $u_C(t) = -73.359e^{-1500000t} + 207.418\cos(314t + 49.988°)$ V；(2) $I_s = 22.226$ A

49 答：$\dfrac{20}{3} - \dfrac{23}{3}e^{-3t}$ A   50 答：$10 - e^{-400000t}$ A，$1.2e^{-400000t}$ A，$6 - 3e^{-400000t}$ V

51 答：$t + e^{-t}$ V   52 答：(1) 1.1Ω；(2) 24 V

53 答：$72 - 60e^{-t}$ V

54 答：零输入响应：$5e^{-50t}$ V，零状态响应：$-10(1 - e^{-50t})$ V，全响应：$-10 + 15e^{-50t}$ V
稳态分量：-10 V，暂态分量：$15e^{-50t}$ V

55 答：$\dfrac{4}{3} - \dfrac{1}{3}e^{-\frac{3}{4}t}$ A   56 答：$52e^{-100t}$ A   57 答：$2(1 - e^{-\frac{10^6}{21}t})$ V

58 答：$3 - 2e^{-2t}$ A   59 答：$\left(\dfrac{5}{8} - \dfrac{1}{8}e^{-t}\right)$ V

60 答：$u_{ab} = 0.25(1 - e^{-0.5t})\varepsilon(t)$ V

第 10 章

1 D   2 B   3 B   4 D   5 C   6 A   7 A   8 B   9 C   10 D
11 A   12 B   13 C   14 D   15 C   16 A   17 A   18 B   19 D   20 A

21 答：(1) $0.5\varepsilon(t) - 0.5e^{-t}\varepsilon(t)$ A，$0.5\varepsilon(t) - 0.25e^{-t}\varepsilon(t)$ A

(2) $0.5\varepsilon(t) + 1.5e^{-t}\varepsilon(t)$ A，$0.5\varepsilon(t) + 0.75e^{-t}\varepsilon(t)$ A

22 答：(1) $\dfrac{20}{3}\varepsilon(t) - \dfrac{20}{3}e^{-1.5t}\varepsilon(t)$ V；(2) $\dfrac{20}{3}\varepsilon(t) - \dfrac{5}{3}e^{-1.5t}\varepsilon(t)$ V

23 答：$i_L(t) = (1 - e^{-2t})\varepsilon(t) - (1 - e^{-2(t-1)})\varepsilon(t-1)]$ A

24 答：$s(t) = -2(1 - e^{-t})\varepsilon(t) + 6(1 - e^{-(t-3)})\varepsilon(t-3) - 4(1 - e^{-(t-4)})\varepsilon(t-4)$

25 答：$i(t) = 0.2\varepsilon(t) - 0.15e^{-10^4 t}\varepsilon(t)$ A

26 答：$i_L(t) = (1 - e^{-\frac{t}{6}})\varepsilon(t) + (1 - e^{-\frac{t-1}{6}})\varepsilon(t-1) - 2(1 - e^{-\frac{t-2}{6}})\varepsilon(t-2)$ A

$u_L(t) = \dfrac{5}{6}e^{-\frac{t}{6}}\varepsilon(t) + \dfrac{5}{6}e^{-\frac{t-1}{6}}\varepsilon(t-1) - \dfrac{5}{3}e^{-\frac{t-2}{6}}\varepsilon(t-2)$ V

27 答：$u_C(t) = 9e^{-10t}\varepsilon(t) + 11e^{-10t}$ V，$u(t) = \delta(t) - 20e^{-10t}\varepsilon(t)$ V

30 答：$u_C(t) = \dfrac{\sqrt{5}}{5}(e^{-\frac{3-\sqrt{5}}{2}t} - e^{-\frac{3+\sqrt{5}}{2}t})$ V，$i_L(t) = \dfrac{5 - 3\sqrt{5}}{40}e^{-\frac{3-\sqrt{5}}{2}t} + \dfrac{5 + 3\sqrt{5}}{40}e^{-\frac{3+\sqrt{5}}{2}t}$ A

31 答：$u_C(t) = 6\mathrm{e}^{-2t} - 4\mathrm{e}^{-4t}\,\mathrm{V}, i_L(t) = -3\mathrm{e}^{-2t} + 4\mathrm{e}^{-4t}\,\mathrm{A}$

32 答：$i_L(t) = 12\mathrm{e}^{-2000t}\varepsilon(t)\,\mathrm{A}, u_C(t) = 10\mathrm{e}^{-5t}\varepsilon(t)\,\mathrm{V}$

33 答：不是振荡电路。

34 答：$i_L(t) = 0.2 - 0.201\mathrm{e}^{-10t}\cos(99.5t - 5.74°)\,\mathrm{A}$

35 答：$u_C(t) = 150 + 13.5(\mathrm{e}^{-t} - \mathrm{e}^{-9t})\,\mathrm{V}$　　　36 答：$3000, 1000$

37 答：$0, 15\mathrm{V}, -8$　　　　　　　　38 答：$u_C(t) = (8 + 16t)\mathrm{e}^{-4t}\,\mathrm{V}$

39 答：$u_1(t) = \dfrac{5}{3}\mathrm{e}^{-2t} - \dfrac{2}{3}\mathrm{e}^{-0.5t}\,\mathrm{V}$

40 答：$i(t) = \left(\dfrac{1}{13} + 0.148\mathrm{e}^{-24.7t} - 0.225\mathrm{e}^{-105.3t}\right)\varepsilon(t)\,\mathrm{A}$

第 11 章

1 B　　2 A　　3 C　　4 D　　5 C　　6 B　　7 C　　8 B　　9 D　　10 A

11 B　　12 C　　13 C　　14 D　　15 A　　16 D　　17 C　　18 D　　19 A　　20 B

21 答：$f(t) = U\left[\dfrac{1}{2} + \dfrac{2}{\pi}\left(\sin\omega t + \dfrac{1}{3}\sin3\omega t + \dfrac{1}{5}\sin5\omega t + \cdots\right)\right]$

$f(t) = U\left[\dfrac{1}{2} - \dfrac{1}{\pi}\left(\sin\omega t + \dfrac{1}{2}\sin2\omega t + \dfrac{1}{3}\sin3\omega t + \cdots\right)\right]$

22 答：$4\mathrm{H}, 4/3\mathrm{H}$　　　　　23 答：$3\sin(3t - 52.5°) + 0.174\cos(4t + 65.5°)\,\mathrm{V}$

24 答：$1\mathrm{A}$　$2.1\mathrm{A}$　$2.1\mathrm{A}$　$42.4\mathrm{V}$　$42.4\mathrm{V}$

25 答：$(1)10\Omega, 9\mathrm{mH}, 0.1\mathrm{F}; (2)-100°; (3)515\mathrm{W}$

26 答：$i = \sum\dfrac{652.94}{\sqrt{k^4 - 49k^2 + 49^2}}\cos\left(k\omega_1 t - \arctan\dfrac{0.143k^2 - 7}{k}\right)\mathrm{A}, k\,取奇数$

$P = \sum\dfrac{639500}{k^4 - 49k^2 + 49^2}\,\mathrm{W}, k\,取奇数$

27 答：$4\Omega, 250\mu\mathrm{F}, 0.8$

28 答：

$u_R(t) = 200\left[1 - \dfrac{157}{200}A_1\sin(\omega t + \varphi_1) + \dfrac{1}{3}A_2\sin(2\omega t + \varphi_2) - \dfrac{1}{15}A_4\sin(4\omega t + \varphi_4) + \right.$

$\left. \dfrac{1}{35}A_6\sin(6\omega t + \varphi_6) - \dfrac{1}{63}A_8\sin(8\omega t + \varphi_8)\cdots\right]$

$A_k = \left|\dfrac{-\mathrm{j}2000}{628k + \mathrm{j}(9859.6k^2 - 2000)}\right|, \quad \varphi_k = -\arctan\left(\dfrac{9859.6k^2 - 2000}{628k}\right)$

29 答：$L = \dfrac{1}{9\omega_1^2}$，则 $C = \dfrac{1}{49\omega_1^2}$；或者 $L = \dfrac{1}{49\omega_1^2}$，则 $C = \dfrac{1}{9\omega_1^2}$

30 答：A_1、A_2、V 的读数：$9.35\mathrm{A}$、$9.42\mathrm{A}$、$269.86\mathrm{V}$

电流源吸收功率：$93.7\mathrm{W}$，电压源发出功率：$93.7\mathrm{W}$

31 答：$154.27\mathrm{V}, 127.28\mathrm{V}$

32 答：$79\mathrm{V}, 1.778\mathrm{A}, 94.8\mathrm{W}$

33 答：①基波阻抗：$5\angle30°\Omega$、3 次谐波阻抗：$6\angle55°\Omega$；②7.9A；③259.5W

34 答：$u_R=0.5+1.414\sin(1.5t+45°)+1.414\sin(2t+143.13°)$V，3.75W

35 答：23A，155V，405W

36 答：①基波阻抗：$4\angle-30°\Omega$；3 次谐波阻抗：$2\angle45°\Omega$；②44.72V；③265.57W

37 答：0.967V，0.255V

38 答：$3+\sqrt{2}\sin(t+45°)+\sqrt{0.2}\sin(3t+71.6°)$A，20.2W，$-1.3$Var，3.46A，3.18A

39 答：79.5W   41 答：1.11   42 答：0.2W

43 答：$(1)i=10\sqrt{2}\sin(5t+45°)$A；$(2)12.5$W，50W

44 答：$20+17.86\sin(\omega t+52.875°)+36\sin(3\omega t-60°)$V，$80+64\sin(\omega t+60°)+48\sin(3\omega t+30°)$V

45 答：$i=[1+0.5\sqrt{2}\sin(\omega t+45°)+0.291\sqrt{2}\sin(3\omega t+45.9°)]$A

46 答：79.1V，1.78A，95W

47 答：$i_e=0.626\sqrt{2}\sin(314t-85.2°)$A

48 答：5A，20V

49 答：0.39μF   75.13μF $u_{C1}=1695\cos314t+40\sin942t$V $u_{C2}=-1695\cos314t$V

50 答：10Ω，317mH，319.7μF，$-99.4°$，515W

第 12 章

1 A   2 C   3 A   4 D   5 A   6 D   7 B   8 A   9 C   10 D

11 C   12 A   13 C   14 D   15 B   16 A   17 C   18 B   19 D   20 C

23 答：$i_L(t)=1-1.5e^{-50t}+0.5e^{-150t}$A

24 答：$u_L(t)=-3e^{-t}+18e^{-6t}$V

25 答：$i_L(t)=5+1500te^{-200t}$A

26 答：$u_C(t)=-4\times10^{-3}e^{-50t}+2\sin(1000t-87.138°)$V

27 答：$i_1(t)=1-0.2e^{-0.2t}$A，$i_2(t)=0.4e^{-0.2t}$A

28 答：$i_2(t)=e^{-0.5t}-e^{-2.5t}$A

29 答：$u_C(t)=4+1.85e^{-17t}\cos(\sqrt{71}t-30°)$V

30 答：$i_L(t)=\dfrac{1}{6}[e^{-t}+(t-1)\varepsilon(t)-(t-1)\varepsilon(t-1)]$A

31 答：$u(t)=1-0.5e^{-t}-0.5e^{-2t}$V

32 答：$i(t)=0.15\delta(t)$mA，$u_C(t)=50\varepsilon(t)$V

33 答：$i(t)=\dfrac{2}{3}\delta(t)+\dfrac{1}{6}e^{-\frac{5}{4}t}$A，$u_C(t)=\dfrac{4}{5}\varepsilon(t)-\dfrac{2}{15}e^{-\frac{5}{4}t}$V

34 答：$u_1(t)=\dfrac{2}{3}(1-e^{-3t})$V，$u_2(t)=\dfrac{1}{3}(1+2e^{-3t})$V

35 答：$i_1(t)=\varepsilon(t)$A，$u_{L2}(t)=-\delta(t)$V

36 答：$i_L(t)=24+20e^{-3t}-344e^{-7t}+368e^{-9t}$A

31 答：$u_C(t) = 6e^{-2t} - 4e^{-4t}$ V，$i_L(t) = -3e^{-2t} + 4e^{-4t}$ A

32 答：$i_L(t) = 12e^{-2000t}\varepsilon(t)$ A，$u_C(t) = 10e^{-5t}\varepsilon(t)$ V

33 答：不是振荡电路。

34 答：$i_L(t) = 0.2 - 0.201e^{-10t}\cos(99.5t - 5.74°)$ A

35 答：$u_C(t) = 150 + 13.5(e^{-t} - e^{-9t})$ V　　36 答：3000，1000

37 答：0，15V，−8　　　　　　　38 答：$u_C(t) = (8 + 16t)e^{-4t}$ V

39 答：$u_1(t) = \dfrac{5}{3}e^{-2t} - \dfrac{2}{3}e^{-0.5t}$ V

40 答：$i(t) = \left(\dfrac{1}{13} + 0.148e^{-24.7t} - 0.225e^{-105.3t}\right)\varepsilon(t)$ A

第 11 章

1 B　　2 A　　3 C　　4 D　　5 C　　6 B　　7 C　　8 B　　9 D　　10 A

11 B　　12 C　　13 C　　14 D　　15 A　　16 D　　17 C　　18 D　　19 A　　20 B

21 答：$f(t) = U\left[\dfrac{1}{2} + \dfrac{2}{\pi}\left(\sin\omega t + \dfrac{1}{3}\sin3\omega t + \dfrac{1}{5}\sin5\omega t + \cdots\right)\right]$

　　　$f(t) = U\left[\dfrac{1}{2} - \dfrac{1}{\pi}\left(\sin\omega t + \dfrac{1}{2}\sin2\omega t + \dfrac{1}{3}\sin3\omega t + \cdots\right)\right]$

22 答：4H，4/3H　　　　23 答：$3\sin(3t - 52.5°) + 0.174\cos(4t + 65.5°)$ V

24 答：1A　2.1A　2.1A　42.4V　42.4V

25 答：(1)10Ω，9mH，0.1F；(2)−100°；(3)515W

26 答：$i = \sum \dfrac{652.94}{\sqrt{k^4 - 49k^2 + 49^2}}\cos\left(k\omega_1 t - \arctan\dfrac{0.143k^2 - 7}{k}\right)$ A，k 取奇数

　　　$P = \sum \dfrac{639500}{k^4 - 49k^2 + 49^2}$ W，k 取奇数

27 答：4Ω，250μF，0.8

28 答：

$u_R(t) = 200\left[1 - \dfrac{157}{200}A_1\sin(\omega t + \varphi_1) + \dfrac{1}{3}A_2\sin(2\omega t + \varphi_2) - \dfrac{1}{15}A_4\sin(4\omega t + \varphi_4) + \right.$

$\left. \dfrac{1}{35}A_6\sin(6\omega t + \varphi_6) - \dfrac{1}{63}A_8\sin(8\omega t + \varphi_8)\cdots\right]$

$A_k = \left|\dfrac{-j2000}{628k + j(9859.6k^2 - 2000)}\right|$，　$\varphi_k = -\arctan\left(\dfrac{9859.6k^2 - 2000}{628k}\right)$

29 答：$L = \dfrac{1}{9\omega_1^2}$，则 $C = \dfrac{1}{49\omega_1^2}$；或者 $L = \dfrac{1}{49\omega_1^2}$，则 $C = \dfrac{1}{9\omega_1^2}$

30 答：A_1、A_2、V 的读数：9.35A，9.42A，269.86V

电流源吸收功率：93.7W，电压源发出功率：93.7W

31 答：154.27V，127.28V

32 答：79V，1.778A，94.8W

33 答：①基波阻抗：$5\angle30°\Omega$、3次谐波阻抗：$6\angle55°\Omega$；②7.9A；③259.5W

34 答：$u_R=0.5+1.414\sin(1.5t+45°)+1.414\sin(2t+143.13°)$V，3.75W

35 答：23A，155V，405W

36 答：①基波阻抗：$4\angle-30°\Omega$；3次谐波阻抗：$2\angle45°\Omega$；②44.72V；③265.57W

37 答：0.967V，0.255V

38 答：$3+\sqrt{2}\sin(t+45°)+\sqrt{0.2}\sin(3t+71.6°)$A，20.2W，$-1.3$Var，3.46A，3.18A

39 答：79.5W　　41 答：1.11　　42 答：0.2W

43 答：(1) $i=10\sqrt{2}\sin(5t+45°)$A；(2)12.5W，50W

44 答：$20+17.86\sin(\omega t+52.875°)+36\sin(3\omega t-60°)$V，$80+64\sin(\omega t+60°)+48\sin(3\omega t+30°)$V

45 答：$i=[1+0.5\sqrt{2}\sin(\omega t+45°)+0.291\sqrt{2}\sin(3\omega t+45.9°)]$A

46 答：79.1V，1.78A，95W

47 答：$i_e=0.626\sqrt{2}\sin(314t-85.2°)$A

48 答：5A，20V

49 答：0.39μF　75.13μF　$u_{C1}=1695\cos314t+40\sin942t$V　$u_{C2}=-1695\cos314t$V

50 答：10Ω，317mH，319.7μF，$-99.4°$，515W

第 12 章

1 A　　2 C　　3 A　　4 D　　5 A　　6 D　　7 B　　8 A　　9 C　　10 D

11 C　　12 A　　13 C　　14 D　　15 B　　16 A　　17 C　　18 B　　19 D　　20 C

23 答：$i_L(t)=1-1.5e^{-50t}+0.5e^{-150t}$A

24 答：$u_L(t)=-3e^{-t}+18e^{-6t}$V

25 答：$i_L(t)=5+1500te^{-200t}$A

26 答：$u_C(t)=-4\times10^{-3}e^{-50t}+2\sin(1000t-87.138°)$V

27 答：$i_1(t)=1-0.2e^{-0.2t}$A，$i_2(t)=0.4e^{-0.2t}$A

28 答：$i_2(t)=e^{-0.5t}-e^{-2.5t}$A

29 答：$u_C(t)=4+1.85e^{-17t}\cos(\sqrt{71}t-30°)$V

30 答：$i_L(t)=\dfrac{1}{6}[e^{-t}+(t-1)\varepsilon(t)-(t-1)\varepsilon(t-1)]$A

31 答：$u(t)=1-0.5e^{-t}-0.5e^{-2t}$V

32 答：$i(t)=0.15\delta(t)$mA，$u_C(t)=50\varepsilon(t)$V

33 答：$i(t)=\dfrac{2}{3}\delta(t)+\dfrac{1}{6}e^{-\frac{5}{4}t}$A，$u_C(t)=\dfrac{4}{5}\varepsilon(t)-\dfrac{2}{15}e^{-\frac{5}{4}t}$V

34 答：$u_1(t)=\dfrac{2}{3}(1-e^{-3t})$V，$u_2(t)=\dfrac{1}{3}(1+2e^{-3t})$V

35 答：$i_1(t)=\varepsilon(t)$A，$u_{L2}(t)=-\delta(t)$V

36 答：$i_L(t)=24+20e^{-3t}-344e^{-7t}+368e^{-9t}$A

37 答：$u_C(t) = 12e^{-t} - 6e^{-2t} \text{V}$

38 答：$u_C(t) = 2 - 2e^{-\frac{10^6}{21}t} \text{V}$

39 答：$u_C(t) = 5 + 100(1 - e^{-12.5t})\sin(10^3 t) - 5e^{-12.5t}\cos(10^3 t) \text{V}$

40 答：$i(t) = -e^{-0.2t} \text{A}$

第 13 章

1 A　　2 C　　3 B　　4 B　　5 A　　6 D　　7 D　　8 D　　9 B　　10 B
11 A　　12 A　　13 C　　14 C　　15 D　　16 A　　17 A　　18 B　　19 C　　20 C

21 答：$\boldsymbol{Y} = \begin{vmatrix} \dfrac{1}{j\omega L} & -\dfrac{1}{j\omega L} \\ -\dfrac{1}{j\omega L} & j\left(\omega C - \dfrac{1}{\omega L}\right) \end{vmatrix}$，$\boldsymbol{Z} = \begin{vmatrix} j\left(\omega L - \dfrac{1}{\omega C}\right) & \dfrac{1}{j\omega C} \\ \dfrac{1}{j\omega C} & \dfrac{1}{j\omega C} \end{vmatrix}$，$\boldsymbol{T} = \begin{vmatrix} 1 - \omega^2 LC & j\omega L \\ j\omega L & 1 \end{vmatrix}$

22 答：$\boldsymbol{Z} = \begin{vmatrix} \dfrac{R}{2R+1} & \dfrac{R}{2R+1} \\ \dfrac{R}{2R+1} & \dfrac{R}{2R+1} \end{vmatrix}$

23 答：(a)$\boldsymbol{Y} = \begin{vmatrix} \dfrac{5}{12} & -\dfrac{1}{12} \\ -\dfrac{1}{4} & \dfrac{1}{4} \end{vmatrix}$；(b)$\boldsymbol{Y} = \begin{vmatrix} 1.5 & 0.5 \\ 4 & 0 \end{vmatrix}$

24 答：$R_1 = R_2 = R_3 = 5\Omega, r = 3\Omega$

25 答：$\boldsymbol{Y} = \begin{vmatrix} Y_a + Y_b & -Y_b \\ -g - Y_b & Y_a + Y_b \end{vmatrix}$

28 答：$\boldsymbol{Y} = \begin{vmatrix} \dfrac{Z_1 + Z_2}{2Z_1 Z_2} & \dfrac{Z_1 - Z_2}{2Z_1 Z_2} \\ \dfrac{Z_1 - Z_2}{2Z_1 Z_2} & \dfrac{Z_1 + Z_2}{2Z_1 Z_2} \end{vmatrix}$

30 答：$\boldsymbol{Y} = \begin{bmatrix} \dfrac{1}{R} & -\dfrac{n}{R} \\ -\dfrac{n}{R} & \dfrac{n^2}{R} \end{bmatrix}$，无 $\boldsymbol{Z}$ 阻抗参数矩阵

31 答：$\boldsymbol{H} = \begin{bmatrix} j3 & -1 \\ 1+j6 & -2 \end{bmatrix}$

32 答：$\boldsymbol{Y} = \begin{vmatrix} 3 & -3 \\ -3 & 3 \end{vmatrix} \text{S}, \boldsymbol{Y} = \begin{vmatrix} 1/R & -5/R \\ -1/R & 5/R \end{vmatrix} \text{S}$

33 答：$\boldsymbol{T} = \begin{vmatrix} \dfrac{L_1}{M} & j\omega \dfrac{L_1 L_2 - M^2}{M} \\ \dfrac{1}{j\omega M} & \dfrac{L_2}{M} \end{vmatrix}$

34 答：$\boldsymbol{Z} = \begin{bmatrix} R_1 + R_3 & R_3 \\ R_3 - R_1 R_2 g_m & R_2 + R_3 \end{bmatrix}$

35 答：$\boldsymbol{T} = \begin{vmatrix} 1 & 6 \\ \dfrac{1}{3} & 3 \end{vmatrix}$，互易

36 答：$\boldsymbol{Y} = \begin{vmatrix} \dfrac{1}{R} + j\omega(C_1 + C_2) & -j\omega C_2 \\ g - j\omega C_2 & j\omega C_2 \end{vmatrix}$

37 答：$\boldsymbol{H} = \begin{vmatrix} \dfrac{2}{3} & \dfrac{4}{3} \\ 0 & -1 \end{vmatrix}$

38 答：$\boldsymbol{H} = \begin{vmatrix} \dfrac{R_1 R_2 + R_2 R_3(1-\alpha) + R_3 R_1}{R_2 + R_3} & \dfrac{R_2}{R_2 + R_3} \\ -\dfrac{R_2 + \alpha R_3}{R_2 + R_3} & \dfrac{1}{R_2 + R_3} \end{vmatrix}$

39 答：$\begin{vmatrix} j\dfrac{(\omega^2 LC)^2 - 3\omega^2 LC + 1}{\omega L(\omega^2 LC - 2)} & \dfrac{(\omega^2 LC - 1)^2}{j\omega L(\omega^2 LC - 2)} \\ \dfrac{(\omega^2 LC - 1)^2}{j\omega L(\omega^2 LC - 2)} & j\dfrac{(\omega^2 LC)^2 - 3\omega^2 LC + 1}{\omega L(\omega^2 LC - 2)} \end{vmatrix}$

40 答：$\begin{vmatrix} -4+j5 & 2+j4 \\ -3+j & j3 \end{vmatrix}$

第 14 章

1 C   2 B   3 D   4 A   5 B   6 C   7 B   8 C   9 D   10 A

11 C   12 A   13 B   14 B   15 D   16 B   17 A   18 D   19 C   20 A

21 答：$5k\Omega$ 22 答：$2mA$ 24 答：$72/35V$ 25 答：$-3/8mA$

26 答：$23:4$ 27 答：$-27.5V$ 28 答：$-3V$

29 答：$u_O(t)=\dfrac{4}{3}(e^{-1000t}-e^{-250t})V$ 30 答：$u_2=\begin{cases} 0 & t<0 \\ -tV & 0\leqslant t\leqslant 1 \\ -1V & t>1 \end{cases}$

31 答：$-80V$ 32 答：1.5 33 答：$u_C(t)=6(1-e^{-5t})V$

34 答：$i_O(t)=\dfrac{-u_C(t)}{5k}=0.8e^{-50t}mA$ 35 答：$u_O(t)=0.2\dfrac{du_C}{dt}=4e^{-5t}V$

36 答：$\dfrac{d^2u_o}{dt^2}+\dfrac{R_1+R_2}{R_1R_2C_1}\dfrac{du_o}{dt}+\dfrac{u_o}{R_1R_2C_1C_2}=-\dfrac{1}{R_1C_2}\dfrac{du_s}{dt}$

37 答：$\dfrac{\dot{U}_O}{\dot{U}_S}=-\dfrac{1}{2R_1C_2}[(R_2+C_1)+j(R_2C_1-R_1C_2)]$

38 答：$u_O(t)=0.1\cos(20kt+91.43)V$

39 答：$u_o(t)=19.84\cos(4kt+7.125°)V$

40 答：$u_2=\begin{cases} 0 & t<0\ \text{或}\ t>4 \\ -2 & 0\leqslant t\leqslant 1 \\ 2 & 1\leqslant t\leqslant 3 \\ -2 & 3\leqslant t\leqslant 4 \end{cases}$

参 考 文 献

[1]　邱关源. 电路. 5 版. 北京：高等教育出版社,2006.

[2]　李翰荪. 简明电路分析基础. 北京：高等教育出版社,2002.

[3]　胡建萍. 电路分析. 北京：科学出版社,2006.

[4]　李春彪. 电路电工基础与实训. 2 版. 北京：北京大学出版社,2008.

[5]　William H. Hayt,等. 工程电路分析. 6 版. 王大鹏,等译. 北京：电子工业出版社,2002.

[6]　陈晓平,李长杰. 电路实验与仿真设计. 南京：东南大学出版社,2008.

[7]　蒋卓勤,邓玉元. Multisim 2001 及其在电子设计中的应用. 西安：西安电子科技大学出版社,2003.

[8]　郭小军. 电子电路仿真：Multisim 2001 电子电路设计与应用. 北京：北京理工大学出版社,2009.

[9]　李良荣. 现代电子设计技术：基于 Multisim 7 & Ultiboard 2001. 北京：机械工业出版社,2004.

[10]　刘建清. 从零开始学：电路仿真 Multisim 与电路设计 Protel 技术. 北京：国防工业出版社,2006.

[11]　刘广伟,葛付伟,丛红侠. 简明电路分析基础实验教程. 天津：南开大学出版社,2010.

[12]　电工与电子技术指导(厂家资料). 杭州：浙江天煌科技实业有限公司.

[13]　杨德俊. 电路分析基础实验. 成都：电子科技大学出版社,2000.

[14]　山东大学电路分析精品课程网站,http://2002.194.26.102/circuit_bak/index.asp.

[15]　中国石油大学电路分析精品课程网站,http://jpkc.upc.edu.cn/jpkc/C148/Course/index.htm.

[16]　西安工业大学电路分析精品课程网站,http://202.25.1.107/ec/C27/Course/index.htm.

[17]　刘崇新. 电路学习指导与习题分析. 北京：高等教育出版社,2006.

[18]　孙桂瑛,齐风艳. 电路实验. 哈尔滨：哈尔滨工业大学出版社,2002.

[19]　王勤,余定鑫,等. 电路实验与实践. 北京：高等教育出版社,2011.

[20]　黄大刚,等. 电路基础实验. 北京：清华大学出版社,2008.